U0851635

高铁运输经济学

李文兴　等著

中国铁道出版社有限公司

2021年·北京

内 容 简 介

高铁运输经济学是以经济学的理论和方法，研究与高铁运输有关的各种经济活动和相应的经济关系及其运行、发展规律的科学。本书共分为九章，主要内容包括高铁运输的意义和作用、高铁运输技术经济特征、高铁运营管理模式、高铁运输需求与供给、高铁运输成本分类与计算、高铁运输市场结构、高铁运输市场竞争策略、高铁运输定价原理、高铁运输价格管理、高铁投融资现状及方式、高铁运输的正负外部性、高铁运输网络布局以及高铁运输相关政策等。

本书可供从事高速铁路运输及运输经济相关的工作人员、研究者阅读，也可作为高等院校相关专业的教材使用。

图书在版编目(CIP)数据

高铁运输经济学/李文兴等著．—北京：中国铁道出版社有限公司，2021.10
ISBN 978-7-113-28323-0

Ⅰ.①高… Ⅱ.①李… Ⅲ.①高速铁路-铁路运输-运输经济学 Ⅳ.①F530

中国版本图书馆CIP数据核字(2021)第171180号

书　　名： 高铁运输经济学
作　　者： 李文兴　等

责任编辑： 黄　筱　　**编辑部电话：**(010)51892548
封面设计： 刘　莎
责任校对： 焦桂荣
责任印制： 高春晓

出版发行： 中国铁道出版社有限公司(100054，北京市西城区右安门西街8号)
网　　址： http://www.tdpress.com
印　　刷： 三河市国英印务有限公司
版　　次： 2021年10月第1版　2021年10月第1次印刷
开　　本： 787 mm×1 092 mm 1/16　**印张：** 19.5　**字数：** 442千
书　　号： ISBN 978-7-113-28323-0
定　　价： 79.00元

版权所有　侵权必究

凡购买铁道版图书，如有印制质量问题，请与本社读者服务部联系调换。电话：(010)51873174
打击盗版举报电话：(010)63549461

前　言

中国高速铁路建设和运营取得了举世瞩目的成就，截至 2020 年 12 月，我国高铁营业里程达到 3.79 万公里，占世界高速铁路总营业里程的 69%。高速铁路正在对我国经济社会发展产生深刻的影响。同高速铁路的技术成就相比，我国在高速铁路运输经济方面的研究显得比较薄弱，目前尚无成形的高铁运输经济学专著。对于快速发展的我国高速铁路，亟须有与之相应的、系统的、可行的高铁运输经济学理论和方法体系支撑，为从事高铁运输经济工作的领导干部、现场管理人员、科研领域的专业人员提供有价值的参考。本书按照市场经济运行的要求和高铁运输本身的特点，根据世界各主要国家高铁运输经济的共性，同时结合我国的具体情况，形成了自己的高铁运输经济学基本体系。

高铁运输经济学是以经济学的理论和方法，研究与高铁运输有关的各种经济活动和各种相应的经济关系及其运行、发展规律的科学。其主要内容包括高铁运营模式、高铁运输需求与供给、高铁运输成本、高铁运输市场及竞争策略、高铁运输价格及收益、高铁投融资、高铁运输外部性、高铁运输布局、高铁运输政策等。

李文兴教授设计了本书的总体框架体系，对全书内容进行了修改和总纂，并撰写第一章、第三章、第五章；冯华教授撰写第二章；武剑红教授撰写第六章；卜伟教授撰写第七章；王超副教授撰写第四章的第一节至第四节；焦敬娟副教授撰写第八章；郑凯讲师撰写第四章第五节，第九章第四节；段建强讲师撰写第九章第一节至第三节；白光博士撰写第一章第五节。李然助理研究员参加了本书的收集整理资料，部分章节图表、案例计算核稿等工作。

参与本书调研及撰写工作的博士、硕士研究生有汤一用、胡晓艺、纪超、周亭延、宗玥琪、王永彬、刘雨枫、肖纯、杨维铮、李梦露、李江昕。

在本书调研和撰写过程中，得到国家铁路局科技与法制司、中国国家铁路集团有限公司客运部、财务部，京沪高速铁路股份有限公司，中国铁路北京局集团有限公司财务部、所属14个车、机、工、电、辆等基层站段的大力支持和协助，谨此深致谢意。

建立高铁运输经济学理论体系，对本书作者来说是一种新的尝试，虽然已尽了最大努力，但由于水平所限，难免有不足之处，还希望读者批评指正。

李文兴

2021年9月于北京交通大学

目　　录

第一章　绪　　论 …… 1

第一节　高铁运输的意义和作用 …… 1
第二节　高铁运输技术经济特征 …… 4
第三节　高铁运营管理模式 …… 7
第四节　高铁运输经济学的研究内容 …… 10
第五节　高铁运输经济时空分析 …… 12

第二章　高铁运输供求分析 …… 23

第一节　高铁运输需求 …… 23
第二节　高铁运输供给 …… 32
第三节　高铁运输供需均衡分析 …… 38
第四节　高铁运输生产论 …… 41
第五节　高铁成本分析 …… 50

第三章　高铁运输成本 …… 57

第一节　高铁运输成本的特点和分类 …… 57
第二节　高铁运输成本计算方法 …… 60
第三节　高铁运输人公里成本计算 …… 69
第四节　高铁运输分线成本及旅客列车公里成本计算 …… 71
第五节　高铁列车级别成本计算 …… 79
第六节　高铁客车席别成本计算 …… 82
第七节　高铁动车作业成本计算 …… 86
第八节　高铁运输基层站段成本计算 …… 89

第四章　高铁运输市场及竞争策略 …… 95

第一节　高铁运输市场结构 …… 95
第二节　高铁运输产业的自然垄断 …… 102
第三节　高铁运输与不同运输方式的竞争 …… 108
第四节　高铁运输的市场竞争策略 …… 119
第五节　高铁运输服务质量 …… 126

第五章 高铁运输价格及收益……142
第一节 高铁运输定价原理……142
第二节 高铁运输定价方法……147
第三节 高铁运输价格体系……165
第四节 高铁运输价格机制……170
第五节 高铁运输价格管理……176
第六节 高铁运输收入清算单价……178
第七节 高铁运输收入清算方法……182
第六章 高铁投融资……192
第一节 高铁投融资现状……192
第二节 高铁投融资体制……199
第三节 高铁投融资方式……208
第四节 高铁投融资风险……215
第七章 高铁运输外部性……220
第一节 高铁运输的正外部性……220
第二节 高铁运输的负外部性……234
第三节 高铁运输外部性的纠正……242
第八章 高铁运输布局……249
第一节 高铁网络布局与规划……249
第二节 高铁干线经济带的布局与规划……258
第三节 高铁车站周边地区的布局与规划……266
第九章 高铁运输政策……276
第一节 高铁运输政策概述……276
第二节 高铁运输价格政策……282
第三节 高铁运输投融资政策……289
第四节 高铁运输安全监管政策……294
参考文献……302

第一章　绪　　论

第一节　高铁运输的意义和作用

一、高铁运输的意义

人类交通运输业的发展史，就是一部以不断推动人类发展、社会进步和经济发展的历史。只有当交通运输的发展水平超前一定的社会经济发展水平，才能推动经济和社会的发展。在工业革命后，铁路以其较好的舒适性、较大的运输能力、较高的运行速度，一度成为广受欢迎的交通运输方式，也深刻地改变了当时的社会经济面貌。但随着社会经济的不断发展与科学技术的不断进步，各种交通运输方式与工具呈现出百花齐放的姿态，铁路人流运输的优势开始逐渐减弱，市场份额受公路和航空等运输方式的竞争而下降。在不少西方发达国家，传统铁路客运已经成为夕阳产业，2013 年美国铁路长途客运仅占客运市场份额的 0.8%，大量的客运线路被废弃，铁路旅客运输发展步入了瓶颈。

高速铁路的出现改变了这一状况。高速铁路既保留了传统铁路客运量大、便捷度好、舒适性高的优点，同时弥补了传统铁路在速度上的劣势，成了一种高效、快速、便捷的新型运输方式。1964 年日本建成了世界上第一条高速铁路——东海道高速铁路新干线，解决了包括东京在内的经济最发达地区陆上运输问题，带动了整个日本的经济腾飞。法国、德国、日本这些在高速铁路发展处于领先地位的国家，不断地改进高速铁路的技术，在技术上取得了新的突破，使高速铁路技术日臻完善，同时依托高速铁路带动区域经济的发展，从而达到以点带面的全局性发展。

相对于发达国家已经初具规模的高速铁路网以及依托铁路网所达到的区域经济发展，目前我国的高速铁路建设以及区域联动也处于快速发展阶段。随着经济持续快速的发展，我国现有铁路的运输能力仍满足不了国民经济发展和社会进步的要求，铁路还面临严峻的挑战，而高速铁路的修建，必将给我国的铁路注入新的生机和活力，为我国经济的快速增长提供动力。

交通运输的产生和发展是区域经济产生和发展的基本要素，离开最基本的空间拓展与可达性，区域经济无法形成规模。当今世界交通运输在拓展空间上起到了决定性的作用，铁路、航空、公路以及海河道运输共同为区域经济发展提供了基础支持。高速铁路的产生与发展极大地缩短了时间和空间上的距离，这种距离的缩短直接反映在经济上的是各种经济发展要素的有效流动、成本的节约和地域观念的打破，这为进一步拓宽市场起到了十分重要的作用。同时，当前面临着复杂的世界经济形势，要求中国进一步拓宽国内外市场，进一步扩大内需，进一步形成新的经济增长点，高速铁路的重要意义日渐凸显。

二、高铁运输的作用

我国人口众多，幅员辽阔，近些年来随着经济的发展，区域间经济文化的交流日益密切，带来了旺盛的出行需求。高铁运输作为一种运量大、速度快、方便快捷的交通工具，有效整合铁路运力资源，将使既有铁路的运力得以释放，缓解长期以来客运和货运的紧张矛盾，在国民经济和居民生活中发挥着越来越大的作用。

（一）高铁运输拉动经济增长

高铁运输对经济的直接作用可分为两部分：一是高铁投资建设中，巨额投资增加国民生产总值，从而起到拉动经济增长的直接作用；二是高铁建成通车后，生产要素转化效率提高，社会生产与消费增加，从而起到拉动经济增长的间接作用。

高铁建设活动动用了大量的人力和物力，一方面创造了大量的相关就业岗位，另一方面消耗了大量的钢材、水泥等基础性原材料，有效带动整个产业链的发展，在这一过程中创造了大量的生产增加值。2008 年世界金融危机后，为了走出经济阴霾，我国制定了4 万亿元的基础设施投资计划，一部分资金用于高铁建设，取得了相当的成效，帮助中国经济扭转了衰退的势头，走出了经济危机的泥潭。同时，高铁的建设也为沿线区域引入劳动力、资本、材料和中介服务等等，有效地刺激区域和地方经济。范茂荣(2017)经过投入产出计算得出：中国高铁投资每亿元拉动总产出增加 3.72 亿元，GDP 增长 1.21 亿元，投资总量给国民经济共带来总产出增长 19 373.44 亿元、GDP 增长 6 296.04 亿元；在拉动经济增长同时，高铁建设投资对就业拉动显著，每亿元高铁投资可以创造 1 084 个就业岗位，2012 年因高铁投资新增就业岗位高达 565.23 万人。这意味着在短期内，中国高铁建设投资会在发展社会经济、促进居民就业等方面注入强大的动力。

高铁建成通车之后，对经济增长的作用更为持久与关键。高铁通车后，客货线路分离，铁路运力资源得到有效整合，缓解了铁路长期以来运能与运量的紧张矛盾，使得铁路整体运输效率得到了极大的提升。这一方面加快人流、物流、资金流、信息流等生产要素的流动速度，另一方面也降低了生产要素的流动成本，从而使得社会生产要素转化为生产力的效率提高，提高了社会的整体生产力。高铁对于社会消费的影响同样显著，高铁是一种便利、快捷的运输方式，它极大地缩短了城市与城市之间、人与人之间的时空距离。时间成本也是一种经济成本，时间成本的减少，在收入效应和替代效应的作用下，可以转化并增加为人们对于其他消费的需求，从而使得社会整体消费水平提高。高铁带来的出行便利也在悄悄地改变着人们的消费习惯，在一些地方，一小时生活圈已经形成，乘坐高铁上下班，就像乘坐公交车一样方便，使得走亲访友、旅游、度假等出行消费行为增加。

（二）高铁建设推动产业转型升级

国内外高速铁路运营的实际情况表明，高速铁路建成运营后，会对沿线地区的产业发展带来深度影响。尽管我国高速铁路的运营时间还比较短，但高铁效应已明显显现，对沿线产业带和城市现代服务业的培育，均具有重要促进作用。在我国高速铁路规模快速扩张的新时期，高铁的空间效应将进一步显现。

高铁运输促进沿线产业转型升级，改善传统产业发展环境，提升市场竞争能力。依托高速铁路所产生的“同城效应”，实现区域资源共享，加快产业梯度转移，有效推动区域内产业优化分工，围绕构建高铁沿线产业链条，形成比较优势，促进沿线地区的产业协调互补发展。京广高铁武广段贯穿于广东、湖南、湖北三省。这三省的经济结构各异，广东省以外向型经济为主，产业以出口型制造业为主，但近年来随着人力成本的提高，产业转型迫在眉睫；湖南省劳动力资源密集，为沿海各省劳动力输出的源头，但受制于地理区位等条件的限制，制造业发展不尽如人意；湖北省则依托武汉的重工业以及长江通航之利，是内地重要的工业中心与物流枢纽之一，但是也面临着新兴产业发展落后，人才外流的问题。三省区域间的产业差异，以及各自面临的问题，使得产业之间存在着转移的潜力，通过产业转移实现产业转型与升级。高铁开通后，三省之间生产要素流动得到了加速，通过产业转移，使得三地之间的要素禀赋优势体现得更明显，湖北和湖南省一方面承接了大量劳动密集型产业转移项目，另一方面利用广东省外向经济较强的优势，发展了大批对外出口型产业，而广东省则通过产业转移为新兴产业的发展创造了空间，实现了产业转型与升级。

高铁运输诱增新兴产业，促进产业结构调整优化。高速铁路具有速度优势，能够显著吸引壮大旅游、商贸、房地产、文化教育等与人流聚集和速度有直接关系的现代服务业的发展。自京沪高铁修建以来，沿线各地区充分利用区位优势，发展诸如会展、旅游、餐饮、住宿、零售等第三产业，实现了客流增长和经济发展之间的良性互动。2008 年至 2011 年三年间，该区域第三产业增加值提高了约 3 个百分点，固定资产投资增加了 4 个百分点，就业人口比重提高了 1.5 个百分点，产业结构调整作用显著。未来需要依托高速铁路所营造的空间区位优势和势能，集聚优质生产要素，培育形成一些原本不具发展基础或发展优势的高端服务业，成为带动城市现代服务业发展的新增长点和增长极。如随着沪宁、沪杭、宁杭、京沪等高速铁路的开通，带动长三角地区协同分工、错位发展、有序的产业体系逐步完善，有效支撑并在很大程度上引导了上海以知识型服务业体系，杭州以现代商务休闲、文化创意等产业为核心的高附加值产业体系，宁波以现代物流商贸和电子商务为主的商贸产业体系，苏州、无锡、常州等以具有区域特色的新型制造业产业体系等的发展。

高速铁路的产业链很长，能够带动关联产业升级与发展。高速铁路是建立在现代综合科学技术基础上的新型客运铁路系统，会带动机械、冶金、建筑、材料等相关产业的发展，同时高速铁路采用了大量新型材料与网络信息技术，也会带动新材料和信息产业的研发，并将大大促进相关产业的技术和产品质量上台阶。

（三）高铁运输带动区域经济发展

高铁运输带动新型城镇化起飞。高铁对人口流动、聚集的服务能力，加快了新型城镇化进程。高速铁路有利于推动区域和城乡协调发展，大大缩短各区域间和城乡间的时空距离，加强了高铁沿线城市与中心城市间的联系，改变了沿线城市在区域空间结构中的地位，使得原来与中心城市距离较远、联系较弱的城市与中心城市的联系更加紧密，增强了其对外开放程度，与中心城市的关系由水平变为垂直，沿线城市在区域空间结构中的等级也逐渐提高。以天津市的武清区为例，2008 年以来，由于京津城际铁路客流每年增长 20%，作为中间站的武清站，其客流量也不断增加，停靠武清站的车次由原来的 6 对增加至目前的 20 对。高铁的开通激活了武清的经济发展，该区域 GDP 平均增长率由原来的 15%增长为 22%，成为继滨海新区之后天津市经济发展的又一个增长极。高铁的廊道效应不仅带动了站点周边地区的社会经济发展，也使武清区从京津双城之间获得了更多的机会，催生了诸多的经济活动与功能，休闲娱乐、旅游、商务、学术会议、物流、房地产等产业发展迅速。这充分说明高速铁路对人口流动具有显著的诱增效应，使原先鲜为人知或知名度高但交通不便的中小城市(镇)，因人流涌动和宜居环境，成为吸纳人口的热点，高速铁路建设正全力助推我国新型城镇化进程。

依托高速铁路引发区域集聚效应，加快城市群发展。高速、大容量、集约型、通勤化的城际高铁，是城市群内部城市之间联系的重要纽带，通过提高城际可达性，既缩小了城市群的空间范围，也扩大了城市群人口的流动范围。高速铁路对于保证城镇人口的大量流动，实现中心城市与卫星城镇的合理布局，发挥中心城市对周边城市的辐射带动作用，强化相邻城市的“同城”效应，具有重要作用。加快城市群城际高铁建设，将有效强化交通对城市群空间结构的支撑，推动城市群健康发展。在高铁的连通下，城市群的规模得以进一步扩大。高铁的开通使得城市之间的时间距离大大降低，也由此扩大了核心城市的辐射范围，在这种情况下，一些原本位于城市群外围的城市也可随着高铁的通达而逐渐纳入该城市群的范围内，城市群规模由此得以扩张。京津城际高铁开通前，仅有16%左右的人有两城职住分离的考虑或意愿，而高铁开通后则增至40%左右。城际高铁改变了人们传统的生活方式，对“同城化”带来积极推动作用。高速铁路显著提高了沿线地区的空间可达性，改善区域投资环境，为沿线地区经济发展和生产要素集聚创造条件，进而在国土空间上形成通道经济布局形态。我国高速铁路网规划，体现了通道经济和枢纽经济发展的基本思想，有利于区域的扩大开放与国土资源的合理开发。

(四)高铁提升了中国的国际形象

随着我国高铁技术的不断进步与高铁线路的快速建设，以系统技术最全、集成能力最强、运营里程最长、运行速度最高、在建规模最大，令世人对中国刮目相看，提升了中国的国际形象，已成为一张中国对外的新“名片”，吸引众多国家领导人和国际组织成员前来乘坐，甚至延伸出了高铁外交这一概念。不少国家的领导人在乘坐中国高铁之后，都表示要将高铁技术引入本国。目前已有17个周边国家与我国进行了高铁项目的洽谈，多个国家达成建设意向，并进入探讨技术层面的阶段。在我国未来的高铁国际规划中，高速铁路将连接并打开整个中亚、东亚和东南亚，进一步提升中国对周边国家的影响力。

未来随着“一带一路”的开展，全球物流结构将会发生改变，高铁能够帮助中国在未来的国际电商竞争中形成先发优势，扩大对外出口，形成国际间的经济向心力，提升我国外贸经济的稳定度。

第二节　高铁运输技术经济特征

高速铁路在继承了原有铁路运输优势的同时，以其先进的技术经济优势给铁路运输发展带来了生机，特别是近几十年来可持续发展理论的提出和各国可持续发展战略的实施，使得高速铁路技术经济优势受到世界各国前所未有的关注。

一、高速铁路经济快捷

经济快捷是高速铁路的技术核心,也是高速铁路技术经济优势的最主要指标。旅客出行最关心的问题就是旅行时间,而旅行时间主要是由旅行所乘坐运输工具的行驶速度决定的。高速铁路是陆上运行距离最长,运行速度最快的交通运输工具。高速铁路运营时速在300公里左右,远远超过公路运输的速度。就是与速度最快的航空运输相比,高速铁路也凭借其便于旅客出行、发车间隔时间短、随到随走等优势而显示出巨大的竞争力。以北京到上海为例,考虑到在机场办理登机手续和等待登机,以及来回机场的时间(机场一般建设在离城市较远的位置)等因素,乘坐飞机总共需要5个小时,高速铁路也可以达到这一水平。

根据国家科学技术部中国科技促进发展研究中心的研究,高速铁路可以把经济区域在800～1 000公里范围内孤立的、分散的经济区形成一条经济带或经济走廊,使这一带的经济社会活动联系更加紧密,发展速度更快。由此而产生的社会经济效益是十分重大、难以估量的。据研究,京沪高速铁路在建成后,每年对国民经济贡献的净效益平均在160亿元以上,每年节省的社会成本平均在200亿元以上。

二、高速铁路运量大

高速铁路一个重要的技术经济优势就是输送能力大。一条双线高速铁路年运量可达1.6亿人次,高速铁路的运输能力是高速公路和民用航空等现代交通方式所不能比拟的。从日本新干线到法国等高速铁路先行国家,以及中国等现代高速铁路飞速发展的国家,从线路选择的顺序看,第一条高铁无一不是选择在人口密度大且经济最发达的区域。这充分说明高速铁路主要发端于高密度和常年有大量出行和物流需求的区域。

特别是在城际开行高密度、公交化、编组灵活的动车组列车,其载客量优势更为突出。目前世界各国高速铁路几乎都能满足行车间隔4分钟及以下的要求。日本新干线在运输高峰时期,行车间隔最小可达3分钟左右,列车发车密度20列/时,基本上可以做到旅客随到随走。我国京沪高速铁路建成后,单向年输送旅客可达8 000万人次,其旅客周转量远远超过同线路的高速公路运输和民用航空运输。

三、高速铁路安全舒适

安全是人们出行选择交通运输方式最关心的因素。高速铁路由于在全封闭的环境中自动化运行,再加上一系列完善的安全保障措施,所以其安全程度远远高于其他交通工具。根据已经建成高速铁路国家的统计数据,高速铁路事故率及人员伤亡率都远远低于其他现代交通运输方式。根据日本高速铁路的统计数据,日本东海道新干线采用了大密度、大运量、高准确性的安全运行系统,从1964年建成到现在的50多年间,共输送旅客近80亿人次,却保持了旅客运输零死亡率的安全纪录。这样的纪录对公路运输和航空运输来说是不可想象的神话。因此,高速铁路被称为世界上最安全的运输工具。

另外,随着人民生活水平的提高,乘坐舒适程度也成为人们出行选择交通工具的一个重要条件之一。高速铁路线路平顺、稳定,列车运行平稳、震动和摆动幅度都很小,每个旅客所占有的活动空间比汽车和民航都大得多，再加上设施先进、装备齐全等特点，使得乘坐高速铁路非常舒适。

四、高速铁路能够全天候运行

高速铁路采用先进的列车运行控制系统，铁路线路全封闭、全部采用自动动力控制，一般不受恶劣天气条件的影响和限制，可以全天候运营。高速列车按规定的时间发车、运行与到达，规律性强，除非遇到地震、海啸等危及行车安全的突发自然灾害，高速铁路运行基本不受影响，可以做到 24 小时安全正常行驶，这是飞机、汽车以及其他现代交通运输方式所不及的。

五、高速铁路占地面积少，相对造价低

陆上交通运输方式需要占用大量土地，特别是要占用大量耕地。相较于公路，高速铁路占地面积较少。双线高速铁路路基宽一般为 9.6～14 米，四车道高速公路路基宽一般为 26 米。例如法国 TGV 高速铁路占地仅为一条双向四车道高速公路的占地面积的 1/4，而每小时完成的运量却是四车道高速公路的 4 倍，造价相对较低。高速铁路与航空相比，航空运输的基础设施主要是机场，在一些大城市附近修建机场需要占用大量土地。同时由于建设机场需要的土地有一定面积、平整度的要求，因此，有些城市的机场距离市中心较远，这样就还需修建相关的市中心到机场的高速公路及其他辅助设施。而高速铁路可以直接穿行于城市间，既便利又相对减少占地。

我国高速铁路建设大量采用“以桥代路”的方式，不仅大大提高了线路基础稳固程度，有效减少了铁路对沿线城镇的切割，更重要的是节省了大量土地资源。

六、高速铁路效率高、效益好

修建高速铁路的经济效益较好。以日本东海道新干线为例，其总投资为 3 800 亿日元，投入运营后客流量迅速增长，而运输成本只有飞机的 1/5，正式投入运营后第 7 年便全部收回投资，其经济效益在 20 世纪末已是投资额的 13.5 倍。除了经济效益外，高速铁路的社会效益也很显著。京沪高速铁路的社会成本为 0.323 9 元/人公里，而高速公路为 0.659 4 元/人公里，民航为 0.747 6 元/人公里，既有铁路为 0.422 1 元/人公里。在完成同等运量的情况下，修建京沪高速铁路每年节省的社会成本为 223 亿元，6～7 年内所节省的社会成本总额就相当于全部建设投资。总之，高速铁路运量大、效率高、安全可靠、建设占地少、能耗低、对环境污染小，因此其外部运输成本低，社会经济效益显著。

七、高速铁路具有节能环保的比较优势

节能减排是发展低碳经济必须解决的重大课题。高速铁路作为一种新型交通工具，在研发阶段便开始注重节能减排工作。高速铁路的行驶速度可以和飞机媲美，但是能耗却大大低于小汽车和飞机。高速铁路的发展快速地提升了铁路的电气化水准，优化了铁路能源结构，实现了铁路大面积的“以电代油”降低了对石油的依赖，实现了机车对大气的零排放，减轻了对沿线城镇大气污染。高速铁路技术有力地提升了铁路行业的节能减排

效应，形成了绿色环保的交通大动脉，极大地优化了铁路能耗结构，减少了对燃油的消耗，同时提高了能源利用的效率，直接或间接地减少了二氧化碳的排放量。根据国际能源署(IEA)2019年的报告，京沪高速从2011年线路开通到2014年间，乘客数量持续增加，同等距离条件下的人均碳足迹下降。报告还预测到2050年，高铁情景中交通运输行业的石油用量比基本情景少1 000万桶/日，少排6亿吨二氧化碳，PM2.5排放量减少了约22万吨。

交通运输是能源消耗大户，能耗标准是衡量交通运输方式优劣的重要技术指标。高速铁路采用电力机车牵引，这与采用石油等液体燃料的交通运输工具相比有很大的节能优势。同时高速铁路可以利用可更新的能源，如核电、太阳能等，具有节能环保的优势。表1-1以东京—大阪间的运输为例，对新干线、航空、机动车的人均耗能进行了比较。

表1-1 东京—大阪每亿人公里能耗比较

运输方式	新干线	机动车	航空
能耗(千卡每亿人公里)	136	631	714
比率	1	4.64	5.25

由表1-1可见，新干线的单位耗能最低，且使用二次能源——电能，与汽车、飞机使用汽油相比，对环境污染程度小。大运量的新干线运输对节约能源的贡献是很大的。从环境保护角度看，公路和航空这两种运输方式不仅产生大气污染，而且通过释放二氧化碳加剧了全球温室效应。日本新干线的资料表明，在人均二氧化碳排放量上，汽车与飞机分别是高速铁路的5.5倍和6.3倍。而高速铁路由于是电力牵引，基本上消除了粉尘、油烟和其他废气的环境污染。在噪声污染方面高速铁路相对其他运输方式产生的噪声较小。距离TGV高速铁路线25米的地带，测得的噪声级是65分贝(A)，一条每天通过30 000辆车的高速公路产生的平均噪声级是75分贝(A)，即比高速铁路高出10分贝(A)。而机场附近的噪声更高，距离飞机跑道300米的地带噪声级则达到100分贝(A)。另一方面，由于在运行特性和动态设计方面的提高，新一代高速列车正在降低噪声危害，例如TGV第3代列车比第1代列车减少了8分贝(A)的噪声。

第三节 高铁运营管理模式

高速铁路出现后，其运营管理模式没有完全沿袭以往的管理模式，一方面是由于高速铁路的投资数额、技术标准、服务水平、需求对象等不同于普速铁路，另一方面也是对铁路未来运营管理模式改革所进行的探索。

高速铁路的运营管理模式最大的特色是资产与运营相分离。由于高速铁路路网的技术标准不同于普速铁路，因此一般与货运线路分线运营，称为客运专线。客运专线一般在规划期由客运专线公司(或高铁公司)牵头，各地方铁路公司、地方政府以及民间资本共同出资成立股份有限责任公司，负责该线路的建设与运营，客运专线公司作为项目法人，项目建成后的高速铁路客运专线则是客运专线公司的主要资产。不同的客运专线设立了不同的客运专线公司，这些公司的运营管理模式也不尽相同。现阶段我国客运专线公司的运营管理模式主要包括以下三种：自管自营、部分委托运营管理、委托运营管理。

一、自管自营模式

自管自营模式是指合资铁路公司完全由自身进行运营管理。如集通铁路(集宁—通辽)、金温铁路(金华—温州)就是采用的自管自营模式。自管自营模式由于是合资铁路公司自身进行运输组织,成本自我约束力较强,因而有利于控制成本,使企业效益最大化。同时,也有利于增强企业对市场反映的灵敏度,及时应对市场变化。但是,从铁路整体看,自管自营模式不利于路网的整体性和运输调度指挥的统一性,自管自营的合资铁路公司由于人员和设备都自行承办、自成体系,不利于发挥既有资源的规模效益。

合资铁路公司在以下情况适宜采取自管自营模式:

(1)合资铁路在路网中处于位置属于尽头线或在路网中相对独立;

(2)管内运量比重较大;

(3)合资铁路公司自身的人员和设备配备较齐全;

(4)合资铁路技术类型与路网中其他线路明显不同。

二、部分委托运营管理模式

部分委托是指合资铁路公司自身进行运营管理,只是将部分业务对外委托的管理模式,如邯济铁路(邯郸—济南)。邯济铁路有限责任公司将运输组织中的车务、机务、车辆等业务委托给中国铁路北京局集团有限公司和中国铁路济南局集团有限公司,自身进行货场和专业线经营、装卸管理,并负责基础线路、桥涵、通信、信号、电力、房建、给排水等设施的维护。部分委托运营管理模式只是将合资铁路的部分业务委托给相关的企业,按协议接受服务和付费,以弥补自身运营条件的不足,有效利用外部资源。部分委托管理模式有利于发挥国铁的资源和管理优势,有利于运输集中调度指挥,提高合资铁路公司资产经营的积极性。

三、委托运营管理模式

从 2008 年 8 月京津城际铁路投入运营开始,新建高速铁路大部分采用委托运营管理模式。这是由于客运专线公司自身运输、组织、调度、设备等方面的局限性,往往达不到客运专线的运输管理标准,因此我国高速铁路在运营管理模式上大都是采取委托运营管理方式。具体来说委托运营管理就是客运专线公司与相关铁路局集团公司达成委托运营管理协议,将客运专线的运输业务委托于铁路局集团公司,由铁路局集团公司承担客运专线的运营管理,负责编制运行图、组织行车等。双方通过签订委托运营管理协议明确各方的权利义务,及委托运营管理的具体内容。

为加强新建合资铁路的运输管理,铁道部于 2008 年 11 月发布《关于新建合资铁路委托运输管理的指导意见》,对委托铁路局集团公司运输管理的基本原则和条件、主要内容、各方的权责关系及实施程序进行了规范,铁路客专公司委托铁路局运输管理,双方在严格执行国家铁路主管部门有关法律法规的前提下,本着平等自愿、互利共赢的原则签订《铁路委托运输管理协议》。委托运输管理的主要内容有:运输组织管理、运输设施管理、运输移动设备管理、运输安全管理、运输收入管理及铁路用地管理;其他管理内容:统计、路风、消防等应由铁路局集团公司承担的与委托运输管理相关的其他业务。如郑西客运专线委托西安局集团公司和郑州局集团公司运输，京沪高速铁路委托北京局集团公司、济南局集团公司和上海局集团公司运输，沪宁城际铁路委托上海局集团公司运输管理。同时部分高铁的通信、牵引供电与电力系统运用维护等，由中国国家铁路集团有限公司（以下简称国铁集团）会同铁路客专公司分别与相关业务的承揽方签署专业委托管理协议，以完善铁路委托运营管理体制。

在此模式下，客运专线公司不必进行运输组织，无须配备运输作业及相关管理人员，而是将线路及设备的维护交由受托铁路局集团公司完成，由受托铁路局集团公司负责编制运行图、组织行车，这样不仅缩短了设备调试、相关技术人员培训所占用的时间，快速形成了运输能力，而且有利于对运输资源的优化配置，保证运输的安全。这种模式有利于保持路网完整性，实行集中统一指挥，加强专业化管理，保证运营安全，提高运输效率。铁路局集团公司作为高铁运输安全的责任主体，对受托范围内的安全生产管理工作负首要责任。在委托运营管理模式中，由于合资铁路公司不直接参与运输组织工作，对运输市场变化的反应敏感性不强，因而对运输成本控制的约束力减弱。

合资铁路公司在以下情况适宜采取委托运营管理模式：

(1)当合资铁路在路网中处于连接、联络路网干线位置或作为支线、区段线时；

(2)通过运量占较大比重；

(3)合资铁路所在铁路局集团公司有可以利用的设备资源、人力资源。

目前委托运营管理的模式有两种：一是资产全委托模式，即客运专线公司将其全部铁路线路资产委托于受托方（客运专线沿线铁路局集团公司）运营管理，作为受托方的铁路局集团公司以自己的名义运营管理线路资产，而客运专线公司只收取相应的收益（固定或者浮动收益）。二是运营委托，目前大多数的客运专线公司都采用这种方式进行运营管理，将运输运营权委托于受托方各地方铁路局集团公司，作为委托方的客运专线公司仍保留独立的经营架构，此时运输经营收益是客运专线公司的收益，客运专线公司向受托方铁路局集团公司支付相应的经营报酬。这笔费用最初是国铁集团根据过往线路的工作量资料清算得出，此后随着每年的客流量和动车对数的增加逐年增长。

四、选择高速铁路运营管理模式的影响因素分析

决定高速铁路运营管理模式选择的主要因素包括以下几种。

1. 项目技术参数

我国高速铁路技术参数是经过《中长期铁路网规划（2008 年调整）》确立，以及后续的可行性研究和初步设计，进一步确定线位、站位、速度、牵引、通信信号、行车等技术标准。

2. 客流结构

在高铁运输经济学上，铁路客流构成分为直通通过、直通到达、直通发送、管内运输等类型，客流结构直接影响运营管理模式。管内运输在总运量中的比重越高，运输企业控制全程运输的能力就越强，采取自主经营的运营管理模式比较有利；管内运输在总运量中的比重越低，运输企业控制全程运输的能力就越弱，采取委托运营管理模式比较有利。

3. 平行线路竞合关系

在铁路运输业中，平行线路竞争会极大丧失规模经济和范围经济。平行线路投入运

营后，一般能够成倍增加铁路运输能力，如果不能有效协调平行线关系，竞争乃至过度竞争可能在所难免。因此，合理界定平行线的业务范围，确定科学合理的分工与协作关系，适当考虑必要的市场竞争，是高速铁路选择运营管理模式时必须考虑的因素。

4. 运输价格

在市场经济条件下，市场机制在资源配置过程中发挥基础性作用，而运价是非常重要的市场信号，它直接影响消费者对运输产品或服务的选择。运价不仅可以直接影响消费者出行方式的选择，还对高速铁路运营收入产生重大影响。实际上，运输价格变化也会起到调节运量、挖掘潜在运输需求、调节出行时间、转移其他运输方式运量的作用。目前，合资铁路已经成为我国高速铁路投融资的主要模式，在这种情况下，高速铁路的运价将会直接影响相应运营管理模式下的经营效益。

5. 区域内其他高速铁路发展关系

随着大规模高速铁路的建设，高速铁路网将逐步形成。而在高速铁路建设期设立的客运专线公司，形成高速铁路网络上一个个交易的节点，增加了运营过程的复杂性和交易成本，进而影响高速铁路网络效益发挥，导致高速铁路将出现一定程度重组现象。

综上所述，基于高速铁路运营管理模式选择影响因素，现阶段高速铁路运营管理模式的选择应具有前瞻性，把近期和远期、单线和网络有机结合起来。如果所辖区域将来会形成规模较大的独立铁路网络，则适宜采取自主经营的运营管理模式；如果所辖区域将来的铁路网络规模较小，并且主要依赖国铁经营，则适宜采取委托运营管理模式。

第四节　高铁运输经济学的研究内容

一、高铁运输经济学的主要研究内容

高铁运输经济学是运输经济学的一个分支，是以经济学的理论和方法，研究与高铁运输有关的各种经济活动和各种相应的经济关系及其运行、发展规律的学科。也可以说，高铁运输经济学是用经济学的理论和方法，研究高铁运输资源的合理优化配置问题，既包括高铁运输活动内部的资源优化配置问题，也包括高铁运输活动与其他经济活动之间的配置优化问题。其主要内容包括高铁运输需求与供给、高铁运输成本、高铁运输市场及竞争策略、高铁运输价格及收益、高铁投融资、高铁运输外部性、高铁运输布局、高铁运输政策等。

高铁运输经济学研究特定的范围，即与高铁运输有关的经济问题。高铁运输需求与供给主要运用经济学理论分析高铁运输的需求函数及其弹性、供给函数及其弹性、高铁运输的规模报酬和规模经济，建立高铁运输市场均衡分析的基础理论框架；高铁运输成本主要结合高铁运输经济技术特征以及高铁运输生产的实际情况，计算高铁运输的列车公里成本、分线运输成本、列车级别和客车席别成本、动车组作业成本等；高铁运输市场及竞争策略主要研究高铁运输市场结构、高铁运输产业自然垄断特征、高铁与其他运输方式的竞争与合作、高铁运输市场竞争策略、高铁运输服务质量评价等；高铁运输价格及收益主要研究高铁运输定价原理与方法、高铁运输价格体系、高铁运输价格机制、高铁运输价格管理、高铁运输收入清算单价、高铁运输收入清算方法等；高铁投融资主要研究高铁投融资

现状、高铁投融资体制、高铁投融资方式、高铁投融资风险等;高铁运输的外部性主要研究高铁运输的正外部性、高铁运输的负外部性、高铁运输外部性的纠正等;高铁运输布局主要研究高速铁路空间布局、高速铁路网络及主要线路布局、高速铁路枢纽及主要站点布局等;高铁运输政策主要研究高速铁路运输政策目标、高铁运输价格政策、高铁投融资政策、高铁运输安全监管政策等。

二、高铁运输经济学的相关研究内容

(一)高铁成本与效益的关系

高速铁路作为国家大力发展的基础设施,对国民经济的增长具有重要的推动作用,但是高铁投资额大、技术难度高、收益回报周期长。我国高速铁路尚处于发展初期阶段,从财务上看,目前只是沿海高速铁路有盈利,中部、西部高速铁路产生的收益难以弥补其产生的成本,不少高铁线路尚处于亏本运营中。因此,若要实现高速铁路的可持续发展,必须研究如何正确处理好高铁建设成本与效益的关系。这是高铁运输经济学一个需要拓展研究的重要相关内容。当然,从社会整体效益来看,也存在着旅客节省时间效益、带动经济增长等社会效益,只是这些效益并不能完全表现在高铁运输的财务报表之中。

(二)高铁与既有线的关系

高速铁路和普速铁路,都归国铁集团管辖。目前,学术界对于高铁与既有线路之间的关系的研究主要集中于铁路运输资源的分配上。根据统计资料,2018 年全国铁路固定资产投资完成 8 028 亿元,投产新线 4 683 公里,其中高铁 4 100 公里,占投产新线比例的 87.5%。但是从高铁与普铁的功能定位上来看,高铁是一种相对高端的客运方式,它所针对的目标客户群体相对有限,而普速铁路是一种面向社会大众的客货两用运输方式,它的目标客户群体更为广泛。同时高铁由于其特有的技术条件与标准,高铁线路往往只能够运行高速列车,因此为了满足多元化的运输需求,在铁路建设投资上,应当根据运输市场的需求状况,合理安排铁路的投资。

高速铁路和普速铁路之间存在着一定的竞争,当前我国的不少普速铁路还有很大的潜力可挖;高速铁路与既有线路之间也存在着一定的合作互补关系,高速铁路一定程度上解放了既有线路的运输压力,高速铁路和普速铁路的配合,能够使客运市场结构进一步优化,两种运输方式通过价格和服务,能够明确地对目标客户群体进行划分,满足不同旅客的出行需求,普速铁路还能更好地发挥自身公益性的特点。因此,高铁与既有线铁路运输资源的合理分配是高铁运输经济学又一个需要拓展研究的相关内容。

(三)高铁运输和其他运输方式的关系

高铁与其他运输方式之间既存在着竞争关系,也存在着合作互补的关系。高铁运输与其他运输方式的竞争关系主要表现在客运量的竞争上。随着高铁线路的不断建成运营,大幅增加了通道的运输能力,改善了通道交通运输状况,市场竞争力越来越强。既有铁路、高速公路、民航的大量旅客运量被高铁吸引,通道中的不同运输方式的作用和分担的运输量比例形成重大变化。总体表现为,在沿线的短途和中长距离运输上,高铁对公路客运量和小汽车交通形成强劲吸引转移,冲击城市点对点的许多公路客运班次以及班线;在中长以上距离的运输上,对航空客流形成了不同程度的分流,对于高铁通道 600 公里范围以内的航线旅客分流比例最大，对 800～1 200 公里运距的航线旅客分流比例达 20%以上，对 1 200 公里以上运距的航线也形成一定的竞争分流。

高铁运输与其他运输方式的合作关系一般都建立在综合交通运输体系上，体现的是各种运输方式之间的协调，发挥自身的特点与优势，来满足旅客不同的运输需求上，追求的是时间成本的节约与运输资源的效率。

无论是我国还是其他国家，在规划建设高铁站时，都将其作为综合性的交通枢纽来建设，重视高铁和高速公路之间的合作与互补。以郑州东站为例，选址时就设在连霍高速(G30)与京珠高速(G4)两条重要公路交通动脉之间，还有相应的停车场、高架桥、长途汽车客运站等一系列公路运输配套设施。柏林中央火车站，不仅服务往来于国内外的干线铁路高速列车和其他长途列车，而且柏林市的城铁(S-Bahn)、地铁(U-Bahn)、电车、巴士、出租车、自行车，甚至旅游三轮车也都在此停靠、集中与疏散。换乘大厅内还分布着各类商铺和餐饮服务设施，让一切可能的交通工具以十字交叉方式连接到同一个车站，并在同一大厅内实现大规模垂直换乘。

高铁与民航的合作关系。许多民航机场离市区的距离非常远，地铁的造价又非常高，轻轨的运输能力又相对有限，公路运输的单次成本、安全性和环保性上又比较欠缺。如果旅行目的地没有直达航班，往往需要先抵达枢纽机场或邻近机场转机，短途使用飞机转机往往成本较高，机场群之间的交通不可能用地铁，高铁才是最为经济合理的换乘手段。我国香港的赤鱲角国际机场，其快速铁路系统可以一直到达香港最主要的火车站，每 12 分钟发一趟车，同时机场出发的快速铁路还可以辐射到内地广东省，高效便捷的交通使得赤鱲角机场覆盖珠三角地区 5 200 万人口。德国的法兰克福机场、汉莎航空和德国铁路公司共同推出无缝隙化空铁联运服务，可以通过汉莎航空公司订火车票，铁路公司将发车时间配合转机时刻，旅客在火车站办理值机手续并托运行李，到机场便可直接登机。

因此，研究高铁与其他运输方式的关系，是高铁运输经济学又一个需要拓展研究的相关内容。

第五节　高铁运输经济时空分析

任何经济事件都必须发生在某一特定时空当中。同样产品或服务的生产、消费过程也会因其所处的时间和空间背景不同而呈现出不同的交换方式、组织形式、替代关系等。可见，经济活动离不开自身的时空背景。从时空上看，运输行为实质上是一种以通过时间支出产生空间位移的行为，一方面更加容易受到经济时空的影响，另一方面又会对经济时空产生重构的作用。相对于其他经济活动，运输与经济时空的关系更加密切。因此，在研究高铁运输经济学时，需对经济时空的概念具备一定的认识。对此，本节首先对经济时空进行一般性的介绍，其次聚焦于高铁的经济时空属性，最后简单列举经济时空分析对高铁运输经济的作用。

一、经济时空分析的一般性介绍

(一)经济时空的简单认知

经济时空一词提出的时间较晚，所包含的内容较广，目前学界对其概念的把握尚未十分清晰。简单来说,可以把经济时空理解为经济活动、经济时间和经济空间之间相互协同的结构体。任何经济活动都必然会发生在特定的时间和空间当中,经济活动本身也会改变时间和空间的价值本身。在运输过程当中,经济时间和经济空间之间通常存在着较强的关联性,不可孤立对待。因此,经济时空还体现出了一种经济活动和时空之间不可分割的相互关系。在此,脱离了经济活动谈论时空或者脱离了时空谈论经济活动都是没有意义的。可见,经济时空所包含的范围非常广阔,几乎任何经济现象都与时空存在着一定的关联。

(二)经济时空分析的基本分析框架

经济时空的分析方式目前还处于探索的过程当中,尚未形成自身的理论体系,缺乏定量化的研究方式。但就目前而言,经济时空研究已经形成了基本的分析框架,并在实证研究当中不断产生成果,对基本框架起到检验和深化的作用。简单而言,目前的分析框架具有以下几种特征。

1. 跳出了机械时空观

经济学研究中的机械时空观从范式上可概括为:

(1)以追求数学严密性为基本原则,建立绝对时空观下比较静态的数理模型;

(2)忽视时间和空间特有的属性,将时空简化为某些参数或滞后项;

(3)忽视掉时间和空间本身,假设所有经济活动都在同一地点瞬时完成,即"针尖上的经济学"。

但经济时空分析跳出了这样的思路,主要体现在:

(1)强调时间和空间的异质性和相对性,在不同情境下同样的时间长短、空间距离和面积等往往会起到不同的作用,产生不同的价值或成本,这使得时空在经济活动当中的作用不再是绝对的;

(2)强调时间是不可逆的,认为某项经济事件一旦发生之后将会对系统路径产生不可逆的影响,例如在某项冲击之后供给和需求虽然可能回归到原来的水平之上,但所对应的市场结构却发生了不可逆的改变,这意味着不可以简单地调整参数的方式改变经济过程,经济系统的变化也不存在对应着的逆过程;

(3)更加强调经济过程的动态性,注重分析演变的全过程,而非若干个时间截面之间的对比;

(4)认为经济活动是不能独立于时空单独存在的,这意味着"针尖式"的简化从本质上是不可行的。

这些构成了分析范式上的基本观念。

2. 时间和空间之间不可相互脱离

这种观点最为明显的是认为时间和空间之间可相互转换,而其中的转换关系也不是绝对的,尤其体现在对运输问题的分析上。不同的运输工具具有不同的转换效率,例如高铁位移速度快,同等距离之下耗时较短,时空转换效率强,一般铁路则次之,长途汽车可能更次。但与此同时,时空转换效率高的交通工具通常伴随着更高的费用支出,需要经济主体根据自身情况进行权衡,谋求自身的时空平衡。这种时空转换关系也是相对的——只适用于站到站,而不适用于空间中的任意两点之间的位移。

此外,人们在出行行为中更多去考虑出行时间的长短,而非实际发生的空间位移长短，在现代化交通工具高度普及的时空背景下更加如此。此时，出行距离更宜通过耗用的时间来衡量。如在特定情境下从A地到B地需要耗费1小时，可以称：A到B的时间距离是1小时。同样的空间距离会因不同的时空转换方式呈现出不同的时间距离，体现出距离的相对性。

3. 场域概念的引入

场域理论最早由法国社会学家皮埃尔·布迪厄(Pierre Bourdieu)提出。布迪厄认为在高度分化的社会里，世界是由大量具有相对自主性的社会小世界构成的，这些小世界就是具有自身逻辑和必然性的客观关系的场域，每个场域都有不同的运行规则，场域之间则存在交集或并集(荣朝和，2016)。场域当中充满着活跃的能量(资本)，行动者以占据这些资本作为斗争的目的，同时又将资本作为下一轮符号斗争中的要素投入，以获得新的资本。场域可以将场域逻辑内化到行动者的惯习当中，并影响行动者的具体行为。因此，实践会受到场域、惯习和资本三方面的影响，而新的实践可能会产生新的惯习，进而具备改变场域逻辑、资本分布的可能性。其中惯习是一种既可持续又可转换的倾向系统，既是个体主动适应外界环境(场域)，又是将外在的场域逻辑内化了的结果。

这部分内容较为晦涩。为方便概念认知，举一个东京大都市区的例子。20世纪50—80年代，东京大都市圈中的外围地区(区部之外、一都三县之内)曾出现过众多以轨道交通站点为中心、依靠TOD模式建设的居住性卫星城，为居民形成在外围居住、在市中心工作、依靠轨道交通进行通勤的职住模式(惯习)提供了前提条件。这些卫星城可以看作是一系列的场域，这些场域与轨道交通形成的通勤场域以及市中心形成的就业场域构成了完整的职住链条，共同形成了一个基于职住关系的母场域(大都市区中的职住功能部分)。卫星城场域中的资本一方面是交通可达性带来的时间资源优势，另一方面是居住及配套设施所提供的生活资源。因区部租金过高(符号斗争过于激烈)，众多个体难以在中心住房市场争取到自身位置，因此借助轨道交通的作用在卫星城场域中进行竞租，为日后获得工资性收益(下一轮斗争中产生的新的资本)提供条件。住房价格也因此在竞争当中出现分化(实践对场域的改变)。卫星城同时又是东京大都市区的一部分，还会受到东京大都市区场域逻辑的影响。一都三县之外，因通勤时间距离过长导致这种职住分离模式逐渐变得不可行，因此可以认为一都三县就是东京大都市的场域边界。

20世纪90年代的泡沫经济破灭造成东京大都市区活跃资本量大幅下降，随之而来的是地价水平大幅下降(造成斗争的激烈程度下降)，这大大降低了通勤者对职住分离模式的需求，部分劳动力可以在搬迁当中(基于具体实践)形成新的惯习(居住在区部、工作在区部)，造成卫星城人口规模出现一定程度的萎缩(体现出资本量的下降)，抑制了卫星城内部低端产业(如菜市场、美容美发、幼儿教育等，属卫星城内部的子场域)的发展。

4. 吉登斯时空观的引入

英国社会学家安东尼·吉登斯(Anthony Giddens)提出“在场可得性(presence availability)”的概念，用来对人类活动过程中的时空性进行描述和分析。其中的主要观点包括：人们需要在最低程度上满足“共同在场(co-presence)”的条件才能实现具体情境中的交流、沟通(荣朝和，2016)。“共同在场”可根据具体情况分为同步同地、同步异地、异步同地、异步异地四类，见表1-2。信息化的进步大大增强了异地共同在场的可行性，降低了时空邻近对共同在场的局限性，让众多曾经不可能的交流、沟通得以实现。此外，吉登斯还提出了时空分离与重组的概念，并将基于个体互动的微观社会学分析延伸到了宏观的层面。

表 1-2 人类交流的时空要求与限制

项 目		交流的空间要求与限制	
		同 地	异 地
交流的时间要求与限制	同步	A. 同步物理到场：面对面谈话、会议交流，需时空一致	B. 同步虚拟到场：电话、手机、电话会议，只要求时间一致
	异步	C. 异步物理到场：留言条、留言板、留言电话，只要求空间一致	D. 异步虚拟到场：信件、印刷品、电报、互联网邮件、短信、微信、异地播放录像，时空都可以不一致

5. 有限理性对完全理性的替代

在现实情况当中常常存在着因个体计算能力不足、信息不对等、情绪驱动等原因，造成与完全理性不符的经济现象，例如投机泡沫、受骗上当、决策失误等。对此，行为经济学提出了有限理性(bounded rationality)的概念，可理解为一种主观上希望达到理性，但却因自身局限性，造成实际行为介于完全理性与非理性之间的状况。有限理性虽然不利于数理模型的建立，但与现实情况更加接近。对此，经济时空分析对经济个体的假设就建立在这种有限理性的基础之上，认为经济学分析不能排斥本能和趋利避害所起到的作用。

(三)经济时空分析的应用范围

经济时空分析的学科交叉性很强，与行为经济学、演化经济学、社会学、运输经济学、时间经济学、区域经济学等都存在着一定的交叉性。其应用范围还在探索当中，目前以基础理论、运输问题、区域问题、网络电商平台、组织管理、资源配置等方面为主。下面通过不同的研究层次来分别概述。

在期刊论文中，荣朝和等(2017)通过基础理论的研究重新定义了匹配的概念，并构建了新的匹配认知框架；荣朝和(2016)从时空视角评价了青藏铁路对西藏经济发展和中央治理西藏带来的现实意义；荣朝和(2014)通过经济时空理论对大都市区的界定和发展进行了研究；郭文帅，荣朝和(2015)从时空视角构建了中央与地方政府关系对公共资源配置影响的解释框架，认为权利主体与客体的时空关系在很大程度上决定着公共资源的配置效率，并提出相关建议。上述文献的研究对象相对宏观，内容上以政策研究为主，对我国的经济发展具备一定的指导意义。

在博士论文中，盛来芳(2012)从时空视角研究了城市交通网络和城市空间结构的演化机制，构建了二者间的空间耦合框架；金懋(2011)构建了时间—流量—空间的生产理论分析框架，对运输生产理论进行了研究；逯宇(2016)通过建立相关分析框架和模型分析了我国运输业官民关系的历史演变；王晓荣(2018)从时空视角探讨了城市形态问题，并通过场域理论对时空层级和边界进行了划分；余兴源(2018)通过论证了物信关系、交易成本、需求结构对零担货运网络形态演进的作用机理，并构建了理论框架。这部分研究更多的是将经济时空分析深入到理论分析当中，通过构建新的理论框架来研究基础应用问题，以运输问题为主。

在硕士论文中，修俊(2012)通过非匀质时间价值、时间价值链、前景理论和时空限制理论等分析了如何在日程安排当中合理配置时空资源；叶春媚(2017)分析了我国电商物流中普遍存在的“最后一公里”问题；李若凡（2015）从时间价值的角度分析了电召模式当中电召平台、电召方式、数量管制和收费方式对运营效率的影响；李远（2012）通过构建时空—资源协同模型分析了企业并购当中的资源协同问题，认为应当遵循时空规律对并购中的不确定性进行正向改善，以增强协同效应。上述研究更注重理论的实用价值，较偏重于微观领域的问题，其中不乏对当时社会热点问题的探讨，与能够与社会发展方向紧密结合。

在本科毕业设计和大学生创新项目中也有众多研究涉及经济时空领域，所研究的对象包括物流金融、大都市圈、购物节、旅游产品、校车发展、汽车租赁、通勤问题、移动通信、银行卡支付等，在此不一一展开。这些研究拓宽了经济时空分析的运用范围，对未来的学术发展贡献了一定的思路。总之，目前经济时空分析已经得以运用到诸多领域当中，各个层次在研究运用上各有侧重。经济时空分析在未来依旧有着十分广阔的研究空间，预期将在 5G、物联网、学科交叉等方面的研究中大有作为。

二、高铁与经济时空的关系

随着信息化社会的到来，人们的生活节奏日益加快，对出行速度带来了更高要求。加之我国幅员辽阔，众多经济区位之间距离遥远，客观上具备对高速出行的刚性需求。高铁相对于普速铁路，具有速度快、运力强、站间距大等特征，能够更大程度上缩短出行时间、降低时间成本。正因如此，高铁的建设改变了经济时空格局，重塑了经济资源的分布方式。

高铁首先改变的是时间资源分布。此后，众多经济个体在趋利避害的作用下会自发地试图将这一资源转换为自身资本，导致众多的集聚、建设过程自发地向站点区位汇聚，形成新的功能空间，逐渐改变城市内部直至宏观层面的空间布局。对此，下文以先时间（相对直接）后空间（相对间接）的顺序描述高铁与经济时空的关系。这当中以高铁对经济时空的作用为主，辅以少量的经济时空对高铁建设的影响。应该指出的是，这样的顺序只为条理清晰，并非因为时空之间可以相互分割，经济时间和经济空间实际上是一体的。因我国目前的高铁运输仅限于客运，本节就仅从客运方面对高铁的作用进行概述。

（一）高铁对出行个体时间资源的影响

在现代社会中，经济时间可对应为一种要素资源，具有其要素投入的价值。时间成本对应为一种机会成本，即选择出行就无法利用这些时间做其他事情，体现出一种事务处理在时间上的互斥性。随着社会收入水平的上升、人们对休闲娱乐的需求逐渐增加，出行时间所具备的机会成本也不断增加。而高铁作为一种更加快捷的出行方式，能够降低出行者对时间的耗费，降低出行中的时间成本，因而具备更高的服务价值。这从需求层面为高铁票价高于普铁票价的一般规律提供了合理性。其中高铁所能提供的时间资源优势在数百公里的空间位移中体现得最为充分，令数百公里成为高铁的主要空间位移范围。

因为经济个体之间存在着收入水平、需求偏好、繁忙程度、事务安排等方面的差异，同样的时间资源所产生的效用也存在着差异。选择高铁出行就需要支付更高的出行费用，这体现为一种金钱和时间要素之间的替代关系。对于收入水平和繁忙程度较低的出行者而言，因时间成本较低，支付更多的金钱难以换回必要的时间价值，更倾向于选择其他交通方式。正因如此，高铁是一种主要面向中高端消费者的服务方式。

（二）高铁的时空收缩效应

时间距离的长短和出行方式关系很大，而高铁的引入能够在不改变空间位置的情况下有效收缩时间距离，产生时空收缩。这种时空收缩可以利用时间地图较为直观地观测到。图 1-1 的时间地图以南京市中心作为 0 小时基准点，每条等时线之间相隔 1 小时，从内之外依次是 1 小时圈，2 小时圈……8 小时圈。2005—2013 年正是长三角地区高铁大规模建设的时期，可以从中图 1-1 中看出，长三角区域所占“时间面积”在不断收缩，高铁建设大幅拉近了整个长三角地区的时间距离。例如从 2005 年至 2013 年，从南京到上海的时间距离从大约 4 个小时缩短至约 3 个小时，从南京到杭州的时间距离从大约 6 个小时缩短至约 3 个小时，从南京到宁波的时间距离从 7～8 个小时缩短至 4～5 个小时等。这对增强同城化效应、提升城市群功能会起到很大的促进作用，能够大大增强长三角地区的集聚效应和产业联动性。

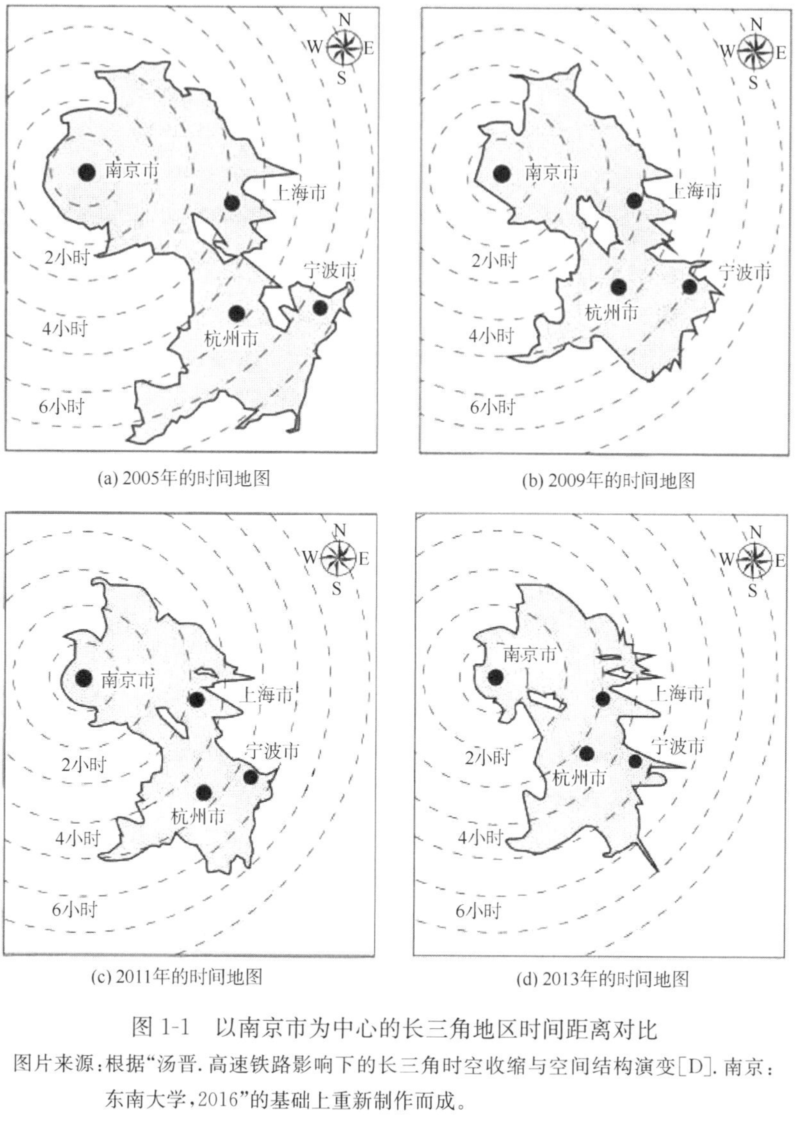

(a) 2005年的时间地图　(b) 2009年的时间地图

(c) 2011年的时间地图　(d) 2013年的时间地图

图 1-1　以南京市为中心的长三角地区时间距离对比

图片来源：根据“汤晋. 高速铁路影响下的长三角时空收缩与空间结构演变[D]. 南京：东南大学，2016”的基础上重新制作而成。

（三）高铁建设对城市资源协同的作用

高铁建设在大大缩短城市时间距离的同时，极大程度地加强了不同城市之间优势互补、资源共享的协同关系，对各个高铁城市的发展都产生了极大的促进作用，具体体现为以下几点。

（1）高铁建设有助于城市通勤圈的扩大，降低了通勤时间，增强了劳动力和劳动市场之间、居住者和住房市场之间的匹配效应，对优化资源配置、细化劳动分工、降低中心城市拥挤等方面具有积极效应。

（2）高铁建设能够增强市场竞争、促进产业链的形成和发展。时间距离的压缩大大增加了沿线城市之间洽谈、合作、竞标等商务行为的便利程度，能够促进位于不同城市的企业之间合作、交流的机会，并在知识溢出的同时促进产业发展。

（3）高铁建设能够降低旅游出行的时间耗费，让某些需要隔日完成的旅行计划当日即可完成，大大增强了居民的旅行意愿，促进旅游市场发展。

（4）高铁建设产生的时空压缩效应还会加快同城化的发展。所谓的同城化是指，随着城市间时空距离的不断缩短，各个城市在时空和行政边界上的阻隔逐渐降低、经济活动的边界区域模糊，使得一个城市的基础设施和服务功能越来越多地被其他城市分享，一个城市的人流、物流、信息流、商务流，越来越突破传统的行政区域界限，在更广的城市群区域内流动、配置，形成一个紧密联系、共存共荣的城市群或大都市圈经济体（王振，2010）。虽然同城化的产生还需要配套政策和设施方面的对接，但高铁建设对于消除时空障碍、倒逼政府改革以促进同城化发展具有一定的效果。就目前来看，京津城际铁路的建设已经让北京和天津的部分城市空间产生了要素同城化的趋势，能够促进京津冀一体化和京津冀城市群的发展。

（四）时间距离、位移链条和可达性对高铁的影响

时间距离并不仅包括位移过程，还包括位移之间的诸多衔接过程。荣朝和（2011）认为：从 a 到 b 的时间距离 $T_{\text{ab}} = T_{\text{衔接a}} + T_{\text{运行ab}} + T_{\text{衔接b}}$，当完整的位移链条由多个阶段共同组成时，$T_{\text{链条}} = \sum_{i=0}^{n} T_{\text{衔接}i} + \sum_{i=1}^{n} T_{\text{运行}i}$。随着运行速度的提升，运行所占出行链条的比重会逐渐降低，这导致衔接过程在整个链条当中的比重会不断上升，图 1-2 中，位移速度的加倍使衔接时间占时间距离的比重从二分之一上升至三分之一。如继续缩短运行速度，衔接时间会超过运行时间。目前我国高铁行驶的最高速度已达到 350 公里/小时，但进出站流程烦琐、等待时间较长，因此更需要通过优化站点设施、降低衔接时间的方式来压缩时间距离。

（五）高铁建设对城市内部经济空间的影响

首先，因为站点是乘坐高铁出行的必经之地，多数乘客需要在此等候，闲暇时间较多。加之每日进出站点的客流量较大，具备强大的规模优势，这让高铁站点具备了凭借时间优势发展购物、住宿、休闲、餐饮的优势。其中较为成功的案例包括日本新干线处的车站城开发、站城一体化等。另一方面，如果目的地离高铁站点较远，乘客通常需要换乘其他交通工具抵达目的地，这会耗费更多的时间；而如果目的地离高铁站点较近，则无须换乘便可直达。从这点上看，高铁站点周边地区同样具备更强大的时间资源优势。东京大都市

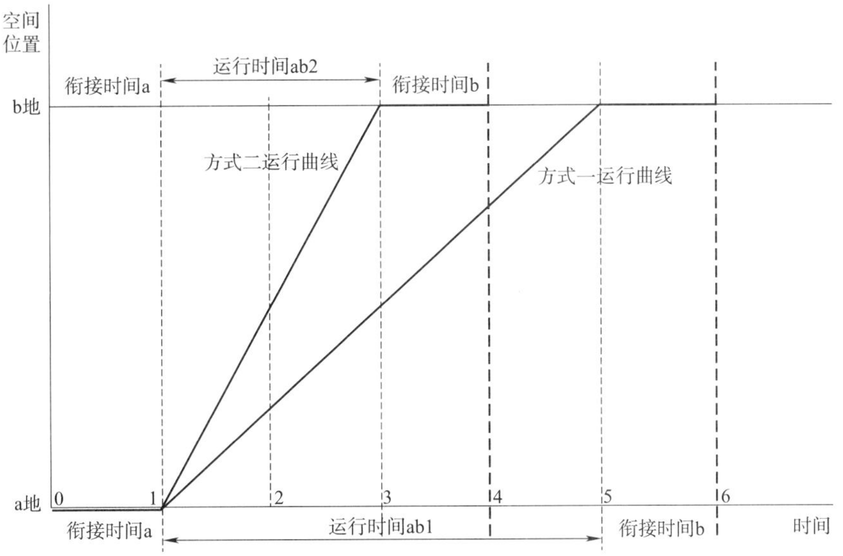

图 1-2　用运行图表示的时间距离示意图

图片来源:荣朝和. 交通—物流时间价值及其在经济时空分析中的作用[J]. 经济研究,2011(8).

圈中的高崎、静冈、宇都宫等地(距离都心 40～50 公里,适合乘坐高铁通勤)就利用了这一特征,在站点周围进行了居住设施开发,提升了住宅销售业绩。此外,站点周边的时间优势还能提升附近地区的集聚效应。例如东京火车站就凭借着独特的区位优势,演化成为东京"一核七心"中集聚效应最强的那"一核"。此外,如能在高铁站点附近合理进行城市枢纽建设,将大大降低旅客的衔接成本,让站点附近的时间资源扩散到更加广阔的城市空间当中,将对整个城市时空布局起到优化的作用。

(六)高铁对区域空间中向心力和离心力的影响

因高铁建设产生的时间距离改变,可以重构城市之间场力的作用和方向,由此会对区域空间的发展方式产生影响。克鲁格曼(Krugman)认为,影响集聚经济的因素可分为向心力和离心力,其中向心力来源于关联效应、稠密市场、知识溢出和其他外部经济;离心力来自不可流动的要素、土地租金、运输成本、拥挤和其他外部不经济(林晓言,2018)。这两种力会对经济个体选址、迁移产生重大影响,且都与时间距离有着紧密的联系。当空间位置不变时,时间距离的降低会提升经济个体之间的协同性,随之而来的是关联效应增强、时间距离上的市场稠密度上升、知识溢出效应增强、可利用的正外部性增加等,因此能够增强城市中的向心力;而与此同时,时间距离的降低能够减少运输成本,在一定程度上增强离心力。因此,高铁对于合力的作用还需要具体问题具体分析。对此,可以提供以下思路。

(1)在我国特大城市(人口 500 万人以上)当中,中城市拥挤的问题较为明显,表现为高房价、交通拥挤、公共设施短缺等问题,其中离心力更多表现为空间资源不足。高铁建设能够扩充集聚效应覆盖的空间范围,大大增强特大城市附近的离心力、缓解城市拥挤问题。又因为此时的离心力是一种向外的挤压力,会随着空间距离的增加迅速释放,仅对较为接近的地方辐射效应较强。因此会呈现出较近范围的辐射和较远范围的虹吸,特大城市在总体上呈现出因为向心力造成总体规模扩张，又因为离心力造成空间范围扩张的双扩张特征。

(2)中小城市因为自身集聚能力较弱，容易受到特大城市的吸引；但又因城市拥挤问题较弱，具备较强的辐射接受能力。高铁建设能够缩短中小城市与特大城市之间的时间距离，有可能让时间距离跨越虹吸和辐射之间的临界值，让特大城市的离心力替代向心力，主导中小城市的扩张。

(3)高端产业的集聚效应较强，能够在时间距离接近中获得更多的优势；同时又对土地的竞租能力较强，较易承担迁移至高地价地段的成本增长。因此在高铁建设之后，高端产业容易产生向心聚集。而低端产业和居住设施的集聚效应较弱、竞租能力不足，在高铁建设之后通常受离心力的主导，容易被疏散到周边的中小城市当中。

(4)如果高铁线路上连接的是两个特大城市(例如京沪高铁等)，相互之间的向心力和离心力会在很大程度上抵消。如果这两个特大城市距离较近(例如京津城际铁路)，高铁建设能够更大程度地加强它们之间的协同效应，在同城化过程中形成新的、共同的力场。对于不同的产业而言，会依据其自身属性出现新的分布特征。例如在集聚效应之下相关产业会相互富集、产生更强的协同效应，存在着过度竞争的产业会自发转移到另一个特大城市当中等。

(七)高铁对特大都市区边缘城市的影响

大都市区是一个通勤圈的概念，通常在距离中心 2 小时以内的时空范围之内。此处的特大都市区指的是以特大城市为核心、空间半径在 40 公里以上的大都市区。此处的“大都市区边缘城市”与城市规划中“边缘城市”的含义有所不同，指的是位于大都市区边缘处的节点城市。因高铁建设站间距宽，在大都市区中心设站之后，往往在特大都市区的边缘地带才能设下一站，因此对大都市区的影响以边缘地区为主。

京沪高铁的建设将北京南站到廊坊站的运行时间缩短为 21 分钟，二等座票价为 28 元，一个月的通勤成本约 1 200 元。依靠高铁通勤，北京的上班族得以在廊坊买房或租房，大大降低了住房支出，从经济上看是合理的。据作者观察，从北京南到廊坊的高铁客流呈现出潮汐性，以通勤客流为主。可见，京沪高铁将廊坊纳入了北京大都市区的通勤范围，除了疏解北京市区人口、降低购房需求之外，还能加速廊坊地区对北京劳动力人口和部分中低端产业的接收能力，从而带动本地消费需求、提供劳动力供给，并对未来提升本地就业创造条件。这会对促进京津冀一体化产生积极的作用。

类似地，日本的高铁新干线也促进了高崎、静冈、宇都宫等地在泡沫经济时期的发展建设，体现出一种通勤成本和居住成本之间的替代关系。

(八)高铁建设能够加速城市群的点—轴发展过程

点轴理论是区域经济学中的经典理论，该理论描述了区域经济空间的发展过程。完整的演化过程通常较为缓慢，可分为以下几个阶段。

(1)增长极极化阶段，这一阶段以增长极地区经济发展为主，周边经济资源会被增长极吸引，同一时间有可能会出现多个增长极。

(2)点轴阶段，这一阶段中增长极地区已经得到较大程度的发展，增长极之间出于生产要素交换的需求，形成以交通线路为衔接的轴线发展，并且不断吸引人口和产业向轴线双侧集聚，从而产生新的增长极；点轴贯通，就形成点轴系统（林晓言，2018）。

(3)还有学者认为存在着更加高级的轴面阶段，在这一阶段中，随着区域经济的进一步发展、主要交通干线成网，轴线上的经济资源进一步外溢，形成网状的区域空间结构。

在点轴发展过程中，高铁建设能够大大压缩区域空间的时间距离，促进经济资源在区域空间内的流动过程。从力的角度上看，高铁能够增强增长极的离心力作用，加强增长极对站点城市的辐射作用，因而会加速区域空间格局的演化，加速点轴和轴面阶段的到来。

(九)高铁对区域经济空间分化的影响

在极化、扩散的非均等性，以及不同城市具备不同资源禀赋的作用下，高铁建设对区域空间分化的影响较为多样，其中较为肯定的观点有以下几种。

(1)高铁建设可以拉近边缘地区和发达地区的时间距离，从而增强辐射性、减少区域空间结构的非均衡性（Gutierrez，2001）。总体上高速铁路对于有一定资源基础的相对经济不发达城市的时空竞争力的影响是最大的（荣朝和，2017）。

(2)高铁建设会增加高铁城市和非高铁城市之间在可达性方面的差异，加速资源向高铁城市流动，加强区域空间分化。

(3)对首位度较高的中心城市而言，高铁的建设可能会继续强化现有的城市等级；而对于规模等级较为均衡的城市体系来说，高铁则会优化区域内的城市网络（陈彦，孟晓晨，2013）。

但总体而言，因为我国高铁建设时间较晚、高铁对区域经济空间分化的影响过程较为缓慢，导致我国这方面的研究还不成熟，多以实证研究为主，尚没有形成一定的理论体系。

(十)高铁建设对宏观层面的影响

我国众多高铁线路里程较长，超越了城市群的空间尺度，所带来的时间距离收缩效应能够增强城市群之间的资源共享，加强区域贸易联动，形成统一的国内市场。此外，高铁建设沟通了东、中、西部，能够将边缘地区和发达地区的时间距离拉近，尤其是减少了大量的衔接、换乘时间，从而增强了东部对西部的产业辐射作用，为我国区域协调发展提供契机。

三、经济时空分析在本书中的作用

因发展阶段的局限性，目前经济时空分析尚以理论框架和论证分析为主，可用的经济模型和定量工具较少。因此，经济时空分析在本书中的作用主要是提供思维方式或理念上的支撑，其意义在于能够补充主流经济学对时间和空间认知上的不足——这种不足会对运输问题的研究带来严重的阻碍，并对高铁运输规划和运营管理具备以下指导作用。

(1)提供高效率的时空转换是高铁主要的服务供给，能够带来高强度的时空尺缩。因此，在高铁的效用分析上不应仅着眼于具体新城上的时间节约，还应分析高铁的线路、站点等的设计位置对时空收缩的影响，来洞悉高铁对城市建设、空间区位、产业布局等方面的具体作用。错误的站点布局虽然对车辆的速度、加速度、站间距等技术参数不会产生较大影响，但因诱发时空错配导致时空资源和场域能量的浪费大量，显著降低社会效应。加之高铁建设具有建设周期长、沉没成本高等特点，建成之后不合理的布局、规划很难得到低成本的纠错。因此，在布局规划的过程中不应忽视其中所包含的经济时空关系。这一方面与本书第七章存在一定关联，与第八章关系较强。

(2)高铁运行速度快，相对于普速铁路运行时间被大大压缩。此时，衔接时间对经济效应的影响已变得较为重要，在供求分析当中不能忽视这一点，相关主体也应尽可能地提升运输完整度来减少换乘次数、降低衔接时间。在规划层面上，也应对减少站点候车时间、简化进展流程提出更高的要求。发车时间、发车间隔和需求之间的匹配关系同样重要。发车间隔过长、发车时间与客运需求之间的错配同样会大大增加乘客的衔接时间，在运营管理和线路调度当中应充分尊重乘客位移链条中的时空需求。这一方面与本书第二章和第八章关系较强。

(3)经济时空当中对“即期”的研究和对个体趋利避害方面的认知能够对投融资过程中的风险防控起到一定的借鉴性，能够促进更加稳健的政策出台。这一点与第六章和第八章存在着一定的关系。

第二章　高铁运输供求分析

第一节　高铁运输需求

运输需求和运输供给是运输市场的两个基本方面。对运输的需求产生了提供运输服务和产品的动力，而运输供给则满足了消费者对于运输的需求。运输市场的本质是运输需求方（买方）和运输供给方（卖方）相互作用并共同确定运价和运输量的机制。市场机制的自我调节使供需形成规律性运动，数量—价格关系存在一定的均衡状态，即市场均衡。

［例1］假设有两个地方被山分开，并且只有崎岖的山路连接在它们之间。A区是农产品的生产和加工中心，B区是一个需要大量农产品的工业城市。显然，只要农产品的价格在运到B区后能被接受，就会有一些商人努力将农产品运到B区。但是，由于运输条件极其困难，人力和物力资源的消耗非常高。

不难想象，如果在这两个地方之间建造一条小路，你可以乘坐马车往返两地。用马车运输农产品比使用马匹运输更方便，这一改进会降低B区农产品的销售价格。价格的降低则刺激了人们的消费欲望，使得A和B之间的运输需求也增加了。如果在A和B之间建造一条简单的道路来通过小型卡车，及时完成这条道路就彻底解决了A与B之间的交通问题。若还从B区购进工业品，两地的运输需求将逐渐增加。A和B之间的交通状况与运输需求（运输成本）之间的关系，如图2-1所示。A和B之间的运输成本与运输需求之间的关系，如图2-2所示。可以看出，它与经济学中常用的需求曲线相同：价格上升，需求下降；价格降低，需求增加。

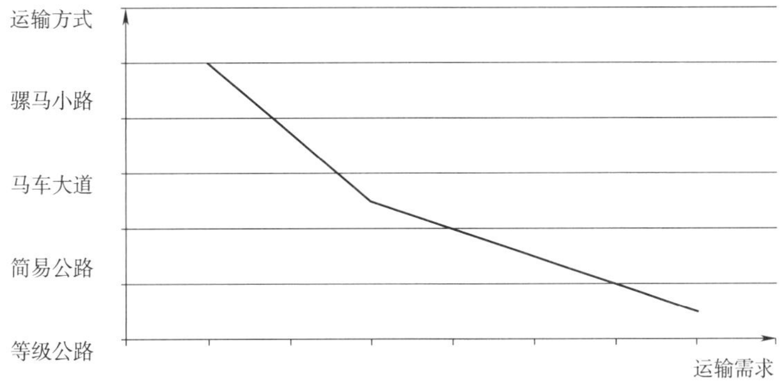

图2-1　运输需求与运输方式

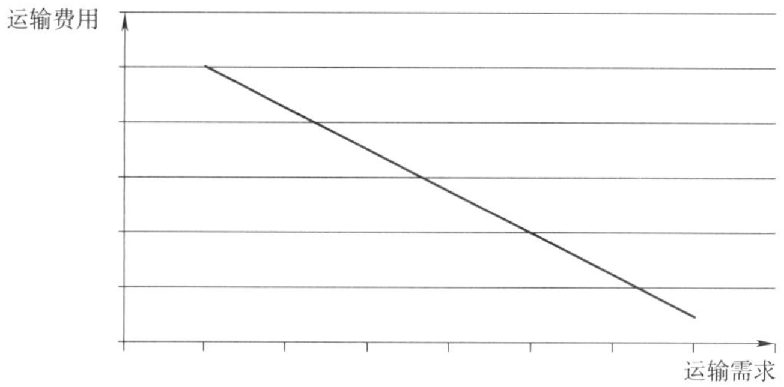

图 2-2 运输需求与运输费用

一、高铁运输需求的基本概念

(一)高铁运输需求的含义

高铁运输需求是指在一定时期内一定价格水平下,用户愿意而且能够利用高铁完成旅客或者货物空间位移的数量。高铁运输需求必须具备两个条件,即具有实现位移的愿望和具备支付能力,缺少任一条件,都不能构成现实的高铁运输需求。

高铁运输需求包含以下六项要素:

(1)对象,即运输的旅客或者货物类型,例如,目前高铁运输的主要对象是中高端旅客和少量行包。

(2)流量,即运输需求量,通常用客运量和货运量来表示,表明客运或者货运需求的数量。

(3)流向,指旅客或货物发生空间位移时的空间走向,表明客货流的产生地和目的地。

(4)流程,即运输距离,指旅客或货物进行空间位移的起始地与到达地之间的距离。

(5)流速,即旅客或货物的送达速度,是指单位时间内平均的位移距离。

(6)运价,即运输价格,是运送每位旅客或者运输单位质量或体积的货物所需的运输费用。运输需求是指在一定价格水平下的运输需要,运价自然应该是它的一个要素。

(二)高铁需求的产生

运输需求分为客运需求和货运需求。客运需求一般可分为两类:生产性旅行需求和消费性旅行需求。生产性旅行需求与人类生产、交换、分配等活动有关,包括满足政府、企业和机构对各种公务和商业运输的需求,它是运输领域生产活动的延续,其运输成本决定了产品或服务的成本。消费者旅行需求包括非生产性旅行的各种交通需求,例如探亲、旅游、购物和各种类型的休闲旅行,其运输成本通常由个人支付。

从经济角度来看,生产者出行需求和消费者出行需求可以产生经济效益或创造财富,除了产生差异的来源,后者是财富的消费。

客运和货运需求的产生有以下几方面原因。

(1)由于旅客产生的时效性交通需求。例如旅行需求、公务出行需求等。与传统运输需求相比,高铁运输的需求是由于旅客对时效性的需求产生的。由于高铁出行的速度相较于传统运输方式更快捷,由此产生了对高铁运输的需求。

(2)由于自然资源的分布导致运输需求的产生。由于不同的资源分布在不同地区,有些地区会出现部分资源稀缺的状态。由于生产生活活动产生了对资源的需求，由此产生了货物运输需求。

(3)产品生产者与消费者存在空间分离。由于地理区位、自然环境等因素，部分产品只能在特定地区生产，但是消费需求是普遍存在的。这种空间上的差异产生了货物的运输需求。随着生产专业化的进一步深化，这种需求也会越来越多。

(4)区域间产品种类、质量、性能和价格的差异。国家和地区之间在自然资源、技术水平和工业优势方面的差异导致其产品的质量、种类和价格各不相同。这将不可避免地导致各个地区的货物流动，从而导致运输需求。

二、高铁运输需求的特点

高铁运输需求同其他商品的需求相比，有其特殊性，主要表现在以下几个方面。

(一)广泛性

高铁运输需求的产品区别于其他产品，属于一种特殊的商品，是其他经济活动、社会活动的基础。任何活动都很难离开运输需求，人类生产活动、社会活动和文化交流都会产生运输需求。因此，运输需求广泛存在于人类的各种活动中，是一种普遍性的需求。

(二)多样性

在客运方面，由于乘客的身份、收入和旅行目的不同，对运输服务的速度、准时和舒适性的要求也是多种多样的。在货物运输方面，在质量、数量、形状和包装等方面差异很大，运输条件的要求也各不相同。这就使得不同类型的运输供给方要根据不同需求作出调整。

(三)派生性

在经济生活中，如果一种商品或服务的需求是由另一种或几种商品或服务派生出来的，则称该商品或服务的需求为派生需求，引起派生需求的商品或服务需求为本源需求。运输需求是社会经济活动的需求派生出来的，因为货主或旅客提出位移要求的目的并不是位移本身，而是为实现生产或生活的目的，完成空间位移只是其为实现最终目的的一个必不可少的环节。所以，相对运输需求而言，社会经济活动是本源需求，运输需求是派生需求。因此，研究运输需求要以社会经济活动为基础。当然，也有极小部分客运可能成为本源需求，如人们生活水平提高后，可能把乘坐某一种交通工具也作为自己的旅行目的之一。

经济学意义上的需求分为本源需求和派生需求两种，对商品本身的需求是本源需求，而对商品的衍生物的需求称为派生需求。我们对大部分商品的需求都是本源需求，出于对商品消费、使用的欲望产生需求。对于高铁运输本身，消费者往往是没有需求的，又是借助运输过程达到位移的目的，所以对于高铁运输需求大部分都是派生需求。所以在研究运输需求时不能与经济活动和社会活动相脱离。不过在很特殊的情况下，也会有部分消费者对乘坐高铁产生需求，这时就出现了对高铁运输的本源需求。

(四)时间与空间的不平衡性

运输需求在时间和空间方向上往往存在不平衡性。时间上的不平衡性是指高铁运输需求在不同时间具有不同的需求，旺季需求多、淡季需求少。很典型的例子就是在春运期间，高铁运输需求会急速飙升。而空间不平衡性是由于地理因素产生的。自然资源分布、城市发展水平等情况都会影响高铁运输需求。例如兰新高铁的运输需求要远远低于京沪高铁的运输需求。这是由于沿线城市的人口分布和经济发展水平存在较大差距，从而产生了运输需求在空间上的不平衡性。

（五）部分可替代性

高铁运输需求还存在着部分可替代性，这种替代又分为内部替代和外部替代。外部替代是指通过运输以外的方式来满足运输需求。例如随着现代通信与网络技术的发展，很多旅客的出行需求被减弱了，消费者可以足不出户完成对商品的购买，甚至可以 VR 观景、线上旅游。旅客流动的一部分被替代了。内部替代是指其他运输方式对高铁运输的替代，例如普速铁路、公路运输、航空运输与高铁运输之间的替代。

（六）空间特定性与规律性

前文提到的五个特点，集中在运输产品需求和其他产品需求之间的差别，而高铁运输与传统的运输需求之间也有其特定的特点，那就是空间特定性与规律性。由于高铁运输需求方指定的位移之间具有方向性，受到自然因素、技术因素的限制，高铁运输的需求不会在任意的空间产生，只有在有条件开通高铁的特定空间才会产生需求，所以高铁的运输需求具有空间特定性。而规律性是指高铁运输需求在空间上的规律性，例如中国东部地区的客运量明显高于其他地区。

三、影响高铁运输需求的因素

影响高铁运输需求的因素主要包括经济发展水平、人口数量、收入和消费水平、交通网络结构、交通服务价格、交通服务质量。影响高铁运输需求的主要因素如下：

（一）经济因素

运输需求是派生需求，是由社会经济活动这一本源需求引起的。因此，经济因素对运输需求的影响是不言而喻的。例如，自然资源分布、生产力布局产生了运输需求；经济的高速增长带动了运输需求；不同国家或地区经济发展不平衡导致不平衡的运输需求；国民经济产业结构和产品结构不同造成量与质上要求不同的运输需求；一个国家或地区经济发展的不同阶段要求相适应的运输需求结构。社会经济的发展能够明显促进社会交流与人员流动，经济景气时，生产性运输需求增加，经济不景气时，生产性运输需求也随之下降。经济因素对于高铁运输需求的影响要远大于普通运输需求，因为同普通运输方式相比，高铁运输突出的是便捷、高效的特点，但缺点就是成本高，所以经济因素对于高铁经济的需求有着重要的影响。

（二）技术因素

技术因素是影响运输需求的重要的长远性的因素。在人类历史的发展中，科学技术作为生产力的构成要素，自始至终起着加速经济增长和推动经济国际化的促进作用。尤其是科学技术革命迅速地改变世界经济结构。经济学家认为，世界经济的发展在人类进入资本主义社会以后，曾经发生过三次重大的技术革命。

第一次科学技术革命以蒸汽机的发明为主要标志，首先发生在英国。19 世纪初，蒸汽机相继应用到轮船和火车上，从而使交通运输业发生了革命性的变化。长期运输成本分析可以为运输企业的长期计划提供依据。在长期内，运输企业根据下阶段计划运量来调节投入要素量，建立一个适度的生产规模，以保证成本最低、利润最大。但是，一旦投入要素增加，生产规模形成，则企业就只能按照已形成的生产规模组织运输生产。由此可以说，运输企业是在长期中计划，在短期中经营。所以，长期成本曲线通常也称为计划曲线，对企业长期决策有一定参考价值。

（三）人口数量、分布与构成

由于旅客职业、收入水平等因素存在差异，对高铁运输的需求也会随之出现不同。出行人数多的城市，高铁运输需求也就更高，城市人口对于高铁运输的需求要远远高于农村。而对于同等类型的地区而言，人口的构成也会影响高铁运输需求。例如同样的村庄，拥有较多剩余劳动力的地区就存在着更多外出务工的情况，从而派生出对高铁运输更高的需求。所以人口数量、人口分布与人口构成也是影响高铁运输需求的重要因素。

（四）市场价格因素

运价和运输商品的市场价格变动，都会引起运输需求量的变动。一般说来，运价下降，运输需求量上升，而运价上涨时，短期内需求量会受到一定抑制。两地市场商品价格差别增大，会刺激该商品两地间的运输需求。而商品价格差别缩小，则会减少两地间该商品的运输需求。另外，燃油、运输工具等价格变动会引起运价的变动，从而也将导致运输需求的变动。

四、高铁运输需求函数

（一）需求函数

高铁运输需求的大小也就是高铁运输需求量，但同时运输需求又含有其他的要素。作为通用的一般表达式，运输需求量可表示为影响它的诸多因素的函数：

$$Q = Q(P, Y_1, Y_j, \cdots, Y_m) \tag{2-1}$$

式中 Q 表示运输的需求量，P 表示运输的价格，Y_j 表示除价格以外的其他影响因素，例如人均收入是影响客运量的重要因素，GDP 或工农业产值是影响货运量的重要因素等。

为求简化，式（2-1）可仅保留一个非价格因素 Y，如下

$$Q = Q(P, Y) \tag{2-2}$$

这个因素可能是人均收入，也可能是地区生产总值等非价格因素。

或更简洁地写成 $Q=Q(P)$，并将价格关于需求量的函数 $P=P(Q)$ 称为需求逆函数。

（二）需求函数的性质

运输的需求函数具有以下性质（以下性质对一般商品需求函数也同样适用）。

1. 非负性

一般需求总是正的，负的需求无实际意义。

2. 需求曲线的单调性

运输需求是单调递减的一条曲线。根据需求规律，正常情况下，高铁运输的价格降低，会引起其需求量增加，而价格上升则需求量减少。这种变化决定了需求曲线的单调性。一般情况下，典型的需求函数曲线，通常用图 2-3 表示。图中，横轴表示需求量 Q，纵轴表示运价 P，DD 表示运输需求曲线。

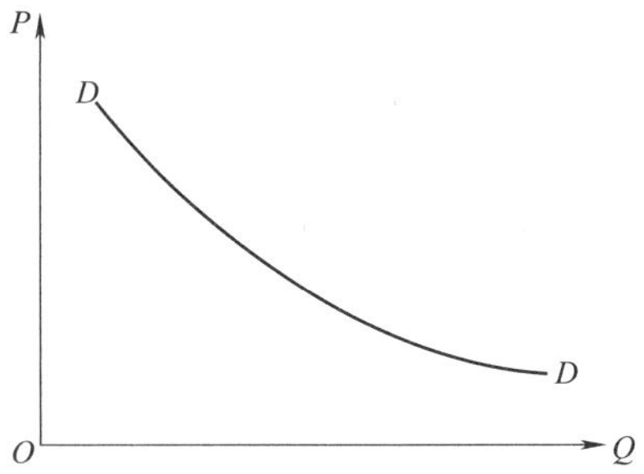

图 2-3 高铁运输需求曲线

(三)高铁运输需求的变动与高铁运输需求量的变动

在研究高铁运输需求变动时,首先要明白高铁运输需求和需求量之间的区别。高铁运输需求表示需求量与运价之间的对应关系的总和,不同的对应关系对应着不同的需求曲线,不是一个具体的数字,而计算所用的某个具体的需求的数字则是高铁需求量的定义。高铁运输需求量则表示在一确定的运价水平上,消费者愿意购买的运输服务的确定数量,它对应于需求曲线上的一点。当非价格因素不变时,由不同运价水平下的不同需求量构成一条曲线表示一种运输需求,在这条运输需求曲线上,不同点的运价是不同的,但非价格因素是相同的。但是,当非价格因素发生变化时,运输需求曲线将产生位移,这种由非价格因素变化引起的曲线的移动就是运输需求的变动。如果运输需求发生了变化,即使价格不变,高铁需求量也会发生变化。

图 2-4(a)表示的就是高铁运输需求变动,表示了价格和需求之间关系的变化,与价格无关,是非价格因素的变化引起的高铁需求的变动;图 2-4(b)表示的是高铁运输需求量的变动,表示某一价格水平下高铁运输需求的具体数量。

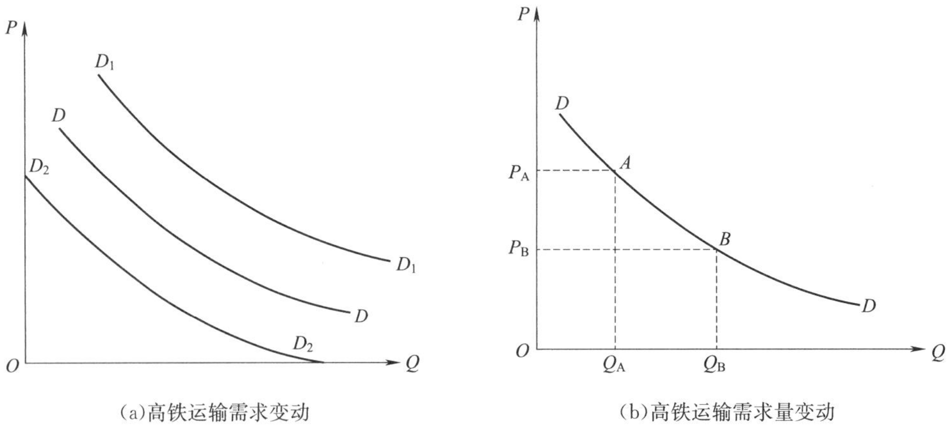

图 2-4 高铁运输需求及需求量变动

上文主要是基于运输经济学对于需求的分析、对高铁运输需求变动和需求量变动进行的经济学分析。但是高铁运输具有压缩时空效应,对周边地区的经济等多种因素都产生了影响,其需求变动和需求量的变动也会随之产生一定量的变化,下面对高铁运输需求的特殊性进行分析。

首先分析的是高铁运输需求的变动。当其他因素发生变化时，高铁运输需求的曲线会发生位移，在实际情况中，高铁运输需求曲线如果发生了向外的移动，那么移动的幅度会较传统经济学分析中更大，而如果发生了向内的移动，那么移动的幅度会较传统经济学分析中更小。这是因为高铁与城市经济的其他产业关系紧密，除了自身的运输需求之外，还具有很强的外部性，除了满足传统运输经济理论外，高铁还很大程度上加速了规模经济和范围经济的产生，所以对于高铁需求的增加会进一步扩大，而对高铁需求的减少则会因为这种效应而被削弱。日本新干线的修建对线路周边产业的带动和促进就很好地证明了这种效应。

［例 2］日本作为第二次世界大战的战败国，国内经济百业凋零，经济衰退。但是从 20 世纪 50 年代开始，日本的经济逐步恢复到战前水平，实现了高速发展，GDP 总值已经与加拿大接近。在奥运会的背景下，日本开始修建高速铁路。在高速铁路修建后，日本经济在 20 世纪 60 年代实现了大繁荣。从 1965 到 1970 年，经济持续增长 57 个月，国民生产总值整体增长 122.8%，工资上涨幅度达到了 113.8%，日本一跃成为世界经济强国。在这一过程中，新干线被誉为日本经济起飞的脊梁。新干线为产业密集、人口稠密的日本的经济带来了强劲的动力，除了新干线的营业收入，周边的车辆制造产业、房地产开发、商业销售、餐饮等收益巨大，在车站周围形成了新的城区，促进了铁路建设、车辆生产、线路维护、运营、管理相关产业的发展，创造了大量的就业机会。这些都是传统运输方式所不能比拟的。

日本高铁的运营还促进了旅游业的发展，对教育和振兴地方文化也起到了积极的作用。大和市的浦佐町原本是个偏僻的山村，新干线通车后，这里建立了浦佐站，随后建立了一所具有研究生院的国际学校，吸引了多个国家的留学生。新干线的开通给优秀教授往返大城市与浦佐之间成为可能，极大程度上促进了当地的教育和文化水平。

从日本新干线的例子可以看出，高铁除了满足运输的需求，对当地的各个产业对产生了影响。所以对于高铁的需求，就不能仅仅从传统运输经济学的规律上去分析。由于对其他产业乃至整个社会产生了具体影响，所以高铁的需求在发生变动时，幅度也会产生不同程度的变化。当非价格因素导致高铁需求减少时，减少的幅度会有所下降；而非价格因素导致高铁运输需求增加时，这种效应会有所上升。

高铁运输需求量随着价格变化出现了不同于传统经济学的变化。高铁以其快速性、舒适性著称，与传统的铁路运输相比，它与航空、汽车运输的替代性是不同的。传统铁路运输的特点是安全性和便捷性，而高铁在快速性、舒适性方面是明显不同的。举个简单的例子，张某想尽快从北京抵达上海进行某项活动，当高铁的票价发生了变化，出于对时效的考虑，他只能选择高铁或者飞机，这时他开始考虑舒适性的问题，在时间接近的情况下，高铁与飞机的经济舱舒适性差别较大，而与高铁竞争的可能是飞机的商务舱、头等舱。在这种情况下，即便价格上升，张某可能仍然会选择高铁作为其出行的选择。所以在高铁价格上升时，需求量减少的幅度同传统铁路运输相比会下降，甚至很难出现需求量的减少。而当高铁价格下降时，由于其方便、快捷、舒适的特点，也会吸引更多人选择高铁出行。所以当高铁价格下降时，需求量的增加幅度同传统运输铁路运输相比将会上升更多。

五、高铁运输需求弹性

高铁运输需求弹性用来分析运输需求量随其影响因素变化而变化的反应程度，即它是运输需求量变化的百分率与影响运输需求的因素变化百分率的比值。高铁运输需求的弹性主要分为以下几种：需求的价格弹性、收入弹性、交叉弹性和派生弹性。

（一）高铁运输需求的价格弹性

1. 基本概念

运输需求的价格弹性反映了运输需求量对运输价格变动反应的程度，表示为：

$$E_{\mathrm{d}}=\frac{\Delta Q/Q}{\Delta P/P}=\frac{\Delta Q}{\Delta P}\cdot\frac{P}{Q} \tag{2-3}$$

式中 Q、ΔQ 表示运输需求量及其变化值，P、ΔP 表示运价及其变化值。

高铁运输需求的价格弹性也可简称为高铁运输的需求弹性或价格弹性。

在客运需求中，生产性出行需求的价格弹性很小。这是因为，出差、商务等公费旅行主要取决于工作需要，对运价略高或略低并不太敏感。但是，消费者出行需求的价格弹性更大，因为消费者出行需求受收入水平的影响。当运价较低，即运输费用占收入的比例小时，会有较多的人愿意远行旅游，相反，当运费很高时，只有少数富人会远行。

货物运输需求的价格弹性不是唯一的，弹性与货物价值有关，货物的价值与价格弹性成反比，价值大的弹性小，价值小的弹性大。除了货物价值，货物的市场情况和季节条件也影响了价格弹性。当某种货物急于上市或长期不易存放时，弹性就较小，无论价格高低都必须进行运输。反之，易于存放的货物的价格弹性较大，需求方可以灵活选择运输方式。除了这些条件之外，自然资源禀赋条件和产业结构也会影响高铁运输需求弹性。

在微观经济学中，当一种物品的价格弹性很大时，称这种物品是“富有弹性”的，这意味着该物品的需求量对价格变动反应大。当一种物品的价格弹性很低时，称这种物品是“缺乏弹性”的，也就是说该物品的需求量对价格变动反应小。某一种运输方式对于某一运输对象在某一时间和空间方向上的运输需求变化受到价格变化的影响，有以下三种情况。

（1）富有需求价格弹性：如果运价变动 1 个百分点引起一种运输的需求量的变动超过 1 个百分点，则称该种运输富有弹性。此时，降低运价会增加总运输收入。

（2）缺乏需求价格弹性：如果运价变动 1 个百分点引起一种运输的需求量的变动不足 1 个百分点，则称该种运输缺乏弹性。此时，提高运价会增加总运输收入。

（3）单位需求价格弹性：如果一种运输的需求量变动的百分比恰好等于运价变动的百分比，则可称该种运输具有单位弹性。在这种情况下，价格上涨 1 个百分点会导致需求量下降 1 个百分点。这意味着运价变动时，总运输收入保持不变。

2. 计算方法

高铁需求价格弹性计算可采用如下两种方法。

（1）点弹性：点弹性是高铁运输需求曲线上某一点的弹性 E_{d}，即

$$E_{\mathrm{d}}=\lim_{\Delta P\to 0}\frac{\Delta Q/Q}{\Delta P/P}=\frac{\partial Q}{\partial Q}\cdot\frac{P}{Q} \tag{2-4}$$

(2)弧弹性：当高铁运输需求函数未知时，只知道曲线上两点的坐标，则可用弧弹性的公式求此两点间的平均弹性。公式为：

$$E_{\mathrm{d}}=\frac{\dfrac{Q_2-Q_1}{(Q_2+Q_1)/2}}{\dfrac{P_2-P_1}{(P_2+P_1)/2}}=\frac{Q_2-Q_1}{P_2-P_1}\cdot\frac{P_1+P_2}{Q_1+Q_2} \tag{2-5}$$

应当注意的是：首先，由于运价和运输需求量变化方向相反，所获得的弹性值是负值；其次，绝对值通常用于比较弹性的大小；最后如果需求曲线是一条直线，虽然线上每个点的斜率值没有变化，但由于线上每个点的 P/Q 值发生变化，所以这条线上每一点的价格弹性也在变化。

影响高铁运输需求价格弹性的因素有很多，时间、区域、人群等都会对高铁运输需求的价格弹性产生影响。当运输处于淡季时，高铁运输的价格弹性较大，因为人们出行需求较低，选择何种出行方式大多数与价格联系紧密，当价格上升时，旅客可能会选择其他出行方式；当运输旺季到来时，人们为了完成出行需求，往往会忽视价格的上升带来的影响。所以时间会影响高铁运输的价格需求弹性，淡季需求价格弹性大，旺季需求价格弹性小。不同地区也会对需求的价格弹性产生影响。路网发达的地区，人们选择的出行方式较多，所以高铁运输需求的价格弹性也较大，当价格发生变化时，对高铁运输的需求会降低；而路网和交通欠发达的地区，人们的出行选择较少，此时高铁运输需求的价格弹性较小。另外，不同人群也会有不同的价格需求弹性。收入较高的人群需求价格弹性小，收入较低的人需求价格弹性大。

(二)高铁运输需求的收入弹性

高铁运输需求的收入弹性是指高铁运输价格不变时，运输需求量变化与收入变化的百分比之比。收入弹性一般用于分析客运需求，衡量的是客运需求量变化对收入变化的敏感程度，公式为：

$$E_{\mathrm{I}}=\frac{\Delta Q/Q}{\Delta I/I}=\frac{\Delta Q}{\Delta I}\cdot\frac{I}{Q} \tag{2-6}$$

收入弹性的点弹性的计算公式为：

$$E_{\mathrm{I}}=\frac{\partial Q}{\partial I}\cdot\frac{I}{Q} \tag{2-7}$$

收入弹性的弧弹性的计算公式为：

$$E_{\mathrm{I}}=\frac{\dfrac{Q_2-Q_1}{(Q_2+Q_1)/2}}{\dfrac{I_2-I_1}{(I_2+I_1)/2}}=\frac{Q_2-Q_1}{I_2-I_1}\cdot\frac{I_1+I_2}{Q_1+Q_2} \tag{2-8}$$

高铁运输需求收入弹性一般为正值。随着乘客需求 Q 和居民收入水平普遍向同一方向变化，也就是说，当居民收入增加时，由于需要减少时间和提高舒适度，对高铁消费旅行的需求增加。相反，当居民收入减少时，乘客更倾向于常规火车或其他更便宜的旅行方式。客运需求分两种类型：第一是衍生需求，这是生产和生命过程中的必要需求。即使人们的收入水平降低，他们仍然必须使用交通工具来满足工作需要；相反，即使人们的收入水平增加，上下班的交通支出也不会增加。第二是原始需求，如旅游、赛车等运输使用，本身就是用于消费。旅游、观光等活动的增加将带动娱乐场所、住宿设施的建设和交通的不断完善。

（三）高铁运输的交叉弹性

运输需求的交叉弹性即交叉价格弹性，主要是指一种运输方式的运输需求量变化对另一种运输方式的价格变化的反应程度，是两个变量的百分比之比，用公式表示为：

$$E_{ij}=\frac{\Delta Q_i/Q_i}{\Delta P_j/P_j}\quad(i\neq j)\tag{2-9}$$

点弹性的计算公式为：

$$E_{ij}=\frac{\partial Q_i}{\partial P_j}\cdot\frac{P_j}{Q_i}\quad(i\neq j)\tag{2-10}$$

弧弹性的计算公式为：

$$E_1=\frac{Q_{i2}-Q_{i1}}{P_{j2}-P_{j1}}\cdot\frac{P_{j1}+P_{j2}}{Q_{i1}+Q_{i2}}\tag{2-11}$$

不同的交叉弹性值具有不同的经济意义。

（1）交叉弹性为正值，说明运输方式 j 的价格变动将引起运输方式 i 的需求的同方向变动，如航空运价提高，会使高铁运输需求量增加，表明航空运输同高铁运输的可替代性。

（2）交叉弹性为负值，说明运输方式 j 的价格变动将引起运输方式 i 的需求的反方向变动。如水运价格提高会使疏港汽车的运输需求量减少，表明两种运输服务存在互补性，即它们的结合使用，更能满足消费者的要求。

交叉弹性与价格弹性、收入弹性一样，在运输价格和运输量分析中起着重要的作用。

与高铁产生交叉价格弹性的主要出行方式有传统铁路、民航、公路运输等运输方式。不同出行方式与高铁运输的交叉弹性也不同。首先，传统铁路与高铁运输属于替代性产品，其交叉弹性为正值，当传统铁路的价格上升时，高铁运输需求增加；传统铁路价格下降时，高铁运输的需求减少。但是这种减少量可能并不明显，虽然二者互为替代品，但是在很大程度上不能实现完全替代，因为高铁具有普速铁路所不具备的时效性和舒适性。所以当传统铁路价格下降时，高铁运输需求的减少量较少，交叉弹性较传统运输经济学相比较小。其次，民航与高铁运输的需求属于替代性产品。二者的替代性是较为明显的。当民航的价格降低，高铁需求减少，民航价格上升，高铁需求增加，二者的需求弹性为正。而公路运输与高铁的替代性和互补性是不确定的，在某种情况下，二者具有替代性，旅客可能选择利用公路运输代替高铁运输，这时二者的交叉弹性为正。但由于高铁运输大多产生在较大城市，较小地区的旅客可能会选择高铁运输＋公路运输的方式代替传统铁路或民航运输，此时二者互为互补品，交叉弹性为负。

第二节　高铁运输供给

一、高铁运输供给基本概念

高铁运输供给是指在一定时期内，一定价格水平下，高铁运输企业愿意并有能力提供的高铁运输产品和服务的数量。有效的高铁运输供给必须包含两个要素：第一是具有出售运输服务的意愿，第二是具备提供高铁运输服务的能力。

高铁运输的产生包含以下三点要素。

(1)高铁运输供给量：指高铁能够承运旅客的数量。这一数量不仅仅包含车辆运载的旅客数量，还包含高铁客站能够承运的旅客的数量。因为列车和车站的运载能力必须相互匹配，才能完成一次成功的运输。所以高铁运输供给量的衡量不仅包含移动设备即动车组列车的供给量，还包含固定设备即高铁客站的供给量。整个高铁运输路网的供给能力是构成路网的各条线路供给能力的综合，而每条线路的供给能力是一年中该线路上能够运行的旅客列车数与其平均载客数量的乘积。

(2)运输布局：指高铁固定设备的空间分布和移动设备的合理配备及其发展变化情况。

(3)运输管理体制：指高铁运输的制度供给。这种制度供给可以是企业的制度、资源配置方式，也可以是政府机构的政策和法规。

二、高铁运输供给的特点

(一)非储存性

高铁运输产品可以为消费者在空间上提供位移，属于虚拟的产品，不具备实物形态，无法储存，在生产过程中，也无法产生新的物质产品，具有无法储存的非物质性。

(二)整体性

高铁运输产品供给具有整体性。整体性是指高铁运输产品必须要和高铁运输基础设施相互匹配，才能完成高铁运输供给。

(三)部分可替代性

与高铁运输的需求类似，高铁运输的供给也具备部分可替代性。同一种运输产品可以部分由不同的运输方式代替，但是这种代替并不是完全的，只能存在部分代替。因为不同运输方式的运输速度、便捷性和舒适程度方面存在很大差异。

三、影响高铁运输供给的因素

讨论影响运输供给的因素，必然联系到运输需求，因为供给与需求是密切相关的，影响运输需求的一些因素同样影响运输供给。

(一)经济因素

国家或地区的经济状况是运输供给发展的基本条件，也是影响运输供给的决定因素。经济发展一方面导致更大的运输需求，另一方面，也使得投入巨资建设运输线路、站场设施及购置运输工具成为可能。从经济发展状况分析，运输供给实质上是探索资源的合理配置和有效运用问题。在今日中国的许多地方，即使目前尚未有一定规模的高铁运输需求存在，但进行高铁建设的呼声也很高。经济要腾飞，运输须先行已成为共识。运输建设成了改善投资环境的重要部分，而经济发展又为运输供给的发展提供了契机。

(二)政治因素

各国政府一般都对运输业实行不同程度的干预，其中，运输政策是影响运输供给的重要政治因素。运输政策是一个国家的政府为发展运输而制定的准则，是经济政策的组成部分。运输政策的制定要从经济、政治、军事以及国际社会等许多方面考虑。不同国情的国家在各自发展的不同时期，都制定出不同的运输政策。如在航空运输发展初期，许多国家政府都实行保护和扶持政策，以加速航空运输业的发展。据联合国贸发会的调查表明，在被调查的主要航运国家中，各国政府无一例外地对本国的航运业实行保护和扶持政策，或是给予财政方面的支持，或是通过行政和法律手段保护本国航运企业的利益，这无疑为运输供给能力的增加提供了有力支持。有时，为了抑制某种运输供给的过快增长，政府采取一定的限制措施。如近年来某些城市出租汽车的运输供给增长迅猛，导致城市交通拥挤日益严重，地方政府相应采取一定措施抑制这种过快的供给增长，防止道路阻塞情况的进一步恶化。

（三）技术因素

科学技术是推动社会发展的第一生产力，也是推动运输业发展的第一生产力。新型运输工具的出现、运输工具性能的重大改进，无一不是科技进步的结果。科学技术对于提高运输生产效率、降低运输成本、提高运输服务质量和生产的组织管理水平等起着重要作用。例如，以蒸汽机发明引发的第一次科学技术革命使运输业进入了机器运输时代；第二次科学技术革命产生了内燃机火车和轮船，之后出现了汽车、飞机等现代运输工具，形成现有的五种运输工具。计算机和通信技术的发展使铁路运输实现了信号技术电子化、列车和编组站实现自动控制，轮船、汽车、飞机采用卫星导航和无人驾驶。因此，科学技术发展极大地促进了运输的发展，使运输供给能力和水平出现史无前例的巨大增长。

除了上述的宏观经济因素外，从微观经济角度来看，影响运输供给的主要因素是运价、运输成本等。运价因素的影响体现在运输服务价格、运输服务成本、运输的相关市场的价格等方面。运输产品价格是影响运输供给的重要因素。在其他因素不变的情况下，运价同运输供给量呈同增同减趋势。引起运输成本变动的因素很多，主要是生产要素价格和生产技术状况。生产要素价格上涨，必然导致运输成本的增加，使运输供给减少；生产技术的进步则意味着运输能力的提高或运输成本的降低，其结果是能够在运价不变的情况下，增加运输供给量。

四、高铁运输供给函数

（一）运输供给函数

高铁运输供给的大小通常用供给量来描述。高铁运输供给量是指在一定时间、空间和一定的条件下，高铁运输生产者愿意且能够提供的运输服务数量。在这里，“一定的时间、空间”同运输需求量中时间、空间的含义是相同的；“一定的条件”指的是影响运输供给的诸多因素，如政府对运输业的政策、运输服务的价格、运输服务的成本等。

运输供给量可表示为影响它的诸多因素的函数：

$$Q = Q(P, Y_1, Y_j, \cdots, Y_m) \tag{2-12}$$

式中 Q 代表高铁运输供给量，P 代表高铁运输价格，Y 表示除了高铁运价之外的其他影响因素。

（二）高铁运输供给曲线

在影响供给量的诸多因素中，运输价格是影响供给的核心变量。运输供给曲线就是假定其他因素不变，反映供给量同价格之间关系的曲线。此时，运输供给函数可简化为：

$$Q_s = Q_s(P) \tag{2-13}$$

一般情况下，Q_s 与 P 同方向变化，即供给量随运价上涨而增加，随运价下跌而减少，这是运输供给的一般规律。如图 2-5 所示，SS 为运输供给曲线。

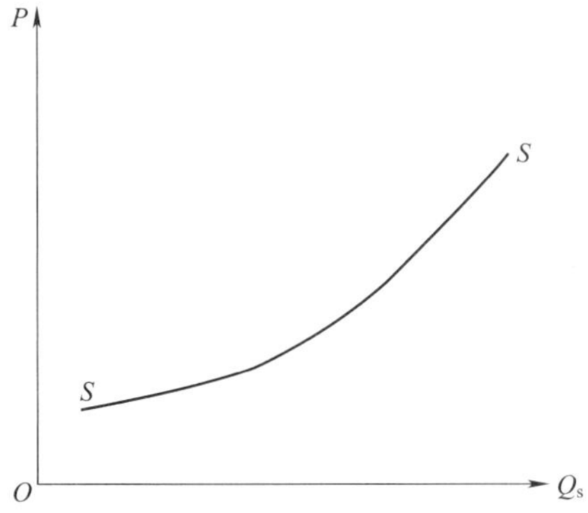

图 2-5 高铁运输供给曲线

（三）高铁运输供给的变动与运输供给量的变动

同运输需求的变动、运输需求量的变动相类似，运输供给与运输供给量的变动也是两个不同的概念。运输供给表示在不同价格水平下，运输生产者愿意且能够提供的运输服务的数量，它表示的是供给量同运价之间的一种对应关系，特定的运输供给对应一条供给曲线。而运输供给量则表示在一确定价格水平上，运输生产者提供的运输服务数量，它对应供给曲线上一点。运输供给量的变动是当非价格因素不变时，供给量随运价变化而沿供给曲线移动，每一运价水平对应一个相应的供给量；运输供给的变动是非价格因素变化时导致的供给曲线的位移，如果供给发生了变动，即使价格不变，运输供给量也会发生变化。

如图 2-6(a)所示，当运价从 P_1 升到 P_2 时，供给量从 Q_1 升高到 Q_2，这是供给量的变动。如图 2-6(b)所示，当非价格因素发生变化，导致运输供给曲线由 S_0S_0 变为 S_1S_1 或 S_2S_2，此为运输供给的变动。

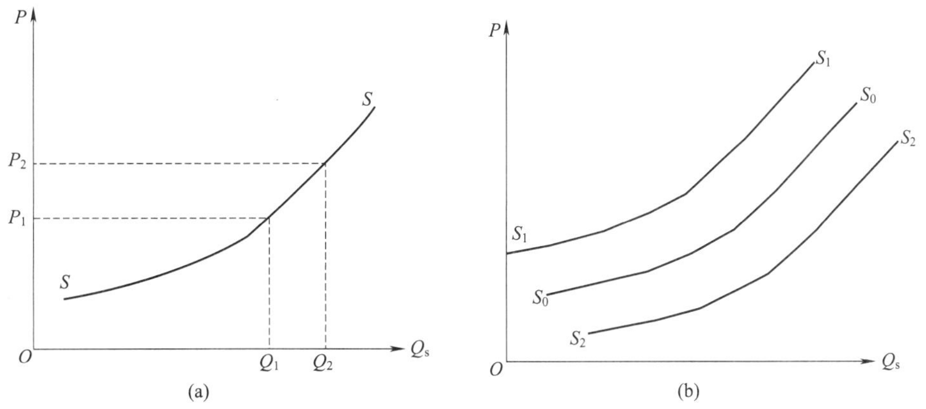

图 2-6 运输供给量的变动图

高铁运输供给和供给量的变动会因为需求变动幅度的不同产生相应的调整。首先分析非价格因素变动时，供给需求会发生何种变动。在分析这种变动前，有必要分析哪些因素会直接影响高铁运输的供给。例如在无外部补贴的情况下，满足运输企业运营成本的支出，补偿高铁运输活动中产生的耗费，才能保证高铁运输生产活动的可持续进行；由于高铁投资的固定成本占比很大，列车单次运行需要考虑的分摊的折旧费用和维护费用很高；物价水平、社会发展情况和政府宏观调控等因素也会影响高铁运输的供给。考虑到高铁供给具有一定的公益性，在一定程度上讲，高铁运输的供给并不是完全的商业化行为，政府在其中起到了很大的作用，所以在非价格因素发生变化时，例如成本的增加、竞争对手的价格波动时，政府在很大程度上会出面平衡，以保证高铁供给的均衡。加之需求减少幅度的变小，可以判断在高铁供给因为某种因素出现减少时，这种减少的幅度将很大程度上被抵消；而当供给出现增加时，增加幅度与传统经济学分析类似或出现小幅度增加。

[例 3]从中国铁路总公司(现国铁集团)2016—2019 年的财务报表来看，其 2016—2018 每年还本付息的金额比当年除贷款外的投入资金的数额还要高(图 2-7)。2016 年，中国铁路总公司的还本付息金额达到了 6 203 亿元，而当年的非贷款投入资金总额仅为 2 855.56 亿元，这就说明该公司只能依靠借新债还旧债的方式来继续运营高铁。近年来，这种情况有所好转，2018 年的非贷款资金投入与还本付息金额已经基本相同，但是仍然很难出现盈利，2019 年的非贷款资金投入终于超过了还本付息金额。这与传统运输经济学的分析已经出现了很大偏差。也有部分学者曾提出过国铁集团已经陷入债务负担恶性增长的深渊，丧失了还款能力，只能依靠中央财政兜底的观点。在这样的背景下，对于高铁的建设和供给仍然没有出现明显的减少。从这个例子可以看出高铁运输供给存在着独特之处。

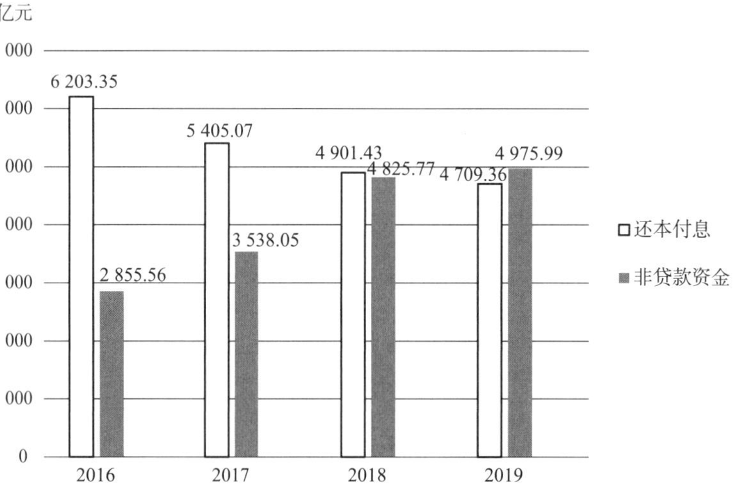

图 2-7 2016—2019 年中国铁路总公司还本付息情况图

当非价格因素导致高铁运输供给减少时，这种减少的效应将被大幅度削弱。而当价格因素变化时，高铁运输供给量的变动情况与需求情况大致类似，因为供给量和需求量始终存在着对应关系。所以和需求量类似，在高铁价格上升时，供给量减少的幅度同传统经济学相比会下降，甚至很难出现供给量的减少。而当高铁价格下降时，由于其方便、快捷、舒适的特点，也会吸引更多人选择高铁出行，随着需求量的增加，供给量的增加幅度同传统运输经济学相比将会上升更多。

五、高铁运输供给弹性

（一）高铁运输的价格弹性

运输供给的价格弹性是指在其他条件不变的情况下，运价变动所引起的供给量变动的敏感程度，是供给量变化和价格变化的百分比之比，表示为：

$$E_s = \frac{\Delta Q_s / Q_s}{\Delta P / P} = \frac{\Delta Q_s}{\Delta P} \cdot \frac{P}{Q_s} \tag{2-14}$$

点弹性的计算公式为：

$$E_s = \frac{\partial Q_s}{\partial P} \cdot \frac{P}{Q_s} \tag{2-15}$$

弧弹性的计算公式为：

$$E_s = \frac{Q_{s2} - Q_{s1}}{P_2 - P_1} \cdot \frac{P_1 + P_2}{Q_{s1} + Q_{s2}} \tag{2-16}$$

由于运价同运输供给量同方向变动，所以供给弹性值一般为正值，这样，供给量对运价变化的反应可以用供给弹性值的大小衡量。类似需求弹性，当 $E_s > 1$，高铁运输富有供给弹性；当 $E_s < 1$，高铁运输缺乏供给弹性；当 $E_s = 1$，高铁运输具有单位供给弹性。

（二）影响高铁运输价格弹性的因素

1. 适应运输需求的范围大小

由于运输服务是针对需求者，为其提供位移，所以如果运输产品的泛用性广，其需求弹性就会大；若泛用性差，需求弹性就相对较小。对于高铁列车而言，如果是仅仅用于客运，没有放置货物的空间，那么其供给的价格弹性就相对较小。而一些有存放货物空间的动车组列车，由于可以在运输市场上灵活调配，供给价格弹性就大。

2. 调整运力的难易程度

一般来说，能够根据价格的变动灵活调整运力的产业，其供给价格弹性大；反之，其价格弹性就小。高铁运营是按照计划的方案实施，很少会因为价格的变动调整车次和频率，调整运力较为困难，所以高铁运输的供给价格弹性较小。

3. 运输成本增加幅度大小

如果一种运输服务增加供给引起的成本增加较大，那么，其供给弹性就小；反之，如果增加的成本不大，供给弹性就大。如旅客运输在满员情况下，可以通过超员运行增加运量，而这个过程增加的成本并不大，这样的产业供给弹性较大。一般来说，旅客列车比货物列车的供给弹性大。因为货物达到满载后很难在不增加运输工具的情况下超载运输。而高铁运输大部分是旅客列车，所以供给的价格弹性较大。

（三）高铁运输供给的交叉价格弹性

由于运输业在不同运输方式之间存在某种程度的可替代性和互补性，因此，有时要研究在运输企业、各运输方式之间的供给交叉价格弹性，即某种运输服务价格的变动引起另一种运输服务供给的变动的灵敏程度，表示为：

$$E_{sij}=\frac{\Delta Q_{si}/Q_{si}}{\Delta P_j/P_j}=\frac{\Delta P_{si}+P_j}{\Delta P_j+Q_{si}} \tag{2-17}$$

式中 E_{sij} 表示 j 种运输服务价格变化引起 i 种运输服务供给的变化的弹性值，Q_{si} 和 ΔQ_{si} 表示 i 种运输服务供给量及供给量变化值，P_j 和 ΔP_j 表示 j 种运输服务价格及价格变化值。理论上，如果 $E_{sij}=0$，两种运输方式供给独立，若 $E_{sij}<0$，则两种供给方式可互相代替。

第三节　高铁运输供需均衡分析

一、高铁供需均衡的市场机制

高铁供需市场的均衡是指市场上影响高铁运输的各种对立、变动着的力量，在相互影响、调整过程中，出现了力量相当、供给与需求处于暂时平衡的状态。

从高铁运输供给与高铁运输需求两方面的对比关系考察市场状态及其变化规律的方法属于均衡分析。根据所考察的对象与前提，均衡分析可以分为局部均衡分析和一般均衡分析。局部均衡分析是假定在其他条件不变的情况下，分析高铁的供给与需求达到均衡的运动过程；一般均衡分析是假定在所有运输方式的供给、需求与运价相互影响的情况下，分析高铁运输供给与需求达到均衡的运动过程。

供给与需求是决定运输市场行为最基本的两种力量，它们之间平衡是相对的，不平衡是绝对的。但是，市场作为一种有机体，总是存在着自行调节机制——市场运行机制，使供给和需求形成某种规律性的运动，出现某种相对的均衡状态，即市场均衡。

通常用图 2-8(a)所示的供求图描述市场均衡，该图把供给曲线和需求曲线叠加起来，图中的供给与需求在横轴和纵轴上采用了完全相同的单位。通常，DD 是高铁需求曲线，SS 是高铁供给曲线，纵轴表示运价 P，横轴表示供给或者需求的数量 Q。在需求量与供给量相等的价格(P_0)水平上，市场达到均衡。在均衡点 E 处，价格既没有上升的趋势，也没有下降的趋势。经济学上也称均衡价格为市场出清价格。这意味着所有供给和需求的订单都已完成，账簿上已经出清，(运输)需求者和(运输)供给者都得到了满足。在运输经济学中均衡价格则称为均衡运价，由均衡运价决定的运量为均衡运量。

均衡运价是通过运输市场供需的自发调节而形成的。当市场运价背离均衡运价时，由于需求与供给曲线没有变，也就是说该市场上的均衡点没有变，这样，市场供需就会自发地发挥作用，促使运价又恢复到均衡运价的位置。可以从图 2-8(b)中价格从 P_0 上升到 P_1 或下降到 P_2 来说明市场均衡的过程。

先分析价格上升到 P_1 的情况。在 P_1 价格水平，需求量 $Q(D)$ 受价格上涨的影响而下降到 Q_{d1}，相反由于运价提高，供给能力 $Q(S)$ 却提高到了 Q_{s1}，以至造成市场上运力的过剩，在图中以标有“过剩”的线段表示。显然，可看出只要价格 P 大于均衡运价 P_0，就会存在运输供给能力大于运输需求的情况。过剩的运输供给必然会设法寻找市场，在竞争中通过降低价格吸引需求方，在价格下降过程中，供给量沿着 SS 曲线逐渐减少。在供给方压价争夺市场时，另一方面，需求量却因为价格下降而逐渐增加，这样，“过剩”量也就逐渐减少，直到价格等于 P_0 时，供给过剩完全消除。图 2-8(b)中，沿着两条曲线向下的箭头表示当市场存在着过剩时价格的运动方向。反之，当市场价格达到图中 P_2，市场出现了短缺，即需求量超过了供给量，在图中以标有“短缺”的线段表示。在存在着短缺的情况下，需求方为得到有限的运力而展开的竞争引起价格上升，如图 2-8(b)中向上的箭头所示。因此，在 E 点，而且只有在 E 点，供给与需求的力量才能达到平衡，价格稳定在可以持续不变的水平上。当然，这一供需均衡机制的形成是以运输市场的充分竞争为前提的。

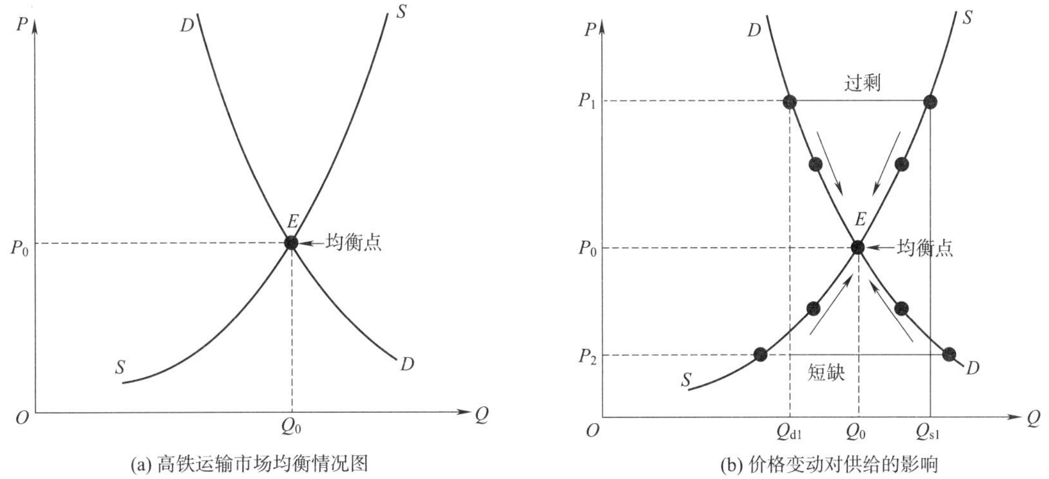

图 2-8　高铁运输市场均衡及价格变动对供给的影响

运输市场均衡的形成与变动过程是其基本的运行机制。通常，在供求条件不变的情况下，市场处于一定的稳定均衡状态。虽然不均衡是经常和大量出现的，但是通过运价与供求的相互冲突与调整等作用，能够不断地恢复和维持均衡。然而，由于市场盲目冲击力的存在，市场“不均衡—均衡—不均衡—均衡”的过程是反复进行的。

从长期来看，随着世界经济和国际贸易的发展，运输需求必然相应增长；科技进步、造船工业以及跨国高速公路和铁路的发展也必然推动供给增加，供求条件发生变化，这就必定打破原有的均衡，引起供求新的冲突与矛盾。这一新的供求冲突与矛盾又会引起运价的波动，随着运价的变动，将会推动市场走向新的均衡。供给、需求和市场运价就是这样，在相互影响和相互作用中推动运输市场形成：稳定均衡、维持、稳定均衡被打破，再形成新的均衡……这样周而复始的运动过程。这就是以运价为自动调节的市场机制的动态运行过程。

二、供需变动下高铁市场的均衡

当某种均衡形成之后，随着时间的推移，供给与需求条件会产生变化，导致原供需关系(供需曲线)的改变。这时原来的均衡就要被打破，并朝着新的均衡转变。

(一)供给不变，需求变动对均衡点的影响

图 2-9(a)中 DD 为原需求曲线，SS 是供给曲线，DD 与 SS 交于 E，P_0 为原均衡运价，Q_0 为原均衡运量。现假定由于需求影响因素变化导致需求增加，使需求曲线 DD 向右上方移动，形成新需求曲线 D_1D_1 与 SS 交于 E_1，新的均衡运价为 P_1，新的均衡运量为 Q_1，表明在供给不变的前提下，由于需求的增加，均衡价格上升了，均衡运量也相应增加了。

假定由于某种因素的变化导致需求减少，使需求曲线 DD 向左下方移动到 D_2D_2，D_2D_2 与 SS 交于 E_2，新的均衡运价为 P_2，新的均衡运量为 Q_2，表明在供给不变的前提下，由于需求的减少，均衡价格下降了，均衡运量也相应减少了。

（二）需求不变，供给变动对均衡点的影响

图 2-9(b)中假定运输需求 DD 保持不变，供给影响因素变化导致供给增加，使供给曲线 SS 向右移动到 S_1S_1，与 DD 交于 E_1，对应新的均衡运价 P_1、新的均衡运量 Q_1，表明在需求不变的前提下，由于供给的增加使均衡价格下降，均衡运量增加了。

假定由于某种因素影响导致供给减少，使供给曲线 SS 左移到 S_2S_2，S_2S_2 与 DD 相交于 E_2，对应新均衡运价 P_2、均衡运量 Q_2，表明在需求不变前提下，由于供给减少使均衡价格上升，均衡运量减少了。

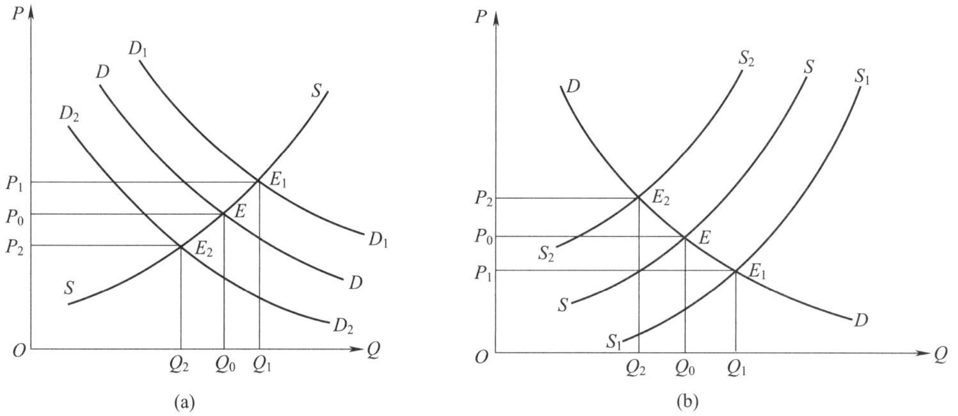

图 2-9 需求变动对均衡的影响

（三）需求与供给同时变动对均衡点的影响

在高铁运输市场运行中，需求与供给常常同时发生变动，此时，均衡如何变动将取决于需求与供给的变动方向和幅度。供给与需求同时变动有两种可能，一种是呈同方向变化，另一种呈反方向变化。每一种可能中又有两种情形。同方向变化时，可能同时增加，也可能同时减少；反方向变化时，可能是需求增加、供给减少，也可能是供给增加、需求减少。

现以需求与供给同时增加为例来考察供需同时变化时对均衡的影响。

如图 2-10 所示，现假定需求由 DD 增加到 D_1D_1，供给由 SS 增加到 S_1S_1，此时供给增加的幅度小于需求增加的幅度，新均衡点为 E_1，新均衡运价为 P_1，新均衡运量为 Q_1。

如果供给由 SS 增加到 S_2S_2，此时供给增加幅度等于需求增加幅度，新均衡点为 E_2，新均衡运价 $P_2=P_0$，新均衡运量为 Q_2。

如果供给由 SS 增加到 S_3S_3，此时供给增加幅度大于需求增加幅度，新均衡点为 E_3，新均衡运价 P_3，新均衡运量为 Q_3。

从以上分析可见，在需求、供给均增加的情况下，均衡运量是一定增加的，而均衡价格是上升还是下降，则取决于需求与供给增加的幅度的相对大小。当需求增加幅度大于供给增加的幅度，则均衡价格上升；当需求增加幅度等于供给增加幅度，则均衡价格不变；当需求增加幅度小于供给增加幅度，则均衡价格下降。

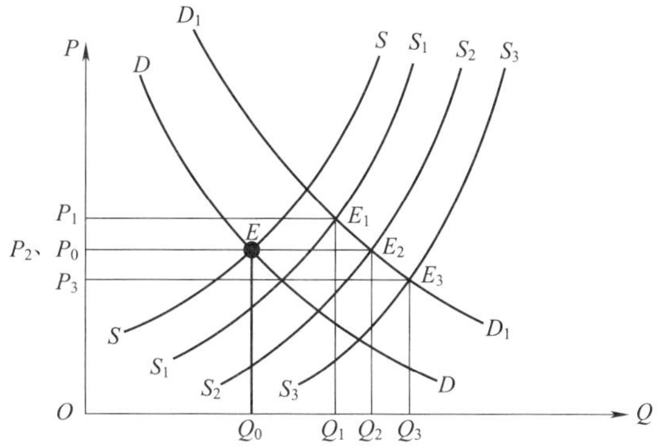

图 2-10　需求供给同时变动对均衡的影响

用同样的方法可分析在需求与供给的其他变化情形时，均衡运价的变化情况。

以上仅分析了均衡运价与均衡运量如何确定以及当需求状况与供给状况发生变化时，相应均衡量的变化，但并未论及从原均衡点到新均衡点的发展变化过程，故称为静态均衡分析或比较静态分析。运用比较静态分析方法，可以分析影响高铁运输需求或者高铁运输供给的某一个因素发生变化的时候，运输价格的变化趋势。

第四节　高铁运输生产论

生产论研究的经济主体是生产者，也就是提供高铁运输的厂商和企业，是运用生产要素、生产产品或提供服务的经济单位。在传统西方经济学中，通常认为厂商的经营目标是利润最大化。利润是厂商的收益与成本之间的差额，只有获取利润，企业才能不断扩大生产、更新技术与设备、吸引高素质人才，在激烈的市场竞争中生存并发展壮大。本节主要讨论的就是高铁运输企业的生产函数。

一、生产与生产函数

所谓生产，就是一种投入与产出的过程，是指通过一定量的生产要素的投入而得到相应的产品或服务的过程。从经济学的角度来说，所有能够给人们创造或增加满足程度的活动都可以称为生产活动。

任何生产均需要投入各种不同的生产要素，在现代经济学中，生产要素一般被划分为劳动、土地、资本和企业家才能四种基本类型。在高铁运输的生产过程中，劳动是指工作人员在生产过程中所提供的体力和智力的总和。土地不仅指车站、沿途的土地本身，还包括了高铁沿线的地上或地下的一切自然资源，如森林、江河湖泊、海洋和矿藏等。资本可以表现为实物形态和货币形态，实物形态的资本又称为资本品或投资品，如车站、高铁列车等，货币形态的资本通常称为货币资本。企业家才能是指企业家组织建立和经营管理企业的才能。

生产过程就是从生产要素的投入到产品的产出过程，生产过程中生产要素的投入量和产品的产出量之间的关系可以用生产函数来表示。生产函数表示在一定时期内，在技术水平不变的条件下，生产中使用的各种生产要素的数量与所能生产的最大产量之间的关系。任何生产函数都是以一定时期内的生产技术水平作为前提条件的，一旦生产技术水平发生变化，原有的生产函数就会发生变化，从而形成新的生产函数。

假设 $X_1, X_2, \cdots, X_n$表示生产过程中使用的 n 种生产要素的投入量，Q 表示所能生产的最大产量，则生产函数可以用下式表示：

$$Q=f(X_1, X_2, \cdots, X_n) \tag{2-18}$$

该生产函数表示，在一定时期内，在既定的生产技术水平下，生产要素组合$(X_1, X_2, \cdots, X_n)$所能生产的最大产量为 Q。

一般情况下，为了简化分析，我们通常假定生产中只使用劳动和资本两种生产要素。用 L 表示劳动投入量，K 表示资本投入量，则式(2-18)可以表示为：

$$Q=f(K, L) \tag{2-19}$$

式(2-19)表示了产出与劳动和资本这两种生产要素之间的数量关系。

二、短期生产函数

(一)短期生产的定义

对生产过程的分析必须区别短期生产和长期生产。在经济学中，短期是指生产者来不及调整全部生产要素的数量，至少有一种生产要素的数量是固定不变的时间周期。长期是指生产者可以调整全部生产要素数量的时间周期。

在短期内，生产者无法进行数量调整的那部分生产要素投入被称为固定要素投入，例如机器设备、厂房等；生产者可以进行数量调整的那部分生产要素投入被称为可变要素投入，例如劳动力、原材料等。而在长期内，生产者可以调整全部的生产要素投入，企业可以根据经营状况扩大或缩小规模，甚至还可以加入或退出一个行业。因此，对于不同的产品生产，短期和长期的时间界限是不相同的，例如一个冰激凌店可能只需要一个月就能雇用新员工、购买新设备，从而扩大生产规模，而一家造船厂可能需要 3 年的时间才能变动所有生产要素的投入量。

在短期分析中，我们通常假定只有一种生产要素的投入量是可以变动的，其余的要素投入量是固定不变的。用 L 表示可变的劳动投入量，用 $\overline{K}$ 表示固定的资本投入量，则短期生产函数可以写成：

$$Q=f(L, \overline{K}) \tag{2-20}$$

它表示在资本投入量固定时，由劳动投入量变化所带来的最大产量的变化。

(二)总产量、平均产量与边际产量

劳动的总产量(total product，简写为 TP_L)是指与一定的可变生产要素即劳动的投入量相对应的最大产量。它可以用公式表示为：

$$TP_L=f(L, \overline{K}) \tag{2-21}$$

劳动的平均产量(average product，简写为 AP_L)是指总产量与所使用的可变要素即劳动的投入量之比。它可以用公式表示为：

$$AP_L=\frac{TP_L(L, \overline{K})}{L} \tag{2-22}$$

劳动的边际产量(marginal product,简写为 MP_L)是指增加一单位可变要素即劳动的投入量所引起的总产量的增加量。它可以用公式表示为:

$$MP_L = \frac{\Delta TP_L(L,\overline{K})}{\Delta L} \tag{2-23}$$

或

$$MP_L = \lim_{\Delta L \to 0} \frac{\Delta TP_L(L,\overline{K})}{\Delta L} = \frac{\mathrm{d}\,TP_L(L,\overline{K})}{\mathrm{d}L} \tag{2-24}$$

为了说明短期生产过程中的总产量、平均产量和边际产量之间的相互关系,根据上述公式,我们可以编制一种可变生产要素投入的生产函数的总产量、平均产量和边际产量的图,如图 2-11 所示。

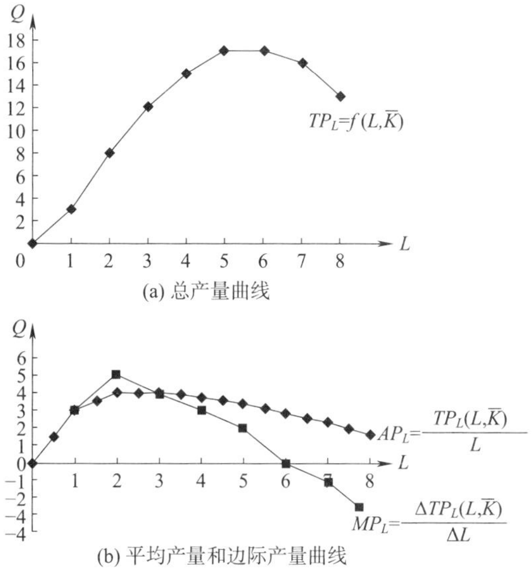

图 2-11　总产量、平均产量和边际产量曲线图

从图 2-11 中我们可以看出,当资本的投入量不变时,随着劳动投入量的增加,起初总产量、平均产量和边际产量曲线都呈上升趋势,当达到各自的最大值后,再呈下降趋势。

(三)边际报酬递减规律

从图 2-11 中我们发现,对于一种可变生产要素投入的生产函数来说,其边际产量表现出先上升后下降的特征,这一特征在经济学中被称为边际报酬递减规律。所谓边际报酬递减规律是指,在技术水平不变的条件下,在连续等量地把某一种可变生产要素增加到一种或几种数量不变的生产要素上的过程中,当这种可变生产要素的投入量小于某一特定值时,增加该要素投入所带来的边际产量是递增的;当这种可变要素的投入量连续增加并超过这个特定值时,增加该要素投入所带来的边际产量是递减的。正是在边际报酬递减规律的作用下,边际产量曲线呈现出先上升后下降的特征。例如,在一块很大的土地上只有一个劳动者从事农业生产,随着劳动者数量的增加,劳动的边际产出一般会有一个先增加后减少的过程。但当劳动者数量特别多时,就会出现管理上的困难,甚至单纯由于践踏,也会使农作物总产量出现下降。

边际报酬递减规律发生的原因在于:在任何产品的生产过程中,可变生产要素的投入量与不变生产要素的投入量之间存在着一个最佳的组合比例。开始时，由于可变要素的投入量为零，而不变要素远远没有得到利用，此时增加的可变要素投入可以使边际产量递增。当可变要素的投入量继续增加到某一特定值时，可变要素的边际产量达到最大值，此时生产要素的组合就达到最佳要素组合比例，此后继续增加可变要素投入量只会使生产要素的组合比例越来越偏离最佳组合比例，可变要素的边际产量便呈现出递减的趋势了。

在图 2-12 中，由边际报酬递减规律决定的劳动的边际产量曲线先上升，达到最高点后再下降。由短期生产的这一基本特征出发，我们将总产量曲线、平均产量曲线和边际产量曲线置于同一张坐标图中，来分析总产量、平均产量和边际产量之间的相互关系。

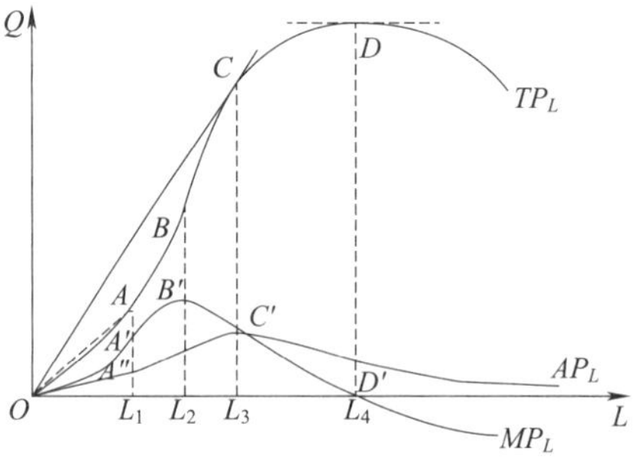

图 2-12　短期生产函数的产量曲线

(1)总产量曲线和平均产量曲线之间的关系。由 $AP_L=\dfrac{TP_L}{L}$ 可知，连接 TP_L 曲线上任何一点和原点的线段的斜率就表示该点的 AP_L 值。在图 2-12 中，TP_L 曲线上 A 点所对应的 AP_L 值，就是线段 OA 的斜率，即 $\dfrac{AL_1}{OL_1}$，它与线段 $A''L_1$ 的长度相等。因此，当 AP_L 曲线在 C' 点达到最大值时，必定有一条从原点出发的最陡峭的切线，与 TP_L 曲线相切于点 C。

(2)总产量曲线与边际产量曲线之间的关系。由 $MP_L=\dfrac{\mathrm{d}\,TP_L}{\mathrm{d}L}$ 可知，TP_L 曲线上任何一点的切线的斜率都可表示为该点上的 MP_L 的值。开始时，总产量随着劳动投入量的增加而增加，TP_L 曲线的斜率为正，相应的 MP_L 值也为正，当劳动投入量超过 L_4 后，总产量随着劳动投入量的增加而递减，TP_L 曲线的斜率为负，相应的 MP_L 值也为负。也就是说，当边际产量为正时，总产量随着劳动投入量的增加而增加；当边际产量为负时，总产量随着劳动投入量的增加而递减；当边际产量为零时，总产量达到最大值。

因为 MP_L 曲线在 $MP'_L(L)=0$ 处达到极大值，所以在该点处 $TP_L''(L)=0$，也就是说，使得 MP_L 曲线达到极大值的点 L_2 使得 TP_L 曲线达到拐点。当劳动投入量小于 L_2 时，总产量以递增的速度随着劳动投入量的增加而增加；当劳动投入量大于 L_2 而小于 L_4 时，总产量以递减的速度随着劳动投入量的增加而增加。

(3)平均产量曲线和边际产量曲线之间的关系。就任何一对平均量与边际量的关系而言，只要边际量大于平均量，边际量就把平均量往上抬，只要边际量小于平均量，边际量就把平均量往下拉。例如，某个班级全体学生的平均身高为 1.68 米，此时新转来一名学生，如果该新生的身高高于 1.68 米的话，则全班的平均身高会增加；相反，如果新生的身高低于 1.68 米的话，那么全班的平均身高会降低。因此，在图 2-12 中，当 MP_L 曲线高于 AP_L 曲线时，AP_L 曲线上升；当 MP_L 曲线低于 AP_L 曲线时，AP_L 曲线下降；当 MP_L 曲线和 AP_L 曲线相交时，AP_L 曲线必然达到最大值。此外，在可变劳动投入量的变化过程中，边际产量的变动比平均产量的变动要更敏感一些，不管是增加还是减少，边际产量的变动都快于平均产量的变动。

（四）短期生产函数的描绘

为了确定劳动这种可变生产要素的合理投入，根据图 2-11 中的总产量曲线、平均产量曲线和边际产量曲线的关系，我们将生产划分为三个阶段，如图 2-13 所示。

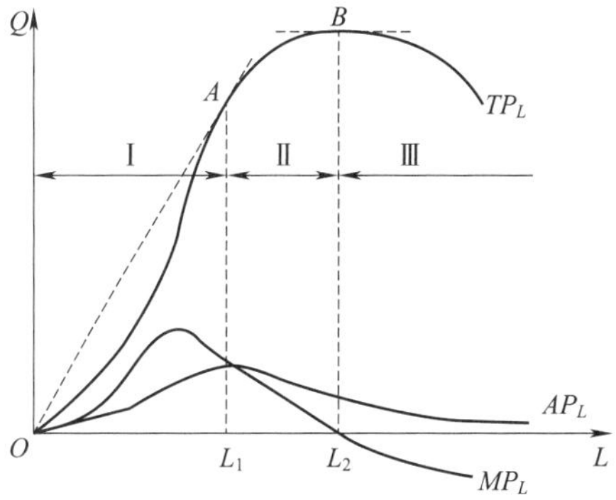

图 2-13　短期生产的三个阶段

第Ⅰ阶段是劳动投入量从零增加到 L_1，此时的平均产量达到最大值。在这一阶段，总产量是递增的，边际产量大于平均产量，平均产量始终是上升的，且达到最大值。这说明，不变要素资本的投入量相对过多，生产者增加劳动的投入量，劳动的平均产量或劳动效率就会不断提高。因此，任何理性的生产者都不会在这一阶段停止生产。

第Ⅲ阶段是劳动投入量增加到 L_2 以后。在这一阶段，总产量呈现下降的趋势，边际产量为负值，平均产量持续下降。这说明，劳动的投入量相对过多，生产者减少劳动的投入量是有利的，因此，理性的生产者会通过减少劳动投入量来增加总产量。

由此可见，任何理性的生产者既不会将生产停留在第Ⅰ阶段，也不会将生产扩大到第Ⅲ阶段，所以，生产只能在第Ⅱ阶段进行。在这一阶段，平均产量开始下降，但边际产量仍大于零，总产量仍在增加，生产者可以得到由于第Ⅰ阶段增加劳动投入量所带来的全部好处，又可以避免将劳动投入量增加到第Ⅲ阶段所带来的不利影响，因此，第Ⅱ阶段是生产者进行短期生产的合理投入区间。但是，至于生产者应选择的投入数量究竟在该阶段的哪一点，还取决于对成本、收益的综合考虑。

三、长期生产函数

（一）长期生产的定义

我们通常以两种可变生产要素投入的生产函数来考察长期生产问题。假定生产过程中只使用劳动和资本这两种可变生产要素，则两种可变生产要素投入的长期生产函数可以表示为：

$$Q=f(L,K) \tag{2-25}$$

式中 L 为可变要素劳动的投入量，K 为可变要素资本的投入量，Q 为产量。该生产函数表示，在技术水平不变的条件下，资本和劳动投入量的组合与所能生产的最大产量之间的数量关系。

（二）等产量曲线

等产量曲线是在技术水平不变的条件下生产同一产量的两种生产要素投入量的所有不同组合的轨迹，如图 2-14 所示。等产量曲线对应的生产函数可以表示为：

$$Q=f(L,K)=Q^0 \tag{2-26}$$

式中常数 Q^0 表示既定的产量水平。

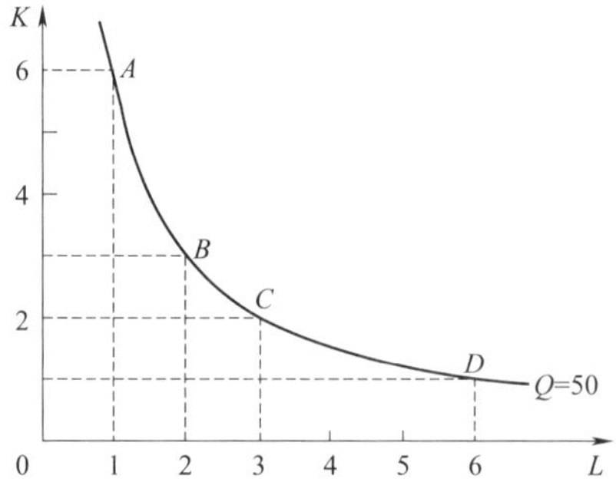

图 2-14　等产量曲线

图 2-14 中的等产量曲线表明，资本和劳动这两种生产要素是可以互相替代的，通过等产量曲线上的不同要素组合，都可以生产出相等数量的产品。同一平面上可以有无数条等产量曲线，每一条等产量曲线都是代表生产一定量产品的劳动和资本的所有可能的不同数量的组合。

与无差异曲线相类似，等产量曲线与坐标原点的距离的大小表示产量水平的高低，离原点越远的等产量曲线代表的产量水平越高。同样的，同一坐标平面上的任意两条等产量曲线不会相交，且等产量曲线是凸向原点的。

（三）边际技术替代率递减规律

在一条既定的等产量曲线上，生产者可以使用较多的劳动和较少的资本，也可以使用较少的劳动和较多的资本来维持一个既定的生产水平。在维持产量水平不变的条件下，增加一单位某种生产要素投入量时所减少的另一种生产要素的投入量，被称为边际技术替代率（英文简写为 MRTS），如图 2-15 所示。

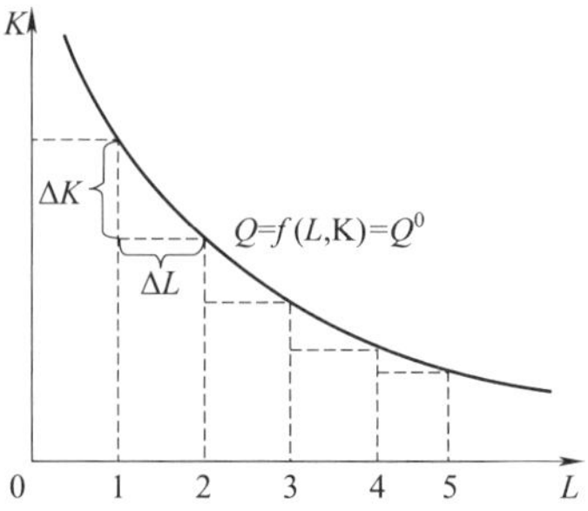

图 2-15　边际技术替代率

劳动对资本的边际技术替代率可用公式表示为：

$$\mathrm{MRTS}_{LK}=-\frac{\Delta K}{\Delta L} \tag{2-27}$$

式中加一个负号是为了使 MRTS 的值在一般情况下为正值，以便于比较。

当劳动投入量的变动为无穷小时，边际技术替代率可以表示为：

$$\mathrm{MRTS}_{LK}=\lim_{\Delta L\to 0}\left(-\frac{\Delta K}{\Delta L}\right)=-\frac{\mathrm{d}K}{\mathrm{d}L} \tag{2-28}$$

等产量曲线上某一点的边际技术替代率就是等产量曲线在该点的斜率的绝对值。

在两种要素相互替代的过程中，普遍存在这样一种现象，即在维持产量水平不变的前提下，当一种生产要素的投入量不断增加时，每一单位的这种生产要素所能替代的另一种生产要素的数量是递减的，这一现象被称为边际技术替代率递减规律。

边际技术替代率递减规律存在的原因是，从技术角度来看，任何一种产品的生产都要求劳动和资本之间保持适当的投入比例。在劳动投入量很少而资本投入量很多时，减少一些资本投入量可以很容易地通过增加劳动投入量来弥补，以维持原有的产量水平；但当劳动投入量增加到相当多的数量而资本投入量很少时，继续减少资本必须用大量的劳动投入来弥补才能维持原有的产量水平，也就是说，再用劳动去替代资本将是很困难的了。

（四）等成本线

等成本线是指在一定时期内，在既定的成本和既定的生产要素价格下，厂商可以购买到的两种生产要素所有最大可能的组合，如图 2-16 所示。

图 2-16 中横轴上的截距 $\frac{C}{w}$ 表示既定的全部成本所能够买到的劳动的数量，纵轴上的截距 $\frac{C}{r}$ 表示既定的全部成本所能够买到的资本的数量，连接这两点的线段就是等成本线。根据等成本线方程式可知，等成本线的斜率为 $-\frac{w}{r}$，即为两种生产要素的价格之比的负数。

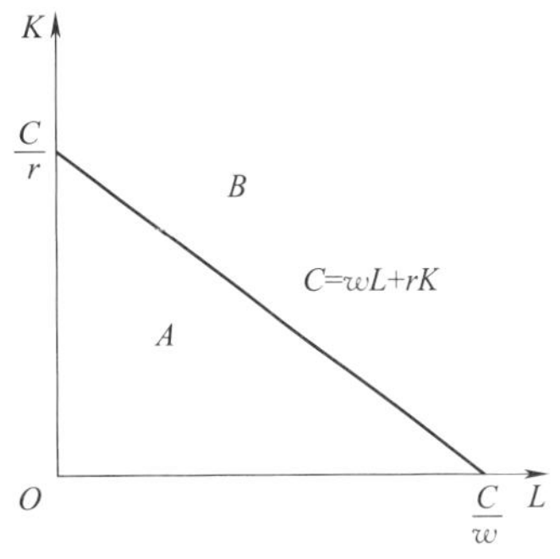

图 2-16 等成本线

等成本线以内区域中的任何一点，如 A 点，表示既定的全部成本都用来购买该点的劳动和资本的组合后仍有剩余。等成本线以外的区域中的任何一点，如 B 点，表示既定的全部成本购买该点的劳动和资本组合是不够的。而等成本线上的任何一点表示既定的全部成本刚好购买到的劳动和资本的最大数量的组合。

由等成本线的方程可知，一条等成本线是由成本和两种要素的价格决定的，因此，任何关于成本或要素价格的变化都会引起等成本线的相应变动。

（五）高铁企业长期生产决策

在长期生产决策中，需要把等产量曲线和等成本线结合在一起来选择最优生产要素组合，从而实现既定成本条件下的最大产量或既定产量条件下的最小成本。

1. 成本不变,产量最大化的抉择

在两种生产要素的价格为已知的条件下,总成本既定,这就决定了唯一的一条等成本线 K_0L_0,如图 2-17 所示。在这个坐标图中,我们可以画出无数条代表不同产量的等产量曲线。在这些等产量曲线中,总会有一条等产量曲线正好和这条既定的等成本线相切。

在图 2-17 中,我们只给出 3 条具有代表性的等产量曲线 Q_1、Q_2、Q_3,其中 Q_1 和等成本线相交于 A、B 两点,Q_2 和等成本线相切于点 E,而 Q_3 和等成本线没有交点。

从图 2-17 中可以看出,A 点和 B 点所代表的生产要素组合能生产的产量为 Q_1,它比 E 点所代表生产要素组合所能生产的产量 Q_2 要小,而 Q_3 所代表的产量水平虽然高于 Q_2,但在既定的成本下是不能实现的。因此,在总成本既定的条件下,等成本线与等产量曲线相切的点 E 所代表的产量最大。在 E 点,等成本线的斜率和等产量曲线的斜率相等,即 $\dfrac{w}{r}=\dfrac{MP_L}{MP_K}$,进一步可得:

$$\frac{MP_L}{w}=\frac{MP_K}{r} \tag{2-29}$$

厂商应该调整生产要素的投入量,使得最后一单位的成本支出无论用来购买哪一种生产要素所获得的边际产量都相等,从而实现既定成本下的产量最大化。

2. 产量不变,成本最小化的抉择

如果厂商要生产的产量为既定的,这就决定了唯一的一条等产量曲线 Q,如图 2-18 所示。在这个坐标图上,我们可以画出无数条等成本线,在这些等成本线中,总会有一条等成本线正好和既定的等产量曲线相切。在图 2-18 中,我们画了 3 条有代表性的等成本曲线,其中 K_2L_2 和 Q 相交于 A、B 两点,K_0L_0 和 Q 相切于点 E,而 K_1L_1 和 Q 没有交点。

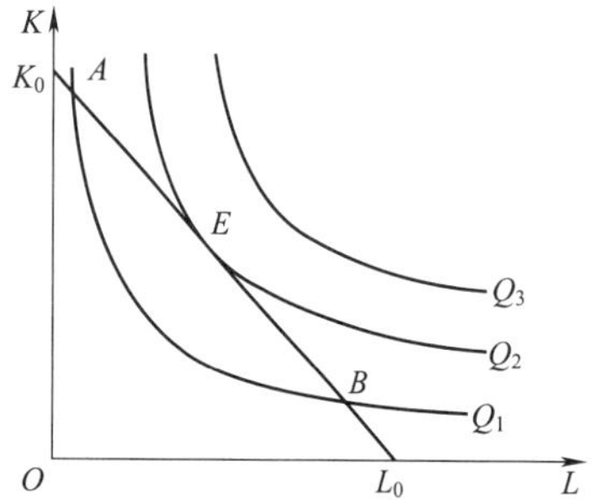

图 2-17 既定成本下产量最大化的要素组合

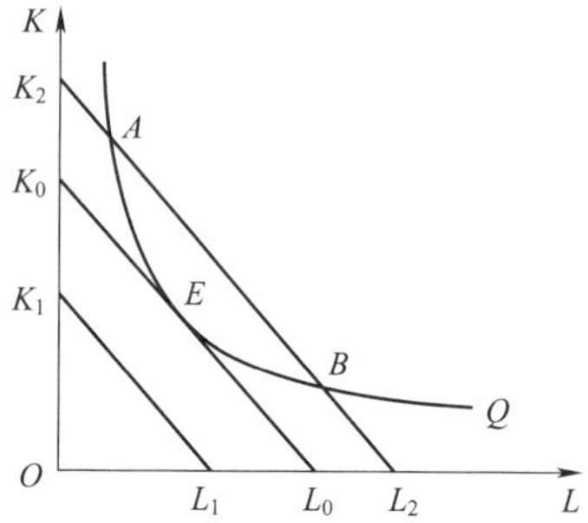

图 2-18 既定产量下成本最小化的要素组合

从图 2-18 中可以看出,对任何总成本小于 K_0L_0 的生产要素投入,都不可能生产出 Q 水平的产量,而 K_2L_2 所代表的等成本线和既定等产量曲线的交点 A、B 所代表的生产要素组合能够生产出 Q 水平的产量,但这些生产要素组合的成本要比 E 点所代表的总成本大。因此,只有当等成本线和等产量曲线相切的 E 点才是能生产出既定产量水平的最小成本的生产要素组合。同样的,在 E 点,等成本线的斜率和等产量曲线的斜率相等,即 $\dfrac{w}{r}=\dfrac{MP_L}{MP_K}$。

厂商应该调整生产要素的投入量,使得最后一单位的成本支出无论用来购买哪一种生产要素所获得的边际产量都相等，从而实现既定产量下的成本最小化。

由此可见，不论是总成本既定使产量最大化，还是产量既定使总成本最小化，厂商的生产要素投入量的最优组合的均衡条件都是一样的。

四、规模报酬的三种情况

规模报酬分析的是当所有投入要素的使用量都按相同的比例增加时，会对总产量产生什么影响。生产要素按相同比例变动所引起的产出变动称为规模报酬的变动，根据要素投入变动与产出变动之间的关系可将规模报酬变动分为以下三种类型。

（一）规模报酬不变

规模报酬不变是指产量增加的比例等于各种生产要素增加的比例，如图 2-19 所示。对于生产函数 $Q=f(L,K)$ 而言，若 $f(\lambda L,\lambda K)=\lambda f(K,L)$，则该生产函数为规模报酬不变的生产函数，其中 λ 为一常数。也就是说，对于规模报酬不变的生产函数来讲，投入扩大某一倍数，产出也扩大相同的倍数。一般来说，规模报酬不变的企业或行业并不多。

（二）规模报酬递增

规模报酬递增是指产量增加的比例大于各种生产要素增加的比例，如图 2-20 所示。对于生产函数 $Q=f(L,K)$ 而言，若 $f(\lambda L,\lambda K)>\lambda f(K,L)$，则该生产函数为规模报酬递增的生产函数，其中 λ 为一常数。也就是说，对于规模报酬递增的生产函数来讲，投入扩大一个很小的倍数，就可以导致产出扩大很大的倍数。目前阶段，我国高铁就处于一个规模报酬递增的阶段。作为地理空间位置上的大范围活动，运输所构建的网络覆盖范围会随着规模和网络的增多而逐渐扩大。所以，从运输网络规模角度来分析，在运营效率和运输线路关系中存在线路越长，单位运输成本越低的效果，即存在规模报酬递增。以运输线路密度的角度来分析，运输线路上存在运输量增加而单位运输成本降低的现象，导致规模报酬递增。以单个运输工具的运载能力为视角进行分析，运输过程中存在运输工具运载能力的管理效率越高而单位运输成本越低的情况。以运输距离为视角，存在单位运输成本在运输距离拉长之后下降的情况。在考察车辆和设备的使用效率时，存在运营网络覆盖范围越大，其车辆和设备的使用效率就越高的情况。所以在现阶段，我国高铁行业存在着规模报酬递增的情况。

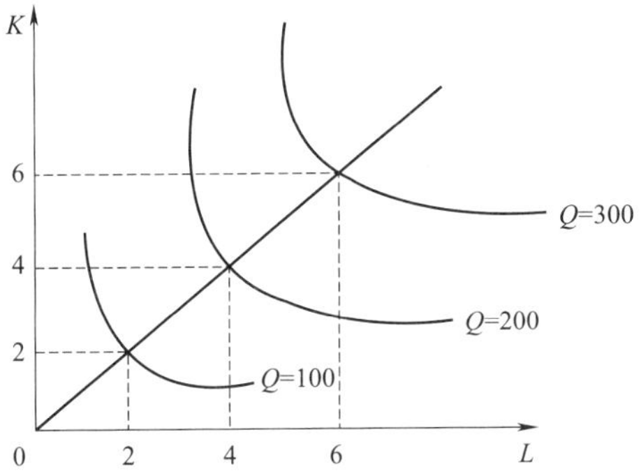

图 2-19　规模报酬不变

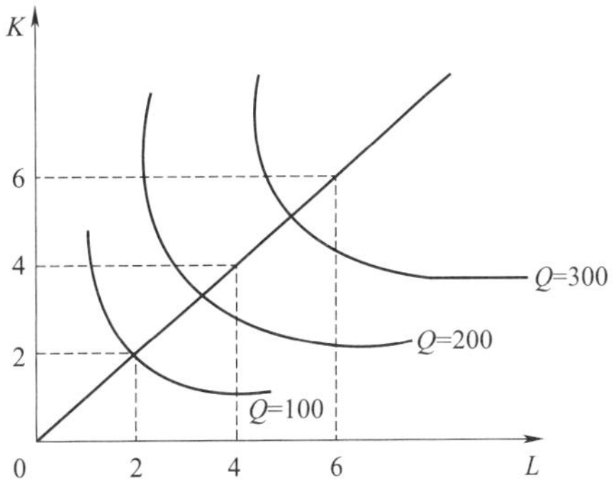

图 2-20　规模报酬递增

(三)规模报酬递减

规模报酬递减是指产量增加的比例小于各种生产要素增加的比例,如图 2-21 所示。对于生产函数$Q=f(L,K)$而言,若 $f(\lambda L,\lambda K)<\lambda f(K,L)$,则该生产函数为规模报酬递减的生产函数,其中 λ 为一常数。也就是说,对于规模报酬递减的生产函数来讲,投入扩大一个很大的倍数,只能导致产出扩大很小的倍数。在高铁发展迅速的背景下,未来高铁企业也可能会出现规模报酬递减的情况。

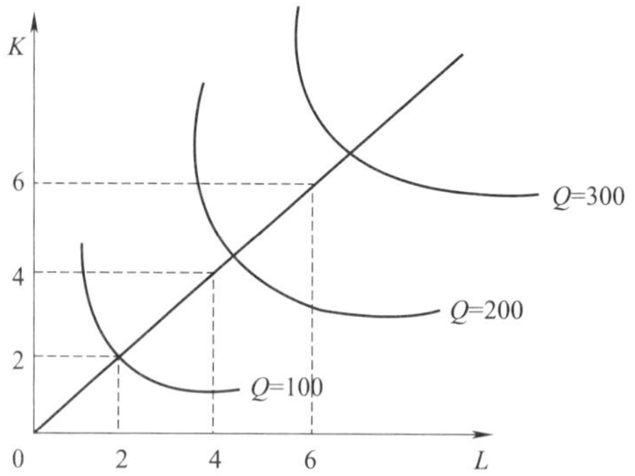

图 2-21 规模报酬递减

一般来说,当企业从最初很小的生产规模开始逐步扩大时,企业面临的是规模报酬递增的阶段,在企业得到了由生产规模扩大所带来的产量递增的全部好处以后,一般会继续扩大生产规模,将生产保持在规模报酬不变的阶段,这个阶段可能比较长。在这以后,企业若继续扩大生产规模,就会进入一个规模报酬递减的阶段。

第五节 高铁成本分析

一、影响高铁成本的基本因素

(一)高铁企业规模

企业的规模会直接影响运输成本。通常,将大规模生产引起的节约称为规模经济。规模经济是指企业规模与生产成本之间的关系,如当企业规模增大时,产品的平均成本下降。企业规模增大时,产品的平均成本不降反升,则称为规模不经济。当规模经济效应存在时,增大规模可减小平均成本;当规模不经济效应存在时,增大规模会增大平均成本。通常,生产规模较小时,报酬增加的幅度要大于要素投入增加的幅度,但达到一定规模时,继续增加投入会产生相反的后果。因此,平均成本曲线常常呈先降后升的 U 形规律。通常,大型运输企业往往因其较低的运输成本而在竞争中占有优势。

在运输业中,规模经济问题还涉及运输工具,巨大的运输工具往往具有成本优势。例如,提高运输工具的载重量可降低运输的成本,大型客机的人均每公里耗油量甚至大大低于私人小汽车。所以高铁运输在规模上具有一定优势。

(二)高铁运距

每一种运输方式都有自己经济合理的运距范围。一般,航空和海洋运输最适合长距离运输;铁路和内河运输最适合中长距离运输;公路在短途运输中占有优势。图 2-22 是汽车、火车和飞机经济运距的示意图。在经济合理的运距范围内,各种运输方式的平均吨公里、人公里的运输成本随距离的延长而递远递减。这是因为总成本中的发到与中转作业的费用与运送距离无关,随距离的延长,这部分成本分摊到每公里的货物和人身上也愈来愈少。

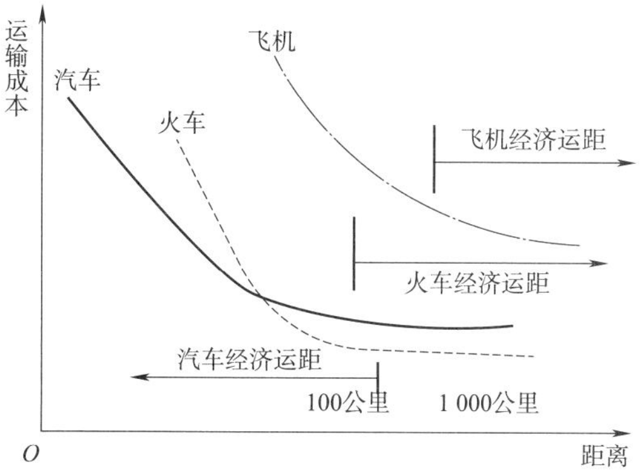

图 2-22　运距与运输成本关系

(三)运载率

运载率包括装载率和运输密度。装载率也称装载系数,即实际装载量与额定装载量的比值,它对运输成本有极大的影响。无论是汽车、火车、轮船还是飞机,从半载到满载的运输总成本增加非常有限:固定成本不会增加,运行成本中人工费和维修费不会(或很少)增加,燃料费中设备自重通常占有相当的比重,实际增加比例也远远小于装载比例,在距离和运输密度已定的情况下,运输成本随运输设备的装载率的增加而减小,其关系如图 2-23 所示。显然,各种运输工具都具有满载效益,即装载率越高,平均运输成本就越低,运输企业的利润也就越大。所以高铁在运行过程中要尽量保持满载运输。

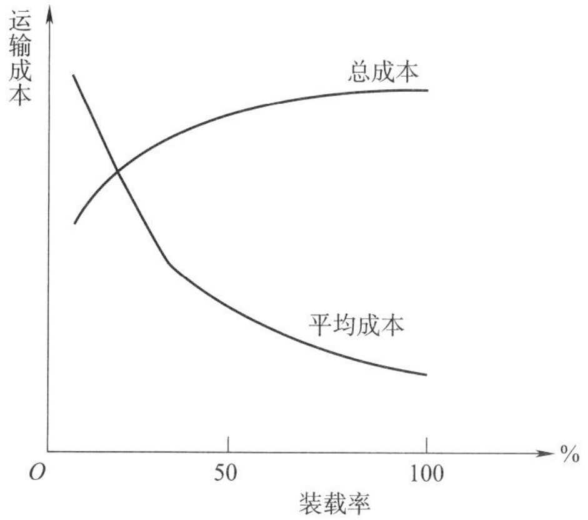

图 2-23　装载率与运输成本关系

在运输经济学中有密度经济(density economies)的概念。运输密度经济的定义是运输网内提高运输量能够导致单位运输成本的下降。密度经济也可以被描述为运输网经济

(network economies)。密度经济来自运输资源共享造成的节约，或者说是因运输网的交通量增加效益成倍提高时，相应运输服务需要的所有资源投入，如运输人员、运输工具和运输设施并非都要同比增加，由此便获得了额外的高效益。例如，铁路高峰时段的客流量能够超过平时的一倍以上，但是，完成这样的客运任务决不需要再投入一倍的司乘人员、一倍的机车和车辆，更不需要再建一倍的车站和铁路线，而只需要适量增加人员和机车、加强管理、科学调度、多拉快跑。当然，过高的运输量可能导致运输的密度经济耗尽甚至走向反面，这时，运输网外的经营反而成为比较便宜的运输经营方式，例如当高速公路出现拥挤时，平行的相关道路可能具有更高的效率。

二、高铁成本分析

（一）高铁成本函数

成本与效益计算中最基本的成本是平均成本和边际成本，计算公式如下：

平均成本＝运输总成本÷运输工作量＝(固定成本＋可变成本)÷运输工作量 (2-30)

边际成本＝运输总成本增量÷运输工作量增量 (2-31)

用 TC 表示总成本、FC 表示总固定成本、VC 表示总可变成本、Q 表示运量、AC 表示平均成本(有时也称平均总成本 ATC)、AFC 表示固定成本、AVC 表示可变成本、MC 表示边际成本、ΔTC 表示总成本的增量、ΔQ 表示运输工作量的增量，则成本的计算公式为：

平均成本 $$AC=TC/Q=AFC+AVC \tag{2-32}$$

平均固定成本 $$AFC=FC/Q \tag{2-33}$$

平均可变成本 $$AVC=VC/Q \tag{2-34}$$

边际成本 $$MC=\Delta TC/\Delta Q \tag{2-35}$$

当高铁生产的规模收益率不变时，成本函数是一个线性函数，它表示运输服务的投入量增加一倍，其产出量也增加一倍。由于投入要素价格不变，增加一倍的投入量导致其总成本也增加一倍。图 2-24(a)给出了这一情况下的运输成本函数。

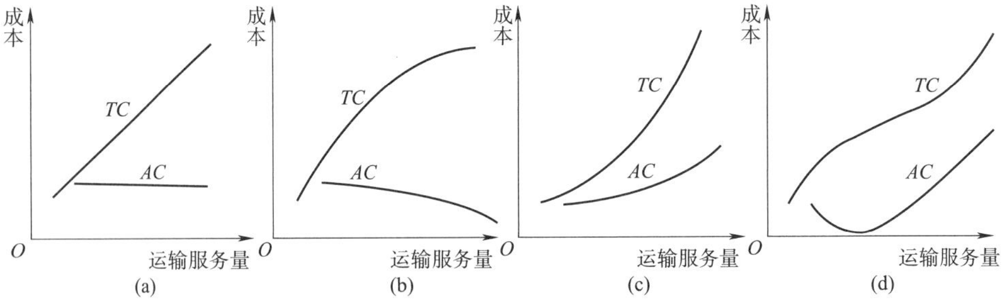

图 2-24 运输成本函数

如果企业的生产条件使规模收益率递增，要使运输服务量增加一倍，只需一倍以下的投入量即可。同样，运输投入要素的价格不变的话，该运输服务生产体系下的运输成本函数如图 2-24(b)所示，是按递减率增长的。

如果生产条件使企业的规模收益率递减，那么要使运输服务量增加一倍，需要一倍以上的投入量，再假设运输投入要素的价格不变，这种运输服务生产体系下的运输成本函数将如图 2-24(c)所示,是按递增率增长的。

当生产体系的规模收益率为先递增后递减,这时,运输成本函数将如图 2-24(d)所示,AC 呈 U 形。对成本函数来说,运输服务的生产量与成本之间的所有上述关系都是以投入要素的价格不变为前提的。因此,当实际研究运输成本与运输工作量的关系时,必须首先考察投入要素价格的变化情况,然后,再根据生成函数去计算成本函数。此时,投入要素的价格与生产函数共同决定运输成本函数。

(二)短期成本曲线

一旦企业规模确定,短期内将不发生固定资产的变化,这时的成本曲线称短期成本曲线。在短期,总成本的变动由可变成本引起,而固定成本保持不变,如图 2-25(a)所示。图 2-25(b)是与总成本对应的单位成本曲线,对照两图,可以看出短期运输成本有以下几个重要特征。

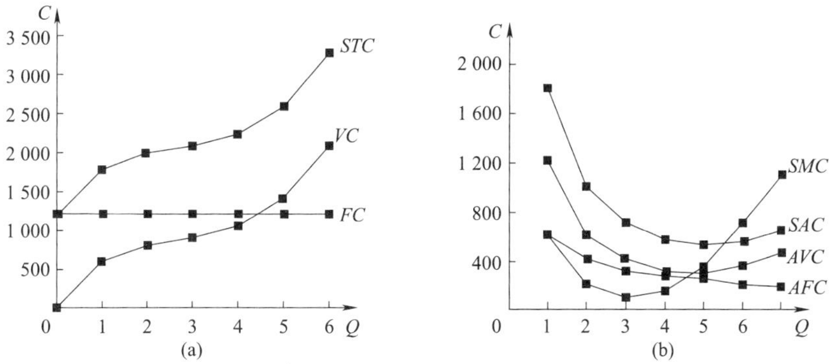

图 2-25 短期成本曲线

首先,总成本曲线完全取决于可变成本曲线。也就是说,在每一运量水平上,总运输成本曲线的斜率和总可变成本完全一致;总固定运输成本只是把总运输成本曲线抬高到较高水平上,它与运量增减无关,也就是说,它不影响边际运输成本。

其次,总(可变)成本曲线的形状在很大程度上取决于运输生产中使用的可变投入要素的生产率。当可变投入要素的生产率递增时,即每增加单位投入的效益优于前一单位投入的效益,这意味着边际成本逐渐下降,如图 2-25(b)中运量水平 3 单位之前的曲线,其总成本曲线与图 2-25(b)SAC 曲线相似;之后,总成本曲线转变成图 2-25(b)中 SMC 曲线,可变投入要素的生产率呈递减状,即每增加单位投入的效益不如前一单位投入的效益,这意味着边际成本逐渐上升。正好位于边际成本从下降转变成上升的谷底处。运量 3 单位可以解释为,运输企业的固定投入要素都是按一定的运输生产水平设计的,在运量低于这一水平时,运输能力尚未被充分利用,这时较小的可变投入要素可以获得较大的运量的增加,随着运量增加,该运输企业只需少量的投入即可获得较大的收益。但运量达到 3 单位后,运输能力的利用将超过限度,为了完成运量,人、车加班加点,车辆得不到正常保养,事故率上升……收益递减规律开始起作用,运量的增长率就将低于可变投入要素的增长率。

最后,平均成本 AC 曲线和平均可变成本 AVC 曲线也同样呈 U 形,且 SMC 上升线分别与这两条曲线的最低点相交，即图 2-25(b)中 4.5 单位。之所以这样是因为：当边际成本低于平均成本，平均成本必然因受边际成本影响而下降；当边际成本高于平均成本，平均成本又必然因受边际成本影响而上升；只有当两者相等的时候，平均成本才既不上升也不下降，这点正是曲线的极值点(斜率＝0)。因此，边际成本穿过平均成本曲线的最低点是必然的。

（三）长期成本曲线

从长远观点来看，运输企业没有任何固定的约束，生产规模可以发生变动，所有的投入要素都可以改变。为便于叙述，考察图 2-26 所示的某运输企业三种生产规模下的短期平均成本曲线 SAC_1、SAC_2、SAC_3。在第一阶段 O 至 Q_1 的运量范围内，企业的运输成本 SAC_1 较低；在第二阶段 Q_1 至 Q_2，企业的运输成本 SAC_1 较低；在第三阶段 Q_2 至 Q_3 企业的运输成本 SAC_2 达到最低；在第四阶段超过 Q_3 的运量范围内，企业的运输成本 SAC_3 较低。运输企业将根据这一阶段运量情况决定企业生产规模。

如果该企业在发展过程中连续不断地进行生产规模的调整，使每两次调整之间的生产规模相差幅度很小，以获取更好的经济效益，如图 2-27 中的 SAC，那么，就可得到一条长期平均成本曲线 LAC，它与所有的 SAC 曲线相切，是 SAC 的“包络线”。

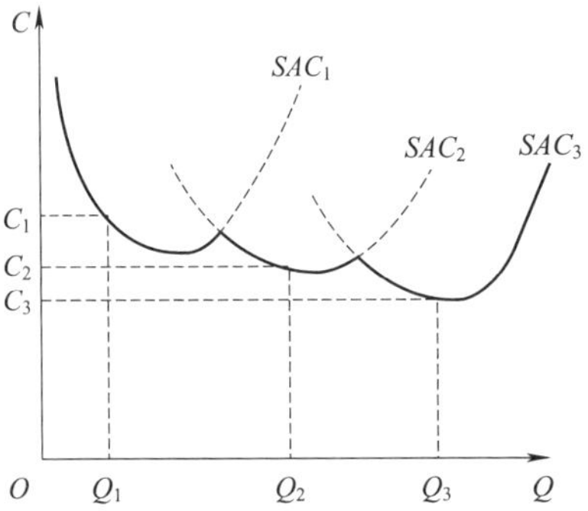

图 2-26　最优生产规模的选择

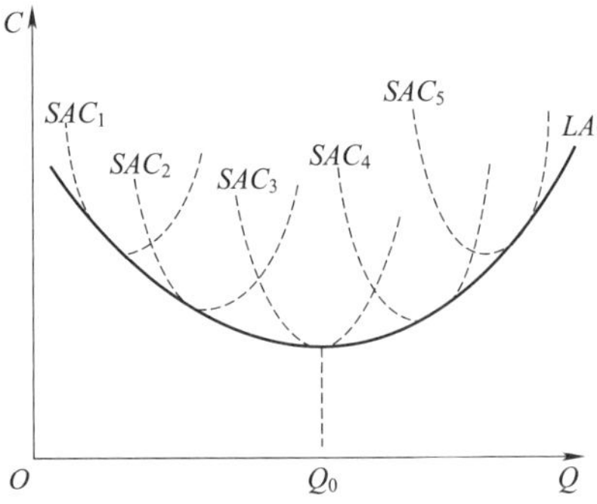

图 2-27　长期平均成本曲线

长期运输成本分析可以为企业的长期计划提供依据。在长期内，运输企业根据下阶段计划运量来调节投入要素量，建立一个适度的生产规模，以保证成本最低、利润最大。但是，一旦投入要素增加，生产规模形成，则企业就只能按照已形成的生产规模组织运输生产。由此可以说，运输企业是在长期中计划，在短期中经营。所以，长期成本曲线通常也称为计划曲线，对企业长期决策有一定参考价值。

（四）规模经济与长期平均成本曲线的形状

1. 传统运输经济学的规模经济

在企业生产扩张的开始阶段，厂商由于扩大生产规模而使经济效益得到提高，即厂商产量增加的倍数大于成本增加的倍数，这叫规模经济。规模经济可能是由于生产分工带来的。当生产扩张到一定的规模以后，厂商继续扩大生产规模，就会使经济效益下降，即厂商产量增加的倍数小于成本增加的倍数，这叫规模不经济。规模不经济可能是由于企业规模太大引起管理成本迅速上升所造成的。规模经济和规模不经济都是由于厂商变动自己的企业生产规模引起的，所以也被称为内在经济和内在不经济。一般来说，在企业生产规模扩张的过程中，会先出现规模经济，然后是规模不经济，也由此决定了长期平均成本曲线表现出先下降后上升的U形特征。对于铁路运输而言，规模经济表现在三个方面。

（1）随着铁路线路的延长、整个运输网络的扩张，铁路的自身市场和多个区域性市场之间，以及各个站点之间的枢纽连接，不仅铁路的运输便捷性会增强，其所在的整个运输市场容量也会加速增长。

（2）在铁路的运输线路上，由于其载运能力的提高，通过密度越大（即运输量越大）会带来较高的运输效率，继而降低平均成本。

（3）每日增加铁路每辆列车的往返班次，则铁路的固定成本（包括建立火车站投入的固定资产、购置列车及其维修设备、路轨建设、除列车员外的工资支出等）将逐渐摊薄，即其平均成本会随之下降，带来密度经济。

规模经济和规模不经济决定了一条既定的 *LAC* 曲线的形状，而企业的外在经济和外在不经济则决定了 *LAC* 曲线位置的变化。企业外在经济是由于厂商的生产活动所依赖的外界环境得到改善而产生的，例如，宏观经济运行良好，整个行业迅速发展，单个厂商也从中受益；外在不经济是由于厂商生产活动所依赖的外界环境恶化造成的。企业的外在经济和外在不经济是由企业以外的因素引起的，外在经济使 *LAC* 曲线向下移动，而外在不经济使 *LAC* 曲线向上移动，如图2-28所示。

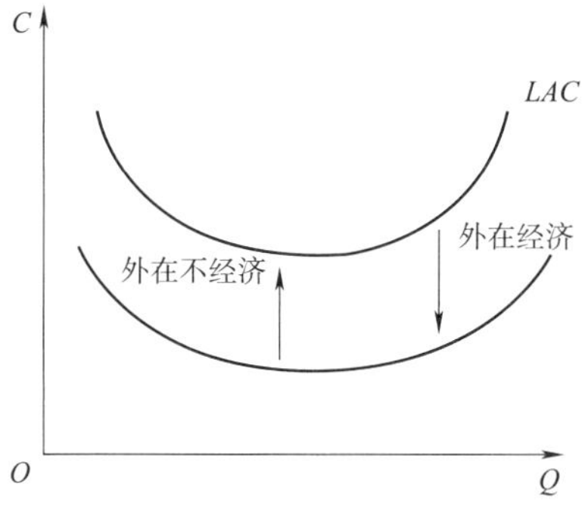

图2-28　长期平均成本曲线的移动

2. 高铁与既有铁路规模经济的区别

对于高速铁路来说，除了列车营运速度达到一定标准外，车辆、路轨、操作都需要配合提升，运输线路上运量通过密度经济和单个载运工具运输效率也得到很大提升，高速铁路的固定成本远高于传统的既有铁路。随着铁路运输量的增加，铁路行业的平均成本会越来越接近边际成本。一般来说，由于铁路运输的运力有限，通常会把运输量控制在出现规模报酬递增之前，平均成本曲线为在到达平均成本最低点前的状态，即为向下倾斜的曲线，未出现上升部分。同时，平均成本曲线考虑为长期平均成本曲线。按照规模经济理论，当技术不变时，固定成本随着产量的增长而增长，企业的平均成本随着产量的增长而下降，便具有规模经济。铁路运输业在其运力范围内，一般随着运输量的增加，其长期平均成本曲线一直趋于下降。这是由于铁路的平均固定成本 *AFC* 逐渐被摊薄，当单位运输产品所分担的固定成本不断变小，铁路的长期平均成本 *LAC* 在一定范围内会逐渐下降，铁路运输业具有明显的规模经济效益。图 2-29 表示了传统铁路和高铁既有成本对比图。其中 AC_T 和 MC_T 是传统铁路的平均成本曲线和边际成本曲线，AC_G 和 MC_G 是高铁的平均成本曲线和边际成本曲线。同传统铁路相比，高速铁路固定成本要高出好几倍，而且当铁路运输量增加之后，铁路行业平均成本就会越发接近边际成本。当固定成本较小时，固定成本的曲线特征是比较平缓，且同边际成本曲线距离较近；当固定成本较大时，成本曲线会变得陡峭，并且会逐渐远离边际成本曲线。

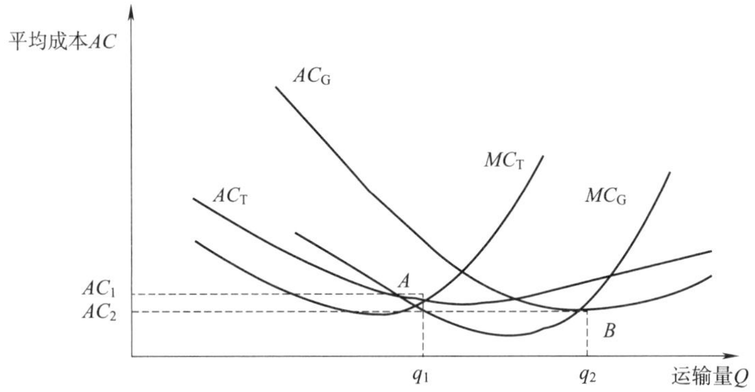

图 2-29　传统铁路与高速铁路成本曲线对比

与传统铁路相比，随着运输量的增加，高速铁路的平均成本变化更为陡峭，其平均成本的下降速度也更高，高速铁路的规模经济相对于传统的既有铁路更加明显。

第三章　高铁运输成本

第一节　高铁运输成本的特点和分类

一、高铁运输成本的意义

高速铁路运输的产品是旅客的“位移”，以运输数量和运输距离复合计量。高铁运输产品的生产过程，同时也是生产劳动消耗过程，包括物化劳动和活劳动的消耗。在社会主义市场经济条件下，高铁运输产品所消耗的社会必要劳动，就构成了其价值。它是由运输生产过程中所消耗的生产资料价值、劳动者用来满足个人需要的生活资料价值以及劳动者为社会生产的剩余产品价值构成。高铁运输产品价值中的前两部分是补偿价值，构成了运输产品的理论成本。

在实践中，高铁运输成本的内容，不仅包括理论成本中的共性消耗，还包括运输生产过程中的特殊消耗，如利息支出、损失性支出等。它比理论成本的范围更广、构成更复杂。一定时期内高铁运输生产过程发生的一切与生产经营活动有关的支出，都应计入其成本。

高铁运输企业生产经营过程中的各种耗费，通常可划分为运营成本、管理费用、财务费用。运营成本、管理费用和财务费用构成营业支出，营业支出和营业外收支净额构成高铁运输总支出。

运营成本是指高铁运输企业运营生产过程中实际发生的与运营生产直接相关的各项支出；管理费用指高铁运输企业行政管理部门为管理和组织运输生产所发生的各项费用以及管理费用性质的支出；财务费用是指高铁运输企业为筹集资金而发生的各项费用；营业外收支净额是指与高铁运输企业运输生产经营活动没有直接关系的各项收入减去各项支出后的余额。

在高铁运输的经济管理工作中，运输成本具有以下几个方面的作用。

(1)高铁运输成本作为反映运输生产耗费及其补偿的尺度，对保证运输生产的资金需要、使再生产顺利进行具有重要作用。由于高铁运输成本是反映运输劳动消耗的指标，体现着运输生产中资金耗费的多少，在实行经济核算制的企业，必须通过运输收入来补偿运输生产耗费的资金，保证简单再生产得以正常进行；而且还要取得一定盈利，为扩大再生产创造条件。因此，以运输成本作为高铁运输耗费的补偿尺度，对保证高铁运输企业再生产顺利地进行具有重要的意义。

(2)高铁运输成本作为反映高铁运输企业各方面工作质量的综合指标，对考核和改善企业生产经营有重要作用。由于高铁企业生产经营各方面的活动都能在成本指标上得到反映，通过高铁运输成本指标的变动不仅可以考核高铁企业的工作质量，还可以通过加强成本管理，更合理地利用人力、物力和财力，推动和提高高铁企业的生产经营水平。

(3)高铁运输成本是制定和调整运价的主要依据。在商品经济条件下，产品价值是价格的基础。但在目前条件下，商品价值量还难以直接计算，而高铁运输成本是运输价值主要部分的货币表现，故在实际工作中高铁运输成本就成为制定运价的主要经济依据。高铁运价水平是否合理，在相当程度上取决于高铁运输成本的真实性。高铁运输成本是其运价水平的最低界限，运价水平必须起码能补偿成本，才能保证简单再生产继续进行。

(4)高铁运输成本作为评估高铁运输企业经济效益和进行技术经济决策的重要依据，对分析改善运营工作效果，评价投资效益，论证采用新技术的效果，进行运量的合理分配，改善高铁运输生产能力布局等，都是一个重要因素。

二、高铁运输成本的特点

由于高铁运输生产及管理形式的特殊性，高铁运输成本具有不同于工业企业及其他运输企业成本的特点。

(1)从成本计算对象上来看，工业成本是分产品品种、类别或批量等来计算成本的。高铁运输的成本计算对象则是旅客位移产品，或旅客周转量的产品成本。

(2)从成本计量单位上看，虽然高铁运送的是旅客，但运输成本却不能只按运送旅客人数来计算，而是采取运输数量和运输距离相结合的复合计量单位，即按旅客人公里来计算。这一点也不同于工业成本。

(3)从成本结构上看，在一般工业产品成本中，构成产品实体的原材料消耗占有较大比重，而铁路运输产品是旅客位移，不生产具有实物形态的新产品，所以高铁运输成本中没有构成产品实体的原材料支出。虽然在高铁运输生产中也消耗材料，但这部分支出主要用于各种高铁运输设备的运用、保养和维修，且在全部运输成本中所占的比重不大。在高铁运输成本中占比重最大的支出是固定资产折旧费，约占全部成本的一半。

(4)从成本计算种类上看，工业企业成本中有生产成本和销售成本之分，而高铁运输产品不能脱离生产过程单独存在，不能储存和调拨。因此，高铁运输成本没有生产成本和销售成本之分，也没有在产品、半成品和产成品成本的区别。由于高铁运输生产是由运输、机务、车辆、工务、电务等部门、各基层站、段共同协作，通力完成的，所以，除计算最终产品成本，即旅客运输成本外，为分别考核各部门、各基层站、段的成本开支，还可分别采用不同的工作量指标计算各部门、各基层站、段的工作(作业)成本。

(5)从固定成本分摊上看，高铁运输生产设备中的固定性设备，诸如线路、隧道、通信信号等设备的折旧支出，占高铁运输产品成本的支出比重大。直通运输跨铁路局集团公司运行，在成本计算时，有些费用要在有关铁路局集团公司间进行分配。在这方面也不同于工业成本。

(6)从成本计算方法上看，高铁运输产品成本定期计算类似于工业成本计算的简单法，或者说是品种法。但由于高铁运输点多、线长、面广、管理层次较多，各基层单位在费用清算、指标计算上又有其复杂的一面。就高铁运输支出科目而言(实际相当于简单法的费用要素或成本项目)，要比一般简单法的费用要素复杂得多。另外，高铁运输产品成本为解决某些技术经济问题提供成本数据，还要进行非定期成本计算(例如用支出率法、划分三项作业费法计算某些专项成本等)，这就形成了高铁运输成本特有的一些计算方法。

三、高铁运输成本分类

高铁运输企业成本内容多、项目繁。为了便于计划和控制高铁运输成本，研究和分析高铁运输成本及其构成的规律，寻求降低运输成本的途径，可以从不同角度对高铁运输成本进行分类。

（一）按照经济用途分类

按照高铁运输支出用途和与高铁运输生产过程关系分类，高铁运输成本可以分为主营业务成本、管理费用、财务费用和营业外收支净额。

（二）按照支出的经济性质或要素分类

按照支出的经济性质或要素分类，高铁运输成本可以分为工资、材料、燃料、电力、折旧、其他六个要素。工资指高速铁路运营各类人员按工效挂钩办法计算并列入运输成本的工资；材料指高铁运输生产经营过程中所耗费的材料、配件等有实物形态的物品成本；燃料指高铁运输设备运用、养护和修理以及生产过程中所发生的固体、液体、气体等燃料支出；电力指高铁运输设备运行及维修等耗用的电力成本；折旧指按规定计提的列入成本的固定资产折旧费；其他指不属于以上各要素开支的费用。

这种分类便于了解各要素的支出水平和要素支出计划的完成情况，为制定消耗定额提供资料，也是为国家计算国民经济净产值和国民收入提供资料。

（三）按照支出列入运输产品成本的方法分类

按照支出列入运输产品成本的方法分类，高铁运输成本可分为直接列入支出和分配列入支出。直接列入支出是专为某成本计算对象发生的支出。当分别计算不同成本计算对象时，可直接列入某成本计算对象。分配列入支出是完成两种或两种以上成本计算对象共同发生的支出。当分别计算不同计算对象成本时，必须采取适当的方法在各种成本计算对象之间进行分配，才能分别列入有关的运输产品成本。

这种分类便于计算不同种类的运输成本。

（四）按照支出与运量的关系分类

按照支出与运量的关系分类，高铁运输成本可分为与运量有关的变动支出和与运量无关的固定支出。与运量有关的变动支出是指随客运量的增减成比例变化的支出，例如动车组维修费用等；与运量无关的固定支出是指在一定时期的运量范围内相对保持稳定的支出，例如房屋建筑物的折旧、修理费等。

这种分类便于计算各单位的有权支出，正确分析高铁运输成本的节约和超支，为制定运价、评估企业经济效益提供依据。

（五）按照作业过程和支出与距离的关系分类

按照作业过程和支出与距离的关系，高铁运输成本可分为始发作业费、到达作业费和运行作业费。始发作业支出包括从旅客进站时起，到列车发出时为止所发生的一切支出；到达作业支出包括从旅客到站时起，到旅客出站时为止所发生的一切支出。这类支出与运输距离无关，不随运输距离变动而变动。运行作业费指列车在运行途中所发生的各项成本支出。这类支出随运输距离成正比例变化。

这种分类便于区分高铁运输各作业过程的工作成本，反映成本与运输距离的关系，并为计算分里程别的运输成本提供依据。

(六)按照支出发生的业务部门分类

按照支出发生的业务部门分类,高铁运输成本可分为运输、机务、电务通信、工务、动车等部门支出和其他部门支出。高铁运输成本产生源头在基层,每个基层站段相当于一个"成本中心",负责归集本站段的生产运营耗费,由此才有了这种成本分类方式。

按部门分类是高铁运输专业化分工的客观要求。这种分类有利于考核各运输业务部门系统成本,分析部门支出比例变化,从而为层层考核提供评价依据。

第二节 高铁运输成本计算方法

一、高铁运输成本计算分类

高铁运输企业同其他企业一样,是实行经济核算的企业。为了考核生产耗费,使运输收入弥补其支出,获得更多的盈利和经济效益,必须计算运输产品成本。同时,为了进行技术经济论证,评估经济效果,制定和调整运价,进行基建投资、技术改造和经营管理决策,也必须计算运输产品成本。

高铁运输成本,是单位运输产品——旅客位移(旅客人公里)所耗费的运输支出。由于计算高铁运输成本的目的、时间和包括的内容不同,高铁运输成本计算可分为以下几类。

(一)定期成本计算和非定期成本计算

按高铁运输成本计算时期和解决问题的目的不同,可分为定期成本计算和非定期成本计算。定期成本计算是指按规定的时间进行的成本计算,为的是考核各单位的平均高铁运输成本的耗费和经营管理水平。非定期成本计算是指根据临时任务或解决某个问题需要进行的高铁运输成本计算。比如,为了制定和调整高铁运价,需要计算分列车级别和客车席别的客运成本;为了评估投资效果和技术改造方案,需要计算动车组列车作业成本;为了评价某条高铁线的经济效益,需要计算分线成本等。

(二)完全成本计算和部分成本计算

按高铁运输产品成本包括的内容不同,可分为完全成本计算和部分成本计算。完全成本是高铁运输生产过程中消耗的全部费用,比如旅客人公里成本,就是对整条高铁线一段时期内生产运营的单位人公里耗费成本做的计算。部分成本指高铁运输企业为了达到某种目的或需要而计算的只包括部分耗费的成本,比如动车组列车公里成本、动车组列车停留成本等,不包括无关的固定支出。

(三)计划成本计算和实际成本计算

按成本计算的时间和运用资料不同,可分为计划成本计算和实际成本计算。计划成本计算指在计划期开始以前,根据计划生产任务和计划运输支出等资料进行的,是用以检查已编制的成本计划的质量,确定增产节约的奋斗目标并作为考核实际成本的依据。实际成本的计算是在决算期终了时根据生产任务实际完成情况和运输成本决策等进行的,目的是评定成本计划完成情况,并为检查和分析提供数据。

二、高铁运输成本计算方法

高铁运输成本的计算方法有很多种，计算复杂，概括起来，有以下几种。

(一)支出科目直接计算法

根据需要计算的高铁运输成本，按运输、机务、车辆、工务、电务通信等业务部门，将支出科目逐一分析，确定每个支出科目和成本的关系，然后计算某项因素变动对科目的影响，把对各科目的影响加总，求出成本变动的情况。该方法的优点是计算准确；缺点是计算工作量大，比较烦琐。

(二)运输作业过程分项计算法

用该方法可以计算高铁分列车级别和客车席别的成本等。计算时，首先要把高铁运输成本划分为始发、到达作业费和运行作业费；然后，再根据有关的运营资料及公式进行计算。该方法进一步考虑了发到和运行环节发生成本的性质，划分得更加细致，因此计算结果将更精准；缺点仍是工作量比较大，而且在具体辨别各个作业环节的成本动因时也有一定难度。

(三)单位支出分摊法

采用该方法计算高铁某项成本时，把能直接列入的支出，直接归集到该项成本中；不能直接列入的支出，可以将那些性质相同或相似的支出科目归集在一起，形成一个“单位”，然后将“单位”支出用同一个运营指标分摊，再列入某项成本中。该方法可以视为“支出科目直接计算法”的延伸，它减少了直接法的工作量，可以用来计算分线成本。但是，归集的成本科目性质是否相似、分摊比例是否合理都是运用该方法计算高铁运输成本时的关键。

(四)支出率法

1. 支出率法的概念

支出率法是高铁运输成本计算和分析的重要方法，其应用已遍及世界许多国家。该方法起源于德国，后分别在苏联、美国和加拿大等国家运用并加以改进和发展。我国高铁运输成本计算主要采用支出率法。

支出率法实际上是一种计算变动成本的方法，通俗而言，该方法是将高铁最终产品——旅客位移(以旅客周转量计量)，分解成尽量小的运输业内部的“中间产品”，如动车组列车公里、动车组列车总重吨公里等。很显然上述有些指标，本身就用来作为高铁运营基层单位的“产品”而成为成本核算对象，然后计算这些“中间产品”的变动成本，最后，由不同的“中间产品”成本和相应的“中间产品”数量，计算最终产品的变动成本。在“中间产品”成本的计算过程中，不分摊固定成本，因此这种方法有点类似于工业成本计算中的“变动成本法”。

采用支出率计算和分析高铁运输成本的方法，叫支出率法。用这种方法计算和分析高铁运输成本时，首先要将高铁运输支出划分为与运量有关支出和与运量无关支出两部分(划分方法如前文所述)。把与运量有关支出与一定的高铁运营工作指标联系起来，并把每项支出归纳到与其关系最密切的指标内，把同一指标的支出加总去除以指标总数，得出每一指标的支出数，称为支出率。也就是说单位运营指标的支出，叫作该指标的支出率。

当计算一定周转量的人公里成本时，可根据运输周转量需要消耗的各项运营工作指标数乘以相应的支出率，将乘积加总，即得与运量有关成本。再加上应摊的与运量无关成本，就可得出一定周转量的全部运输成本。

假设完成一定运量所消耗的指标数为 $X_1, X_2, \cdots, X_n$，相应的支出率为 $A_1, A_2, \cdots, A_n$，无关支出为 B，高铁运营成本 C 的计算公式为：

$$C = A_1X_1 + A_2X_2 + \cdots + A_nX_n + B \tag{3-1}$$

当采取某项措施提高运输效率时，动车组运用指标发生变动，完成运输任务所消耗的指标数 $X_1, X_2, \cdots, X_n$ 也随之变化，从而比较准确地计算出该项措施对高铁运输成本的影响。

支出率法的优点是计算比较简单和精确。尤其在计算动车组运用数量的变动对高铁运输成本的影响时，既可反映每一单项指标的变动，又可反映几个指标同时变动对成本的影响。支出率法的另一优点是应用比较广泛，例如，计算高铁动车作业成本等均可采用该种方法。支出率法的缺点是不能反映与运量无关支出对成本的影响。

2. 指标体系

采用支出率法计算与分析高铁运输成本，必须确定运营工作指标的名称和数目，即指标体系。确定指标体系时，应考虑以下几方面的问题。

(1)选择指标体系要根据研究和解决问题的目的，既要全面反映高铁运输生产的各主要环节，又要便于分析各种因素的变化对高铁运输成本的影响。

(2)选用的指标必须与其有关的支出密切相关，即某个指标变化时，其所包括的支出亦随之变化。

(3)选用指标数量的多少，既要考虑计算和分析运营成本的精确性，又要使计算工作量不太烦琐。

根据以上几个方面的考虑，高铁运输成本采用"动车组千辆公里""动车组列车公里""动车组列车小时""动车组机务小时""动车组列车乘务小时""动车组运行用电""动车组列车总重吨公里"这七个指标进行计算。

3. 支出率的计算和修正

(1)支出率的计算

支出率，即单位指标的支出额。它是用与某项指标有关的支出总额除以该项指标总数求得的。

$$\text{某项运营指标的支出率} = \frac{\text{与某项运营指标有关支出总额}}{\text{某项运营指标总数}}(\text{元}) \tag{3-2}$$

计算支出率时，所用的资料有两种：一是各有关科目的支出数，二是运营工作指标。两种数据都可从铁路局集团公司的年度计划或决算资料、统计资料中取得。有些数据还需要进行补充计算或通过调查研究才能得到。

计算支出率时，与某项运营指标有关支出总额也可以用另一方法求得，即将高铁运输成本科目逐一进行分析，用回归分析法计算出各科目的变动率，也就是各科目的有关支出占科目支出的百分比，然后将各科目的变动率乘以相应的各个科目支出，最后将其相乘之积加总，即可得到与某项运营指标有关支出总额，用支出总额除以指标数，就可求出某项指标的支出率，其计算公式如下：

$$A_i = \frac{\sum_{i=1}^{n}(E_i \times \Delta BL_i)}{\sum P} \tag{3-3}$$

式中 A_i 为某指标的支出率，E_i 为某指标项下各科目支出和，BL_i 为变动率，P 为指标数。

高铁运输成本指标支出率一共有七个，现将这七个指标支出率计算如下：

$$\text{① 动车组千辆公里支出率} = \frac{\text{与动车组千辆公里有关的支出总额}}{\text{动车组千辆公里数}}(\text{元}) \tag{3-4}$$

式中“与动车组千辆公里有关的支出总额”包括动车组维护、日常检修、动车组一、二、三、四、五级修、动车组列车服务。“动车组千辆公里数”通过“动车组列车公里数”乘以“动车组平均辆数”计算得到。

$$\text{② 动车组列车公里支出率} = \frac{\text{与动车组列车公里有关的支出总额}}{\text{动车组列车公里数}}(\text{元}) \tag{3-5}$$

式中“与动车组列车公里有关的支出总额”主要包括通信、信号设备的维修、中修等修理费，“动车组列车公里数”如果无法从统计资料中直接获取，还可以通过“某线运营里程”乘以“动车组列车发送列数”或“旅客人公里”除以“旅客平均运载人数”间接得到。

$$\text{③ 动车组列车小时支出率} = \frac{\text{与动车组列车小时有关的支出总额}}{\text{动车组列车小时数}}(\text{元}) \tag{3-6}$$

式中“与动车组列车小时有关的支出总额”主要包括动车组折旧、信号折旧等；“动车组列车小时数”的计算可以通过“动车组列车公里数”除以“动车组列车运行平均速度”间接获取。

$$\text{④ 动车组机务小时支出率} = \frac{\text{与动车组机务小时有关的支出总额}}{\text{动车组机务小时总数}}(\text{元}) \tag{3-7}$$

式中“与动车组机务小时有关的支出总额”主要包括动车组运行机务乘务人员工资，“动车组机务小时总数”如果无法从统计资料中获取，还可以通过式(3-8)计算近似得到：

$$\text{动车组机务小时总数} = \text{动车组列车小时总数} \times (1 + \text{动车组机务附加时间系数}) \tag{3-8}$$

“动车组机务附加时间系数”也称为“交接系数”，可以通过“交接时间”除以“动车组列车区段运行时间”得到；“动车组列车小时总数”同样可以通过“动车组列车公里数”除以“动车组列车运行平均速度”间接获取。

$$\text{⑤ 动车组列车乘务小时支出率} = \frac{\text{与动车组列车乘务小时有关的支出总额}}{\text{动车组列车乘务小时总数}}(\text{元}) \tag{3-9}$$

式中“与动车组列车乘务小时有关的支出总额”主要包括动车组乘务人员工资、随动车组检测员工资，“动车组列车乘务小时总数”如果无法直接获得，可以通过式(3-10)计算得到：

$$\text{动车组列车乘务小时总数} = \text{动车组列车小时总数} \times (1 + \text{动车组乘务附加时间系数}) \tag{3-10}$$

类似的，“动车组乘务附加时间系数”也可通过计算“交接时间”占“高铁区段运行时间”的比重间接获得。

⑥动车组运行用电支出率 $=\frac{\text{与动车组运行用电有关的支出总额}}{\text{动车组运行用电千千瓦小时数}}$(元) (3-11)

式中“与动车组运行用电有关支出总额”主要包括“会铁 040 表”中的动车组运行用电、电气化铁路供电系统运用折旧、维修、大修等科目支出。

⑦动车组列车总重吨公里支出率 $=\frac{\text{与动车组列车总重吨公里有关的支出总额}}{\text{动车组列车总重吨公里总数}}$(元)

(3-12)

式中“与动车组列车总重吨公里有关的支出总额”主要包括线路、桥隧折旧及维修、中修等支出,“动车组列车总重吨公里总数”一般也无法直接获取,可以通过式(3-13)计算得到:

动车组列车总重吨公里总数 = 动车组列车平均总重 × 动车组列车公里数 (3-13)

“动车组列车平均总重”与“动车组列车公里数”可以通过 12306 网站等处查到相关数据信息。

(2)支出率的修正

上述计算的各项指标的支出率,可以是全国高铁或各高铁公司的平均支出率,适用于计算及分析全国高铁或各高铁公司的高铁运输成本。如果高铁运输条件与全国高铁或各高铁公司相差较大,或者需要具体到高铁列车级别和客车席别层面的计算时,必须根据具体条件对有关指标的支出率加以修正。

支出率修正时,必须对指标所包括的全部高铁运输支出进行分析,确定在改变条件时,其中哪些支出将要发生变化,然后根据有关资料进行修正。

修正指标支出率的原因,一方面,主要是由于不同高铁线路上运行列车的速度不同,使得列车的修理费、折旧费等会有一定的差别,因而需要修正动车组列车小时、动车组列车总重吨公里等指标的支出率;另一方面,相同级别下不同席别的列车提供服务的水平不同,因此在计算高铁客车席别成本时要考虑到这些差异,对支出率进行合理修正。

支出率的修正方法有直接计算法和系数法两种。

①直接计算法,是直接根据某一类型的动车组列车资料及其有关支出重新计算支出率的方法。例如,“复兴号”动车组列车的持续运营速度可达 350 公里/小时,而具有“耐高寒”特性的 CRH5 型动车组列车运行的平均速度只有 220 公里/小时左右,因此在计算“动车组列车小时”支出率时,两种车型的计算公式就有了差别:

“复兴号”动车组列车小时支出率 = “复兴号”动车组折旧 $\div\frac{\text{“复兴号”动车组列车公里数}}{\text{350 公里/小时}}$

(3-14)

CRH5 型动车组列车小时支出率 = CRH5 动车组折旧 $\div\frac{\text{CRH5 动车组列车公里数}}{\text{220 公里/小时}}$

(3-15)

②系数法,是考虑了列车运行速度、车厢内空间大小及旅客享受到的服务质量水平等因素后,设定一个合理的修正系数,用以对平均支出率进行修正,从而计算高铁运输列车级别和客车席别成本。采用修正系数法修正指标的支出率,通常是利用现成的(或预先计算出来的)修正系数,所以计算比较简便。本章将在第五节、第六节中详述修正系数法的应用。

4. 高铁运输成本的计算

求出各项指标的支出率后，就可以根据动车组列车运用指标计算和分析高铁运输成本。计算高铁运输成本时，首先要计算完成一定运输周转量消耗的各项指标数，其次把各项指标数分别乘上相应的支出率，将乘得之积加总，即得到完成一定周转量的与运量有关支出（变动成本），最后再加上完成一定周转量的与运量无关支出（固定成本），即可得出一定时期完成一定周转量的完全运输成本。

（五）运输作业过程别支出率法及其派生方法

1. 运输作业过程别支出率法

“运输作业过程别支出率法”是将我国高铁计算成本的“运输作业过程分项法”与国际铁路通用的“支出率法”相结合的一种方法。它是运用我国“运输作业过程分项法”的思路和步骤，以“支出率法”的形式进行高铁运输成本计算。其计算流程如图 3-1 所示。

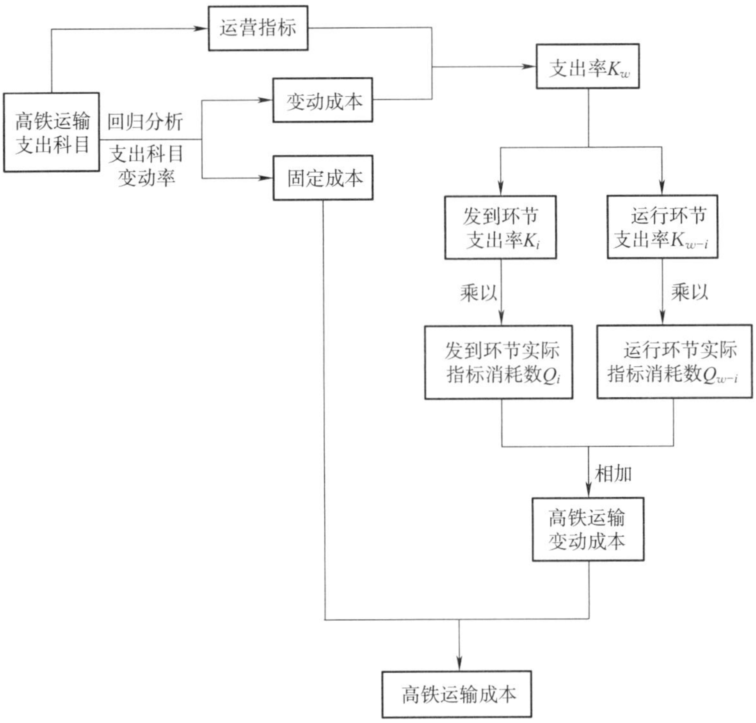

图 3-1 “运输作业过程别支出率法”计算高铁运输成本流程图

采用该方法计算高铁运输成本的基本原理包括以下几个主要方面。

(1)分析成本习性，建立指标体系，计算支出科目变动率，实现对高铁运输支出明细科目的变动部分和固定部分的划分。

高铁运输成本的产生源头在基层站段，各站段因为高铁运输生产活动提供不同方面的服务而产生不同性质的成本。因此，为了能更加全面而准确地反映成本耗费情况，单单设置明细成本科目核算是不够的，还应分析清楚各个明细科目下核算的成本产生原因是什么，它们都是在维持高铁正常运行的哪个环节中产生的，由此设置相关指标，用来归集性质相同或相似的明细支出科目，从而通过指标体系反映不同性质成本的消耗情况。

在归集明细支出科目时，可以运用多因素回归分析法确定成本科目与指标的相关性，计算支出科目变动率。支出科目变动率主要有两个作用：第一，该结果反映的是某项支出中有多大比例的支出是与指标直接相关的，这部分支出就是“变动部分”成本，可以直接归入相关的指标体系中；第二，有些高铁运输支出与指标是间接相关的，需要使用变动率进行分劈之后再归入指标体系中，这样才能汇总起所有与指标相关的支出，才能进一步计算指标支出率。由此看来，变动率是区分变动成本和固定成本的关键，也是计算指标支出率的基础。它为后面更加准确地计算高铁分线运输成本提供条件，为列车级别成本和客车席别成本的计算奠定基础。支出科目变动率的计算分下述几个步骤。

①从作业过程出发，设立指标体系。

从作业环节入手设立指标体系是运输作业过程别支出率法不同于普通支出率法的地方。高铁运输作业过程可以分为两个环节——发送到达和运行。发到环节涉及安排旅客进站乘车服务和旅客到站后引导出站服务，因此可以设置“旅客发送人”指标，用来归集提供两种服务所发生的成本。运行环节涉及的活动比较多，比如，在运行过程中，动车组驾驶人员和动车组列车乘务人员是全程参与的工作人员，他们的工资应当属于运行环节消耗；驱动动车组运行需要消耗电力，指引动车组沿正确行驶路线行使需要专用的信号设备发出信号，所以消耗电力支出和信号设备维修费应当也包括在运行环节中；另外，列车运行会对钢轨、路桥隧等造成一定程度的磨损，时间久了列车自身也会出现问题，所以对轨道、路桥隧等的维修费及列车自身维修费和替换的零件成本等都需要归入运行环节成本中。因此，运行过程可以设置“动车组千辆公里”“动车组列车公里”“动车组列车小时”“动车组机务小时”“动车组列车乘务小时”“动车组运行用电”“动车组列车总重吨公里”指标，用来归集运行过程中的各项耗费支出。根据中国国家铁路集团有限公司《运输成本费用管理核算规则》对指标及支出科目的相关界定，指标及其归集的成本科目见表 3-1。

表 3-1　高铁各项指标及其有关支出表

作业过程	指标名称	指标计算	与指标有关支出
发到作业	旅客发送人	实际发送人数	车站旅客服务
运行作业	动车组千辆公里	＝动车组列车公里数×动车组平均辆数	动车组维护、日常检修、动车组一、二、三、四、五级修、动力集中动车组维护、动车组（动力集中动车组）互换配件修理、动力集中动车组 D1 修、D2 修、D3 修、D4 修、D5 修、D6 修、动车组列车服务
	动车组列车公里	$=\frac{旅客人公里数}{列车平均载运人数}$ 或 ＝某线运营里程×动车组列车发送列数	自动闭塞设备运用维修、运行联锁道岔设备维修、信号及其他设备维修、通信线路运用维修、运行信号设备用电、有线通信设备运用维修、无线通信设备维修、专用数字移动通信系统运用维修、供水设备运用维修、其他支出
	动车组列车小时	$=\frac{动车组列车公里数}{平均运行速度}$	动车组（动力集中动车组）折旧、高铁运行信号折旧
	动车组机务小时	＝动车组列车小时数×（1＋机务附加时间系数）	动车组（动力集中动车组）驾驶人员工资
	动车组列车乘务小时	＝动车组列车小时数×（1＋乘务组附加时间系数）	高铁客运旅客列车服务人员工资、动车组（动力集中动车组）乘检人员工资

续上表

作业过程	指标名称	指标计算	与指标有关支出
运行作业	动车组运行用电	从会铁支出总表中可得	动车组（动力集中动车组）运行用电、电气化铁路供电系统运用折旧、维修、大修等科目支出
	动车组列车总重吨公里	＝动车组列车平均总重×动车组列车公里数	高铁线路、桥隧建筑物折旧及高铁运行线路、桥隧建筑物维修、中修、养路机械运用维修、道岔维修、其他维修

②收集资料，利用多因素回归分析法计算支出科目变动率。

采用回归分析法计算变动率需要大量数据。因此首先要从各站段、铁路局集团公司收集到足够多的样本数据，再以指标为自变量，以某明细科目支出为因变量，按照式(3-16)所示模型进行回归，得到偏回归系数 $a,b,\cdots,n$，再代入式(3-17)中算出指标 x_i 相应的支出科目变动率 $\alpha(x_i)$。最后，用 $\alpha(x_i)$ 乘以该明细科目平均成本值[式(3-18)]，即得该明细科目成本中应计入指标 x_i 的变动成本数额。

$$Y=a+bx_1+cx_2+\cdots+nx_m+\varepsilon \tag{3-16}$$

$$\alpha(x_i)=n\overline{x_m}\div(a+b\overline{x_1}+c\overline{x_2}+\cdots+n\overline{x_m})\times 100\% \tag{3-17}$$

$$\text{计入指标}x_i\text{ 的变动成本}=\alpha(x_i)\times\text{明细科目平均成本值} \tag{3-18}$$

(2)计算运营指标支出率

指标支出率的计算公式见式(3-19)。从公式中可以看出，计算某个指标支出率需要掌握与该指标相关的总运营成本。除了那些通过回归分析可以计算出直接计入指标体系比例的基本支出，还有一些附加的成本费用，它们虽与指标没有直接关系，但却有间接关联，需要运用支出科目变动率将其分配进各指标中，才能得到与指标相关的变动成本总额，从而计算出各指标的支出率。间接相关成本的分配见式(3-20)。

$$\text{指标支出率}=\frac{\text{与指标相关的成本总额的平均值}}{\text{相关运营指标工作量的平均值}} \tag{3-19}$$

某指标分配所得的间接相关成本＝间接相关成本×该指标支出科目变动率 (3-20)

得到某项指标总运营成本后，再除以相关运营指标工作量，就可以得到该指标支出率。值得说明的是，由于计算使用的数据涉及多个年份，所以分子、分母都做了平均处理，为的是使计算相对简便又不失准确。

指标支出率算出以后，首先乘以各自实际指标消耗数，再求和，就可以得到高铁运输总成本中的变动成本了。计算公式如下：

$$\text{高铁运输成本的变动成本部分}=\sum(\text{各指标支出率}\times\text{实际指标消耗数}) \tag{3-21}$$

(3)固定成本划分

要计算出高铁运输总成本，还需确定与高铁有关的固定成本是多少。一般情况下，铁路部门是按照高速动车组列车和其他列车运营支出总额的比例对固定成本进行分配的。在涉及高铁列车级别和客车席别的成本计算时，也可根据与运量无关的固定支出占与运量有关支出的百分比，算出与运量无关的固定支出额，从而实现对固定成本的分摊。

(4)高铁运输总成本的计算

得到变动支出额和应摊固定成本额之后，二者相加，即得为完成一定周转量而产生的高铁运输总成本。

2. 运输作业过程别支出率法的派生方法

(1)支出比重法

支出比重法是非定期成本计算方法之一。它的主要原理与运输作业过程别支出率法相同,因此,它是运输作业过程别支出率法的派生方法。

采用支出比重法计算和分析动车组列车运用质量指标变动对运输成本的影响,不需要计算支出率,只要确定与各项运营指标的有关支出在运输总支出中的比重,就可进行计算。

与各项指标的有关支出在运输总支出中的比重,可以用高铁运输支出总额分别去除各项指标的有关支出求得。以"旅客发送人"指标为例,根据某高铁线20××年的有关资料,当年旅客发送人数为9 660万人,与"旅客发送人"指标有关的支出为842 411 475.95元,高铁运输支出总额为16 759 067 634元,可求得"旅客发送人"指标当年的有关支出占高铁运输支出总额的比重为:

$$(842\ 411\ 475.95 \div 16\ 759\ 067\ 634) \times 100\% = 5.03\%$$

假设旅客发送人数由9 660万减少到6 000万,则发送旅客人数占原发送旅客人数的比重为:

$$6\ 000 \div 9\ 660 \times 100\% = 62.11\%$$

那么,发送人数变动后,与"旅客发送人"指标有关的支出占总运输支出的比重就变为:

$$5.03\% \times 62.11\% = 3.12\%$$

也就是说,当发送人数由9 660万减少至6 000万时,与"旅客发送人"指标有关的支出总额变为:

$$16\ 759\ 067\ 634 \times 3.12\% = 522\ 882\ 910.18(\text{元})$$

即与"旅客发送人"指标有关支出减少了319 528 565.77(842 411 475.95−522 882 910.18=319 528 565.77)元。变动后,高铁运输支出总额为:

$$16\ 759\ 067\ 634 - 319\ 528\ 565.77 = 16\ 439\ 539\ 068.23(\text{元})$$

(2)影响系数法

影响系数法,也是非定期成本计算的一种方法,它是以运输作业过程别支出率法为基础的。采用这种方法分析动车组列车运用质量指标的变动对高铁运输成本的影响时,首先要算出影响系数。影响系数是指与某项动车组列车运用质量指标直接有关的支出占运输支出的比重。由于运输支出(或运输成本)的变化和质量指标的变化,可以是正相关或负相关的关系(即质量指标提高,运输成本亦提高,此种情况称为正相关关系;反之,质量指标提高,运输成本降低,称为负相关关系),其计算公式也有所不同。

当质量指标变化与运输成本呈负相关关系时,计算公式为:

$$\Delta = \frac{-nK}{1+K} \tag{3-22}$$

式中 Δ 为运输成本(或运输支出)变动百分数,n 为影响系数,K 为某质量指标变动百分数。

当质量指标变化与运输成本呈正相关关系时，计算公式为：

$$\Delta = nK \tag{3-23}$$

仍以“旅客发送人”为例，因为“旅客发送人”指标的变化与运输成本呈正相关关系，故计算时采用式(3-23)，计算结果为：

$$\Delta = (842\ 411\ 475.95 \div 16\ 759\ 067\ 634) \times (6\ 000 \div 9\ 660) \times 100\% = 3.12\%$$

因此，运输成本降低的绝对值为：

$$842\ 411\ 475.95 - 16\ 759\ 067\ 634 \times 3.12\% = 319\ 528\ 565\ 77(\text{元})$$

变动后，高铁运输支出总额为：

$$16\ 759\ 067\ 634 - 319\ 528\ 565.77 = 16\ 439\ 539\ 068.23(\text{元})$$

第三节　高铁运输人公里成本计算

一、高铁运输人公里成本的意义

高铁运输人公里成本反映的是一段时期内全国高铁网完成单位旅客周转量产生的运输成本，不同于定期高铁运输成本的计算。高铁运输人公里成本的计算采用的是运输作业过程别支出率法，需要算出运营指标支出率、变动成本额及固定成本额才能得到单位旅客周转量人公里成本。而定期高铁运输成本计算仅是简单地将全部高铁客运总支出除以高铁旅客周转量总数算得一个平均值，该平均值只是粗略地反映了铁路局集团公司一段时期内为完成单位旅客周转量所耗费的成本，而不能准确地反映各运输作业环节的耗费情况。

随着我国高铁建设的不断发展，全国高铁网络逐步形成，高速动车组列车的种类日渐增多，高铁运输人公里成本实行更加精准细致的计算，对加强高铁运营工作管理就具有了重要的意义。通过分析一段时期内全国高铁的人公里成本，可以为高铁运输生产单位的成本管理控制提供参考依据，提高资源利用效率，同时，为本单位更加合理地进行运力调配、提高高铁运输作业生产效率提供有价值的成本信息。

二、高铁运输人公里成本计算

高铁运输人公里成本计算的原理和步骤与上节所述的“运输作业过程别支出率法”的内容基本一致，包括以下几个方面。

（一）分析成本习性，建立指标体系；计算变动率，划分变动支出与固定支出

无论是将全国高铁网还是某条高铁线作为人公里成本的计算对象，其发生的支出性质、种类及涉及的成本科目都一样，因此，在计算全国高铁人公里成本时，仍可采用“旅客发送人”“动车组千辆公里”“动车组列车公里”“动车组列车小时”“动车组机务小时”“动车组列车乘务小时”“动车组运行用电”和“动车组列车总重吨公里”八个指标。关于指标的定义及与其相关的成本科目与前述内容一致，这里不再赘述。值得注意的是，不同高铁线由于运量、技术、运营单位管理水平等不同，其成本结构也是有差异的。因此，在计算全国高铁人公里成本时，应当采用全国高铁运营的统计资料、成本数据，按照支出科目变动率

计算的原理计算各指标相关成本科目的变动率，准确划分全国层面的高铁运输变动成本与固定成本。

(二)计算指标支出率

指标支出率的计算公式同本章第二节式(3-19)。计算时，分子部分为与该指标相关的支出总额，包括了可以直接计入的支出额以及通过变动率分配计入的间接支出额；分母部分为计算期内运营指标消耗总数。分别相除后得到的结果即为全国高铁的运营指标支出率。利用《全国铁路统计资料汇编》中的数据及调研取得的相关资料，计算得到的全国高铁指标支出率见表 3-2。

表 3-2　全国高铁运营指标支出率

运输作业过程	指标名称	支出率(元/单位指标)
发到	旅客发送人	13.95
运行	动车组千辆公里	61.26
	动车组列车公里	198.31
	动车组列车小时	15 717.57
	动车组机务小时	1 003.02
	动车组列车乘务小时	3 412.38
	动车组运行用电	1 328
	动车组列车总重吨公里	0.086

(三)计算变动成本

得到各指标支出率之后，用一定时期内完成一定旅客周转量所消耗的指标数乘以运营指标支出率，加总即得与运量有关的变动支出总额。

(四)计算高铁运输人公里成本

在得到与运量有关的变动支出后，再加上一定时期内完成一定旅客周转量所需分摊的与运量无关的固定支出，即得一定旅客周转量下的高铁运输人公里成本。

三、高铁运输人公里成本计算案例

假设 20××年，全国高铁完成每千人公里周转量所消耗的指标数见表 3-3。已知该计算期内每千人公里应摊固定成本为 12.16 元，试计算 20××年全国高铁运输人公里成本。

计算过程见表 3-3。

表 3-3　高铁运输人公里成本计算表

运输作业过程	指标名称	指标消耗数	支出率(元/单位指标)	人公里成本(元/千人公里)
发到	旅客发送人	1 000	13.95	=(1 000×13.95)÷1 000=13.95
运行	动车组千辆公里	1 420	61.26	=(1 420×61.26)÷1 000=86.99
	动车组列车公里	670	198.31	=(670×198.31)÷1 000=132.87
	动车组列车小时	2.3	15 717.57	=(2.3×15 717.57)÷1 000=36.15

续上表

运输作业过程	指标名称	指标消耗数	支出率（元/单位指标）	人公里成本（元/千人公里）
运行	动车组机务小时	2.4	1 003.02	=（2.4×1 003.02）÷1 000=2.41
	动车组列车乘务小时	2.4	3 412.38	=（2.4×3 412.38）÷1 000=8.19
	动车组运行用电（千千瓦小时）	30	1 328	=（30×1 328）÷1 000=39.84
	动车组列车总重吨公里	589 210	0.086	=（589 210×0.086）÷1 000=50.67
固定成本				12.16
全国高铁运输人公里成本				383.23

第四节　高铁运输分线成本及旅客列车公里成本计算

一、计算高铁运输分线成本的意义

高铁运输分线成本是指一条高铁线路单位周转量的运输支出。从高铁运输成本计算的角度看，把“线”作为高铁运输成本计算的范围是区别于“面”即管辖区域内的高铁网络平均成本而言的。所以，只要是按一条高铁线而不是按管辖范围内多条高铁线计算的成本，都可以称之为高铁运输分线成本。高铁运输分线成本计算包括通常所说的一条高铁线的运输成本计算，也包括几个相邻区段的高铁运输成本计算。

不同高铁线路的运输成本差别很大，其影响因素多种多样，但基本上归纳为两类。一类是客观的因素，主要是运量、运量构成、长短途比重，这些因素与生产力布局和产销联系特点有关；还有线路技术标准、线路造价、气候和地形条件、列车重量和速度等。另一类则是与运输组织和经营管理有关的因素，如高铁运营工作的组织方式、运输效率等。

为了正确反映不同高铁线路各种因素对高铁运输成本的影响程度，有必要计算运输分线成本。运输分线成本的用途很广，如用于评价高铁线路的经济效益，考核个别高铁线路的财务盈亏状况；用于高铁线路技术改造项目评估和技术组织措施方案的比选；用于调整和制定高铁运价；为研究生产力布局以及各种运输方式间合理分配运量提供依据。计算高铁运输分线成本对加强高铁经营管理、完善经济责任制也具有重要意义。

二、高铁运输分线成本计算方法和原则

精确计算高铁运输分线成本是比较复杂的。我国铁路运输实行区域管理，多数铁路局集团公司在广阔的区域内往往管理着多条高铁线，单独管理某一条高铁线的铁路局集团公司很少。线路起讫点、交叉点所在地的运营基层单位并非只为一条线路服务。计算高铁运输分线成本要求对管辖范围内涉及多条高铁线路的运营单位的支出尽可能按线划分。这种支出的划分是分线成本计算方法的基础。例如，可以采用运输作业过程别支出率法来计算，而正确计算某高铁线的指标支出率必须做非常细致的运输支出划分工作。比如计算动车组列车总重吨公里指标支出率，即使以某动车段为样本计算了动车组列车总重吨公里指标支出率，也不能直接用于各高铁线或区段的成本计算。因为即使同一种

动车组列车，在不同线路上运行时，由于线路的地理条件、气候以及运量不同而导致动车组列车对轨道、桥隧建筑物等的磨损不同，以致路桥隧建筑物等的修理费有所差异。因此，必须对不同线路相应的支出进行修正，一般采用两种方法：一是用统计上的方法，二是采用分摊的方法。前一种方法很少采用，后一种是在我国高铁现有财务、统计核算体系和支出科目设置的情况下，采用的一种简化方法。另外，在运用运输作业过程别支出率法计算高铁运输分线成本时，不可避免地还要对与运量无关支出在各线间进行划分，这也是比较复杂的。

铁路局集团公司在分摊运输支出时，应当在考虑了前述分线成本影响因素的基础上，按照《运输成本费用管理核算规则》对运营指标及支出科目的相关规定，以合理的分配原则进行运输支出分摊。其具体原则有以下几条。

(1)凡是与该高铁线运营直接相关的支出，直接列入该线的分线成本。

(2)难以划分的多线混合支出，应当采用适当的比例进行分配。

(3)固定资产，特别是线路及桥隧建筑物，其基本折旧费、大修费对分线成本的影响很大，应尽可能准确地反映。这就要求采用合理的计提折旧办法对各高铁线计提折旧，为多线服务的固定资产折旧费及大修费要按适当比例进行分摊。

(4)其他科目支出按该单位已分摊的支出比例进行分配。

三、高铁运输分线成本计算

(一)混合支出的划分

从财务的角度来看，铁路局集团公司下属站段实质上是“成本中心”，负责记录日常运营工作中发生的各类支出。计算高铁运输分线成本，需要对各站段记录的支出进行两步分劈：一是将各类支出划分为普速客运支出和高铁客运支出；二是将高铁客运支出中属于某条高铁线路的部分分劈出来，作为计算高铁运输分线成本的基础。在《运输成本费用管理核算规则》(2020)颁布之前，原中国铁路总公司《运输成本费用管理核算规程》(2015)中对于运营过程中发生的普速客运支出和高铁客运支出的列示，有些站段能够区别开来分别进行记录。比如，动车段仅是对动车组列车进行维修，所以动车段发生的全部支出都属于高铁客运支出，不需要分劈；然而有些站段同时为普速客运和高铁客运提供服务，在记录支出时并不区分两者，而是混在一起列报。因此，按照《运输成本费用管理核算规程》(2015)进行高铁运输分线成本计算时，对这类混合支出进行分劈是必要的。不过，《运输成本费用管理核算规则》(2020)中，已经对各项支出进行了“高速铁路”和“普速铁路”明细划分，因此，现阶段计算高铁运输分线成本时，只需考虑各站段发生的高铁客运支出中某分线支出的分劈问题。

1. 车务段

车务段运营成本科目及分摊指标见表3-4。

车务段涉及的混合支出科目是“3001-1 车站旅客服务(高铁客运)”。该科目核算的是发到车站接送旅客进出站产生的支出，因此，可以通过普速客运和高铁客运旅客发送人数占比作为分摊该成本科目的指标。

表 3-4 车务段运营成本科目及分摊指标表

分摊指标	运营成本科目
旅客发送人数	3001-1 车站旅客服务(高铁客运)

计算高铁运输分线成本时,需要将分布在某线上各个车务段的“车站旅客服务(高铁客运)”按“旅客发送人”指标分摊到该线上。分摊比例可以通过各个车务段“该高铁线路旅客发送人数”除以本段“高铁客运旅客发送人数”求得。

2. 机务段

机务段运营成本科目及分摊指标见表 3-5。

表 3-5 机务段运营成本科目及分摊指标表

分摊指标	运营成本科目
动车组列车驾驶人员实际工资直接列入	1104 动车组(动力集中动车组)驾驶人员工资

机务段涉及的混合支出科目是“1104 动车组(动力集中动车组)驾驶人员工资”。由于动车组列车驾驶人员的工资也是通过机务段核算的,因此机务段“1104 动车组(动力集中动车组)驾驶人员工资”中包含该段各条高铁线路驾驶人员工资,计算高铁运输分线成本时,某线上所有机务段的“动车组(动力集中动车组)驾驶人员工资”需要分摊计入该线中。

3. 工务段

工务段运营成本科目及分摊指标见表 3-6。

表 3-6 工务段运营成本科目及分摊指标表

分摊指标	运营成本科目
动车组列车总重吨公里	3205-1-1 道岔维修(运行区间—** 高铁线路区间) 3205-3-1 道岔维修(非编组站—高铁线路)
	3208-1-1 路桥隧建筑物维修(桥梁维修—高铁线路 ** 区间) 3208-2-1 路桥隧建筑物维修(隧道维修—高铁线路 ** 区间) 3208-3-1 路桥隧建筑物维修(路基维修—高铁线路 ** 区间)
	2107-1-1 线路折旧(运行区间—** 高铁线路区间) 2107-3-1 线路折旧(非编组站—高铁线路)
	3207-1-1 线路其他维修(运行区间—** 高铁线路区间) 3207-3-1 线路其他维修(非编组站—高铁线路)
	3209-1-1 线路中修(运行区间—** 高铁线路区间) 3209-3-1 线路中修(非编组站—高铁线路)
	3210-1-1 大型养路机械运用维修(线路稳定—高铁线路 ** 区间) 3210-2-1 大型养路机械运用维修(线路捣固—高铁线路 ** 区间) 3210-3-1 大型养路机械运用维修(道岔捣固—高铁线路 ** 区间) 3210-4-1 大型养路机械运用维修(钢轨打磨—高铁线路 ** 区间) 3210-5-1 大型养路机械运用维修(道岔打磨—高铁线路 ** 区间) 3210-6-1 大型养路机械运用维修(钢轨探伤—高铁线路 ** 区间) 3210-9-1 大型养路机械运用维修(其他养路机械—高铁线路 ** 区间)
	3211-1 小型养路机械运用维修(高铁线路—** 区间)
	3212-1 线路绿化(高铁线路—** 区间)
	3258-1 大型养路机械大修(高铁线路)
	3259-1 工务其他设备大修(高铁线路)

计算高铁运输分线成本时，工务段可以先求出本段"某高铁线的动车组列车总重吨公里"占本工务段"动车组列车总重吨公里总数"的比例，然后再用科目支出额计算出应计入某高铁线分线成本的支出额。

4. 动车段

动车段运营成本科目及分摊指标见表3-7。

表3-7 动车段运营成本科目及分摊指标表

分摊指标	运营成本科目
千辆公里	3421 动车组(动力集中动车组)维护
	3422 动车组三级修— ** 车型
	3423 动车组四级修— ** 车型
	3424 动车组五级修— ** 车型
	3425 动车组(动力集中动车组)互换配件修理
动车组列车小时	2105 动车组(动力集中动车组)折旧— ** 型号
	2018-1-1 信号折旧(运行区间— ** 高铁线路区间) 2018-3-1 信号折旧(非编组站—高铁线路)

计算高铁运输分线成本时，各动车段同样需要根据一定的分摊比例从总高铁客运支出中将某线应摊的成本划分出来。如表3-7所示，动车组(动力集中动车组)维护、三、四、五级修以及互换配件修理费应当按照该高铁线"千辆公里数"占动车段"千辆公里总数"的比例划分。动车组(动力集中动车组)折旧、信号折旧以及通信设备折旧，应当按照该线"动车组列车小时"占动车段"动车组列车小时总数"的比例划分。

5. 电务通信段

电务通信段运营成本科目及分摊指标见表3-8。

表3-8 电务通信段运营成本科目及分摊指标表

分摊指标	运营成本科目
换算道岔组数	3351-1-1 信号设备大修(运行区间— ** 高铁线路区间) 3351-3-1 信号设备大修(非编组站—高铁线路)
	3301-1 自动闭塞设备运用维修(高铁线路— ** 区间)
	3302-1-1 联锁道岔设备维修(运行区间— ** 高铁线路区间) 3302-3-1 联锁道岔设备维修(非编组站—高铁线路)
	3304-1-1 信号设备中修(运行区间— ** 高铁线路区间) 3304-3-1 信号设备中修(非编组站— ** 高铁线路区间)
换算皮长公里	3311-1 通信设备运用维修(高铁线路)
	3312-1 无线通信设备维修(高铁线路)
	3313-1 铁路专用数字移动通信系统运用维修(高铁线路)
	3314-1 通信线路运用维修(高铁线路)
	3315-1-1 通信中修(有线通信设备中修—高铁线路) 3315-2-1 通信中修(通信线路中修—高铁线路) 3315-3-1 通信中修(无线通信设备中修—高铁线路)
	3316-1 通信设备用电(高铁线路)

电务通信段涉及的混合支出如表 3-8 所示。信号设备的修理费、自动闭塞设备运用维修费以及联锁道岔设备维修费等是通过“换算道岔组数”分摊的。因此，某条高铁线电务通信段可以按照该线高铁“换算道岔组数”占该段高铁“换算道岔组总数”的比例划分出应计入该线高铁成本的部分。通信设备、通信线路的维修费以及通信设备用电等是通过“换算皮长公里”分摊的，某条高铁线电务通信段可以按照该线高铁“换算皮长公里”占该段高铁“换算皮长公里总数”的比例划分出应计入该线高铁成本的部分。

或者，在计算高铁运输分线成本时，各电务通信段可以通过计算某高铁线“动车组列车公里数”占本段高铁“动车组列车公里总数”的比例，分劈出各段高铁客运支出中应摊入该高铁线的成本。

6. 供电段

供电段运营成本科目及分摊指标见表 3-9。

表 3-9　供电段运营成本科目及分摊指标表

分摊指标	运营成本科目
动车组运行用电千千瓦	3107-2 动车组运行用电
	2115-1 电气化供电设备折旧(高铁线路— ** 区间)
接触网条公里	3502-1-1 电气化铁路供电系统运用维修(接触网设备维修— ** 高铁线路区间) 3502-2-1 电气化铁路供电系统运用维修(牵引变电设备维修—高铁线路) 3502-3-1 电气化铁路供电系统运用维修(接触网作业车维修—高铁线路)
	3551-1 电气化铁路供电系统大修(高铁线路)

计算高铁运输分线成本时，“动车组运行用电”“电气化供电设备折旧”等费用需要计算某高铁线“动车组运行用电千千瓦”占本段全部高铁线“动车组运行用电千千瓦总数”的比例，从而得出应计入某高铁线分线成本的部分。“电气化铁路供电系统运用维修”和“电气化铁路供电系统大修”等费用需要计算某高铁线“接触网条公里”占本段全部高铁线“接触网条公里总数”的比例，从而得出应计入某高铁线分线成本的部分。

7. 客运段

客运段运营成本科目及分摊指标见表 3-10。

表 3-10　客运段运营成本科目及分摊指标表

分摊指标	运营成本科目
动车组列车乘务小时	1011-1 旅客列车服务人员工资(高铁客运)
动车组千辆公里	3022 动车组(动力集中动车组)列车服务

计算高铁运输分线成本时，“旅客列车服务人员工资(高铁客运)”要通过该线“动车组列车乘务小时”占本段全部高铁线“动车组列车乘务小时总数”的比例划分后，计入该线分线成本；“动车组(动力集中动车组)列车服务”要通过该线“动车组千辆公里”占本段全部高铁线“动车组千辆公里总数”的比例划分后，计入该线分线成本。

(二)建立分线运营指标体系

高铁运输分线成本计算的是一定时期内某一条高铁线路的运输成本。一般情况下，我国一条高铁线路就是一个客运专线公司，各自负责该条高铁线的建设及管理工作。但是，客运专线公司并不直接从事高铁运输生产活动，而是将其委托给各铁路局集团公司完成。因此，高铁运输分线成本的产生源头主要在铁路局集团公司的基层站段，这些基层站段负责高铁运输成本的归集与分配。如前所述，这些站段在计算成本时，几条高铁客运支出是混在一起的，不能直接计算出某条高铁线路的运输成本，需要将这些日常发生的混合运输支出先在高铁线路之间进行分摊，然后再计算某条高铁线路的完整运输成本。因此，计算高铁运输分线成本的关键，就是要合理地划分基层站段的混合支出。

计算某高铁运输分线成本，所用的分线运营指标体系仍然是“旅客发送人”“动车组千辆公里”“动车组列车公里”“动车组列车小时”“动车组机务小时”“动车组列车乘务小时”“动车组列车运行用电”及“动车组列车总重吨公里”运营指标。

（三）指标支出率的计算

根据与分线运营指标相关的运输支出及分线运营指标消耗数，即可计算出分线运营指标支出率。计算公式如下：

$$K_w = \frac{\overline{P}_w}{\overline{Q}_w} \tag{3-24}$$

式中 K_w 为某项指标支出率，$\overline{P}_w$、$\overline{Q}_w$ 分别为每项指标历年相关科目支出数和消耗指标数的平均值，w 代表运营指标，可取 1 到 8。

以某高铁线为例，本书通过实地调研取得了该高铁线历年运输支出资料，并从《全国铁路统计资料汇编》、12306 网站及其他新闻资讯网站上搜集到了历年相关指标消耗情况的资料，计算得到的支出率见表 3-11。

表 3-11 某线运营指标支出率

运输作业过程	指标名称	支出率(元/单位指标)
发到	旅客发送人	8.72
运行	动车组千辆公里	38.29
	动车组列车公里	123.94
	动车组列车小时	9 823.48
	动车组机务小时	626.89
	动车组列车乘务小时	2 132.74
	动车组运行用电	830
	动车组列车总重吨公里	0.054

（四）高铁运输分线成本计算

计算出各指标的支出率 K_w 后，需要取得相关资料，按照指标定义式计算各指标的实际消耗数 $Q_{w'}$，从而计算出各指标实际发生的变动成本 VC_w。

$$VC_w = K_w \cdot Q_{w'} \tag{3-25}$$

得出各指标的变动成本后，将其求和，再加上该线的固定成本 FC，可以得到高铁运输分线成本 C，计算公式如下：

$$C = \sum_{w=1}^{8} VC_w + FC \tag{3-26}$$

下面举例说明高铁运输分线成本的计算过程。

（五）高铁运输分线成本计算案例

假设某高铁线20××年的运营指标数及成本资料如表3-12所示，试计算20××年该高铁运输分线成本。

表3-12　高铁运营指标数及成本资料

发送旅客人数	4 789.5 万人
旅客周转量	8 313 000 万人公里
机务附加时间系数	1.8%
乘务附加时间系数	1.8%
列车平均总重	890 吨
该线运营里程	1 302 公里
日发送动车组列车对数	41 对
动车组千辆公里	4 239.82 万车辆公里
动车组列车平均运行速度	300 公里/小时
动车组列车运行用电千千瓦小时	10 千千瓦小时
固定成本	525 425.29 万元

结合表3-12资料，该高铁线的分线成本计算见表3-13。

表3-13　每千人公里高铁运输分线成本计算表

运输作业过　程	指标名称	实际指标消耗数计算	支出率（元/单位指标）	支出数（万元）
发到	旅客发送人	4 789.5（万人）	8.72	41 764.44
运行	动车组千辆公里	4 239.82（万千辆公里）	38.29	162 342.71
	动车组列车公里	1 302×41×2×365÷10 000＝3 896.89（万公里）	123.94	482 980.55
	动车组列车小时	$=\frac{3\,896.89}{300}=12.99$（万小时）	9 823.48	127 607.01
	动车组机务小时	$=\frac{3\,896.89}{300}\times(1+1.8\%)=13.22$（万小时）	626.89	8 287.49
	动车组列车乘务小时	$=\frac{3\,896.89}{300}\times(1+1.8\%)=13.22$（万小时）	2 132.74	28 194.82
	动车组运行用电	$=\frac{3\,896.89}{300}\times10=129.9$（万千千瓦小时）	830	107 817
	动车组列车总重吨公里	＝890×3 896.89＝3 468 232.1（万总重吨公里）	0.054	187 284.53
合计				1 146 278.55
固定成本额				525 425.29
运输成本总额				1 671 703.84
每千人公里运输成本	＝（1 671 703.84÷8 313 000）×1 000＝201.1（元/千人公里）			201.1

四、高铁旅客列车公里成本计算

(一)高铁旅客列车公里成本的概念及计算意义

高铁旅客列车公里成本是指一定时期内,动车组列车走行一公里产生的支出。近年来我国高铁建设和运营取得了快速的发展,需要对现有高铁运营列车公里成本进行精确计算,这无论是对高铁运输企业自身成本管理,还是全国高铁列车行车方案而言都有重要的意义。计算高铁旅客列车公里成本,一方面,可以提高动车组列车开行方案的运输效率;另一方面,可以提高高铁公司以及铁路局集团公司运输的经济效益。

(二)高铁旅客列车公里成本计算步骤

与“高铁运输人公里成本”计算方法类似,旅客列车公里成本的计算仍采用运输作业过程别支出率法,同样需要计算出各运营指标的支出率,再乘以各运营指标消耗数,得到各运输环节的变动成本,除以列车公里数,加总得到变动成本,最后加上应摊的固定成本,得到高铁旅客列车公里成本。

(三)旅客列车公里成本计算案例

在上述20××年某高铁线路已算出的分线成本基础上,利用该线的指标消耗数及分线成本数据,假设每旅客列车公里成本应摊固定成本为134.83元,计算该线旅客列车公里平均成本见表3-14。

表3-14 每旅客列车公里成本计算表

运输作业过程	指标名称	实际指标消耗数计算	支出率(元/单位指标)	支出数(万元)	旅客列车公里成本(元)
发到	旅客发送人	4 789.5(万人)	8.72	41 764.44	10.72
运行	动车组千辆公里	4 239.82(万千辆公里)	38.29	162 342.71	41.66
	动车组列车公里	1 302×41×2×365÷10 000=3 896.89(万公里)	123.94	482 980.55	123.94
	动车组列车小时	$=\frac{3\,896.89}{300}=12.99$(万小时)	9 823.48	127 607.01	32.75
	动车组机务小时	$=\frac{3\,896.89}{300}\times(1+1.8\%)=13.22$(万小时)	626.89	8 287.49	2.13
	动车组列车乘务小时	$=\frac{3\,896.89}{300}\times(1+1.8\%)=13.22$(万小时)	2 132.74	28 194.82	7.24
	动车组运行用电	$=\frac{3\,896.89}{300}\times10=129.9$(万千千瓦小时)	830	107 817	27.67
	动车组列车总重吨公里	=890×3 896.89=3 468 232.1(万总重吨公里)	0.054	187 284.53	48.06
合计				1 146 278.55	294.17
每旅客列车公里应摊固定成本额					134.83
旅客列车公里成本					429

第五节　高铁列车级别成本计算

一、高铁列车级别成本计算的概念和必要性

高铁列车级别成本计算，就是将D字头动车组列车的运输成本和G字头动车组列车的运输成本区分开来，分别计算。随着我国铁路列车的不断改造升级，传统的由蒸汽作为牵引动力的列车已经被淘汰，以燃料作为牵引动力的列车数量大大减少，取而代之的是一批批以电力机车为驱动力的新型列车。为了较为精确地计算不同型号列车的运输成本，国铁集团新修订了《运输成本费用管理核算规则》，对各种列车的耗费支出做出了详细说明和具体规定。然而，D字头列车和G字头列车的支出却没有在明细科目中加以区分，两者的运输成本仅通过各个一级科目下的"动车组"明细科目共同反映，这显然不利于铁路部门掌握两种列车运输成本方面更为细致、全面的信息，不利于铁路部门有效地管理成本、及时合理地调整组织运营工作，限制了高铁运营单位运输效率和经济效益的进一步提高。因此，高铁列车级别成本计算具有重要意义。

二、高铁列车级别成本计算的原理

高铁列车级别成本计算是在高铁运输分线成本计算的基础上进行的，因此该计算仍采用运输作业过程别支出率法。在得到高铁运输分线成本的前提下，需要按照一定原则对高铁运输分线成本的支出率进行修正，得到列车级别指标支出率。该修正指标支出率与指标实际消耗数相乘，得到该指标的变动成本总额。最后，将固定成本部分按照一定比例分摊后与变动成本部分加总，即得到动车和高铁各自的运输总成本。具体模型如下：

$$Y_i = FC_i + (m_i \beta_1 X_1 + n_i \beta_2 X_2 + \cdots + w_i \beta_\omega X_\omega) \tag{3-27}$$

式中 Y_i 表示某级别列车的总成本，FC_i 为各级别列车应摊的固定成本，m_i 、n_i 、…、w_i 表示各级别列车应分摊变动成本的修正系数，β_ω 为高铁运输分线成本的指标支出率，X_ω 为消耗指标数，i 可取G或D，分别代表高铁和动车，ω 代表具体各项指标，可取1至8。

三、高铁列车级别成本计算的方法

(一)支出率的修正

高铁列车级别成本的计算需要建立在分线运输成本计算的基础上才能进行。第四节"高铁运输分线成本计算"已经详述了分线成本计算过程，这里不再重述。高铁运输分线成本指标支出率是没有进行动车和高铁级别区分的，但考虑到两种列车在速度、舒适程度、车体设计技术以及对轨道磨损程度等的不同，不同指标的单位消耗也是有所差异的，因此需要修正。根据不同指标支出的性质，本节采用修正系数法，按表3-15所示的分摊标准对分线支出率进行修正。

表 3-15 高铁列车级别指标支出率修正

运输作业过程	指标名称	分摊标准	分摊系数	
			G 字头	D 字头
发到	旅客发送人	列车发送人数比	m_G	m_D
运行	动车组千辆公里	动车组列车公里数之比	n_G	n_D
	动车组列车公里	动车组列车公里数之比	p_G	p_D
	动车组列车小时	动车组列车小时数之比	q_G	q_D
	动车组机务小时	动车组列车小时数之比	s_G	s_D
	动车组列车乘务小时	动车组列车小时数之比	t_G	t_D
	动车组运行用电	动车组列车运行用电量之比	u_G	u_D
	动车组列车总重吨公里	动车组列车平均总重与动车组列车公里数的乘积之比	w_G	w_D

表 3-15 中,“旅客发送人”归集的是发到车站工作人员为接送旅客而发生的服务费,以“动车组列车发送人数”作为成本分摊标准比较合适,分摊比例可以从“高铁网”“12306”等网站中获取。“动车组千辆公里”归集的是动车组日常维护及动车组一至五级修支出。“动车组列车公里”归集的是通信、信号设备的维修费等,这些支出与列车运行的距离有直接的关系,应当按照“动车组列车公里数”进行支出率修正。“动车组列车公里数”需要通过“高铁线运营里程”乘以“动车组列车发送列数”计算得到,运算资料可由“高铁网”获取。“动车组列车小时”归集的是动车组折旧及信号折旧等,“动车组机务小时”“动车组列车乘务小时”分别归集列车在运行过程中动车组驾驶人员工资和乘务、乘检人员工资,这些支出的产生与时间是直接相关的,所以这三个指标支出率按照“动车组列车小时数”修正。然而,“动车组列车小时数”的统计数据无法直接获取,需要通过“动车组列车公里数”除以“动车组列车运行平均速度”的计算间接获取,计算数据可从“高铁网”“12306”“搜狐”“新浪”等网站的相关信息中获得。G 字头动车组列车和 D 字头动车组列车运行用电可直接由机报-4“机车能源消耗报表”获得。“动车组列车总重吨公里”归集的成本多为线路及桥隧建筑物的折旧、维修、中修等支出,它们的产生与动车组列车的平均总重和动车组列车公里有密切的关联。因此这个指标采用“动车组列车平均总重”乘以“动车组列车公里数”修正。

通过以上方式取得该高铁线运营指标统计的资料,得到表 3-16 的修正系数。

表 3-16 高铁列车级别指标支出率修正系数表

运输作业过程	指标名称	支出率的分摊标准	分摊系数	
			G 字头	D 字头
发到	旅客发送人	列车发送人数比	0.928	0.072
运行	动车组千辆公里	动车组列车公里数之比	0.972	0.028
	动车组列车公里	动车组列车公里数之比	0.972	0.028
	动车组列车小时	动车组列车小时数之比	0.968	0.032
	动车组机务小时	动车组列车小时数之比	0.968	0.032
	动车组列车乘务小时	动车组列车小时数之比	0.968	0.032

续上表

运输作业过程	指标名称	支出率的分摊标准	分摊系数	
			G 字头	D 字头
运行	动车组运行用电	动车组列车运行用电量之比	0.97	0.03
	动车组列车总重吨公里	动车组列车平均总重与动车组列车公里数的乘积之比	0.98	0.02

（二）列车级别变动成本计算

依照分摊系数，可以将各指标支出率进行列车级别上的修正，再各自乘以指标消耗数，可得列车级别变动成本 VC_G 、VC_D 计算公式，具体如下：

$$VC_G = m_G\beta_1 X_1 + n_G\beta_2 X_2 + p_G\beta_3 X_3 + q_G\beta_4 X_4 + s_G\beta_5 X_5 + t_G\beta_6 X_6 + u_G\beta_7 X_7 + w_G\beta_8 X_8 \quad (3\text{-}28)$$

$$VC_D = m_D\beta_1 X_1 + n_D\beta_2 X_2 + p_D\beta_3 X_3 + q_D\beta_4 X_4 + s_D\beta_5 X_5 + t_D\beta_6 X_6 + u_D\beta_7 7 + w_D\beta_8 X_8 \quad (3\text{-}29)$$

将分摊系数及分线运营指标支出率带入式(3-28)、式(3-29)，可得具体的列车级别变动成本计算公式如下：

$$VC_G = 8.092X_1 + 37.218X_2 + 120.47X_3 + 9\,509.129X_4 + 606.83X_5 + 2\,064.492X_6 + 805.1X_7 + 0.053X_8 \quad (3\text{-}30)$$

$$VC_D = 0.628X_1 + 1.072X_2 + 3.47X_3 + 314.351X_4 + 20.06X_5 + 68.248X_6 + 24.9X_7 + 0.001X_8 \quad (3\text{-}31)$$

（三）列车级别固定成本计算

固定成本同变动成本一样，需要按照一定比例进行级别分摊，再与级别变动成本加总后才能得到分列车级别的运输成本总额。本书按照 G 字头列车级别变动成本占高铁运输总变动成本的比例和 D 字头列车级别变动成本占高铁运输总变动成本的比例划分固定成本。划分好的固定成本分别记为 FC_G和 FC_D。

（四）分列车级别的总运输成本计算

算出分列车级别的固定成本和变动成本之后，高铁和动车的总运输成本 C_G 和 C_D 如下：

$$C_G = 8.092X_1 + 37.218X_2 + 120.47X_3 + 9\,509.129X_4 + 606.83X_5 + 2\,064.492X_6 + 805.1X_7 + 0.053X_8 + FC_G \quad (3\text{-}32)$$

$$C_D = 0.628X_1 + 1.072X_2 + 3.47X_3 + 314.351X_4 + 20.06X_5 + 68.248X_6 + 24.9X_7 + 0.001X_8 + FC_D \quad (3\text{-}33)$$

四、高铁列车级别成本计算案例

利用第四节运营指标消耗数资料，根据式(3-32)、式(3-33)，现假设 G 字头旅客周转量为 6 283 792.22 万人公里，D 字头旅客周转量为 253 946.78 万人公里，计算高铁列车级别成本见表 3-17。

表 3-17 每千人公里高铁列车级别成本计算表

运输作业过程	指标名称	指标实际消耗数	G字头支出率	G字头成本（万元）	D字头支出率	D字头成本（万元）
发到	旅客发送人	4 789.5（万人）	8.092	38 756.63	0.628	3 007.81
运行	动车组千辆公里	4 239.82（万千辆公里）	37.218	157 797.62	1.072	4 545.09
	动车组列车公里	3 896.89（万公里）	120.47	469 458.34	3.47	13 522.21
	动车组列车小时	12.99（万小时）	9 509.129	123 523.58	314.351	4 083.43
	动车组机务小时	13.22（万小时）	606.83	8 022.29	20.06	265.2
	动车组列车乘务小时	13.22（万小时）	2 064.492	27 292.58	68.248	902.24
	动车组运行用电	129.9（万千千瓦小时）	805.1	104 582.49	24.9	3 234.51
	动车组列车总重吨公里	3 468 232.1（万总重吨公里）	0.053	183 816.3	0.001	3 468.23
与指标相关的变动成本			合计	1 113 249.83	合计	33 028.72
固定成本额 525 425.29（万元）			分配比例：0.971	510 187.96	分配比例：0.029	15 237.33
高铁列车级别成本			G字头	1 623 437.79	D字头	48 266.05
每千人公里列车级别成本（元/千人公里）			G字头	258.35	D字头	190.06

第六节 高铁客车席别成本计算

一、高铁客车席别成本计算的概念和必要性

高铁客车席别成本计算是对G字头动车组列车一等座、二等座和商务座运输成本以及D字头动车组列车二等座和卧铺运输成本分别进行的计算。由于每一级别下各等级车厢在舒适度、座椅制造材料和乘客享受到的服务质量等方面有所差别，因此在分配高铁客车席别成本时应当充分考虑这些差异，精准地计算高铁客车席别成本。

高铁客车席别成本是对列车级别成本的进一步划分，准确计算席别成本有利于铁路运输部门掌握更为细致的成本信息，有利于建立起系统的成本核算体系，完善成本核算制度，为高铁不同席别的票价制定和车体内部空间设计及规划提供宝贵的参考资料。

二、高铁客车席别成本计算的原理

高铁客车席别成本计算仍采用运输作业过程别支出率法，在列车级别成本的基础上，采用一定标准的分摊系数，将G字头列车运输成本划分为一等座、二等座和商务座成本，将D字头列车运输成本划分为卧铺和二等座成本。模型如下：

$$Y_{ij} = FC_{ij} + (m_{ij}\beta_1 X_1 + n_{ij}\beta_2 X_2 + \cdots + w_{ij}\beta_\omega X_\omega) \tag{3-34}$$

式中 Y_{ij} 表示高铁客车席别成本，FC_{ij} 表示各客车席别应摊的固定成本。j 表示客车席别。当 i 取G时，j 可取F、S和B，分别代表“一等座”“二等座”和“商务座”；当 i 取D时，j 可取W和S，分别代表“卧铺”和“二等座”。m_{ij} 、n_{ij} 、…、w_{ij} 表示高铁客车席别运营

指标支出率的修正系数，β_1、β_2、…、β_ω 表示分线运营指标支出率，X_1、X_2、…、X_ω 为分线运营指标消耗数。

三、高铁客车席别成本计算的方法

（一）支出率的修正

高铁客车席别成本计算是在高铁列车级别成本计算的基础上进行的。前者的计算原理与后者相似，都要在考虑舒适度、上座率等因素后进行支出率修正，才能计算高铁客车席别成本。本节采用修正系数法，按表 3-18 所示的分摊标准对级别支出率进行修正。

表 3-18　高铁客车席别指标支出率修正

运输作业过程	指标名称	分摊标准	修正系数				
			G 字头			D 字头	
			B（商务座）	F（一等座）	S（二等座）	W（卧铺）	S（二等座）
发到	旅客发送人	某席别座位数×上座率/$\sum$（各席别座位数×上座率）	m_{GB}	m_{GF}	m_{GS}	m_{DW}	m_{DS}
运行	动车组千辆公里	某席别客车数/所有席别客车数	n_{GB}	n_{GF}	n_{GS}	n_{DW}	n_{DS}
	动车组列车公里	某席别空间面积/所有席别空间面积	p_{GB}	p_{GF}	p_{GS}	p_{DW}	p_{DS}
	动车组列车小时	某席别空间面积/所有席别空间面积	q_{GB}	q_{GF}	q_{GS}	q_{DW}	q_{DS}
	动车组机务小时	某席别空间面积/所有席别空间面积	s_{GB}	s_{GF}	s_{GS}	s_{DW}	s_{DS}
	动车组列车乘务小时	某席别空间面积/所有席别空间面积	t_{GB}	t_{GF}	t_{GS}	t_{DW}	t_{DS}
	动车组运行用电	某席别空间面积/所有席别空间面积	u_{GB}	u_{GF}	u_{GS}	u_{DW}	u_{DS}
	动车组列车总重吨公里	$\frac{\text{某级别某席别客车(数)自重}+\text{某级别某席别客车的旅客(数)总重}}{\text{该级别列车自重总重}+\text{该级别列车的旅客总重}}$	w_{GB}	w_{GF}	w_{GS}	w_{DW}	w_{DS}

表 3-18 中，“旅客发送人”指标与发送旅客人数有关，该指标支出率可以用“座位数×上座率”修正，“上座率”通过实地调研获知；考虑到不同席别车厢的建造技术水平、车厢结构设计及旅客享受到的服务等有所差异，而这些差异在一定程度上反映了“动车组千辆公里”“动车组机务小时”“动车组列车公里”“动车组运行用电”“动车组列车小时”和“动车组列车乘务小时”指标所归集的成本产生的动因，因此，本书采用能体现这些差异的“空间面积”修正这几个指标的支出率，“空间面积”指不同席别一个座位的面积。“动车组列车总重吨公里”与列车平均重量和发送旅客的总重量有关，因此，该指标支出率采用表 3-18 中列示的公式进行修正，“旅客的平均体重”以一个正常成年人的标准体重（取 60 千克）近似取代。

根据有关资料，计算得到表 3-19 的客车席别修正系数。

表 3-19 高铁客车席别指标支出率修正系数表

运输作业过程	指标名称	分摊标准	修正系数				
			G字头			D字头	
			B（商务座）	F（一等座）	S（二等座）	W（卧铺）	S（二等座）
发到	旅客发送人	某席别座位数×上座率/$\sum$(各席别座位数×上座率)	0.01	0.05	0.94	0.66	0.34
运行	动车组千辆公里	某席别空间面积/所有席别空间面积	0.35	0.33	0.32	0.571	0.429
	动车组列车公里	某席别空间面积/所有席别空间面积	0.35	0.33	0.32	0.571	0.429
	动车组列车小时	某席别空间面积/所有席别空间面积	0.35	0.33	0.32	0.571	0.429
	动车组机务小时	某席别空间面积/所有席别空间面积	0.35	0.33	0.32	0.571	0.429
	动车组列车乘务小时	某席别空间面积/所有席别空间面积	0.35	0.33	0.32	0.571	0.429
	动车组运行用电	某席别空间面积/所有席别空间面积	0.35	0.33	0.32	0.571	0.429
	动车组列车总重吨公里	$\frac{\text{某级别某席别客车(数)自重}+\text{某级别某席别客车的旅客(数)总重}}{\text{该级别列车自重总重}+\text{该级别列车的旅客总重}}$	0.05	0.25	0.7	0.81	0.19

（二）高铁客车席别变动成本计算

分客车席别的变动成本 VC_{ij} 计算公式如下：

$$\begin{aligned} VC_{Gj} = & m_{Gj}\beta_1 X_1 + n_{Gj}\beta_2 X_2 + p_{Gj}\beta_3 X_3 + q_{Gj}\beta_4 X_4 + \\ & s_{Gj}\beta_5 X_5 + t_{Gj}\beta_6 X_6 + u_{Gj}\beta_7 X_7 + w_{Gj}\beta_8 X_8 \end{aligned} \tag{3-35}$$

$$\begin{aligned} VC_{Dj} = & m_{Dj}\beta_1 X_1 + n_{Dj}\beta_2 X_2 + p_{Dj}\beta_3 X_3 + q_{Dj}\beta_4 X_4 + \\ & s_{Dj}\beta_5 X_5 + t_{Dj}\beta_6 X_6 + u_{Dj}\beta_7 X_7 + w_{Dj}\beta_8 X_8 \end{aligned} \tag{3-36}$$

将客车席别修正系数及列车级别成本指标支出率带入式(3-35)、式(3-36)，可得具体的客车席别变动成本，见式(3-37)～式(3-41)，其中，VC_{GB} 为G字头商务座变动成本，VC_{GF} 为G字头一等座变动成本，VC_{GS} 为G字头二等座变动成本，VC_{DW} 为D字头卧铺变动成本，VC_{DS} 为D字头二等座变动成本。

$$\begin{aligned} VC_{GB} = & 0.081X_1 + 13.026X_2 + 42.165X_3 + 3\,328.195X_4 + \\ & 212.391X_5 + 722.572X_6 + 281.785X_7 + 0.003X_8 \end{aligned} \tag{3-37}$$

$$\begin{aligned} VC_{GF} = & 0.405X_1 + 12.282X_2 + 39.755X_3 + 3\,138.013X_4 + \\ & 200.254X_5 + 681.282X_6 + 265.683X_7 + 0.013X_8 \end{aligned} \tag{3-38}$$

$$\begin{aligned} VC_{GS} = & 7.606X_1 + 11.91X_2 + 38.55X_3 + 3\,042.921X_4 + \\ & 194.186X_5 + 660.637X_6 + 257.632X_7 + 0.037X_8 \end{aligned} \tag{3-39}$$

$$\begin{aligned} VC_{DW} = & 0.414X_1 + 0.612X_2 + 1.981X_3 + 179.494X_4 + \\ & 11.454X_5 + 38.97X_6 + 14.218X_7 + 0.000\,8X_8 \end{aligned} \tag{3-40}$$

$$\begin{aligned} VC_{DS} = & 0.214X_1 + 0.46X_2 + 1.489X_3 + 134.857X_4 + \\ & 8.606X_5 + 29.278X_6 + 10.682X_7 + 0.000\,2X_8 \end{aligned} \tag{3-41}$$

（三）高铁客车席别固定成本计算

高铁 G 字头固定成本 FC_G 和高铁 D 字头固定成本 FC_D 需要在各客车席别上进行分摊后才能与客车席别的变动成本相加，得到高铁客车席别成本。本节按照“不同席别变动成本占全部席别变动成本的比例”的分摊方法，求出不同列车级别下各客车席别应摊固定成本额。

（四）高铁客车席别成本计算

要计算高铁客车席别成本，将上述列车级别下的客车席别变动成本分别加入客车席别应摊固定成本额，即可得到五个不同席别总成本。下面举例说明高铁客车席别成本计算过程。

四、高铁客车席别成本计算案例

利用第四节指标消耗数资料，根据式（3-37）～式（3-41），现假设 G 字头商务座、一等座、二等座旅客周转量分别为 414 656.04 万人公里、903 496.29 万人公里、1 875 402.89 万人公里；D 字头卧铺、二等座旅客周转量分别为 97 268.09 万人公里、95 577.13 万人公里。高铁客车席别成本的计算见表 3-20、表 3-21。

表 3-20　G 字头每千人公里客车席别成本计算表

运输作业过程	指标名称	指标实际消耗数	商务座支出率（元/单位指标）	商务座变动成本（万元）	一等座支出率（元/单位指标）	一等座变动成本（万元）	二等座支出率（元/单位指标）	二等座变动成本（万元）
发到	旅客发送人	4 789.5（万人）	0.081	387.95	0.405	1 939.75	7.606	36 428.93
运行	动车组千辆公里	4 239.82（万千辆公里）	13.026	55 227.89	12.282	52 073.46	11.910	50 496.27
	动车组列车公里	3 896.89（万公里）	42.165	164 312.37	39.755	154 920.86	38.550	150 225.11
	动车组列车小时	12.99（万小时）	3 328.195	43 233.25	3 138.013	40 762.78	3 042.921	39 527.55
	动车组机务小时	13.22（万小时）	212.391	2 807.81	200.254	2 647.36	194.186	2 567.12
	动车组列车乘务小时	13.22（万小时）	722.572	9 552.4	681.282	9 006.55	660.637	8 733.63
	动车组运行用电	129.9（万千千瓦小时）	281.785	36 603.87	265.683	34 512.22	257.632	33 466.4
	动车组列车总重吨公里	3 468 232.1（万总重吨公里）	0.003	10 404.69	0.013	45 087.02	0.037	128 324.59
与指标相关的变动成本			合计	322 530.23	合计	340 950	合计	449 769.6
G 字头固定成本额：510 187.96（万元）			分配比例：0.29	147 954.51	分配比例：0.306	156 117.52	分配比例：0.404	206 115.93
G 字头客车席别成本			商务座	470 484.74	一等座	497 067.52	二等座	655 885.53
每千人公里 G 字头客车席别成本（元/千人公里）			商务座	1 133.64	一等座	550.16	二等座	349.73

表 3-21 D 字头每千人公里客车席别成本计算表

运输作业过程	指标名称	指标实际消耗数	卧铺支出率（元/单位指标）	卧铺变动成本（万元）	二等座支出率（元/单位指标）	二等座变动成本（万元）
发到	旅客发送人	4 789.5(万人)	0.414	1 982.85	0.214	1 024.96
运行	动车组千辆公里	4 239.82（万千辆公里）	0.612	2 594.77	0.460	1 950.32
	动车组列车公里	3 896.89(万公里)	1.981	7 719.74	1.489	5 802.47
	动车组列车小时	12.99(万小时)	179.494	2 331.63	134.857	1 751.8
	动车组机务小时	13.22(万小时)	11.454	151.42	8.606	113.78
	动车组列车乘务小时	13.22(万小时)	38.97	515.18	29.278	387.06
	动车组运行用电	129.9(万千千瓦小时)	14.218	1 846.92	10.682	1 387.59
	动车组列车总重吨公里	3 468 232.1（万总重吨公里）	0.000 8	2 774.59	0.000 2	693.64
与指标相关的变动成本			合计	19 917.1	合计	13 111.62
D 字头固定成本额:15 237.33(万元)			分配比例:0.603	9 188.11	分配比例:0.397	6 049.22
D 字头客车席别成本			卧铺	29 105.21	二等座	19 160.84
每千人公里 D 字头客车席别成本(元/千人公里)			卧铺	299.23	二等座	200.48

第七节 高铁动车作业成本计算

一、高铁动车作业成本概述

高铁运输生产是通过动车组列车作业来完成的，比如取送动车组列车、动车组列车运行和停留等。每一单位作业所消耗的支出称为高铁动车作业成本。高铁动车作业成本是高铁运输成本的重要组成部分。改进运输组织，提高动车组列车运用效率，努力减少作业过程中的耗费，对降低高铁运输成本有很大的作用。高铁动车作业成本还可以评价不同的高铁运输组织措施，采用新技术方案比较，以及为解决有关高铁运输经济问题提供参考依据。

高铁动车作业成本主要包括动车组列车公里成本、动车组列车停留成本和动车组调车作业成本。每项作业成本只包括与该项作业有关的支出。由于技术条件不同，使用的动车组类型不同，列车重量、旅行速度都因此而异，致使同一作业消耗的支出也不同，因此，高铁动车作业成本应根据具体条件计算。

高铁动车作业成本计算可以采用支出率法，具体步骤如下：

(1)确定与某项作业有关的指标；

(2)根据具体条件计算单位作业所消耗的指标数；

(3)必要时先修正支出率，然后用指标数乘以相应的支出率，得到每项指标的支出额；

(4)将各项指标的支出额相加，得到该项作业的单位成本。

二、动车组列车公里成本计算

动车组列车公里成本是指动车组列车在正线上走行一公里所发生的与运量有关的支出。计算动车组列车公里成本时涉及的指标有动车组千辆公里、动车组列车小时、动车组运行用电、动车组机务小时、车组列车乘务小时、动车组列车总重吨公里。各指标数计算公式如下：

$$动车组千辆公里 = 动车组列车公里数 \times 动车组平均辆数 \tag{3-42}$$

$$动车组列车小时 = \frac{动车组列车公里数}{平均运行速度} \tag{3-43}$$

$$动车组运行用电 = 该线动车组运行用电千千瓦小时数 \tag{3-44}$$

$$动车组机务小时 = 动车组列车小时数 \times (1 + 机务附加时间系数) \tag{3-45}$$

$$动车组列车乘务小时 = 动车组列车小时数 \times (1 + 乘务附加时间系数) \tag{3-46}$$

$$动车组列车总重吨公里 = 列车平均总重 \times 动车组列车公里数 \tag{3-47}$$

下面举例说明动车组列车公里成本的计算。

运用本章第三节表 3-2 中的全国高铁动车组千辆公里支出率 61.26 元、动车组列车小时支出率 15 717.57 元、动车组运行用电支出率 1 328 元、动车组机务小时支出率 1 003.2 元、动车组列车乘务小时支出率 3 412.38 元和动车组列车总重吨公里的支出率 0.086 元，假设某高铁线 20××年动车组列车的运营指标数见表 3-22，试计算动车组列车公里成本。

表 3-22　高铁运营指标消耗表

运营指标名称	指标消耗数
动车组列车公里数	2 206.49 万公里
动车组平均辆数	0.62 千辆
动车组列车平均运速	300 公里/小时
动车组运行用电	10 千千瓦小时
机务附加时间系数	1.8%
乘务附加时间系数	1.8%
列车平均总重	890 吨

$$动车组千辆公里成本 = \frac{2\ 206.49 \times 0.62 \times 61.26}{2\ 206.49} = 37.98(元)$$

$$动车组列车小时成本 = \frac{\frac{2\ 206.49}{300} \times 15\ 717.57}{2\ 206.49} = 52.35(元)$$

$$动车组运行用电成本 = \frac{\frac{2\ 206.49}{300} \times 10 \times 1\ 328}{2\ 206.49} = 6.02(元)$$

$$动车组机务小时成本 = \frac{\frac{2\ 206.49}{300} \times (1 + 1.8\%) \times 1\ 003.02}{2\ 206.49} = 3.4(元)$$

$$动车组列车乘务小时成本=\frac{\frac{2\ 206.49}{300}\times(1+1.8\%)\times 3\ 412.38}{2\ 206.49}=11.58(元)$$

$$每公里动车组列车总重吨公里成本=\frac{890\times 2\ 206.49\times 0.086}{2\ 206.49}=76.54(元)$$

综上所述，动车组列车公里成本为：

$$37.98+52.35+6.02+3.4+11.58+76.54=187.87(元)$$

由于动车组列车有短编组(8 辆)和长编组(16 辆)之分，因此在计算长编组(重联)列车公里成本时以上各指标加倍计算。

三、动车组列车停留成本计算

由于各种原因，在高铁运输生产过程中，经常发生动车组列车停留。停留时仍要消耗一定的支出，这些支出就构成动车组列车停留成本(或称停留费)。动车组列车停留成本，是指动车组列车停留一小时所发生的与运量有关的支出，其成本也可采用支出率法计算。

动车组列车停留有几种不同情况：动车组列车无火(或停机)无乘务组停留；动车组列车无火(或停机)有乘务组停留；动车组列车有火(或空转)有乘务组停留。因为动车组列车各种停留所消耗的支出不同，致使其停留成本也不一样，现在分三种情况分别计算动车组列车停留成本。

(一)动车组列车无火、无乘务组停留小时成本

这种情况下，动车组列车停留成本只涉及动车组列车小时指标，动车组列车停留成本就等于动车组列车小时支出率。

$$动车组列车无火、无乘务组停留成本=动车组列车小时支出率\tag{3-48}$$

(二)动车组列车无火、有乘务组停留成本

这种情况下，动车组列车停留成本涉及动车组列车小时和动车组机务小时两个指标，动车组列车停留成本就等于该两项指标支出率之和。

$$动车组列车无火、有乘务组停留成本=动车组列车小时支出率+动车组机务小时支出率\tag{3-49}$$

(三)动车组列车有火、有乘务组停留成本

这种情况下，动车组列车停留成本除包括动车组列车无火、有乘务组停留成本外，还应包括动车组列车运行用电、动车组列车乘务小时成本。其成本计算如下：

$$\begin{matrix}动车组列车\\有火、有乘务组\\停留成本\end{matrix}=\begin{matrix}动车组\\列车小时\\支出率\end{matrix}+\begin{matrix}动车组\\机务小时\\支出率\end{matrix}+\begin{matrix}动车组列\\车乘务小\\时支出率\end{matrix}+\begin{matrix}动车组列\\车运行用\\电支出率\end{matrix}\tag{3-50}$$

四、动车组调车作业成本计算

动车组调车作业在高铁运输过程中是不可缺少的组成部分。计算动车组调车作业成本可为编制动车组调车方案和车站设计提供技术经济依据。动车组调车作业涉及的指标有动车组列车公里、动车组列车小时、动车组机务小时、动车组列车运行用电和动车组列车总重吨公里，其计算仍可按照“动车组列车公里成本计算”中的指标数计算公式。下面

举例详细说明动车组列车调车作业成本的计算过程。

沿用本节第二部分“动车组列车公里成本计算”中的相关指标消耗数及指标支出率资料，已知动车组列车公里指标支出率为198.31元(见本章第三节表3-2)，走行1公里的动车组运行用电支出为6.02元，动车组列车总重吨公里支出为76.54元(见本节第二部分计算结果)。假设动车组列车每次从动车库到始发车站需要走行12公里，调车速度为60公里/小时，则高铁每列车以60公里/小时的速度从动车库到车站12公里的调车成本为：

$$12\times198.31+\frac{12}{60}\times15\ 717.57+\frac{12}{60}\times1\ 003.2+12\times6.02+12\times76.34=6\ 712.19(\text{元})$$

第八节　高铁运输基层站段成本计算

一、高铁运输基层站段成本计算概述

高铁运输任务是由车务段、机务段、动车段、工务段、电务通信段等基层运营单位分工协作共同完成的。这些单位是高铁运输生产的基层组织，是铁路局集团公司完成运输任务的基础。基层运营单位生产任务完成的好坏，资金的浪费或节约，劳动生产率的高低都直接关系到铁路局和整个高铁网络的经营管理成果。搞好基层运营单位的经济核算和成本管理，对节约支出、提高铁路局集团公司经营管理水平和降低成本是非常重要的。

基层运营单位是高铁运输内部核算单位，它们是高铁整体的组成部分，又具有相对的独立性；它们不能独立向社会提供运输产品(旅客位移)，只是完成运输任务的一部分工作。例如，车务段的任务是为旅客的发送、到达提供服务；机务段负责动车组列车驾驶人员的管理工作；动车段负责进行动车组列车检查和修理；工务段维修线路、桥梁和隧道；电务通信段负责通信信号设备维修。因此，每个部门的运输支出只能是高铁运输产品总成本的一部分。各单位的支出来源是依靠本身完成生产任务向上级单位——铁路局集团公司清算而取得的拨款。有些基层运营单位向上级清算时，根据运营工作计划单位成本加上一定利润来确定清算单价，并按实际完成的工作量进行清算，所以运营工作计划单位成本是确定清算单价的主要依据。

各基层运营单位因为生产业务性质不同，技术经济情况也各有特点。有些单位通过统一的换算工作量计算运营工作单位成本，有些单位没有统一换算的工作量，需要采用能反映运输成本产生动因的工作量计算单位成本，有些甚至不计算单位成本，而是采用其他方式与上级清算。概括起来有以下几种类型。

(1)凡基层运营单位的工作量比较稳定，并通过主观努力，可以超额完成任务，有条件实行按运营工作单位计划成本确定清算单价，并按实际完成的工作量向上级清算而取得收入的企业，应计算运营工作单位成本。动车段、高铁工务段属于这一类型。其计算公式为：

$$\text{基层站段高铁运输单位成本}=\frac{\text{高铁运输支出总额}}{\text{工作量}}\tag{3-51}$$

(2)有些基层运营单位的工作可以通过统一的换算工作量确定，比如电务通信段。电务段可利用“换算道岔组”计算本段高铁运输单位成本，通信段则可通过“换算皮长公里”

计算。计算公式为：

$$电务段高铁运输单位成本=\frac{电务段高铁运输支出总额}{换算道岔组}(元/换算道岔组) \quad (3\text{-}52)$$

$$通信段高铁运输单位成本=\frac{通信段高铁运输支出总额}{换算皮长公里}(元/换算皮长公里) \quad (3\text{-}53)$$

(3)有些基层运营单位产生的高铁运输支出只包括了高铁运营生产工作人员的工资，如机务段。基层运营单位工作人员工资一般采用“年初制定工资预算，年终实际清算”的办法进行管理和控制，因此，机务段并不计算与高铁运输有关支出的单位成本。

二、高铁运输基层站段成本计算的方法

(一)动车段

动车段负责对动车组列车进行日常维护、修理工作。该段发生的高铁运输支出主要包括动车组折旧、动车组一级至五级修、动车组维修等。计算一段时期内某动车段高铁运输成本，需要将该动车段发生的所有高铁运输支出加总，再除以计算期内该动车段实际产生的动车组千辆公里数，即可得到高铁运输单位成本。下面举例说明计算过程。

假设20××年，某动车段发生的高铁运输成本及工作量见表3-23。试计算20××年该动车段高铁运输成本。

表3-23 动车段高铁运输支出总表

项目	行次	计量单位	工作量	定额	金额(元)
动车组人员工资	1	平均人数	2 968	93 978.1	278 927 000
动车组折旧	2	配属辆	1 752	1 084 931.51	1 900 800 000
信号折旧	3	—	—	—	23 412 765
动车组三级修	4	辆	1 752	244 958.68	429 167 600
动车组四级修	5	辆	1 752	203 201.26	356 008 600
动车组五级修	6	辆	1 752	617 925.23	1 082 605 000
其他大修	7	—	—	—	23 400 000
集中动力动车组D5修	8	辆	—	—	—
集中动力动车组D6修	9	辆	—	—	—
动车组维修	10	动车组千辆公里	813 999.69	601.93	489 971 900
间接生产费	11	—	—	—	182 980 000
管理费用	12	—	—	—	227 200
财务费用	13	—	—	—	−80 000
合　计					4 767 420 065

根据表3-23的资料，20××年该动车段高铁运输单位成本为：

$$动车段高铁运输单位成本=\frac{4\ 767\ 420\ 065}{813\ 999.69}=5\ 865.78(元/动车组千辆公里)$$

(二)工务段

我国单独设立了高铁工务段，专门负责高铁线路、桥隧建筑物维修、道岔维修、养路机

械运用维修等工作。计算一段时期内某高铁工务段运输成本,需要将计算期内高铁工务段的所有运输支出加总,再除以该时期实际工作量"延长公里",即可得到一段时期内某高铁工务段运输成本。下面举例说明计算过程。

假设20××年,某高铁工务段发生的高铁运输支出及工作量见表3-24,试计算20××年该高铁工务段的运输成本。

表3-24 高铁工务段运输支出总表

项目	行次	计量单位	工作量	定额	金额(元)
工务人员工资	1	平均人数	868	92 379.24	80 185 181.83
线路折旧	2	—	—	—	20 463 678.30
通信折旧	3	—	—	—	370 757.40
其他折旧	4	—	—	—	4 808 556.68
换轨大修	5	—	—	—	339 971.75
其他大修	6	—	—	—	200 000.00
岔道维修	7	组	611	7 921.21	4 839 860.08
线路其他维修	8	延长公里	2 711.00	16 980.15	46 033 189.26
路桥隧建筑物维修	9	千换算米	954.00	12 875.15	12 282 892.15
养路机械运用维修	10	—	—	—	7 051 061.84
间接生产费	11	—	—	—	22 678 993.78
管理费用	12	—	—	—	386 594.88
财务费用	13	—	—	—	−45 344.97
营业外支出	14	—	—	—	553 871.25
合　计					200 149 264.23

根据表3-24的资料,20××年该高铁工务段单位运输成本为:

$$\text{高铁工务段单位运输成本} = \frac{200\ 149\ 264.23}{2\ 711} = 73\ 828.57(\text{元/延长公里})$$

(三)其他站段

除动车段、高铁工务段外,我国铁路系统中的其他基层运营单位在统计本段客运成本时,均未对高铁客运成本和普速客运成本进行区分,而是将两者的成本合并列报。这样做的好处是统计方便且工作量不大,大大简化了计算本站段单位客运成本的程序,但不利于基础站段和铁路局集团公司掌握全面翔实的分类运输成本信息,不利于资源的合理配置和有效运用,影响了铁路运营单位分类成本核算的准确程度。因此,采用合理的比例对共同运输支出在高铁和普速客运之间分摊就显得十分重要。

车务段主要负责为进出站的旅客提供接站、送站服务,因此,车务段发生的运输成本主要是车站旅客服务费。这部分支出需要按照普速客运和高铁客运旅客发送人数作为分摊比例,分劈出高铁客运应摊的部分,再除以高铁旅客发送人数,即可得到一段时期内车务段高铁运输单位成本。

机务段主要负责高铁动车组列车的驾驶工作。与高铁有关的成本只有动车组列车驾驶人员工资。我国铁路部门对基层运营单位工作人员工资采取"年初制定预算,年终实际清算”的办法核算，所以，机务段只核算高铁的工资成本。

供电段主要负责电气化线路牵引供电、电力设备检修及保养工作，因此，供电段发生的运输成本包括动车组运行用电、电气化供电系统运用维修、大修等。这些成本需要以动车组运行用电千千瓦小时和电力机车用电千千瓦小时作为分摊比例，分劈出属于高铁运输支出的部分。将这部分高铁运输支出加总后，除以动车组运行用电千千瓦小时，即可得到一段时期内供电段高铁运输单位成本。

电务段主要负责列车在运行过程中的信号、机车信号的维护和管理工作。该段产生的与高铁有关的支出包括自动闭塞设备运用维修、联锁道岔设备维修、信号设备中修等，这些费用需要通过本段统一的换算工作量“道岔组数”分劈出属于高铁客运的部分，这部分支出再除以高铁客运的换算道岔组数即可求出一段时期内电务段高铁运输单位成本。

通信段主要负责各类通信设备及线路的日常检修、维修工作，该段产生的与高铁有关的运输支出包括通信设备运用维修、通信线路运用维修、通信设备用电等。与电务段类似，通信段也有统一的换算工作量——“皮长公里”，通过高铁皮长公里占全段皮长公里的比例分劈出本段高铁运输支出，再除以高铁换算皮长公里数，即可得到一段时期内通信段高铁运输单位成本。

客运段主要负责为旅客提供列车上的服务以及管理旅客列车工作人员的工作。该段发生的高铁运输支出有旅客列车服务人员工资、动车组列车服务费。在计算一段时期内客运段高铁运输成本时，旅客列车服务人员工资要通过“动车组列车乘务小时”分劈出应计入高铁客运成本的部分，动车组列车服务费需通过“动车组千辆公里数”分劈出属于高铁客运成本的部分。两部分成本加总后除以计算期内高铁动车组列车公里数，即可得到一段时期内客运段高铁运输单位成本。

三、高铁基层站段运输成本报表

高铁各基层运营单位归集和分配完本站段一定时期内的高铁运输支出后，上报给铁路局集团公司，铁路局集团公司将各站段的高铁运输支出汇总后，就可以形成“运输支出总表”。以 20××年某铁路局集团公司为例，其运输支出总表见表 3-25。

表 3-25　高铁运输支出总表

单位名称：　　　　年　季度　　　　金额：万元

项　　目	计量单位	本年实际		
		工作量	定额	金额
运输总支出		0.000 0	0.000 0	4 805 964.653 9
(一)主营业务成本		0.000 0	0.000 0	3 561 740.892 2
1. 工资支出	平均人数	93 907.666 7	0.612 2	1 034 601.301 7
其中：(8)动车组人员工资	平均人数	2 041.500 0	0.611 1	22 452.331 1
2. 折旧支出		0.000 0	0.000 0	969 914.160 6
其中：(3)动车组折旧	配属辆	1 408.111 1	4.085 6	103 548.682 2
3. 大修支出		0.000 0	0.000 0	93 475.152 8
其中：(4)动车组三级修	辆	360.000 0	2.067 8	13 400.733 9

续上表

项　　目	计量单位	本年实际		
		工作量	定额	金额
(5)动车组四级修	辆	241.777 8	4.875 6	21 217.308 3
(6)动车组五级修	辆	104.888 9	12.288 9	23 200.911 1
(7)集中动力动车组 D5 修	辆			
(8)集中动力动车组 D6 修	辆			
4. 直接生产费		0.000 0	0.000 0	806 312.960 0
(1)运输部门支出		0.000 0	0.000 0	229 124.233 3
其中:动车组列车服务	动车组千辆公里	748 723.535 0	0.002 2	29 147.616 7
(2)机务部门支出		0.000 0	0.000 0	368 243.498 3
其中:电力机车(动车组)运行用电	万总重吨公里	30 780 128.855 6	7.536 7	254 393.196 7
	千千瓦小时	4 175 639.349 4	0.003 3	0.601 7
其中:动车组	万总重吨公里	4 353 676.838 9	19.372 2	97 546.523 9
	千千瓦小时	1 518 117.723 9	0.003 3	88.323 3
(3)工务部门支出		0.000 0	0.000 0	76 991.199 4
其中：工务三抽支出		0.000 0	0.000 0	3 746.054 4
补充道床	立方米	237 772.607 2	0.000 6	3 565.410 0
道岔维修	换算线路公里	11 085.888 9	0.037 2	7 388.931 1
线路其他维修	换算线路公里	14 576.201 7	0.164 4	43 100.925 6
路桥隧建筑物维修	换算公里	8 679.995 6	0.051 1	7 976.757 8
线路中修支出	公里	131.486 7	0.482 8	1 142.348 9
养路机械运用维修		0.000 0	0.000 0	11 901.080 6
旧轨料回收冲减		0.000 0	0.000 0	−4 357.023 9
其他		0.000 0	0.000 0	2 526.715 0
(4)电务部门支出		0.000 0	0.000 0	23 374.840 6
其中：自动闭塞设备运用维修	闭塞公里	4 413.256 1	0.007 8	637.606 1
联锁道岔设备维修	换算道岔组	112 121.575 6	0.001 7	3 699.480 6
信号设备中修支出	换算道岔组	24 552.160 6	0.003 3	1 351.765 0
信号设备用电	千千瓦小时	40 153.881 7	0.005 0	3 503.440 0
信号其他支出	换算道岔组			6 923.342 2
有线通信设备运用维修	换算皮长公里	304 145.251 7	0.000 6	3 402.603 9
无线通信设备维修	换算皮长公里	27 326.042 8	0.001 7	855.2 74 4
GSM-R 系统运用维修	换算皮长公里	47 892.386 1	0.001 1	897.346 7
通信线路运用维修	换算皮长公里	50 328.562 8	0.001 1	853.707 2
通信设备中修	换算皮长公里	17 629.253 9	0.000 6	186.435 0
通信设备用电	千千瓦小时	11 863.040 6	0.005 0	1 063.839 4
其他				
(5)车辆部门支出		0.000 0	0.000 0	88 566.070 6

续上表

项　　目	计量单位	本年实际		
		工作量	定额	金额
动车组支出合计		0.000 0	0.000 0	33 653.020 0
其中:动车组(动力集中动车组)维修	动车组千辆公里	701 004.047 8	0.002 2	30 088.141 1
动车组(动力集中动车组)互换配件修理	辆	269.555 6	0.735 0	3 564.878 9
其他				
(6)供水供电部门支出		0.000 0	0.000 0	18 437.446 1
电气化供电系统运用维修		0.000 0	0.000 0	16 484.036 1
电力设备运用维修		0.000 0	0.000 0	−231.717 8
其他		0.000 0	0.000 0	2 185.127 8
(7)保价部门支出		0.000 0	0.000 0	1 575.671 7
5. 间接生产费		0.000 0	0.000 0	647 284.539 4
6. 货车使用费		0.000 0	0.000 0	0.000 0
7. 集装箱及篷布使用服务费		0.000 0	0.000 0	0.000 0
8. 委托管理费				
9. 其他付费支出		0.000 0	0.000 0	10 152.777 8
(二)销售费用		0.000 0	0.000 0	5 304.432 2
(三)管理费用		0.000 0	0.000 0	184 552.828 3
(四)财务费用		0.000 0	0.000 0	1 002 771.540 6
(五)营业外支出		0.000 0	0.000 0	50 978.450 6
(六)资产减值损失		0.000 0	0.000 0	616.510 0

第四章　高铁运输市场及竞争策略

第一节　高铁运输市场结构

一、高铁运输概述

高铁运输是指以可供火车在轨道上安全高速行驶、基础设施设计速度标准高的铁路作为运输线路，列车以200公里/时以上的运营速度运送旅客和货物的运输。高铁运输始于1964年，日本联络东京、名古屋和大阪三大都市圈的东海道新干线是世界上第一条正式的高速铁路，其设计速度为200公里/时。因此高速铁路的初期速度标准为200公里/时。后来随着技术进步，火车速度更快，不同时代不同国家对高速铁路有了不同的定义，并根据本国情况规定各自高速铁路级别的详细技术标准。目前在我国，高速铁路标准有两层含义：狭义是指新建设计开行250公里/时（含预留）及以上动车组列车且初期运营速度不小于200公里/时的客运专线铁路；广义是指中国境内所有设计速度达到200公里/时及以上的新线铁路和部分经改造达标后的既有线铁路。

我国第一条高速铁路是于2008年8月1日开通的时速350公里的京津城际铁路。截至2020年底，中国高铁运营里程超过3.79万公里，占全球高铁运营里程的三分之二以上，位居世界第一，并超过其他国家总和。2016年发布的《中长期铁路网规划》指出，到2030年形成以“八纵八横”主通道为骨架、区域连接线衔接、城际铁路补充的高速铁路网，实现省会城市高速铁路通达、区际之间高效便捷相连。

高铁运输在旅客运输市场中占有重要地位的作用，适合于大量旅客运输，高铁运输的主要特点：一是速度较快，常规高铁动车时速为250～350公里，比公路运输及快速、普速铁路运输速度快；二是成本适中，高铁运输的运输能力相对较大，运距较长，与航空运输比较，在一定运输距离内成本较低；三是受气候影响较小，高铁运输相对于航空运输，受气候影响和地理限制小，能连续运行并保证准确性和安全性。但是相比高速公路和航空运输，高铁建设投资费用较大，建设周期较长，占用土地较多。而且高铁运输覆盖面窄，旅客到离车站都需公路运输集疏，不能实现门到门运输。

二、高铁运输市场的地位和参与主体

（一）高铁运输市场的含义

运输市场是市场的一种特定存在的形式，是多层次、多要素的集合体，它是在一定时间和空间条件下运输产品供求关系的总和。狭义的运输市场是指运输劳务交换的场所，广义的运输市场包括运输参与各方在生产、销售和交易中所产生的经济活动和经济关系的总和。高铁运输市场是运输市场的一部分，是铁路运输市场的一个分支，而铁路运输市

场与航空运输市场、公路运输市场、水路运输市场及管道运输市场共同构成一般性的运输市场。

在一定时间和空间条件下，高铁运输市场是高铁运输产品供求关系的总和，这个市场是高铁运输产品的买者和卖者组成的一个群体。卖者作为一个群体决定了高铁运输产品及服务的供给，而买者决定了高铁运输产品及服务的需求，供给与需求的共同作用，形成了高铁运输市场的均衡，均衡数量与均衡价格在市场中都会有所体现。其中，高铁运输产品是指高铁运输供给方提供给高铁运输需求方所需的位移并在此位移中对运输安全、经济、快速、舒适、准时等进行保障。也就是说，小尺度时间与大尺度空间内的位移服务，是高铁运输产品的核心本质。关于航空运输和公路运输的服务比较我们将在之后探讨。

（二）高铁运输市场的地位和作用

与高速公路和普速铁路运输相比，高铁运输市场是一个服务相对较好、速度相对较快，准时率较高的运输市场；与航空运输相比，在一定的运输距离之内，高铁运输“门到门”的运输效率相对较高。目前高速铁路在客运市场上对普速铁路的替代性相当高，一般两地之间新建高速铁路之后，普速铁路的发车比例会出现断崖式下降。由于高铁运输的速度快于普速铁路和高速公路运输，同时高铁运输对航空运输也构成了极大的竞争，因此高铁运输市场提高了铁路运输效率，加快了资源优化配置的效率，尤其使得人力资源在区域间的流通更加频繁，从而促进区域间的经济和社会交流、互动，进而影响区域间经济社会的协调发展。尤其高速铁路具有网络型基础产业的特征，能够相对方便快捷地进行换乘和其他交通工具的接驳，因此，高铁运输市场的形成在整个运输市场体系的发展过程当中，起到了提升整体运输市场服务效率、节约运输市场资源、增进运输服务水平、优化运输市场结构的作用。

而且，运输市场是市场体系的基础，为整个市场体系运转效率的提升起了重要作用。高铁运输市场是运输市场体系中的一个子系统，其在我国是垄断经营的，并且高铁运输服务的社会公益性较强、投资额巨大，主要是政府行为，受国家宏观管理较多。我国幅员辽阔、人口众多，旅客及货物有着巨大的运输需求，运输市场潜力巨大。高铁运输的出现为整个运输市场体系提供了新的运输方式，并且缩短了城市、区域间的时空距离，为运输市场增添了新的市场活力，促进整个市场快速增长。

（三）高铁运输市场的参与主体

高铁运输市场的参与主体主要包括：高铁运输需求方、高铁运输供给方、高铁运输中介方及政府方。

1. 高铁运输需求方

高铁运输需求方属于高铁运输市场上的买方。高铁运输需求方是由具有现实或潜在需求的单位、组织和个人组成，包括各种经济成分的旅客、货物运输需求者。例如，居民、企业、军队等。高铁运输需求方是构成高铁运输市场的重要因素。高铁运输需求方的总体数量以及单个运输需求者的需求状况决定高铁运输市场的总体需求规模。

2. 高铁运输供给方

高铁运输供给方属于高铁运输市场上的卖方，是指提供各种高铁运输服务的运输行为供给者，满足高铁运输需求者的空间位移要求。由于中国高铁运输市场的特殊性，我国高铁运输供给方主要包括国铁集团、各高铁线路公司及其运营受托方(各铁路局集团公司)。

3. 高铁运输中介方

高铁运输中介方是指在高铁运输需求和供给双方之间,以中间人的身份为高铁运输需求与供给提供中介服务,包括各种与运输相关服务的企业或个人,如各类互联网票务网站和实体网点等。

4. 政府方

政府方是代表国家即一般公众利益对高铁运输市场进行监管、管理、调控的部门,包括政府有关机构和各级交通运输管理部门。我国的政府管理部门中与高铁运输相关的有国家发展和改革委员会、交通运输部、国家铁路局等。

市场的参与主体只是说明高铁运输中相关的利益主体,在不同的市场范围界定和不同的市场结构情况下,不同参与主体所体现出来的地位与对市场的影响力也有较大的区别,我们将在第三节进行探讨。

三、高铁运输市场的特征和功能

(一)高铁运输市场的特征

高铁运输市场作为整个运输市场的组成部分,是以运输客体交换为主要内容的经济联系方式,其主要特征包括自然垄断性、外部性、规制性。

1. 自然垄断性

自然垄断,是当一个企业能以低于两个或者更多企业的成本为整个市场供给一种物品或服务时,这个行业就存在自然垄断(natural monopoly)。高铁的自然垄断属性,是因为在连接两点之间的高速轨道交通,只有一个企业进行高铁运输服务供给的情况下成本最低。高铁建设投资巨大,投资后形成的固定资产有很强的专用性,高铁运输市场进入和退出壁垒比较明显,决定了高铁运输具备自然垄断的属性。虽然国外一些地区和我国部分地区有并行运输的高铁运输网络,但不存在完全或者能够整体替代的功能属性,所以我国大部分的高铁运输服务属于自然垄断属性。

当高铁运输相关服务数量存在规模经济时,自然垄断就产生了,如图 4-1 所示有规模经济的企业的平均总成本是在不断下降的。尤其结合网络型基础产业的特征,网络效应越大,平均成本越低。在这种情况下,一个企业可以最低的成本生产任何数量的产品,也就是说,在既定的服务供给水平下,高铁运输企业越多,每个企业的服务数量提供的越少,平均成本越高。

高铁运输具有准公共物品的特征,就像其他公共物品一样,它具有排他性而无消费中的竞争性,购票可以阻止一个乘客乘坐高铁,但是高铁不会因为一位乘客乘坐而减少其他乘客的乘坐。由于修建高铁有大量的固定成本,而增加一个乘客乘坐的边际成本微乎其微,所以,乘坐一次高铁的平均总成本,也就是高铁建设和运输服务的总成本除以乘客人次随着乘坐人数的增加而减少。因此,高铁运输是一种自然垄断。

由于高铁的参与主体中有政府的作用,一般在正常情况下,高铁企业具有关键资源的所有权或者政府支持,要维持垄断地位是相对容易的。其他企业也不会在整体的自然垄

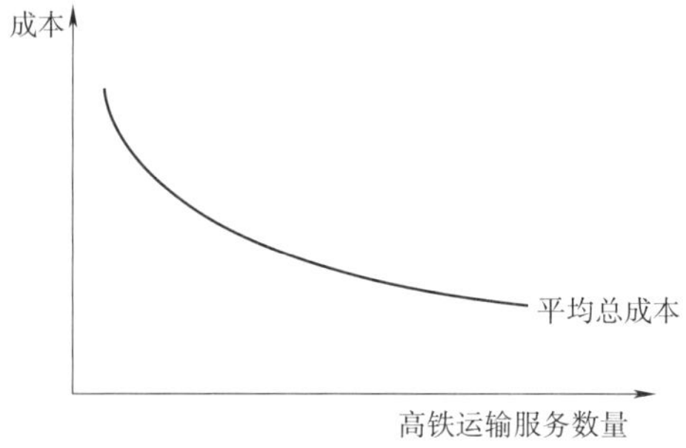

图 4-1 高铁企业的平均总成本特征

断市场中进入市场，因为意图进入该市场的其他企业知道，他们无法实现垄断者所享有的同样低的成本，因为在进入之后，每个铁路运输企业的市场份额都变小了。这也就是为何很少有其他企业愿意在已经形成的高铁线网运输格局中考虑进入该高铁运输市场。

2. 外部性

交通运输的外部性问题，历来受到人们的高度关注，相关研究也很丰富。对于高铁运输的外部性问题，近年来相关研究也逐步增多。高铁运输的外部性表现为高铁运输经营活动对本身产业及外部环境的影响，自身产业包括产业链上下游的相关行业的外部性影响；外部环境包括沿线覆盖地区社会、经济、环境发展的影响。外部性影响分为正负两种。高铁的正外部性表现在一方面促进了运输产业结构的优化，一些高耗能高污染的相关产业链条会被逐步排除在外，另一方面促进了区域和城市之间经济、社会、文化的交流，带动了社会经济的发展，具有重要的政治、经济和社会意义。但是高铁在带来正外部性的同时，也会有负外部性，比如噪声、震动、辐射等污染。

高铁运输的外部经济特征如图 4-2 所示。

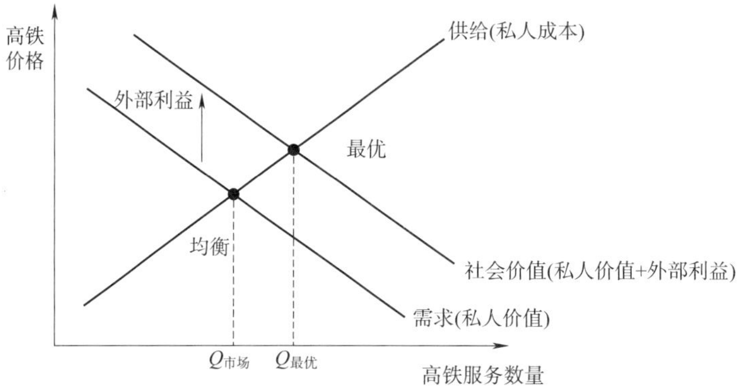

图 4-2 高铁运输的外部经济特征

在存在正外部性时，高铁的社会价值大于其自身的价值。因此，最优量大于均衡数量。总体上来说，公共产品或者准公共产品的正外部性大于负外部性，外部性收益大于外部性成本。高铁网络基础设施建设具有明显的外部效应与公益性，而且其社会效益往往明显优于经济效益。由于高铁网络的外部效益难以精确计量，使用高铁网络的支付费用与高铁网络上的流量大小、高铁运营成本高低关联并不密切，即高铁运输服务定价并不能完全采用市场法则，不能完全通过供求关系来调整高铁运输产品的价格。该价格也被国家运输产业政策所影响，因此投资者很难收回全部投资回报。这是因为高铁运输在我国的定位和作用，除了服务人民生活和国民经济发展外，还具有国防和政治意义。

3.规制性

与其他的自然垄断和基础型垄断行业一样，政府都会对其进行一定的规制，或者叫作管制。即政府运用公共权力，通过制定一定的规则，或者通过某些具体的行动对个人和组织的行为进行限制与调控，主要是防止资源的过渡浪费、企业寻租、价格歧视以及可能出现的企业为了更多降低成本而带来的安全问题。政府的规制主要有产业进入规制、建设规制、价格规制、安全规制、投融资规制等，以达到避免出现竞争主体过多或过少而引起过度竞争或竞争不足，造成资源浪费或者配置低效率，妨碍社会生产效率和服务供给的公正、稳定。尤其是对价格的规制，在运输市场中发挥着重要的作用，不允许企业随意定价，也是目前我国高铁运输市场重要的一个特征。在其他国家，比如日本，定价管制相对较为宽松。

(1)进入规制

高铁运输市场的进入规制是指政府根据高铁垄断行业的特点，为防止潜在竞争者的威胁，使既存高铁自然垄断企业无法用边际成本价格或盈亏相抵价格维持生存，对潜在竞争者的进入进行规范和制约，通过限制新企业的进入，保证既存企业的垄断地位，以实现规模经济，避免恶性竞争而造成资源浪费。

传统的进入规制认为，新的高铁企业进入只能增加社会总成本，而由于市场规模的限制，企业越多，边际收益会越少。但是从历史发展角度和国际经验来看，高铁运输市场的进入规制并不等于完全阻止新企业进入，在不同的系统领域以及不同的发展阶段，政府应该根据各种条件的变化允许新企业适度进入，发挥竞争机制积极作用。比如，在建设主体、运营主体以及监督主体等方面，适当地引入部分竞争，还会提升一定的市场效率。

(2)规划建设规制

高铁建设成本巨大，对沿线经济社会带动作用显著。高铁建设主要考虑的因素包括成本、效益、安全、沿线地区的人口、经济、路网密度等，需要反复论证、多方讨论。国家在制定高铁网络规划的时候，既有从国家的区位战略、经济发展战略、社会发展战略等角度出发，也有从经济效益和社会效益统筹发展的方向进行规制。一个高铁企业或者高铁行业无法单独进行高铁的规划和建设方案制定。也就是说，高铁建设必须符合国家发展战略，同时要兼顾一定的经济效益和社会效益。在这些方面，国家必须要对高铁进行建设规制。

另一个方面的建设规制，体现在技术标准层面。高铁的建设标准不仅仅应当只是符合高铁行业领域的标准。因为高铁产业链较长，设计的相关材料和技术标准较多，更应该从国民经济，尤其是工业经济的标准整体出发，系统性地对相关标准进行管理限定，从而符合社会发展的技术溢出最大化，而不只是符合高铁建设成本最低化的技术标准。

(3)价格规制

在没有外界干预的情况下，自然垄断企业可能借机抬高价格，损害使用者的利益，社会福利也会受到损失。在自由市场中，拥有自然垄断特性的高铁企业将通过减少服务供给达到提高票价、增加利润的目的。考虑到高铁的公益性特征，对其进行价格规制是必要的。通过价格规制，使高铁提供满足社会需要的服务数量，承担其经济和社会责任。

在对高铁运输的价格规制中，主要有两种定价方法，即边际成本定价和平均成本定价，这两种方法在本章第二节中将进行详细阐述。

(4)安全规制

高铁是一种安全、便捷、舒适的交通工具，其安全性在所有运输方式中相对较高。从硬件方面看，中国高铁在桥路轨道、机车车辆、牵引供电、通信信号、远程调度等专业技术领域处于先进水平，为高铁运行安全提供较为充分的保障。从软件方面看，中国铁路部门对整个高铁建设、运营过程都进行了全方位的监督与管制，并建立起了一整套安全保障体系，形成了系统管理模式。

高铁提速，从之前的时速300公里到时速350公里，最重要的是在安全监管的背景下实现的。从经济效用上来说，因为票价没有变化，但是时速提升其实是提升了运输服务质量和效率，然而成本却有一些提升，如果没有安全的评估和规制，这样的提速可能会带来更大的风险，造成更大的经济损失。目前看，由于安全规制到位，这样的提速没有出现更多的经济损失，只是常规的成本增加。

综上所述，对高铁运输自然垄断市场的管理可以有多方面的规制，很多情况下这些规制带来了这个运输市场更大范围的政府决策主导，而不是市场决策主导。不同国家不同发展阶段以及政府执政不同理念，都会出现放松规制、加强规制不同的市场特征。

(二)高铁运输市场的功能

高铁运输以其时速快、运距长、连续性强、规模集约等性质，突破了地域对国家和国民经济整体性和联系性的空间阻隔。高铁运输对经济发展的影响包括增长效应、结构效应和经济分布效应。

1. 增长效应

高铁运输市场的发展对每个区域而言无疑促进了当地经济的增长，但高铁运输的发展对整个市场层面而言，因得益于要素资源在更大范围内的重组和配置，产生规模经济，进而通过区域间经济增长的溢出效应，促进整个市场范围的经济增长。高铁运输的发展不仅降低了运输成本而且随着高铁线联结城市数量的增加扩展了区域空间，通过区域间的互联互通，带动各个区域市场之间各种要素资源的互补互动和区域协同发展，由此会带来两种变化：一方面可以利用的要素资源数量有所增加，另一方面是要素资源种类的增加。在这一过程中，更多、更广的资源投入整个市场的经济循环中，企业充分利用这些要素资源，通过对要素资源的整合带来经济效益呈几何级数增长。高铁网络覆盖的城市都能通过多向选择融入区域分工体系，而当高铁网络密度不断增加时，通过循环累积实现市场规模的进一步扩张，市场需求也随之扩大，通过区域间的经济溢出效应促进总体经济的增长。

2. 结构效应

高铁的发展进一步改变了区域和城市的空间结构。高铁开通后，除了经济中心范围的扩大外，中心城市也会发生改变。因为开通高铁的城市的交通枢纽地位会发生改变，由此导致的运输成本下降使要素流动性得以加快、使知识和技术的传播得以加快，进而促进城市的经济增长，提升城市在区域的中心地位。比较高铁开通前后，高铁线上的城市交通枢纽等级会有所提升。高铁建设后，部分城市将成为全国性的枢纽城市，与之前的一些城市共同作为全国性交通枢纽中心，其交通枢纽等级明显提升，未来会有更多的城市的枢纽地位会上升，这些城市的区域中心地位也随之提升。高铁运输改变区域和城市的空间结构还可以通过高铁的网络性缩小地区差距。高铁基础设施愈加完善，高铁线联结的城市越多，形成的高铁网络越密集，将通过交通网络效应实现"以网带面"的发展格局。这将有助于各区域市场经济活动连成一体，实现各地区市场之间优势互补从而提高经济效率，缩小地区市场差距，实现共同富裕。

3.经济分布效应

区域间交通基础设施的改善在促进经济增长的同时，也会引发经济要素在空间上的转移，改变区域经济空间分布格局。这在新经济地理学上被称为"经济分布效应"。作为区域间交通基础设施的重大提升，高铁的开通促进了总体经济增长，增强了区域间经济增长的空间溢出性，与此同时也引发了区域经济空间分布格局的改变。一方面，高铁带来的交通便利性可能加速区域中心城市的技术和知识外溢，通过扩散效应促进沿途地级市的经济增长。另一方面，高铁可能加速市场整合和要素流动。当区域中心城市和沿途城市之间的交通壁垒降低的时候，人口、资金等要素可能更容易集聚到更有增长潜力的城市，而区域中心城市通过市场一体化的提升将更多商品流入到沿途地级市。高铁网络通过改变网络内部各个区域之间的可达性和时间距离，实现大规模、快速的人口流动，从而改变了区域之间的资金、技术、信息、货物和服务的流动状态，进而带来了差异化的发展机遇和挑战，同时，也在塑造全国的区域经济发展格局。

四、高铁运输的市场结构

高铁运输市场中，高铁运输产品具有无形性，其出售的不是普通的实物产品，而是具有实物形态、不能存储、不能调拨的运输服务。因此运输服务的供给不能像一般商品市场那样以存储、调拨商品的方式对供求状况进行调节，而只能以提高运输效率或增加运输能力来满足不断增长的高铁运输需求。高铁运输既有空间上的广泛性，又有时间上和具体位移上的特定性，高铁运输产品进行生产交换的场所是纵横贯通的高铁运输线路。因高铁运输需求的不同，各个车站的分布不同，且分布较分散，但旅客或货物位移是具体的，只有旅客和货物从相同的起点到相同的终点的运输才是相同的高铁运输产品，因此，高铁运输又具有具体位移的特定性。也就是说，高铁提供的服务既具有一定广泛性，也具有一定的特殊性。

在微观经济学中，市场结构理论指出市场结构是市场中产品或服务的竞争状态和竞争程度。根据市场上厂商的数量、所提供产品或服务的差异程度、对价格的影响程度以及进入市场的难易程度等特点，可将市场分为完全竞争市场、垄断市场、垄断竞争市场及寡头垄断市场。高铁运输市场结构是高铁运输市场经济活动中各种组成部分之间的构成及其相互关系，它反映高铁运输市场的性质和组织特征。一般而言，在运输市场中，政府对市场的干预越少，运输企业数量越多，竞争程度越高，运输企业的定价权利越大；相反，政府对市场的干预越多，运输企业数量越少，垄断性越强，运输企业的定价权越小。

高铁运输市场结构划分情况如图 4-3 所示。

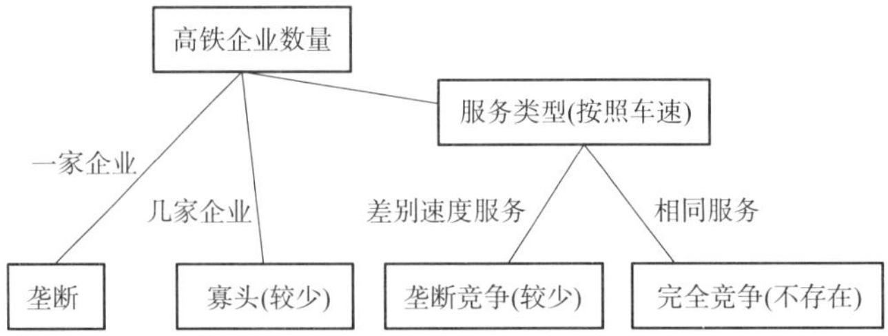

图 4-3 高铁运输市场结构划分情况

高铁企业如果提供的运输服务速度类似于快速铁路提供的服务速度，那么就存在竞争市场了，乘客可以选择乘坐票价更低的快速铁路列车，但是高速铁路基本不会提供这样同样时速的运输服务，因此，高铁企业基本不存在完全竞争的市场；只有在差别速度服务方面，才有可能面临个别一些快速铁路的运输企业的竞争，形成垄断竞争的市场；在几乎同样的时空范围内，也几乎不存在寡头这样的竞争方式，很难想象同样两个城市之间会有两条或者多条时速一样的高速铁路存在，并有两家甚至多家高铁企业同时运营服务，这样不属于自然垄断的特征，会带来资源极大的浪费，当然并不否定在未来客流量特别大的城市之间，在一定特殊的时空范围内可能会出现类似寡头市场的旅客服务运输情况；目前基础型网络产业的特征，比如自来水和有线电视公司，基本都是垄断性企业存在的市场结构，只有一家企业进入，这样能最大化地节约自然资源，并带来市场双方的最大化收益，前提是政府进行适当的规制。

由于高铁运输市场中，需求方是许许多多的旅客及货物所有人，而供给方通常唯一或者具有同质性，因此高铁运输的供给方具有很强的市场势力，从而掌握着定价权。但是实际上，各国政府会对高铁运输产品及服务的价格进行不同程度及不同方式的价格管制。在高铁运输市场中没有与其竞争的运输产品，尤其是在同样的时空范围内，高铁运输产品单一，且竞争程度低，因此高铁运输市场结构具有垄断市场结构的特征。

高铁运输产品供给的顺利进行需要在前期投入大量的高速铁路网络建设及高铁运输设备的购置投资，并且投资后形成的固定资产有很强的专用性，固定成本及退出成本巨大导致高铁运输市场进入和退出壁垒明显，决定了高铁运输具备自然垄断的属性，因此高铁运输市场结构是自然垄断市场。

关于高铁运输市场结构的其他一些研究，我们还将会在本章的第三节有所涉及。

第二节 高铁运输产业的自然垄断

一、高铁运输产业的自然垄断特性

高铁运输产业属于网络型产业，是拥有空间分布的实体网络的基础设施产业，其基本属性是必须通过实体网络系统才能实现产品的生产与销售，因此高铁运输经济效益的实现建立在高铁网络的建设上，而居于生产核心地位的高铁网络系统的建设投资规模大、资产专用性强、专业化程度高、固定成本占总成本的比重大、沉没成本高且投资不可转移，而且具有很强的正外部性等特点。

（一）规模经济特性

高铁运输网络建设需要高额的资本投入，由于投资规模大、回收周期长、投资成本高，分摊到单位产品上的固定成本也较高，而增加单位产品供给所带来的可变成本增量却非常低，因此持续增加产量可以不断摊薄固定成本，从而降低生产成本，形成规模经济特性。此外，如果由不同的企业对高铁线路进行投资建设，会造成线路重叠、资源浪费，也可能造成线路规划不合理，使得高铁网络规划缺乏整体性、战略性的长远谋划，以致高铁经济效益无法充分发挥。因此，由单一企业建设高铁网络比多家企业更具效率、成本更低。高铁运输网络的规模经济特性易产生自然垄断性，从而造成进入高铁运输市场的壁垒很高，使得试图进入的企业难以挑战在位企业。图 4-4 显示了平均总成本下降和收益率上升的规模经济行业特点。

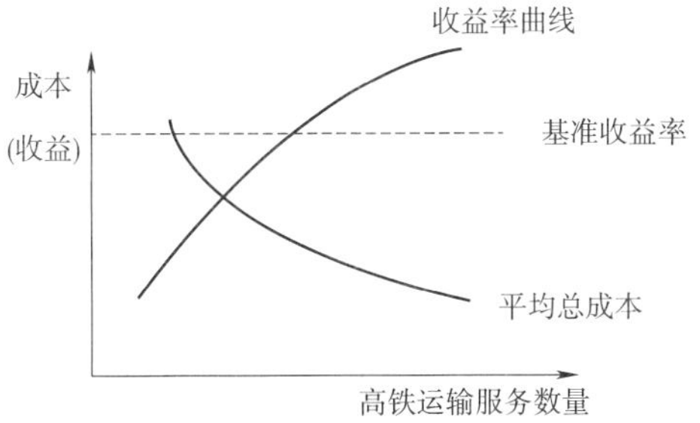

图 4-4 高铁运输规模经济的成本（收益）曲线图

（二）资产专用特性

资产专用性是指在不牺牲其所具有的生产用途的条件下，资产可用于不同用途和由不同使用者利用的程度。具有专用性的资源，一旦它离开所属企业，投资者就等于放弃了对该资源的投资，也就无法收回沉没成本。高铁运输网络具有较高的沉没成本，投资一旦付出就不能用于其他地方或挪为他用，因此高铁运输网络成本的补偿更依赖于网络上的客运量。高铁基础设施的投资较大，使用寿命较长，某一段高铁线路投资一经完成就不能移动，也很难被用于其他用途，具有典型的高度区域资产专用性和较高的沉没成本。

从另一个方面来讲，由于资产专用性的存在，其他企业意图进入的能力将会大大受限，在资源不多的交通廊道上能够有一家企业进行开发建设，就会尽可能地排斥其他企业的进入可能性，这不仅仅是高铁企业意愿的事情，而且也是政府管制机构需要安排的制度，源于自然垄断的这种特征，可以很有效地进行排他性许可。

（三）专业化与协调特性

对于属于网络型产业的高铁运输产业，其完成高铁运输会受到生产技术的制约，动车组在高铁运输网络的安全、平稳运行依赖于不同高铁站之间专用性技术的统一与密切协作，这样才能发挥高铁运输网络的整体功能。高铁网络运输的协调运作，需要通过制度安排来实现网络的互联互通，统一技术和服务标准，减少网络“结合部”摩擦，降低交易费用，为旅客或货物所有人提供“无缝隙”的通路服务或无障碍的接续运输，充分发挥高铁基础设施的作用。

专业性和协调性的特点构成了自然垄断的重要特征。高铁的进入门槛和技术标准基本能够严格地排除一些技术水平较为一般的轨道交通企业进入，从轨道交通的设计施工和运营车辆的设计建造运营等，无不体现出产品与服务的差异性，尤其在安全运营的前提下还能保证速度和服务方面的较高标准，是其他企业所不能与之竞争的重要因素。

二、自然垄断下的定价与价格管制

(一)自由市场下的定价模型

由于各种形式网络经济性的存在，对大规模交通基础设施进行集中供给可以降低成本，因此新企业进入市场时需付出比市场中现有企业更高的平均成本。高铁运输市场规模经济特性决定了其自然垄断的特征。在自由市场条件下，高铁企业面对的需求和收益曲线符合垄断企业的一般规律。

垄断企业是其市场上唯一的卖者，那么它的需求曲线就是市场的需求曲线。自然垄断下，企业是价格的制定者，而在此价格上所能销售出的数量由市场需求曲线决定。由于运输产品的价格等于高铁企业的平均收益，因此其平均收益曲线与市场的需求曲线重合。而平均收益曲线处于下降趋势的特征，意味着高铁企业的边际收益低于平均收益。

为了追求更高的利润，自由市场下的高铁企业提供边际收益等于边际成本时的运输产品数量，该产量在需求曲线上对应的价格即为利润最大化的价格，如图 4-5 所示。在此情况下，高铁企业将提供较少的运输服务，规定高于成本的定价，社会福利损失较大。

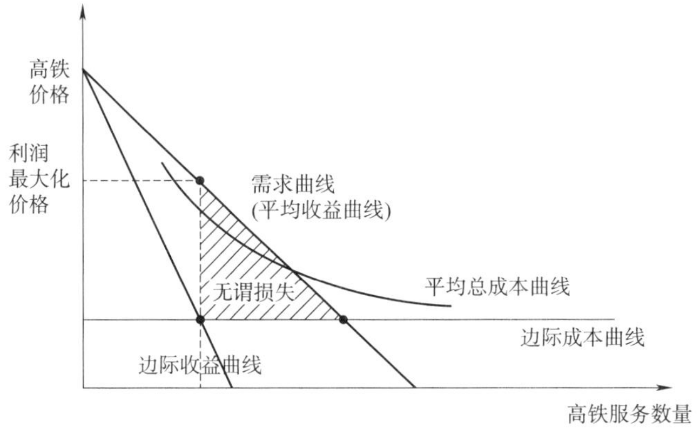

图 4-5　自由市场下高铁票价定价模型

铁路与国民经济发展和民众生活息息相关，作为准公共物品，其公益性也不能忽略，社会福利也是需要重点考虑的对象之一。高铁是我国重要的基础设施，承担着国家安全和发展的战略任务，要考虑供给水平是否符合需要，也要考虑价格水平是否符合公众的承受能力，显然不能够完全依赖自由市场定价。

(二)价格管制

库斯维斯在其《反垄断与管制经济学》中提出，自然垄断的问题在于分配效率和生产效率之间存在一个根本冲突。生产效率要求只有一家企业生产，这样用于供应市场的资源价值才能最小。但是一个单一的生产企业在追求利润最大化时倾向于使定价高于成本，则无法实现分配效率。为了实现分配效率，我们必须有足够多的企业来竞争以促使价格降至边际成本；但这又会导致生产无效率，因为市场上有太多的企业。因此，当市场出现自然垄断时，我们就有了需要政府干预的依据。

价格规制是高铁运输市场中政府规制的一个重要手段和特征。从理论上来说，高铁自然垄断市场的价格管制有两种方法，一是边际成本定价法，二是平均成本定价法。高铁的票价到底应该如何确定呢？

一些学者认为价格应该等于高铁企业的边际成本，如果价格等于边际成本，乘客就将购买使总剩余最大化的垄断者产量，这样资源配置也是有效率的。但是，将边际成本作为规制存在以下问题。从成本曲线的逻辑出发，自然垄断下的平均成本是递减的，当平均总成本递减时候，边际成本小于平均总成本，如图 4-6 所示，企业有大量固定成本，而且以后边际不变，如果价格管制者将价格设定为等于边际成本，价格就将会低于高铁企业的平均成本，从而出现亏损，而且持续性的亏损将会极大的影响行业发展。如此一来，高铁企业势必会在未来的时间里进行整改和重组。

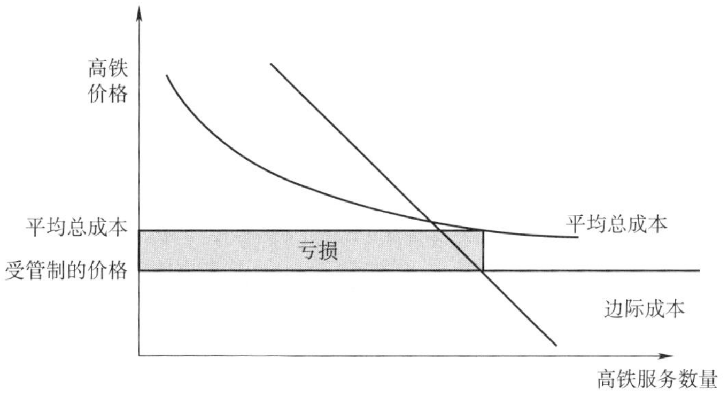

图 4-6　高铁票价的边际成本定价模型

另外还有一些学者认为，使用平均总成本定价的规制方法，这样至少能够保证高铁企业不亏损，在政府通过建设资金补贴和运营负债承担的背景下，高铁企业可以持续性地经营。如图 4-7 所示，边际成本定价方法导致企业亏损，但是平均成本定价方法能够维持高铁企业的运作。

图 4-7 中，当边际成本＝边际收益的时候，企业的利润会实现最大化，但是企业的供给可能会存在不足，或者局部不足，如果政府通过这种定价方式规制高铁企业，并且不进行补贴的话，没有任何高铁企业愿意建设运营高铁。如果采用平均成本定价规制，则平均总成本与需求曲线相交点的高于边际收益与边际成本相交的点是均衡价格与均衡数量，这样高铁不盈利也不亏损，加上政府补贴高铁企业的资金后，高铁企业愿意进行运输服务。

从实践方面来看，2015 年之前，中国高铁运输价格采用的是以政府指导价为主，在规定范围内根据市场进行调节，即由中国铁路总公司根据高铁运输成本变化、铁路运输企业

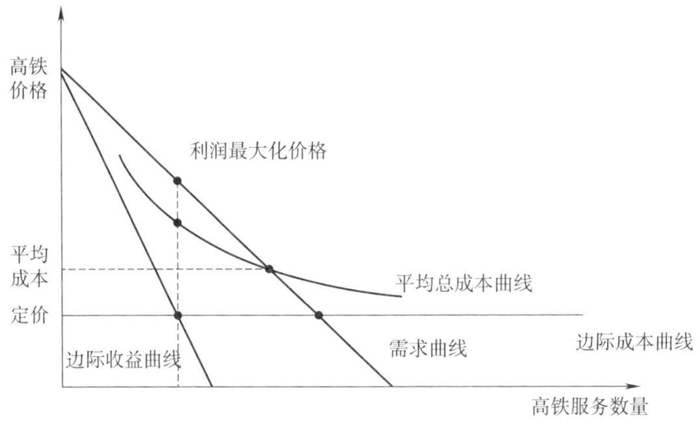

图 4-7 高铁票价平均成本定价模型

盈利水平变化等情况，研究提出调价的幅度、范围、方案，上报国家发展和改革委员会，作为价格调整审批的依据。2015 年，国家发展和改革委员会出台《国家发展改革委关于改革完善高铁动车组旅客票价政策的通知》(发改价格〔2015〕3070 号)，将高铁票价定价权移交至中国铁路总公司，采用政府监督价的形式对高铁票价进行规制，并采取如下具体规制措施：铁路运输企业要依据《中华人民共和国价格法》《中华人民共和国铁路法》等法律法规规定，按照"合法、公平、诚信"原则，明确制定、调整公布票价、执行票价的办法。铁路运输企业制定与公布票价应当在售票前对外公告，调整公布票价应当提前 30 天对外公告；公布票价和实际执行票价要按照明码标价制度规定，并及时通过网络和售票窗口等渠道告知旅客。各级价格主管部门也要加强对铁路运输企业价格行为的监督检查，依法查处价格欺诈、标价外另行收费、不执行优惠票价政策、不执行明码标价规定等各类价格违法行为，维护市场正常价格秩序。加强对所属铁路运输企业、客票销售代理单位的信用管理，研究推动建立企业信用信息共享平台，及时主动公开信用记录。发挥 12358 价格举报系统作用，鼓励社会共同参与高铁价格监督，认真及时查处群众举报，接受社会监督。

三、价格歧视与灵活定价

采取价格歧视的定价方法能够帮助厂商尽可能地得到更多的生产者剩余。价格歧视通常被分为一级、二级和三级价格歧视。在高铁运输产品定价中常见的有二级和三级价格歧视。这种定价方法帮助高铁企业获得更多收益，减少高铁企业压力；同时，价格歧视能够最大程度地满足人们出行的需求，减少无谓损失，增加社会总的福利。

(一)高铁定价中的价格歧视

1. 高铁定价中的二级价格歧视

二级价格歧视是厂商或企业根据消费量实施的价格歧视。企业对相同产品的不同消费量或"区段"索取不同的价格。由于边际效用递减，随着消费量的增加，消费者的支付意愿是下降的。二级价格歧视利用这一规律，通过逐级降价的方式以卖出更多的产品，获得更多的消费者剩余。由于存在规模经济，定价即使下降，平均成本的降低使得企业仍然能够得到一定的利润。

高铁采取里程计价作为其计价的基本方法，票价大致等于每公里基价与计价里程的乘积。票价基价遵循递远递减的分段计价原则，即随着里程的增加，基价会有所降低。以北京—广州的G65次的二等座票价为例，北京西站到沿途各站的票价平均基价情况见表4-1。

表4-1　G65次列车运行各区段票价平均计价情况

乘坐区间	票价(元)	总里程(公里)	平均基价(元/公里)
北京西—石家庄	128.5	281	0.46
北京西—郑州东	309.0	693	0.45
北京西—武汉	520.5	1 229	0.42
北京西—长沙南	649.0	1 591	0.41
北京西—广州南	862.0	2 298	0.38

2.高铁定价中的三级价格歧视

三级价格歧视是企业通过将消费者分为有不同需求曲线的两组或更多组，来达到对不同消费者收取不同价格，以获取更多收益的价格歧视方法。

高铁客运根据旅客财富状况和对舒适度要求的程度不一，制定三层等级票价，分别设商务座、一等座及二等座席位。商务旅行者、高收入群体价格的需求弹性较小，对舒适度要求更高，企业提供更细致的服务以收取较高价位；休闲旅行者或普通收入者需求弹性更大，收取较低价位。除此之外，高铁设有学生优惠票，其既有公益性方面的考虑，也是三级价格歧视的运用。

简化的高铁三级价格歧视模型如图4-8所示。将消费者分为两类，分别是高收入群体和普通收入群体。采取平均成本定价的方法，三级价格歧视能够分别对两个消费者群体收取不同的票价。

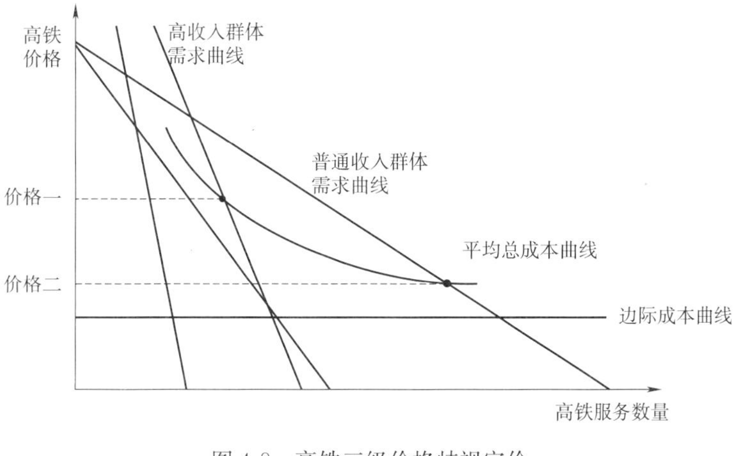

图4-8　高铁三级价格歧视定价

对不同乘客提供差异化服务，采取多样化的定价策略，一方面能够扩大铁路服务范围、增大社会效益，另一方面也可以提高铁路企业的效益，增强其生存能力。国外铁路部门灵活运用价格歧视等原理，也许能提供一定的经验和可借鉴之处。

日本铁路公司推出铁路通票以增大对吸引赴日旅客的吸引力，如东京旅游车票、JR关东地区通票、JR东日本通票等。法国铁路部门为吸引客流制定了不同种类的票价策略，对乘客按照乘坐高铁频率的多少给予相应优惠；根据市场供求和客流变化规律，推出基本折扣票、交通卡优惠等。德国在规定基本价格的基础上，允许铁路企业提供多样的服务，如豪华级服务；合理遵循市场规律，允许在一定范围内灵活定价，如在低需求时段提供以市场为导向的高折扣票、高峰时段车票实行市场定价等。

（二）走向灵活定价的高铁

由于高铁的自然垄断属性，需要政府对其实施价格管制以保障社会福利。然而单一的价格管制也存在明显的弊端，高铁不能够灵活适应市场的种种变化，缺乏创新的激励机制，使企业活力受阻，不利于高铁产业的长远发展。

随着高铁的逐渐发展，对高铁票价市场化、灵活定价的呼声越来越高。2019 年年初，中国铁路总公司董事长陆东福表示，铁路部门将探索构建灵活可控的高铁票价调整机制，深化“一日一价”“一车一价”可行性研究并择机试点。这意味着，今后高铁票价将更加灵活，乘客在不同日期乘坐同一趟高铁可能面临不同价格，甚至在同一天的不同时段乘坐高铁也将面临不同价格。从价格歧视的角度来说，对不同旅客的差异化收费将更加丰富多样，时期间价格歧视的运用将帮助引导部分出行由高峰时期转向非高峰时期，从而减少拥堵、增加企业和社会效益。逐渐灵活的定价将是高铁定价发展的大趋势。

第三节 高铁运输与不同运输方式的竞争

一、高铁运输产业客运服务的竞争性

之前我们指出，高铁运输既有时间上和具体位移上的特定性，但是也有在空间上的广泛性。那么从时间上的不特定性以及具体位移上的多样性来看，整个运输市场是具有广泛性的，相关的运输方式也是多种多样的，具有一定竞争性。从行业的建设与运营角度来区分，各种运输方式也具有一定的竞争性，只是在不同的市场结构背景下，这些竞争性体现的特点不完全相同。

高铁运输的范围经济性表现为一定量的客货运输业务由一个企业承担所产生的生产成本比两个企业分别经营客运和货运所产生的生产成本要低。从投资规模来看，高铁线路是网络型结构，投资规模大，即固定成本高，表现为投资的不可分性和资本的密集性，需要大量的投资形成一定的规模才能发挥作用。而运营服务部门的职工及动车车辆可以根据需要灵活增减或调动，即运营服务可以结合市场需求的变化灵活调整自身的供给总量，因此，规模效益并不明显。

从沉没成本来看，运营服务的沉没成本远远小于路网建设的沉没成本。新进入市场的运营者可以租用动车车辆，并且中标后可以接管原有的职工队伍，从而降低了因需要大量资本和专业技术人员而引起的市场进入障碍。因此，运营服务的市场可进入性大于线路及其他基础设施，即运营服务的竞争强度大于线路建设。

从交易成本来看，现代公司组织结构变迁理论指出，资产越是专用，其潜在的交易成

本越大，随着资产呈现出高度专用的特征，企业内部组织将取代市场。高铁线路设施的资产专用性很强，由此带来的交易成本也很高，适宜于企业内部组织的协调形式，即保持路网的管理一体化。相对于高铁线路基础设施的连续性，线上移动设备及客运动车车辆具有较强的移动性，其应用的灵活性和转移性高于高铁线路，市场竞争带来的市场激励机制是可行的。

综上所述，高速铁路作为基础设施的自然垄断性主要反映在高铁线路网络方面，其运营部门即使有垄断也只是弱垄断，具有一定的竞争性。

二、高铁运输与其他运输方式的竞争理论基础

（一）交通运输结构理论

交通运输结构理论，也称为运输产业结构理论。交通运输结构，也称为运输产业结构，指交通运输业内、外部相互联系及其构成比例的状况。具体来讲，交通运输结构即交通运输系统中的组成要素及要素间的相互关系。交通运输系统作为一个庞大的系统，具有繁多的组成要素和复杂的层次，大体上可以从涵盖因素的范围上将其分为三个层次：运输业与国民经济结构、各种运输方式结构、各运输环节结构。这三个层次的运输结构相互联系、相互作用，形成交通运输体系的立体结构。

1. 三层次运输结构区分

运输业与国民经济结构是宏观的运输结构，它从宏观上考察交通运输业与国民经济的相互关系以及构成比例，意在揭示交通运输业与宏观经济的内在联系和发展规律，进而调整运输供给，促进经济发展。考察内容包括运输供给和运输需求的比例及适应程度，运输产业产出占 GDP 的比例等。

各种运输方式结构是中观运输结构，它考察运输业内部各种不同运输方式间的相互关系和作用，包括运输量比例、不同运输方式网络构成及衔接、运输资源分配等。周转量比例是最常用的运输方式结构的指标，它反映了各运输方式所占用生产要素的综合作用结果。通过研究各种运输方式结构有利于采取措施引导建立合理的运输结构，发挥不同运输方式各自的优势，还能推进不同运输方式间的协作，发展联合运输，扬长避短，促进综合交通运输体系的形成。

2000—2018 年主要运输方式周转量数据见表 4-2。

表 4-2　2000—2018 年主要运输方式周转量数据　　单位：亿/公里

时间（年）	总旅客周转量	铁路（含高铁）		公路		水路		航空		高铁	
		周转量	比例（%）	周转量	比例（%）	周转量	比例（%）	周转量	比例（%）	周转量	比例（%）
2000	12 261.0	4 532.6	36.97	6 657.4	54.30	100.5	0.82	970.5	7.92		
2001	13 155.0	4 766.8	36.24	7 207.1	54.79	89.9	0.68	1 091.4	8.30		
2002	14 126.0	4 969.0	35.18	7 806.0	55.26	82.0	0.58	1 269.0	8.98		
2003	13 810.5	4 789.0	34.68	7 696.0	55.73	63.0	0.46	1 263.0	9.15		
2004	16 309.8	5 712.2	35.02	8 748.4	53.64	66.3	0.41	1 782.3	10.93		
2005	17 467.0	6 062.0	34.71	9 292.0	53.20	68.0	0.39	2 045.0	11.71		

续上表

时间(年)	总旅客周转量	铁路(含高铁)		公路		水路		航空		高铁	
		周转量	比例(%)	周转量	比例(%)	周转量	比例(%)	周转量	比例(%)	周转量	比例(%)
2006	19 197.0	6 622.1	34.50	10 130.9	52.77	73.6	0.38	2 371.0	12.35		
2007	21 593.0	7 216.3	33.42	11 507.0	53.29	78.0	0.36	2 791.7	12.93		
2008	23 196.7	7 778.6	33.53	12 476.1	53.78	59.2	0.26	2 882.8	12.43	15.6	0.06
2009	24 834.9	7 878.9	31.73	13 511.4	54.40	69.4	0.28	3 375.2	13.59	162.2	0.65
2010	27 894.3	8 762.2	31.41	15 020.8	53.85	72.3	0.26	4 039.0	14.48	463.2	1.66
2011	30 984.0	9 612.3	31.02	16 760.3	54.09	74.5	0.24	4 537.0	14.64	1 058.4	3.42
2012	33 383.1	9 812.3	29.39	18 467.6	55.32	77.5	0.23	5 025.7	15.06	1 446.1	4.30
2013	27 571.7	10 595.6	38.43	11 250.9	40.81	68.3	0.25	5 656.8	20.52	2 331.0	8.45
2014	28 647.0	11 242.0	39.24	10 997.0	38.39	74.3	0.26	6 334.2	22.11	2 901.2	10.13
2015	30 059.0	11 960.6	39.79	10 742.7	35.74	73.1	0.24	7 283.0	24.23	3 349.0	11.14
2016	31 258.5	12 579.3	40.24	10 228.7	32.72	72.3	0.23	8 378.1	26.80	4 041.0	12.93
2017	32 812.8	13 456.9	41.01	9 765.2	29.76	77.7	0.24	9 513.0	28.99	4 709.9	14.35
2018	34 218.2	14 146.6	41.34	9 279.7	27.12	79.6	0.23	10 712.3	31.31		

数据来源:国家统计局。

各运输环节结构是微观运输结构,它考察每一种运输方式内部各种运输环节和运输对象的比例状况、运距比例、运输线路与运输工具比例以及运输企业的组织结构等。微观运输结构是运输企业和政府相关部门进行运营管理的对象,对其进行考察可以发现特定运输方式本身的优势或者薄弱环节,从而采取对策加强建设,提高运输能力。

2.高铁运输与其他运输方式的相互作用

高铁运输与其他运输方式之间竞争的分析基础采用的是中观运输结构,即各种运输方式结构。各国经验表明,各种交通运输方式之间存在相互促进、相互制约和相互替代的关系。各种运输方式之间的相互促进体现在某种交通运输方式的发展将会对其他运输方式产生一定的刺激,使之相应发展,并在发展的数量与质量上与该种运输方式保持协调,以实现综合运输体系的整体优化。

各种交通运输方式之间的相互制约作用体现在:社会对交通运输发展的总投入和总需求是一定的,因此如果某种运输方式发展过快,将会制约其他运输方式的发展,并且后者的落后发展会制约前者的能力发挥,从而导致各种运输方式之间的不协调,总负荷运输系统得不到优化。高铁的快速发展会制约普速铁路、航空和高速公路,甚至普通公路的发展。从近些年的交通运输发展来看,高铁的发展速度远远超过其他交通方式的发展速度,国家的交通运输建设资金也是大量集中在了高铁行业相关的上下产业链当中。

各种运输方式的相互替代作用体现在,运输系统的外部环境或内部技术经济特征如果发生改变,将会在不同程度上改变各种交通运输方式的竞争力及其在综合运输体系中的作用和地位,从而形成运输功能的相互替代。随着高铁技术的发展,安全性与速度优势愈发明显,对于航空领域的客运市场具有极大的替代性,而且高铁车站相对而言更靠近市区,与其他交通方式的接驳能力也优于航空,因此,高速铁路的发展存在不同程度上对航空运输的替代。2008—2012 年高铁周转量占比逐年快速上升，年均增长率达到 200%以上，远超期间航空年均 5%的增长率。国外类似情况也是存在的，日本新干线开通后，在 200～800 公里的运输里程内，铁路市场份额由 30%增至 65%，转移了大量公路和航空客流；巴黎至里昂高铁通车后迫使法航退出了巴黎至里昂和马赛的航空市场。高铁对公路运输的替代也是一样，与 2012 年相比，2013 年汽车旅客周转量减少 40%左右，例如宁杭高铁的开通导致汽车班线日运营收入降低 69%，客座率减少 26%，京津汽车班线在高铁通车一年后日发车班次也减少 50%左右，可见高铁开通对汽车班线的冲击是显著的，分割了原先的汽车客运市场。高铁的快速发展对中国交通客运市场，尤其是汽车客运市场造成了极大的冲击，且影响力在未来成熟的高铁时代会不断加强。

从我国的实际情况来看，截至 2019 年一季度末，全国高铁累计运输旅客超过 100 亿人次，累计完成旅客周转量 3.34 万亿人公里。自 2008 年京津城际铁路开通运营起至 2018 年底，10 年间全国高铁营业里程达 2.9 万公里，占铁路营业总里程由 2008 年的 0.8%提升至 22.1%。2018 年高铁旅客发送总量为 20.05 亿人次，同比增长 16.8%，占铁路旅客总人数的 60.4%。这说明，高铁已成为铁路旅客运输的主渠道。自 2013 年起，汽车旅客周转量占比明显且持续降低，其中 2013 年汽车旅客周转量比 2012 年减少 39.1%，到 2018 年，则减少 49.8%，汽车旅客周转量在 6 年间减少了一半。2008—2017 年高铁周转量占比逐年上升，年均增长率达到 88.6%，远超期间航空年均增长率(14%)。

各种交通运输方式分担率趋势如图 4-9 所示。

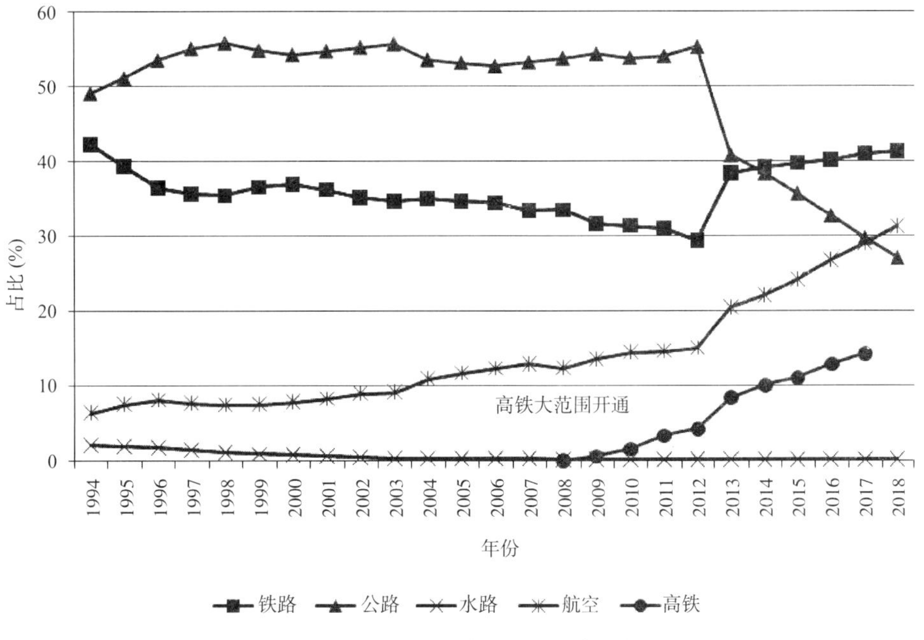

图 4-9　各种交通运输方式分担率趋势图

研究运输结构，对于充分发挥和有效利用各种运输方式的技术经济优势，形成不同的运输方式协调发展、高效竞争、互补促进，从而更好地满足运输需求和支持国民经济迅速发展具有重要意义。实际上，交通运输结构合理化的实质就在于充分发挥各种运输方式的优势,形成分工协作、取长补短、协调发展和运输能力充分的综合运输体系,以取得最大的社会、经济效益,并与本国国情相适应。

优化交通运输结构的内容包括:运输供给与需求能在数量和质量上保持动态平衡;以既定的投入取得尽可能大的产出,或者在既定产出水平下实现尽可能少的投入;能充分发挥各种运输方式的技术经济优势,使得不同的运输方式保持协调发展。

(二)竞争合作理论

如果将视野放在整个运输市场上,高铁与普速铁路、公路、航空等运输方式之间具有不同的经济技术特征和各自的优势领域,因而一定程度地形成了不同运输方式的垄断经营,同时,又因运输需求存在多样性、并存性及产品的可替代性,决定了运输市场存在着竞争。可以将不同运输方式看作不同的企业,为实现整个运输市场的最优配置,则不同运输方式之间不仅有竞争关系,还有合作关系。将企业间的竞争关系理论引入运输市场,从而得到运输市场的竞争合作模式。自 20 世纪下半叶以来,公路、航空等运输方式发展迅速,逐步形成了多方式并重的综合运输体系,高铁运输方式的出现使得各种运输方式之间的竞争更加激烈。

竞争合作理论是 20 世纪 90 年代以来产生的一种新的企业管理理论,其主要代表人物乔尔·布利克(Joel Bleeke)和戴维·厄恩斯特(David Ernst)。该理论阐述了全球竞争环境下,企业要想获得更大的利润或是占领更大的市场份额,除了有自己的竞争实力外,更要与该市场内的企业进行合作。联系到运输市场,由于人们对运输产品的要求不断提高,旅客的运输需求不是由一种运输方式就能完全承担的。旅客所需的是完整运输产品,即客户所需要的从起始地到最终目的地的位移。而运输业者提供完整运输产品则是指,在一定的时间期限内,利用一种或多种运输工具,实现客户所需要的从起始地到最终目的地的位移服务。这里提到的多种运输工具可以理解为多个企业,这些企业通过合作才能提供完整运输产品,满足客户对运输产品的需求。

贡献(Impact)、亲密(Intimacy)、愿景(Vision)是竞争合作成功的三要素,双赢或多赢是竞争合作的目标。目前在运输行业中也存在着一定的合作关系,国家也在进一步推动各种运输方式的无缝连接。但是,在合作的同时也不可忽视竞争关系,有了竞争才可促进企业不断前行。在运输市场中,各种运输方式具有各自的技术经济特征和比较优势,在比较优势的基础上,才存在竞争合作关系。因此要研究高速铁路与其他运输方式的竞争合作关系,就要首先清楚高铁相对于其他运输方式的比较优势,然后根据不同运输方式的比较优势,讨论他们之间的竞争合作模式。

三、高铁与不同运输方式的竞争

高铁运输、航空运输、普铁运输及公路运输都是将旅客和货物从一个地点运输到另一个地点,满足旅客的运输需求。因此,在一定范围内,高铁运输分别与航空运输、普铁运输、公路运输具有相互替代关系,且为相互竞争的运输方式。国内外涉及高铁与其他运输方式竞争的研究方法较多,主要集中在交通方式选择多样化、市场供给范围的结构划分、服务空间的竞合等方面,尤其在利用效用函数和市场结构来研究交通方式选择方面成为目前较为公认的研究路径。

下面通过展示一种比较选择不同交通工具人数比例的方法，得出高铁与其他交通工具的竞争情况。其中，利用乘客效用函数，即乘客乘坐的经济性、舒适性、便利性、快速性和安全性等，在比较不同交通方式的运输特征的基础上，得出乘客对不同交通工具的选择偏好，以此来反映高铁带来的交通竞争；利用市场结构等研究方法来分析替代效应、收入效应以及高铁带来的交通运输结构诱变效应。

（一）高铁运输对其他运输方式的替代效应

在高铁运输具有价格和时间优势的情况下，许多旅客选择高铁运输而不选择其他运输方式，会对其他运输方式的经营造成不利影响。高铁对其他运输方式的这种影响，可以称为替代效应。在分析高铁对其他运输方式的替代效应时主要从效用函数出发，结合一定的市场结构研究。

1.效用函数

交通工具的经济、快捷、舒适、便利和安全等指标的效益可衡量旅客出行效用。各效益指标的合并过程可分为“加法规则”和“乘法规则”，但是安全性是几乎完全独立的前提条件，没有安全性的运输方式，乘客肯定会转向其他运输组织方式。因此，得到以下加法与乘法相结合的综合效用函数关系式：

$$U=(\alpha E+\beta Q+\gamma C+\delta F)\times \varepsilon S \tag{4-1}$$

式中 E、Q、C、F 和 S 分别为经济、快捷、舒适、便利和安全效益；α、β、γ、δ 和 ε 为各效益指标的特征系数，一些研究对各指标效益进行量化处理，形成了最终可以进行分析的效用函数。其中较为典型的是根据不同交通方式的运输票价、出行距离、运输速度、出发地到站台（机场）和从站台（机场）到目的地终点的时间、人均时间价值、疲劳承受能力、安全收益等因素，来确定该效用函数的最终结果。

2.影响因子的确认原则

不同学者研究细分的特征系数不太相同，但是基本的理解是取数据的平均值为对比指标，一些评价标准也会根据国家的相关规定和不同运输方式的技术标准来设定。还需要注意的，不同指标的特征系数包含着很多共同的影响因素，比如“出行距离”在经济、快捷、舒适等方面都会是重要的影响因子；“人均时间价值”也会在快捷、舒适、便利等方面造成很大的影响。因此确定这些关键的评价标准分类，是不同学者研究结果不同的主要原因。总结归纳一些因素的分类方法提供参考。

单位距离票价：比如航空票价按国务院颁布的《民航国内航空运输价格改革方案》中的基准价取 0.75 元/公里；高铁票价二等座一般为 0.45 元/公里；大巴票价一般为 0.25 元/公里。当然，航空票价弹性最大，其次是大巴票价，高铁票价几乎没有弹性，但是一般研究为了简化理解，较少考虑弹性影响，而只是按照以上已经平均化的数值进行对比。

人均时间价值：一般用某一年的人均工资收入、人均可支配收入、人均 GDP 等数据，除以全年工作时间来算出每小时人均时间价值。例如，2018 年全国人均 GDP（66 177 元）除以工作时间 2 100 小时左右，再规定一个 80%的出行意愿折算比例，可以算出人均时间价值为 25.2 元/小时，该数据大致告诉我们乘客用交通时间换取等待时间的相对价格，当然高收入群体和大城市的人均时间价值较高，能够承担更高的航空和高铁票价，来换取速度较慢的其他交通方式。

关于便捷与舒适度的考察还有两个重要的特征指标，就是乘客"门到门"之间去掉大交通的运输发生的时间，该时间与人均时间价值和乘客的疲劳承受能力共同作用构成特征系数的数值。该时间主要是出发地到站台（车场、机场）和从站台（车场、机场）到目的地终点的时间，包括交通时间和等待时间。交通时间一般认为机场与高铁站和车场距离依次由远及近，系数（或者小时）分别是 2∶1.5∶1 的关系；等待时间主要是站台安检、换取票、等候上下车等时间，分别是 1∶0.5∶0.25。

安全收益评价较为简单，一般认为航空、高铁安全系数基本相同，汽车略低，如果把航空和高铁安全系数设定为 1 的话，汽车一般设定为 0.95 或者 0.9。

3. 替代效应结果

在确定了以上重要的参数之后，会根据不同的运输距离进行数据的统计和研究，不同出行距离、不同种出行方式的效用函数结果不同，利用不同出行距离出行效用函数结果占比，形成高铁对其他交通方式的替代结果。

依据出行距离的划分，有六段法，五段法和四段法等等，主要根据研究的实际需求不同来设置。本章根据近些年统计数据，举例五段法，区分[100,300)公里、[300,500)公里、[500,700)公里、[700,1 000)公里与 1 000 公里及以上的平均出行分担率来进行对比研究，如图 4-10 所示。

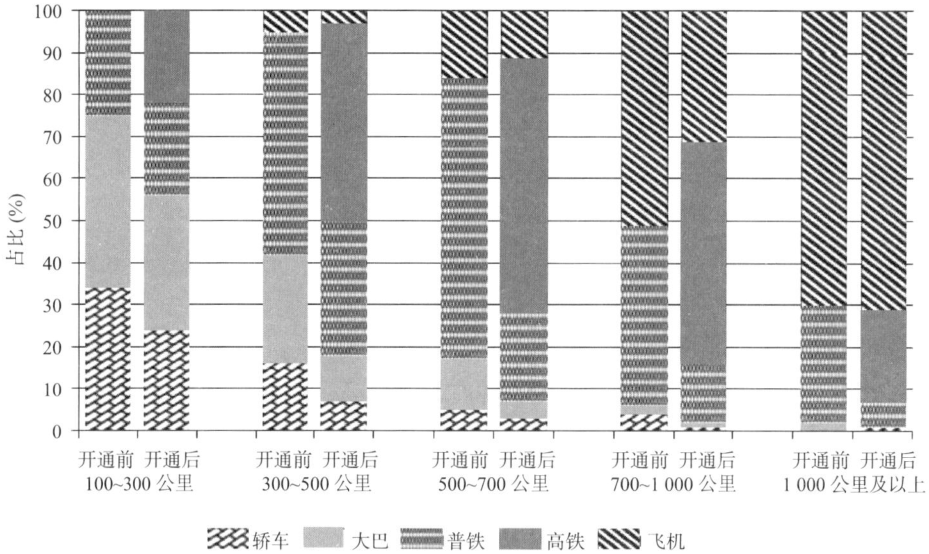

图 4-10 按运距对比的高铁开通前后多重交通方式分担率的变化情况

根据近些年相关数据和研究发现，对于不同的乘客运输方式，高铁的替代能力是不同的。对于航空运输而言，在 300～1 000 公里的出行比例中，高铁平均出行比例占到所有出行方式的一半；300～700 公里的范围内，航空的分担率下降了 50%；其中，500～1 000 公里是高铁和航空竞争博弈的显著距离。尤其在 300～700 公里的短距离运输中，高铁具有明显的竞争优势；在 700～1 000 公里之间的中距离运输中，高铁与航空的竞争激烈，高铁占比稍微胜出；而在超过 1 000 公里的长距离运输中，航空运输具有竞争优势，如图 4-11 所示。

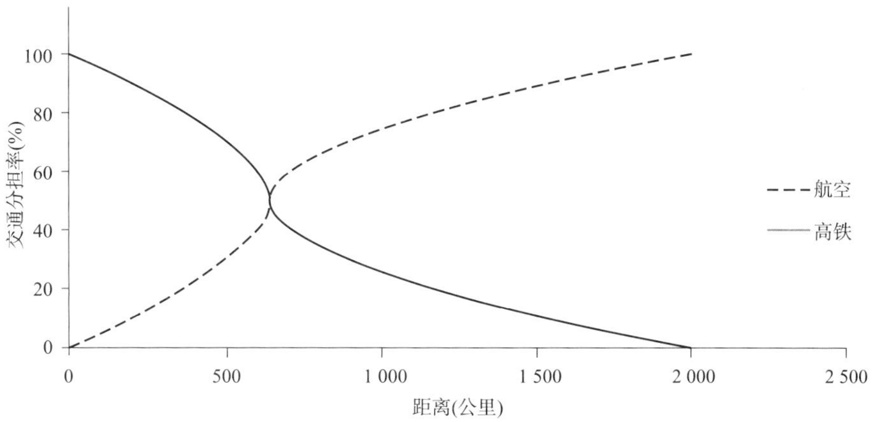

图 4-11 不同运距的高铁与航空分担率比较

对于公路运输而言，高速铁路客运对公路客运带来巨大影响的根本原因在于两种运输方式具有同一性，即在同一个运输通道内，两种运输方式具有很强烈的替代性或重叠性。高速公路客运的经济运距一般小于 500 公里，而高速铁路客运的经济运距范围跨度比较大，不但 500～1 000 公里在其经济运距之内，300～700 公里也属于其经济运距。所以，高速铁路客运对公路客运的影响主要在 300～700 公里，即两种运输方式进行主要竞争的运距范围。另外，很多城际铁路专线的运输距离虽然在 100～200 公里的范围内，但对公路客运的影响也是非常大的；100～300 公里的交通出行分担率中，高铁替代了大巴和私人轿车 30%的出行率。

不同运距的高铁与汽车运输分担率比较如图 4-12 所示。

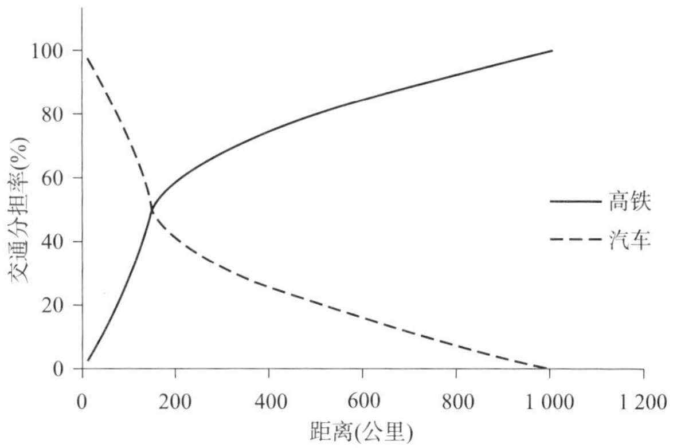

图 4-12 不同运距的高铁与汽车运输分担率比较

另外，除了效用函数能考虑的一般性比较之外，还有很多因素影响乘客交通方式的选择，例如，市场结构就是其中一个重要的因素。市场结构是指不同细分市场在总体市场中的比例关系，该因素可以纳入效用函数进行研究，也可以作为细分的效用函数进行比较研究。市场结构不同，高铁对航空的替代关系也不同。例如，自费旅客对价格敏感，对时间不是很敏感，公费旅客对价格不是很敏感，对时间更敏感。在进行中长距离的运输时，高铁对自费旅客的吸引力更大一些。一个地区的运输市场结构，与该地区的经济发展水平、产业结构、人口构成等有较大关系。例如，旅游城市，自费旅客的比例较大；经济、政治中心，公费旅客的比例较大；经济发达城市，自费旅客较高，经济不发达城市，公费旅客比例较高等。有研究指出，高铁对小城市机场的影响要大于对大城市机场的影响，对中间地带城市机场的影响要大于对两端城市机场的影响。

（二）高铁运输对其他运输方式的收入效应

收入效应，是指随着高铁网络的发达，国民经济发展水平更高，居民有更高的收入，导致对高端运输需求有较大的提高。高铁对其他运输方式的收入效应是通过多种方式实现的。

首先，高铁运输的发展，降低了社会运行成本，提高了社会经济效率，使社会经济活动更活跃，人流、物流增加，从而使得不同运输需求增加。其次，社会经济效率的提高和资本规模的扩大，使社会在一定时间内创造出更多的财富，居民的收入水平得到提高。居民收入水平的提高，增加了居民的闲暇消费需求和对中高端运输的支付能力，导致航空、高铁运输需求增加。在通过增加居民收入水平，提高航空运输需求的过程中，高铁运输还有一定的加速作用。居民收入水平与航空运输需求并不是线性的，具有一个临界点，也称为“阈值”，只有收入超过这个临界值，居民才支付得了航空消费，低于这个值，则不能支付航空消费，航空运输实现不了。在高铁网络发达后，可以激发部分低水平的消费者采用高铁和航空相结合的方式出行、旅游，提升航空运输需求。另外，随着高铁网络的加密和高铁的普及，高铁车站的候车环境和乘车舒适度也会降低，部分高铁线路供给饱和，也会将一些旅客“推向”民航。城际铁路的发展，使离机场较远的居民乘坐飞机更容易，降低了航空运输的消费成本，激发航空运输需求。

高铁对航空的收入效应影响虽然不易观察到，但它是一种客观存在，而且从一定程度上讲，比替代效应的影响还要大。这种影响是长期的，它通过民航整体的需求增长、公路运输和普铁运输需求的相对下降体现出来。图 4-13 以航空与高铁为例，使我们对替代效应和收入效应有一个总体的理解。

图 4-13 中，Ⅰ和Ⅱ是不同预算约束线下的无差异曲线。替代效应——沿着一条无差异曲线变动到有不同边际替代率的一点上——在图中表示为沿着无差异曲线Ⅰ从 A 点移动到 B 点。收入效应——移动到更高的无差异曲线上——在图中表示为无差异曲线Ⅰ的 B 点移动到Ⅱ的 C 点。

刚开始，由于乘客的收入水平和预算约束线没有变化，因为替代效应，高铁的出现使得原来航空的消费数量从 A 降到了 B，高铁的消费数量增加到 B 点，由于高铁带动的收入效应变化，收入水平和预算约束线都提高，乘客不仅提升了乘坐高铁的消费数量，同时也提升了乘坐航空的消费数量，都到达了最新的最优组合点 C 点。该过程随着收入效应发生的规模和速度会逐步显现。这样也就验证了为何航空客流在高铁出现后发生了先抑后扬的数量走势。也就是说高铁的出现所引发的收入效应，最终不仅仅导致了竞争上更高的产出，从而带来更具有消费能力的市场选择多样性。

（三）高铁运输对其他运输方式的结构诱变效应

结构诱变包括旅客市场结构诱变与航空网络结构、公路运输结构、普通铁路运输结构诱变。旅客市场结构的诱变效，是指由于高铁对其他运输方式的替代效应，在高铁吸引力

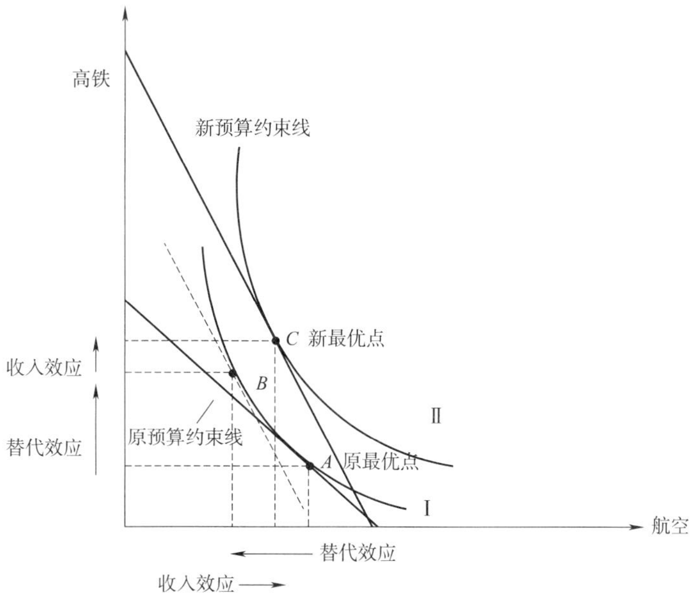

图 4-13 高铁对其他运输方式带来的效应

更强的短程出行，旅客更倾向于乘坐高铁，减少了航空运输的旅客，使航空运输旅客占旅客总市场的比例下降，也使长航线与短航线的旅客运输需求比例发生变化，这些变化导致市场结构发生改变。这种变化是由于不同运输方式的成本水平、便捷程度、旅客偏好、收入水平等因素引起的。也就是说收入效应和替代效应共同发挥了作用，从而导致交通运输市场进行运输结构的调整与改变。

航空公司的网络结构诱变效应，是指航空公司为应对高铁对航空的替代效应，针对市场需求的变化，取消或者减少替代效应影响大的短程航线航班数量，增加中远程航线的航班数量，开设新的中远程航线，将飞机运力调往其他基地，必要时设置新的运行基地或者分公司，这些变化导致航空公司的网络结构发生变化。另外，由于收入效应的存在，即使在起初受到高铁冲击较大的城市，航空运输需求也会很快回升，中远程航班需求增加，要求增加运力。对于航空公司来说，旅客市场结构的变化是外来因素，自身能影响的程度很小。航空公司的网络结构变化是自己主动调整造成的，是一种内生变动因素。航空公司必须根据高铁影响及时调整网络结构，否则，经济效益将会受到较大影响。

航空公司要根据高铁建设规划与运营的情况，科学预测并动态观察市场结构的变化，提前做好网络调整计划，及时调整自己的网络结构，使航空公司的航班安排能与市场需求动态匹配，提升经济效益。结构诱变效应是一个长期的过程，是替代效应和收入效应共同作用的结果。在高铁开通初期，市场结构和网络结构变动比较剧烈，随着高铁网络的扩大和居民收入水平的提高，市场结构也在发生变化，要求航空公司及时收集市场结构变化信息，适时调整网络结构，满足航空运输需求。

高铁运输与其他运输的竞争优势主要体现为其在中短距离旅程中，表现为速度较快、价格适中、环境舒适。与航空运输相比，高铁运输的票价相对较低、旅客到达车站相对比较便捷、发车时间受气候影响也较小；与普速铁路相比，高铁运输的速度较快、环境较舒适、票价稍高；与公路运输相比，高铁运输的自由性较弱，且不能实现“门对门”运输，但是速度较快、旅行时间短。因此，高铁运输在与不同运输方式竞争时，应考虑不同运输方式的特点，分别讨论分析。

四、高铁与民航的寡头竞争

（一）高铁与民航市场竞争现状分析

高铁凭借其高效的运行速度、舒适便捷的运输服务以及相对低廉的票价对有运输需求的旅客存在很大吸引力。随着高速铁路的迅速发展，高铁路网的覆盖面逐渐广阔，高铁与航空运输等展开了激烈的市场争夺战，并且以其自身优势吸引了相当一部分市场客流，航空客运面临着巨大的压力。在一些高铁投入运营的线路上，相应的航班往往由于客流的流失而减少班次甚至停飞。

如日本新干线开通后，东京至大阪、东京至名古屋等航线受影响而停飞；欧洲之星快速列车分别抢占了伦敦至巴黎运输市场份额的 70%、伦敦至布鲁塞尔运输市场份额的65%；法德线高速铁路的开通促使法航放弃短途城市航线，转而投资法国高铁。就国内来说，随着石太高铁的开通，太原飞北京的早晚航班被迫取消；合武高铁客运专线开通后，武汉至上海的民航客座率下降 5.5%，武汉至南京的民航客座率下降了 11.9%。

由此可见，在一定距离的客运市场中，高铁与航空客运存在激烈的竞争。高速铁路与民航提供的客运服务均存在安全舒适、快捷高效的特征，它们提供的运输产品具有一定的相似性。根据上文分析、结合实际情况，高铁与民航的竞争主要存在于 300～1 000 公里的中短途客运市场；此市场中，高铁和民航客运占据总市场的大部分份额。可以说，高铁与民航在中短距离的客运市场中呈现出双寡头竞争关系。

寡头竞争是指在一个行业中只有少数几家大公司（大卖主），它们所生产和销售的某种产品占这种产品的总产量和市场销售总量的绝大部分比重，它们之间的竞争就是寡头竞争。显然，在这种情况下，它们有能力影响和控制市场价格。在寡头竞争的条件下，各个寡头企业是相互依存、相互影响的。各个寡头企业调整价格都会马上影响其他竞争对手的定价政策，因而，任何一个寡头企业做出决策时都必须密切注意其他寡头企业的反应和决策。

通过分析双寡头在市场中的表现，我们可以对高铁和民航的市场行为进行初步探讨。

（二）古诺均衡

随着客运市场的逐步完善和人民生活水平的不断提高，政府考虑到提高企业效率和社会效益，将逐渐放松对高铁票价的管制。接下来的阐述中，我们假设高铁与民航企业在市场中能够自由自主定价，它们在市场中的行为是考虑自身利益最大化的选择。

高铁与民航企业在自由的运输市场中的行为可以用古诺模型表示。古诺模型也被称为“双寡头模型”，它是一个只有两个寡头厂商的简单模型，阐述了相互竞争而没有相互协调的厂商的产量决策是如何相互作用从而产生一个位于竞争均衡和垄断均衡之间的结果。通过古诺模型，我们可以看出高铁和民航企业在面临彼此时如何对各自的运输服务数量做出决策，如图 4-14 所示。

假设运输市场的总需求曲线不变。高铁企业认为民航企业将提供数量 n 的运输服务

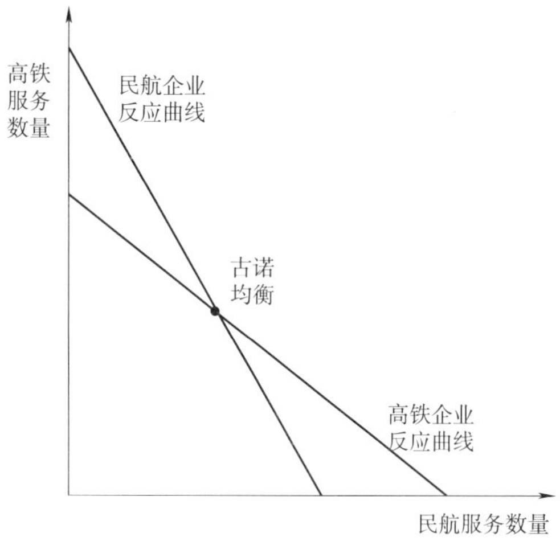

图 4-14　高铁与民航的反应曲线和古诺均衡

时，相应地，它面对的需求曲线将向左移动 n 个单位，从而根据边际成本等于边际收益的利润最大化原则决策出自身将提供的运输服务数量，进而可以得到一个高铁与民航提供服务数量的组合，不同情况下的多种组合构成高铁企业的反应曲线。民航企业同理。高铁和民航都根据反应曲线确定各自的服务数量，两反应曲线的交点——古诺均衡，就是运输市场均衡的服务数量水平。

第四节　高铁运输的市场竞争策略

一、高速铁路竞争力的内涵

在综合运输体系内，各种运输方式之间存在着既合作又竞争的关系，合理分析高速铁路相对于其他运输方式的竞争力，不仅能够促进高速铁路运输服务质量和服务水平的提高，而且对研究高速铁路建设规划也有重要意义。尽管国内学者在此方面已经有了较多研究，但是对于高速铁路竞争力的内涵方面，尚缺乏较为全面与精确的研究。

（一）高速铁路竞争力的定义

参照竞争力的定义，高速铁路竞争力的定义如下：

高速铁路竞争力是指高速铁路运输企业发挥高速铁路的技术经济优势，提供满足特定市场需求的运输产品，所形成的一种能够确保高速铁路相对于其他运输方式获得可持续的市场份额的能力，是铁路运输业与其他运输产业在综合运输体系内协调发展的基础与保障。

对这个定义做如下几点说明。

1. 高速铁路竞争力的主体是高速铁路运输企业。在我国现行体制下，高速铁路建设与运营普遍采用成立合资铁路公司的形式。合资铁路公司实行项目法人责任制，按照《中华人民共和国公司法》等有关法律、法规组建有限责任公司和股份有限公司。国铁集团作为合资铁路公司的控股股东，一般委托铁路线路所在地的铁路局集团公司为出资人代表，作为公司的主发起人，承担主发起人和控股股东应承担的责任与义务。高速铁路线路通过地的省级人民政府委托省级建设投资公司作为股东代表，一般负责合资铁路建设的征地拆迁，并承担相关费用，及作为合资铁路公司的资本金。其他企业、事业单位也可以根据不同情况成为合资铁路公司的股东。在运输市场中，高速铁路运输企业与民用航空运输企业、公路运输企业等是对等的经济主体。从这个角度看，高速铁路与其他运输方式的竞争，是各种运输方式之间的企业竞争。

2. 高速铁路竞争力的来源是高速铁路运输企业提供的运输产品，相对于其他运输方式，在特定运输市场中所具有的技术经济优势。一般而言，消费者对交通运输需求可以归纳为经济、安全、便利、舒适等方面，不同消费者的需求重点不尽相同，由此可以形成不同类型的运输市场。高速铁路并不能满足所有的运输市场需求，只能依据其自身的技术经济特点，满足相应的运输需求。因此，选择与高速铁路技术经济特点相适应的目标市场，是高速铁路发挥竞争优势，并与其他运输方式分工协作的关键。

3. 高速铁路竞争力的表现是在特定运输市场中的“可持续的市场份额”，这可以作为评价高速铁路在特定运输市场中是否具有竞争力的标准。“可持续”强调的是高速铁路在内部、外部各种因素的作用下，能够将市场份额稳定在一个较为合适的水平之上。

4. 高速铁路竞争力是“铁路运输业与其他运输产业在综合运输体系内协调发展的基础与保障”。在产业层面而言，公路、铁路、航空等运输方式共同组成综合运输体系，各种运输方式既相互竞争，又分工协作、有机结合。高速铁路作为一种新型的铁路运输产品，将对铁路运输业在综合运输体系中所具有的地位与发挥的作用产生影响，将成为铁路运输业与其他运输产业协调发展的推动力。

（二）高速铁路竞争力的分类

基于不同的角度，可以对高速铁路竞争力进行分类，有利于从各方面探讨高速铁路的竞争优势，以及提出提升竞争力的途径。

1. 从运输产品的角度分类

所谓产品，传统的解释是指具有特定形态和一定用途的物品。例如，衣服、手表、汽车、电脑、手机等都是产品。但是，这种理解是狭义的，因而是不完整的。现代市场营销学对产品的理解是一种广义的概念，它是指能提供给市场，以吸引人们注意、获取、使用或消费，从而满足人们某种需要或欲望的物品，包括产品实体、无形服务、地点、组织及意识等。对于运输产品而言，不仅仅是指旅客和货物的空间位移，而是包括三个部分，即核心产品、形式产品和扩大产品。

运输核心产品是满足旅客和货物空间位移需求，是运输产品最基本的功能所在。运输形式产品是旅客和货主能够直观感受到的外在服务，例如，运输企业的品牌和标识，车站或港口、机场的设施与环境，客货运输载体的技术性能、外观以及运输服务人员的精神风貌等。运输附加产品是指运输产品购买者附加得到的便利服务（如售票、订票、货物托运和交付等）。

根据运输产品的构成，可以将高速铁路竞争力分为三类。

(1)核心产品竞争力，表现为高速铁路运输企业在核心产品方面相对于其他运输企业所具有的竞争优势。基本竞争力取决于高速铁路的技术经济特性，在不同的运输市场中，高速铁路的基本竞争力并不相同。

(2)形式产品竞争力,表现为高速铁路运输企业在形式产品方面相对于其他运输企业所具有的竞争优势。形式产品的服务质量高低,取决于高速铁路运输企业对运输市场的重视程度与服务程度,对消费者的出行选择决策有很重要的影响。

(3)附加产品竞争力,表现为高速铁路运输企业在扩大产品方面相对于其他运输企业所具有的竞争优势。离开运输企业的便利服务,消费者将无法使用核心产品。为增加运输服务的价值或为使运输企业的运输产品与其竞争者的运输产品区分开来而提供的服务称为运输企业的辅助服务。显然,辅助服务是被运输企业作为差异化战略而使用的,而便利服务是为实现核心产品消费所不可缺少的运输服务环节,因而往往是义务性的。有偿的辅助服务并不是不可缺少的,然而若没有辅助服务将会使运输产品缺乏吸引力和竞争力。

2. 从运输市场的角度分类

运输市场是在一定时空条件下对运输产品需求(现实需求和潜在需求)的总和。商品的需求总和是消费群在一定时间和空间条件下表现出来的需求总量,所以市场是由具有现实需求和潜在需求的消费者所组成。运输企业只有了解本企业产品的需求状况,才能把握市场,使营销管理工作具有针对性。

按照旅客和货主对运输产品的需要、欲望、购买行为、购买习惯的差异性,运输企业通过市场细分化过程,可以将运输市场划分为若干个细分市场,如按照旅行距离、旅行目的、旅客年龄、旅客职业等,可将运输市场进行细分。因此,高速铁路竞争力也可以划分为不同运输市场的竞争力。

研究高速铁路在不同运输市场的竞争力,有利于科学选择高速铁路的目标市场,制定相应的营销手段,确保高速铁路企业获得持续的竞争优势和盈利水平。

3. 从空间网络的角度分类

运输业的运营具有网络性和空间度性,一些运输企业在较小的范围内从事经营,另一些企业则在较大范围内(有些跨地区,有些是国际间的)从事经营。依空间网络特点,可以将高速铁路竞争力分为区域竞争力和通道竞争力两种类型。

(1)区域竞争力,是高速铁路在特定空间区域的整体竞争优势。我国运输市场可划分为东部、中部和西部三大部分,地区不平衡是我国运输业的一个重要特征。探讨不同高速铁路在不同区域的竞争力,有利于高速铁路运输企业合理配置企业资源。

(2)通道竞争力,是高速铁路在特定运输通道的竞争优势。运输通道是指由起讫点相同、具有强大客流且中途主要经由点大体相同的诸多路径所组成的交通运输带(或交通走廊),通常由多种运输方式的各路径构成。研究通道竞争力,能够更直接地反映出高速铁路的竞争力水平。

二、高速铁路竞争力的表现形式

根据高速铁路竞争力的定义,高速铁路竞争力的高低,最终表现为铁路运输产品在运输市场上的所占份额的高低。

（一）理论市场份额

设某个运输市场 Ω 在一定时间内的旅客运输需求总规模为 N_0 ①，有 i 种运输方式可供旅客出行选择。根据经济学理论，可以认为旅客选择运输方式时，需要对各种运输方式可以获得的效用进行综合排序，根据排序结果做出理性决策。设选择高速铁路作为第一位的需求规模为 N_1（称为高速铁路理论需求规模），则高速铁路的理论市场份额 r_1 为：

$$r_1 = \frac{N_1}{N_0} \tag{4-2}$$

式(4-2)表明，高速铁路在运输市场中所占份额的高低，取决于旅客在其个人偏好基础上对各种运输方式效用的排序，反映了特定运输市场中旅客对于高速铁路的满意程度。

（二）实际市场份额

在实际应用中，高速铁路的理论需求规模 N_1 难以准确确定，可以以特定运输市场中选择高速铁路出行的现实运输量 $\widetilde{N}_1$（称为实际需求规模）来代替，则高速铁路在该运输市场的实际市场份额 $\widetilde{r}_1$ 为：

$$\widetilde{r}_1 = \frac{\widetilde{N}_1}{N_0} \tag{4-3}$$

式(4-3)表明了特定运输市场中旅客对于高速铁路的接受程度，是高速铁路在特定运输市场中所占份额的现实结果，可以作为客流量预测、进行交通规划决策的重要依据。

式(4-2)与式(4-3)的差别在于：在实际的运输方式选择决策中，存在尽管将高速铁路的效用排在首位，但是仍选择其他运输方式的 N_1^{output}，与尽管将其他运输方式的效用排在首位，但是仍选择高速铁路出行的 N_1^{input}，记 $\Delta N_1 = N_1^{\text{input}} - N_1^{\text{output}}$，称为高速铁路净移入需求规模。则可以将式(4-3)改写为：

$$\widetilde{r}_1 = \frac{N_1 + \Delta N_1}{N_0} \tag{4-4}$$

从式(4-4)可以看出，高速铁路在特定运输市场的实际市场份额高低，取决于以下三方面因素。

1. 旅客运输需求总规模 N_0。一定时期内，特定运输市场的需求总规模取决于社会经济发展水平，如经济规模、资源禀赋、产业结构、人口密度、基础设施状况等等。其中，高速铁路作为综合运输体系中重要的交通基础设施，其建设状况、运营状况，会对 N_0 产生影响。

2. 高速铁路理论需求规模 N_1。一定时期内，特定运输市场中的旅客，选择高速铁路出行的意愿，受几方面因素影响：旅客个人偏好，取决于旅客对各种运输方式在经济、安全、便利、舒适等方面效用的重要性偏好；高速铁路与其他运输方式的技术经济性能比较，这是旅客为各种运输方式效用排序的客观基础；运输企业为吸引旅客在定价、服务、促销等方面做出的营销策略，反映运输企业在提升竞争力上的主观努力。其中，运价起着至关重要的作用，高速铁路与其他运输方式之间形成的比价关系是影响旅客出行决策的关键因素。

---

① 根据实际需要，N_0的单位可以是人数或人次，下同。

3. 高速铁路净移入需求规模 ΔN_1。一定时期内，特定运输市场中不同运输方式之间的相互转移关系，是运输产品相对短缺的反映。若 $\Delta N_1 < 0$，表明高速铁路运输能力不能满足旅客需求，旅客只能选择其他运输方式；若 $\Delta N_1 > 0$，则表明其他运输方式能力相对不足，旅客只能选择高速铁路出行，尽管此时高速铁路的实际市场份额增加了，但是旅客的满意度并没有最大，因此是不可持续的，特别是当 $\Delta N_1 \gg 0$，即表明出现了较为严重的“被高铁”现象。

因此，从式(4-4)中可以反映出在综合运输体系中，高速铁路的地位与作用：扩大旅客运输需求总规模，使之符合社会经济发展的需要，这是高速铁路建设与运营的外部经济性所做；提高高速铁路理论需求规模，是高速铁路与其他运输关系竞争关系的体现；降低高速铁路净移入需求规模，是高速铁路与其他运输方式互补性的体现。

三、提升高速铁路竞争力的策略

(一)科学建设与完善高速铁路网络

1. 高速铁路网络建设的原则

(1)坚持聚精会神地推进铁路加快发展。把加快铁路发展作为第一要务，充分利用好黄金机遇期，有序优质高效地完成好铁路建设的艰巨任务，进一步推进铁路技术装备现代化，持续快速提升铁路运输生产力。

(2)坚持转变运输经营方式。努力实现在“好”的基础上加快发展，提高铁路发展质量。更加注重安全发展、集约发展、和谐发展。把确保人民群众生命财产安全摆在第一位，推进新形势下的安全基础建设，深入解决安全生产中的新情况、新问题，确保运输安全持续稳定；在转变生产经营方式上取得实质性进展，大力开拓运输市场，全面强化经营管理，最大限度增收节支，创造最佳的经济效益：适应发展低碳经济的要求，加大节能环保工作力度，充分展示铁路在节约资源、有利环保方面的巨大优势。

(3)坚持与时俱进、改革创新。把深化改革作为实现铁路又好又快发展的强大动力，坚持解放思想、实事求是、与时俱进，以改革的精神，破除一切不适应铁路现代化建设的思想观念和体制机制障碍。促进干部职工思想观念更新，强化改革意识、创新意识，破除思想束缚；深入推进铁路体制机制创新，建设适应新形势要求的管理方式、生产组织和劳动组织；努力站在世界铁路技术发展的前沿，不断提高技术创新能力。

(4)坚持“高标准、讲科学、不懈怠”。把这种精神和作风全面体现在铁路建设、技术创新、安全生产、运输经营、党的建设和思想政治工作等各个方面。坚持各项工作的高标准、高起点，勇创一流成果；坚持以科学的态度、科学的方法，破解改革发展中的难题。

2. 精心组织高速铁路建设

进一步加强组织领导，按照质量、安全、工期、投资效益、环境保护、技术创新“六位一体”和建设绿色铁路的要求，高标准、高效率、高质量地组织好工程建设。

(1)加大项目前期工作力度。进一步完善项目前期工作机制，加强与国家有关部门的沟通协调，充分发挥地方政府的优势，加快项目审批进度。统筹安排勘测设计力量，认真做好重大技术方案比选、初步设计及施工图审查、施工组织方案编制等工作，提高勘测设计质量和效率。

(2)加快推进在建重点工程建设。以高速铁路和区际干线为重点，科学组织施工，全面控制关键节点工期，统筹安排客站和枢纽建设，实现点线配套推进，优质高效地完成投资计划。

(3)大力提升建设管理水平。实施大规模铁路建设，必须依靠科学、规范的管理制度和机制。深入推进铁路建设标准化管理，完善工程建设技术标准、管理标准和作业标准，强化检查考核，促进规范化管理。

3. 提升技术创新能力

紧密围绕高速铁路建设运营和技术装备现代化，深化关键技术创新，扩大技术创新成果，完善铁路技术创新体系，搞好技术成果的运用。

(1)深化高速铁路技术创新。充分利用京津城际铁路、武广高速铁路等技术创新成果，对在建重点工程技术进行深化完善，全面掌握长大桥梁及特殊桥梁的关键技术，完善无砟轨道和高速道岔设计、制造、施工技术，进一步提升高速铁路建造水平。

(2)深化机车车辆技术创新。利用动车组技术的现有平台，加快新一代高速动车组研发，在高速轮轨关系、弓网关系、空气动力学性能、牵引制动等方面推进技术创新。进一步完善和谐型大功率机车技术，提高设计与制造水平。

(3)加快铁路信息化步伐。以运输组织、客货营销和经营管理三大领域为重点，推进信息化主要项目建设。加快客运专线运营调度、客运服务系统和动车组检修基地、基础设施维修基地信息化建设，优化列车调度指挥系统(TDCS)和调度集中系统(CTC)应用功能，完成运输调度管理系统(TDMS)升级改造。推进站车客运信息无线交互系统建设。搞好财务会计管理、建设项目管理、电子政务等信息系统建设。优化铁路信息资源配置，推进硬件、信息、网络和公用基础信息共享。完善铁路信息系统运行维护机制，促进运行维护标准化、规范化。

(4)健全铁路技术标准体系。对高速铁路建设和运营管理经验进行系统总结，完善高速铁路工程建设、动车组制造、设备养护维修、运输组织指挥、旅客服务等技术和管理标准，开展铁路主要技术政策和技规的修订工作，形成具有我国铁路特色的高速铁路技术标准体系。

(二)充分培育高速铁路运输市场

1. 实行灵活的高速铁路定价策略

我国高速铁路票价体系必须要坚持路网完整性和调度集中统一指挥的原则，功能上能够完成各种政策允许的价格调整，实现对不同消费者的不同营销策略。

(1)建立符合市场经济体制的运价多元化体制

实行政府指导“基准价”，允许客运专线公司在基准价基础上有一定的浮动范围。由国家发展和改革委员会与国铁集团依据我国实际物价水平和铁路运输的平均成本制定其基本票价和浮动范围，然后由铁路客运专线企业根据市场状况，在合理范围内自由确定其市场售价。

(2)根据各条客运专线战略定

结合区位、运营成本、区域经济发展水平情况，基于统一标准的运价率，在不同地区、不同时段，采用不同的票价折扣幅度并根据市场变化适时进行调整。结合对旅客的细分推出票价的优惠措施快速及时地更新产品，提高票价透明度，让旅客可以根据自身情况有选择的安排出行。

(3)借鉴航空公司票价体系应用

收益管理的经验，以差别等级票价为竞争核心，控制动车组的合理上座率，完善订、退、换票等票务服务。进行客运专线旅客需求市场调查，根据客流性质、市场供求情况和竞争环境，为旅客提供更多种类的服务产品，扩展服务范围，刺激旅客需求。

2. 优化高速铁路运输产品组合

产品组合是指企业生产经营的全部产品的结构以及它们的有机结合方式。对于运输产品而言，不同类型的运输产品及其构成即为运输产品组合。

(1)产品线延伸策略

改变原有产品组合内容，具体可分为向上延伸、向下延伸和双向延伸。向上延伸是指在原有产品线中增加一些高档次产品。例如，铁路在一些线路上增加的优质优价(含空调)列车，在舒适度上满足了人们的要求；向下延伸是指在原有产品中增加低档价廉的产品。我国目前多数人的消费水平还比较低，调查中发现，相当多的人偏好于低价低档列车。据此，在一些线路上，根据情况可增加部分普速列车；双向延伸是指企业既增加高档高价产品，同时也增加低档低价产品，以满足市场的不同需求。这种策略可使企业产品的覆盖面更大。

(2)扩大产品组合策略

在运输需求增大而呈现多样化趋势时，可考虑采用这一策略。这一策略的内容是扩大现有产品的项目数，以满足市场上新的需求。例如，铁路运输根据需求开行民工专列、球迷专列、旅游专列等，正是对原有产品组合的扩大。

(3)缩减产品组合策略

当运输需求呈现萎缩或某种类型的运输需求下降时，可考虑减少产品组合。例如，铁路“五定班列”在开行一段时间后，由于各种原因，其需求有所减少，可相应减少这种列车的开行。

3. 打造高速铁路运输品牌

品牌是产品整体概念的重要组成部分，通常情况下，品牌与有形产品紧密相连。品牌是生产经营者给自己的产品规定的商业名称和标志，是用来识别产品卖主的某一名词、符号、设计，或者是它们的组合，从而使不同企业产品能够相互区别开来。不同运输方式、不同运输企业的品牌起到能够展示服务、质量和价值的作用，因为它们在这些方面具有不同的特点，所以企业必须想办法提高企业形象和品牌形象。品牌是一种特殊工具，它对于企业来说至关重要。强有力的企业品牌有助于顾客认识、理解和信任企业，减少他们购买活动中的顾虑。

目前，我国运输业中不同运输方式和运输企业一般都没有自己像有形产品那样注册的品牌。然而，每一种运输方式或运输企业却都有其自己的名称，这就是服务品牌或运输品牌的核心所在。对于第三产业(包括运输业)来说，企业(公司)名称就是现有品牌的核心要素。消费者首先是对企业(公司)名称来辨别服务产品的。

对于运输业来说，品牌不仅是一个完整的概念，也不仅仅是一个单纯的名称。品牌的总体效果决定于一定的词语、标记、广告标识语，以及通过品牌媒介对这些要素的应用。所有这些因素塑造了一个完整的形象，这对于无形性、难于表达和展示的运输业来说，是一个强有力的弥补。

不同运输方式和运输企业在树立品牌的过程中，很重要的一点是注重展示品牌的可见性要素，包括企业及相关设施的名称、标识、颜色、服务、设备等。运输企业留给顾客的印象越深，这个企业及产品的品牌地位就越强。在运输消费者心目中，西南航空公司和西北航空公司可能是两个完全不同的概念。在铁路运输中，“红旗”列车与其他普速列车具有完全不同的意义，它表示列车的卫生更好、服务更好。铁路最近几年特别重视“精品列车”的推出，这实际上是品牌化过程。

不同品牌的运输产品在市场上的力量和价值是不相同的。强势品牌一般来说具有较高的品牌资产。对于运输产品来说，品牌资产越高，品牌忠诚度、认识度就越好。

（三）促进高速铁路与其他运输方式协调发展

1. 强化合作竞争意识

市场经济中既有竞争，也有合作，企业间的合作竞争，联合经营和生产要素跨行业、跨部门、跨地域、跨国配置已成为现代运输业发展的大趋势。铁路运输企业应积极实施“共赢”战略，采取与其他运输企业合作竞争的做法，参与国内、国际市场的竞争。1998 年 5 月，德国铁路公司在法兰克福机场旁修建铁路车站，每天接发 83 列 ICE（高速列车）和 EC（城际特快列车），成为集散民航旅客的重要交通工具，与民航实现了“共赢”。德国铁路公司构筑的由铁路、公交、地铁、轻轨和出租汽车所组成的强大的地区整合交通运输网络，充分展现了铁路在交通运输中的优势，又成功地与其他运输方式和企业合作竞争，实现了可观的经济效益。

2. 构建运输联盟

与公路和航空运输比较，铁路具有中长距离运输优势和局部区段优势，要多开行最大限度发挥铁路优势的客车和货车，发挥好比较优势。运用“共赢”策略，寻求共同合作，发展铁路沿线经济带作用，依托铁路运输优势，吸引地方企业参与，大力发展路地合作的现代物流业，形成路地经济共同体。采取资本联合、资产重组的方式，组建合资铁路运输集团，构建运输“航母”，主动参与国际竞争。

在上述定价、产品组合和运输品牌等竞争策略中，提高高铁运输服务质量尤其重要，因此，下一节对高铁运输服务质量进行评价指标及方法进行专门论述。

第五节　高铁运输服务质量

一、提升高铁运输服务质量的意义

（一）交通强国、铁路先行，全面提升铁路旅客运输服务质量

质量发展是兴国之道、强国之策。质量反映一个国家的综合实力，是企业和产业核心竞争力的体现，也是国家文明程度的体现。国务院颁布的《质量发展纲要（2011—2020 年）》明确指出，到 2020 年，全面实现服务质量的标准化、规范化和品牌化，服务业质

量水平显著提升，建成一批国家级综合服务业标准化试点，骨干服务企业和重点服务项目的服务质量达到或接近国际先进水平，服务业品牌价值和效益大幅提升，推动实现服务业大发展。

作为重要生活性服务领域，铁路旅客运输服务质量不仅成为铁路运输业的生存与发展基础，还成为铁路运输业在全国旅客运输市场竞争的依据。因而，只有全面提高铁路旅客运输服务质量，创造铁路旅客运输服务品牌价值，才能使铁路运输业在竞争日益加剧的国内旅客运输市场上保持有利地位，才能参与国际高端旅客运输市场竞争。

（二）系统研究、体系构建，为铁路客运可持续发展奠定基础

开展铁路旅客运输服务质量监测与评价工作，重民生、重民意、重民情，可以有效提升铁路旅客运输服务的透明度，不仅体现了质量管理中"顾客满意"的终极质量标准，也体现了监管部门的服务理念。

社会主义市场经济是法治经济，铁路旅客运输服务质量的评价，需依法依规开展，做到有法可依、有法必依。因此，构建铁路旅客运输服务质量评价理论体系并开展铁路旅客运输服务质量监测评价工作，可以促进铁路旅客运输业可持续发展，紧紧围绕"运力充足、安全正点、方便快捷、设备良好、环境舒适、饮食卫生、服务文明"的目标，满足广大旅客对铁路的服务方式、服务态度、设备设施、环境卫生以及出行的便捷度、舒适度等方面的更高要求。

（三）明确定位、理论创新，为新型铁路监管部门建设提供依据

铁路旅客运输服务质量是公共服务质量的重要组成部分。构建铁路旅客运输服务质量评价理论体系，是提高铁路旅客运输服务质量的有效手段，不仅关系民生幸福、关系公平正义，还为新型铁路监管部门建设提供依据。

亚太质量组织理事长查尔斯·奥布瑞表示："这是一项开创性的工作。这是一个很重要的标志，对市场引起重视，关注公民感受。把上级领导看成是主要负责对象，而不是基本的国民或者是基层单位的情况必须要改变。这是一个跨越式发展，对于提高政府的效率、公众的满意、社会的和谐等方面都会发挥很大作用。"

开展铁路旅客运输服务质量监测与评价，加强事中事后监管，准确掌握第一手翔实的数据，通过数据统计分析，判断发展趋势、查找薄弱环节，有利于引导政府监管部门精准发力，制定切实提升铁路旅客运输服务质量的规范政策。

二、高铁运输服务质量的界定

（一）服务与服务质量

1. 服务

对于服务消费而言，服务提供的不确定性使得工业经济时代所追求的"零缺陷"理念在服务消费领域并不适用，故如何对"服务"进行把握，对服务质量进行评价与改进是非常重要的课题。对"服务"这一概念的认识，学者们大致可分为四个角度进行研究。

最早"服务"是由英国古典政治经济学创始人威廉·裴迪于 17 世纪中期引入经济理论中。最初的学者们对"服务"的研究重点主要是在服务是否有价值、是否属于生产性活动的问题上。目前，较为统一的认识是认为服务是兼具使用价值与交换价值的非生产性活动。

接着许多学者开始从统计分类角度讨论服务，这方面学者们的意见大体一致。费雪和克拉克分别于1939年和1940年在他们的经济增长模型中提出了“第三产业”的概念，即凡不认为是农业和工业制造部门的产出，都属于服务部门的产出。这种定义由于其可操作性强而影响深远，第三产业也成了如今对服务业进行归类的主要原则，长期以来，服务业和第三产业在我国几乎是同义语。

有一些学者从现象描述角度进行服务的定义，探讨服务与顾客的关系，如服务者与消费者之间的委托—代理关系等；探讨物质产品与服务之间的关系，如纯商品到纯服务的四种形态等；探讨服务过程，如服务过程是使用权的让渡等。

许多学者从营销学角度研究服务概念，这方面学者们偏向于强调服务的特性来描述服务这一抽象概念，如无形性和不可感知性、生产和消费的同时性、所有权的不可转移性、不可运输性、差异性和服务质量不确定性等。但由于存在信息不完全，不同学者的主客观局限性会影响其对服务特征判断的准确性，也存在以偏概全的问题，而且以往学者往往过于强调服务的无形性而忽略了服务也存在有形性。

2. 服务质量

ISO组织在《ISO 9000:2015 质量管理体系　基础和术语》标准中明确了质量特性的定义：质量特性是产品、过程或体系与要求有关的固有特性。

服务质量的概念是从有形产品的质量概念引进而来，传统上，人们对有形产品的质量的认识大致有4种：无瑕疵；符合某种规范或标准；对顾客需求的满足程度；内部失败（指产品离开工厂之前）与外部失败（指产品在市场中的表现）的发生率。但是由于服务的抽象性、差异性和不可分离性等特性使服务质量的概念和有形产品的质量概念在内涵上有很大的不同。

关于服务质量的定义，既有成果中的各种观点归纳如下四种：

观点一：服务质量是顾客在接受服务之前的服务预期与服务传递系统实际运作之间的比较，即期望服务与实际服务的比较，感知服务是否满意的结果。

观点二：服务质量表现为提供卓越的顾客服务和质量水平。定义中，卓越的顾客服务和质量水平是指既要满足顾客预期，包括外部服务标准和成本，又要符合服务传递系统的运作要求，满足内部服务标准成本和收入指标。

观点三：1985年Zeithaml、Parasuraman和Beri建立了服务质量模型。根据服务组织可能存在的缺陷以及由此可能导致顾客产生的期望服务和感知服务之间的差距，提出了感知服务质量的概念，构建了服务质量差距模型。通过对产生差距的分析和缩短差距措施的研究，形成了比较全面的服务质量概念模型。

观点四：服务质量不仅包括功能质量与技术质量，服务性企业应尽力提高技术质量、感情质量、关系质量、环境质量和沟通质量。技术质量定义为服务结果的质量；感情质量指为顾客着想，关心顾客，以热情友好的服务态度殷勤礼貌的服务行为为顾客提供充满爱心的服务；关系质量指顾客对服务企业和服务员工的信任感和顾客对买卖双方的满意程度；沟通质量指服务人员是否了解顾客的需要和要求。

其中较为流行的是以下几位学者的认识。

Gronroos(1982)提出消费者“所感知的服务质量”概念认为服务质量是一个主观范

畴，它取决于顾客对服务质量的期望（即期望服务质量）同其实际感知的服务水平（即体验的服务质量）的对比。他把服务质量分为“技术质量”和“功能质量”两类，前者是指服务过程的产出，即顾客通过服务所得到的东西，而后者是指顾客如何得到这种服务的，同时也指出了一些影响服务质量形成的营销因素。

顾客感知服务质量模型如图 4-15 所示。

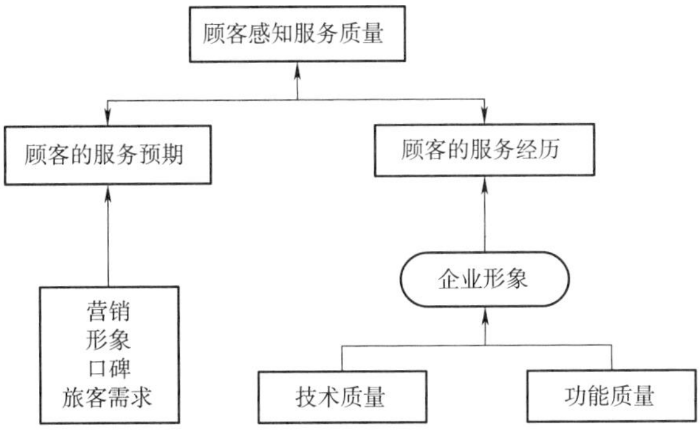

图 4-15　顾客感知服务质量模型

同期，Lehtinen（1982）把质量分为实体质量、相互作用质量和公司质量。实体质量包括产品本身和整个服务过程中的实体支持，相互作用是指消费者与公司职员的接触过程，而公司质量是指公司形象质量。Lewis 和 Booms（1983）则把服务质量定义为“一种衡量企业服务水平能否满足顾客期望程度的工具”。

在北欧学派开创性研究之后，美国营销领域的学者也开始了对服务质量问题的探索。众多成果中首推美国营销科学院资助的服务质量研究项目，由 PBZ（Parasuraman，Leonard L Berry，Valarie A Zeitham）三人组合完成的系列研究成果。他们于 1985 年提出了差距模型，发展和完善了 Gronroos 的顾客感知服务质量，认为服务质量就是顾客期望和顾客体验的差距，而该差距是其他四个差距综合而成。

服务质量差距模型如图 4-16 所示。

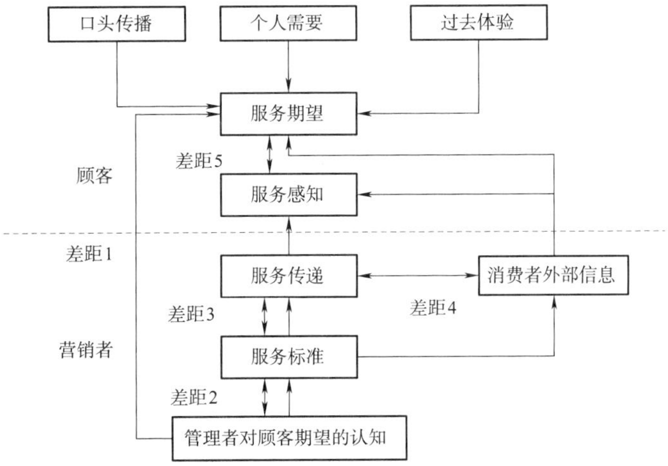

图 4-16　服务质量差距模型

（二）铁路客运服务质量

十一届三中全会以来，国民经济开始了新的发展时期。1982 年指出“铁路运输已成为制约国民经济发展的一个重要原因，运输能力同运输量增长的需要很不适应。为了改变这种局面，铁路必须进行一系列的重点建设，加快发展速度，提高运力”。根据这个精神，铁路把基本建设的重点放在加强既有铁路的技术改造上，并适当地安排一些必要的新线建设，提出“北战大秦、南攻衡广、中取华东”的战略。但当时铁路客货混线，且主要发展货运而非客运。在实际运输中各类旅客列车的利用率极不均衡，跨两局以上的特、直快列车能力十分紧张，一票难求导致票贩子猖獗，而且旅客的直达程度低，旅途速度水平与国外差距很大，车站结构布局设计落后等。在此背景下，2003 年开始实施的国家标准里关于铁路旅客运输服务质量表述为“铁路旅客运输服务满足旅客、货主明确或隐含需要能力特性的总和”，目的就是要提高运力，满足旅客出行的需求。

1997—2007 年，铁路进行了六次大提速，以市场需求为导向对列车运行图不断优化调整，提高干线行车密度以满足运输市场需求。同时，铁路调整旅客列车结构，推出夕发朝至旅客列车新品牌，增加跨铁路局旅客列车比例，以满足不同旅客的多种需求。在经过几年的发展后，铁路的主要问题由运力需求瓶颈发展成运输服务工作不够到位，具体表现为服务意识不到位，火车站购票窗口排长队时却仍有窗口紧闭是常见景象；服务理念不适应，还停留在让旅客“走得了”的层面，对让旅客“走得好”认识不深刻；服务标准不落实，不能严格按照《铁路客运服务质量标准》找差距、找不足，存在安于现状的思想；服务设施不完善、部分车站的座椅、照明、厕所等服务设备陈旧老化、候车室闷热、旅客列车的卧具污损、超期服役等。除了铁路内部服务懈怠，还有外部民航等运输市场的持续旺盛带来强烈冲击。在此背景下，2011 年我国颁布的国家标准《铁路旅客运输服务质量　第 1 部分：车站》（GB/T 25341.1—2010）中，“铁路旅客运输服务质量”更改为“旅客运输服务工作完成的优劣程度”。2020 年修订后的《铁路旅客运输服务质量　第 1 部分：总则》（GB/T 25341.1—2019）中，继续沿用了“旅客运输服务工作完成的优劣程度”的表述（表 4-3）。

表 4-3　标准中“铁路旅客运输服务质量”的发展

发布日期/实施时间	定　义	背　景	出　处
2003 年 1 月 1 日/2003 年 1 月 1 日	铁路旅客运输服务满足旅客、货主明确或隐含需要能力特性的总和	我国的铁路技术、相关设施设备都在起步，主要目标是如何把旅客按需送到站，旅客对铁路也没有过多的要求，只要能按计划完成这段位移即可	中华人民共和国铁道行业标准，TB/T 2967.1—2002，铁路旅客运输服务质量标准　第一部分：车站
2010 年 11 月 10 日/2011 年 3 月 1 日	旅客运输服务工作完成的优劣程度	随着技术、经济的发展，民航等市场的持续旺盛带来的冲击，主要问题发展成运输服务工作不够到位	中华人民共和国国家标准，GB/T 25341.1—2010，铁路旅客运输服务质量标准　第 1 部分：车站
2019 年 12 月 10 日/2020 年 7 月 1 日	旅客运输服务工作完成的优劣程度	随着高速铁路的发展，铁路旅客运输服务质量的细节发生了新变化	中华人民共和国国家标准，GB/T 25341.1—2019，铁路旅客运输服务质量标准　第 1 部分：总则

另外，从表4-4中可以看出，在学者们对铁路旅客运输服务质量的认知中都将乘客的主观感知作为评价客运服务质量的关键指标，且学者们认为铁路旅客运输服务质量可以分为两类——旅客需求被满足的程度、旅客对服务质量的期望和实际体验之间的对比和差距，但这两类都始终认为铁路旅客运输服务质量只从旅客感受这一个维度进行评价。

表4-4　文献中“铁路客运服务质量”概念表述

作　者	定　义	出　处
杨介平	铁路客运服务质量是指：“服务能满足旅客明确和隐含的需要的特征和特性的总和。”是一种旅客的感知质量，它取决于旅客对服务质量的期望同实际体验到的服务质量水平的对比	《铁路运输生产质量标准化管理》
王海湘	铁路客运服务质量是铁路客运服务的效用及其对旅客需要的满足程度的综合表现，是一种由旅客感知的质量，即旅客出行的安全性、经济性、快速性、方便性、舒适性等方面达到的水平	《铁路客运服务质量评价体系的研究》
张建平	铁路客运服务质量是铁路客运服务的效用及其对旅客要求的满足程度的综合表现，是一种旅客的感知质量，它取决于旅客对服务质量的期望(即期望的服务质量)同实际体验到的服务质量水平的对比	《铁路客运服务质量管理理论研究》
贾俊芳	铁路客运服务质量是指铁路客运部门提供的服务满足旅客规定和潜在需要的程度。其中，规定需要是指在技术范围和服务范围中已经规定出的旅客需求，如列车发车时间、前方站名、到站时间等等。潜在需求是旅客难以用语言表达的需要以及某些特殊旅客的特殊需要，是旅客在接受客运服务时的一种实际需要	《高速铁路客运服务》
张　苗	铁路客运服务质量是铁路客运服务的效用及其对旅客要求的满足程度的综合表现，是一种旅客的感知质量，它取决于旅客对服务质量的期望与实际体验到的服务质量水平的对比	《基于综合运输体系的铁路旅客运输运营战略及服务质量研究》
黄　乐	高速铁路客运服务质量指高速铁路客运服务部门提供的服务满足旅客规定和潜在需求的程度	《基于顾客感知的高速铁路客运服务质量评价研究》

(三)高铁服务质量

从铁路旅客运输服务系统的角度看，一方面，在铁路旅客运输活动过程中，各环节、各种技术、设备等有具体定性或定量的质量标准描述，可以直接确定质量规格或操作规程；另一方面，铁路旅客运输是为客户提供时间、空间、形质效应的服务，需要根据客户的不同需求提供不同的服务。从铁路旅客运输服务需求的角度看，一方面是常规旅客运输服务需求，另一方面是个性化旅客运输服务需求。由于服务具有差异性，即不同种类的服务差异性较大，同一种类但主要客户群不同的服务间也存在差异，同一细分项目下的服务由于服务者或被服务者的不同，服务也存在微小差异。故铁路旅客运输服务质量应引入服务合规度，来衡量铁路运输提供方是否达标。

结合新时代背景特点、我国铁路旅客运输服务质量的国标和学者们的认识，本书对铁路旅客运输服务质量定义如下：铁路旅客运输服务质量是在铁路旅客运输服务过程中，对于旅客运输服务需求的满足程度与铁路运输提供方的服务合规度的综合表现。

其中，“铁路旅客运输服务过程”是指从旅客购票开始，经历进站与候车服务环节、车内服务环节，最后旅客出站运输服务过程结束。旅客购票环节包括自助购票、传统窗口购票和代售点购票多种购票方式及票务内容；进站与候车服务环节包括进站验票环节、进站安检环节、站内候车环节和站台候车环节；车内服务环节包括列车准备环节(清洁车厢、洗手间及厕所与整理床铺、行李架及茶桌)、验票上车环节、换票环节、补票环节、备/送餐环节、文娱环节(车内广播)与卫生环节;出站服务环节包括出站验票、交通信息指示和换乘。“旅客运输服务需求的满足程度”是一种旅客的感知质量,它取决于旅客对服务质量的期望与实际体验到的服务质量水平的对比,是旅客的常规需求与个性化需求的综合服务感知。铁路运输方的“服务合规度”中的“规”以国铁集团出台的《铁路旅客运输服务质量规范》为底线,铁路企业可以将“规”提高至企业规范,不同列车等级、座席级别以及车站等级相应的服务质量要求不同。服务的提供是实物形式与非实物形式结合,非实物形式是由实物作为载体得以呈现,故一般而言,铁路运输方的工作合规度包括铁路运输方的服务环节与相关支持的技术设施(含设备),如设备性能是否合规、技术操作是否合规、卫生间地面是否整洁无积水等,对应旅客的常规运输服务需求。“综合表现”是指铁路旅客运输服务质量是以结果为导向对旅客满意度与铁路运输提供方的服务合规度两者的综合评价。

铁路旅客运输服务质量概念模型如图 4-17 所示。

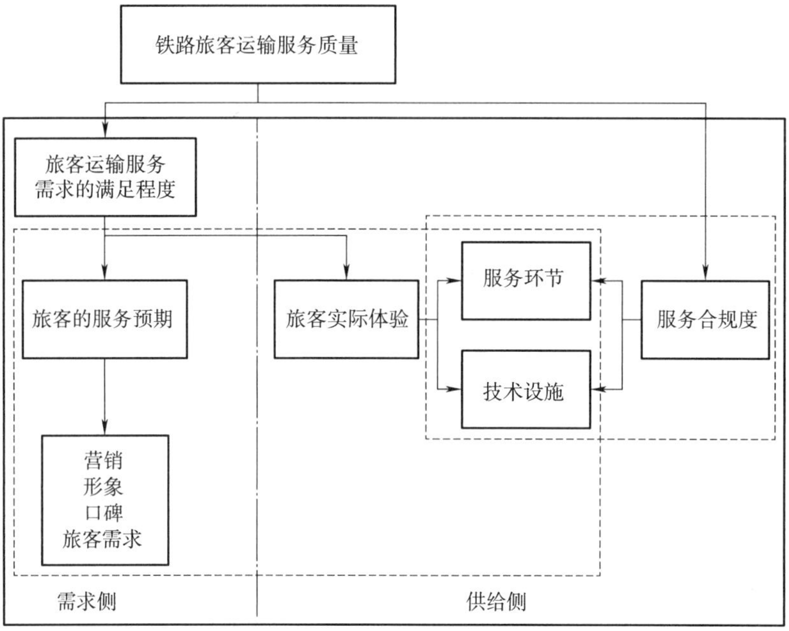

图 4-17 铁路旅客运输服务质量概念模型

旅客满意度与合规度相关,但满意未必合规,合规未必满意。因为满意是旅客主观感受,不同旅客的感受不同,所关心的服务细节也不同,而且对于完整的铁路运输工作旅客还存在一些盲区,故即使旅客满意也未必合规。但一般而言,满意是比合规的更高的要求,合规相当于是铁路企业是否合格,目前的铁路旅客运输服务应在满足常规旅客运输服务需求的基础上,结合各站或各列车的情况,因“客”制宜提供更高水平的服务。如果发现旅客满意度较低,应该先检查铁路运输提供方的服务是否合规,如果相关服务合规,就应该反思规范中的相关服务质量要求是否应该修改。

铁路旅客运输服务质量概念明确了运载工具是铁路,包括高速铁路、普速铁路、一等座、二等座、软卧、硬卧等表现形式,但是也应该注意到随着高速铁路技术的发展与技术精度的提高。未来,高速铁路对旅客的要求应该与普速有所差异,如旅客包裹的限重、限体积等，可以建议旅客将超限的包裹由中铁快运送往目的地。铁路旅客运输服务质量概念明确了对象是购买火车票即购买铁路旅客运输服务的旅客，不包括行李或包裹，这点与航空旅客运输国标中对旅客的定义相同。身高在1.2米以下的儿童可以在一名成年旅客的陪同下免票乘坐列车，故免票携带的儿童性质等同旅客包裹属于附属品，不是铁路旅客运输服务的对象，即不是铁路旅客运输服务的中心。同时，铁路旅客运输服务质量概念也明确了铁路旅客运输服务的本质是运输，即实现位移，在约定的时间（内）到达约定的地点。铁路旅客运输服务质量是主观性与客观性的统一、抽象性和具体性的统一、时间性与空间性统一、“内部质量”与“行业质量”的统一。

（1）主观与客观的统一

一般而言，质量的内涵包含“质”和“量”两个方面：质的方面主要表现为主体（对产品、过程或服务）的价值判断，是主体对事物的思考、感受和理解，是动态的、多元的和难以测定的；量的方面则更多表现为事物（作为产品、过程或服务）的客观特性，是帮助识别或区分不同类别和层次品质的一种属性，它独立于人的意愿存在并且可测量和可界定。旅客的主观满意度评价属于“质”的判断，无论是旅客需求被满足的程度还是旅客期望与实际体验的差距，都因人而异，缺乏一个衡量标准，难以客观准确地做出评判。概念中增加的合规度属于“量”的判断，这种“量”体现在铁路旅客运输方明文规定的服务过程中的要求和规则，这些明文规定具有一定的客观和可评判性。将旅客的主观满意度和客观合规度的要求相结合，才可全面公正地评价铁路旅客运输服务质量。

（2）抽象与具体的统一

人们日常生活中所指的铁路旅客运输服务质量实际上反映的是一种铁路旅客运输满足各方需要程度的总体印象，是一种“模糊”认识，或者说是一种对铁路旅客运输质量的抽象性认识。但铁路旅客运输质量在人们头脑中的这种抽象性在具体实践中可以简单逐层还原为铁路旅客运输质量的各个维度的某个具体的载体。这说明铁路旅客运输质量在具有抽象性的同时也蕴含着具体性。

（3）时间与空间的统一

不同时期，不同的社会发展阶段，个人、社会对铁路旅客运输的需求与期望是不一样的。作为这种需求与期望的反映，不同时期的铁路旅客运输实践所体现出来的铁路旅客运输就存在着差异性。同时，在同一历史时期内，全国不同地区的同一层次的铁路旅客运输质量由于国情民生、环境气候、社会习惯等也存在着差异，这反映了铁路旅客运输质量的空间性。

三、高铁运输服务质量评价体系

（一）体系定位

铁路作为我国交通行业的支柱产业之一，政府对其的监管和重视自然是不言而喻的。在原有政企不分的情况下，监管者和被监管者是同一方，当事故发生后，民众往往不知道应与政府抑或企业进行沟通以寻求解决办法。作为企业，针对不同情况应以何种标准来应对？作为政府，相应责任又要怎样进行追究？基于此，政府对于铁路部门的监管一直很难到位。铁路改革至今，已完成铁路与社会相关系统剥离（1998年）、主辅分离（2003年）、顶层企业化改制(2013 年),现进入公司制改革阶段。实行政企分离后,政府作为一个独立、客观的监管人监督铁路客运的营运情况,可以更好地发挥其监管职能。在今后相当长的一段时期内,铁路内部不可能实现完全自由的竞争,而只能是一种寡头竞争。因此,为了促进铁路市场的良性发展,必须对运营公司的市场准入和退出、运价、服务标准、公司并购等实行监管。政府作为监管方,应制定一系列的制度和法规、政策来约束和规范铁路客运运作。

铁路政企分开后,国家铁路局将全面履行对铁路行业的监管职责,对铁路安全、运输服务质量等进行监管。在铁路政企分开的背景下,国家铁路局作为政府机构,则需从政府的角度重新审视对铁路服务质量的监管工作。

从定义的角度出发,监管是指监督或监视管理,为保证事物正常运行,在一定距离内进行监督和控制。政府监管是政府运用公共权力,通过制定一定的规则,对个人和组织进行限制和调控。行政管理是运用国家权力对社会事务的一种管理活动。因此,政府监管具有一定的行政管理性质。

从职能的角度出发,将政府对于铁路客运的监管大致分为社会性监督和经济性监督。社会性监督从社会的角度出发,一方面政府要加强对铁路劳工和消费者安全、环境保护等方面的监督,加强铁路自身管理,保证人民生命财产的安全。这一点与行政管理中的监督、检查的职能契合,通过政府的实时监控和对铁路运营的分析,对其安全、环境污染等方面进行监控。经济性监督则从经济的角度出发:一是要进行市场准入监督管理,这是对自然垄断行业监管的一项基本内容;二是运价监督管理;三是质量监督管理;四是安全防范管理。而实现这四项管理的手段则需要制定相应的政策和标准,做出确定的计划和决策,对铁路的运营进行审查等。这些手段都与行政管理中的计划、组织等职能有相同之处。

(二)体系构成

1. 主体要素

监管主体:国家铁路局是由中华人民共和国交通运输部管理,属国务院部委管理的国家局,行政级别为副部级。国家铁路局的主要职责有起草铁路监督管理的法律法规、规章草案,参与研究铁路发展规划、政策和体制改革工作,组织拟订铁路技术标准并监督实施;负责拟订规范铁路运输和工程建设市场秩序政策措施并组织实施,监督铁路运输服务质量和铁路企业承担国家规定的公益性运输任务情况。

供给主体:国家铁路是指由中央政府主管部门经营和管理的铁路,是国民经济的大动脉,是国家重点发展的基础设施。国家铁路分段交由 18 个不同地区的铁路局集团有限公司建设维护和运营管理,现阶段已形成沟通南北、纵贯东西、布局合理、四通八达的现代化路网。

需求主体:旅客是指持有铁路有效乘车凭证的人和同行的免费乘车儿童,属于铁路旅客运输的现实服务对象。公众是指未持有铁路有效乘车凭证但对铁路完成其目标的能力有着实际或潜在利益关系和影响力的人,属于铁路旅客运输的潜在服务对象。

主体要素之间的相互关系,如图 4-18 所示。

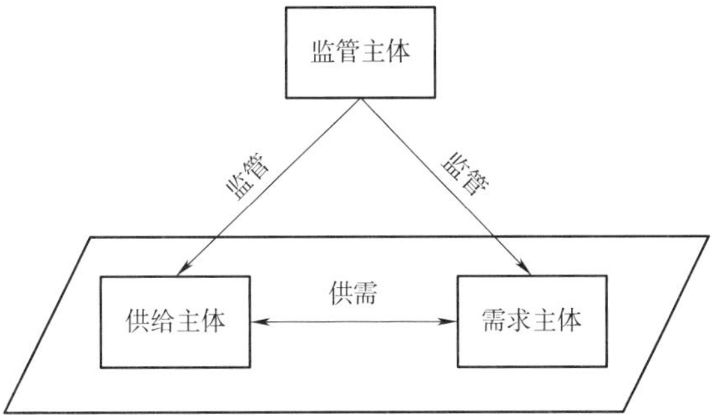

图 4-18　主体要素关系示意图

2. 服务要素

(1)核心服务

高铁运输服务质量评价体系服务要素中的核心服务是指旅客运输服务,与其相对应的是货物运输服务。在旅客运输服务过程中,还存在旅客随行的行李、包裹等货物运输服务,由于本部分以铁路旅客运输服务质量为主要对象,对旅客的行李、包裹等货物运输服务质量问题不予研究。

上述每一个层面还可进一步细分更多的小类,例如铁路旅客运输服务质量可以进一步细分为事中、事后等类型。

(2)辅助服务

高铁运输服务质量评价体系服务要素中的辅助服务是指盥洗、饮水、售票(含升舱、选座)、乘降和特殊人群服务等。例如对车站候车区域(或车内)的卫生间或盥洗设施是否满意;对车站候车区域(或车内)的饮水设施是否满意;对自助购票(或传统购票、代售点购票)的票务信息、支付方式、数量位置、购票流程、购票时间、购票秩序、卫生情况以及服务态度等是否满意;对列车时刻信息和停靠位置的清晰程度是否满意;对提供给旅客中的特殊人群在车站内的便利服务(例如 VIP 休息室、母婴室)是否满意。

(3)延伸服务

高铁运输服务质量评价体系服务要素中的延伸服务是指餐饮(含外卖)、购物、文化娱乐等。例如对车站候车区域(或车内)的餐饮设施数量以及餐饮种类等是否满意;对提供给旅客的乘坐高铁或动车时能够在途经外卖配送车站前通过网络进行外卖点餐的服务是否满意;对车站候车区域(或车内)的商品贩售种类、售货频率以及质量等是否满意;对车站候车区域(或车内)的文化娱乐设施(例如影音、网络连接)是否满意。

3. 空间要素

(1)固定空间

固定空间,是指专门办理客运业务的车站,主要由站舍、站前广场和站场三部分组成。车站担负着办理旅客问询、售票、中转签字、候车、乘降等旅行手续和行李、包裹的承运、保管、装卸、中转与交付的业务,并办理旅客列车的到达、出发、通过和旅客列车车底的取送等技术作业。

不同站种的旅客发送量有较大不同,从而导致不同车站的铁路旅客运输服务质量有较大差异，需要在评价分析过程中加以注意和区分。

（2）移动空间

移动空间，即铁路列车，是指直接运送旅客及为运送旅客服务的车辆，主要包括各类动车组、软卧车、硬卧车、软座车、硬座车、公务车、餐车、行李车、邮政车、代用客车和特种客车等。

（3）信息空间

信息空间，即 12306 网站以及社会信息服务网站，是铁路服务客户的重要窗口，将集成全路客货运输信息，为社会和铁路客户提供客货运输业务和公共信息查询服务。

随着信息技术的不断提升，有效地拓展了铁路旅客运输服务网络和旅客规模。通过互联网和移动设施实现火车票的退票模式，受到了广大旅客和公众的欢迎，迅速普及，已成为主流渠道。信息技术的应用水平，还很大程度上影响了铁路旅客运输服务质量水平，例如在使用订购票网站 12306 提供的车票信息查询、车票预订服务的情况下，订购票网站 12306 的运行安全，直接关系铁路旅客运输服务质量。

4. 环节要素

（1）购票服务环节

购票服务环节是第一个环节，可进一步细分为自助购票环节、传统购票环节、代售点购票环节和票务环节。

其中自助购票环节包含购票流程、票务信息、支付方式、操作流程和数量与位置；传统购票环节和代售点购票环节包含票务信息、服务态度、购票时间、购票秩序和卫生情况；票务环节包含车票类型和票面信息。

（2）进站与候车服务环节

进站与候车服务环节是第二个环节，可进一步细分为进站验票环节、进站安检环节、站内候车环节和站台候车环节。

其中进站验票环节包含等候时间和服务态度；进站安检环节包含安全信息、安检时间、服务态度和安检流程；站内候车环节包含列车和服务等信息、卫生间与盥洗设施、餐饮设施、商品贩售、休息设施、卫生情况、其他服务（饮水、文化娱乐、网络服务等）、手机信号、安全保障、服务态度和验票速度；站台候车环节包含时刻信息和停靠位置。

（3）车内服务环节

车内服务环节是第三个环节，可进一步细分为车内设施和车内服务。

其中车内设施包含行李存放、行车信息、安全保障、座椅空间、饮水设施、卫生间与盥洗设施、卫生情况、服务态度、售货频率和餐饮种类；车内服务包含行驶平稳、行驶安静、行驶准时、文化娱乐设施（如影音、网络连接）和期刊、杂志。

（4）出站服务环节

出站服务环节是第四个环节，包含验票速度、交通信息和换乘便捷。

通常情况，四大环节依次进行，并且上一个环节的铁路旅客运输服务质量对下一个环节的铁路旅客运输服务质量产生一定的影响，需要在质量监测、评价分析过程中加以注意。

四、高铁运输服务评价方法

(一)评价指标体系

铁路旅客服务质量指标服从三层二维结构(图 4-19):其核心是影响旅客运输服务质量显著的核心指标;其外围是与旅客服务相关,围绕核心指标扩散的辅助指标;最外层则是可随时间增加减少改变的扩展指标。并且铁路旅客服务质量指标分别具有两种属性,一是依赖于旅客并由其判定的是主观满意度指标,其指标收集主体为旅客;二是从日常旅客运输中,收集得到的客观合规度指标,其收集主体为日常运营数据及相关规范。

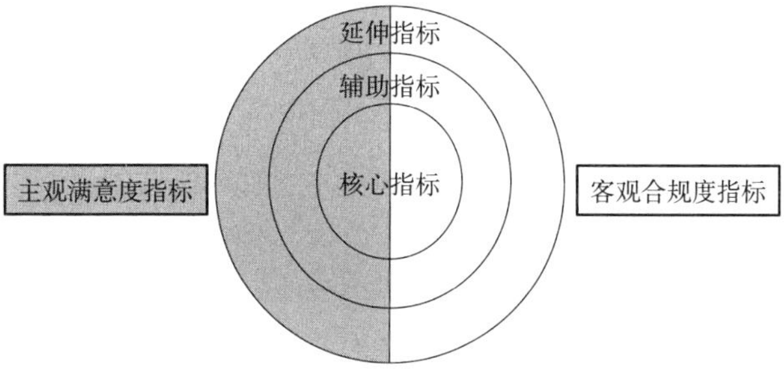

图 4-19 铁路旅客服务质量指标体系结构图

1. 核心指标

核心指标的意义在于突出铁路旅客运输服务质量的核心意义,其性质表明了铁路客运中必不可少的部分。主要核心指标分三大部分,见表 4-5。

表 4-5 核心指标

核心指标性质	核心指标内容	具体问卷内容
安全性	旅客人身安全 旅客信息安全 旅客财产安全	配备安全设施设备和预案 按要求进组检查等
准时性	列车开车准时 列车到站准时 中途停留准时	对旅客调查是否遇到晚点及其评价等
快捷性	列车快捷 进出站快捷	旅客对速度是否满意

(1)安全性

保证乘客的安全是所有客运服务的前提和基础,在缺乏此目标的情况下讨论别的指标类型是本末倒置。其主要内容有保证顾客的生命安全,保证顾客的信息安全,保证顾客的财产安全。

(2)准时性

在铁路运输中,缺乏准时性往往会造成顾客行程、事务的延误,并且由于客运服务是大规模性的旅客服务,往往部分的延误就会造成大规模和连锁性的旅客行程延误。因此,保证运输的准时性以减少顾客损失,提高顾客满意度往往意义重大。

(3)快捷性

在铁路运输的高铁时代,快捷性正体现了我国是一个交通强国,铁路大国。高铁的快捷性对于城际之间的交流发展,商务贸易的意义不言而喻,在过去花费数十个小时的旅程,现在由于高铁运输往往几个小时内就能达成,并实现了高铁经济拉动商务经济的快速运转。

2. 辅助指标

辅助指标的意义在于在保证核心指标完成的前提下,围绕核心指标提供一系列辅助服务。主要辅助指标分两大部分,见表 4-6。

表 4-6 辅助指标

核心指标性质	核心指标内容	具体问卷内容
舒适性	设施设备所提供的舒适性指标 旅客服务所提供的舒适性指标	座位是否合适满意,服务是否舒适
整洁性	车站整体、候车厅、列车及卫生间等整洁指标	车站厕所、候车厅卫生是否达标 旅客对厕所、候车厅卫生是否满意

(1)舒适性

舒适性在于为旅客提供舒适性服务、舒适性设施设备以及一系列其他能让顾客感受到舒适的服务。例如列车上配备干净整洁的座位,列车员提供优质舒适的人性化服务,车站提供问询处,提供休憩场所。

(2)整洁性

整洁性体现于车站公共场所和车辆设施设备的整体整洁表现,良好整洁卫生的环境能体现一个公共服务场所的运营状态和管理程度。包含的重点场所有候车大厅、进出站口、列车旅客座椅床铺,主要的难点在于车站及列车上的厕所等可维持性较差的地方。

3. 延伸指标

延伸指标的意义在于能补充核心指标和辅助指标未覆盖的服务,所包含的指标内容具有时代性,会伴随着时代的发展和铁路客运的进步增加删减或改变,属于扩张性和动态性指标。

(1)文明性

文明性主要体现在铁路客运中提供的服务和设施设备是否能反映当代的物质精神文明,能否体现我国的物质精神文明和文化强国的特点。具体内容有服务人员的精神面貌是否良好,行为习惯是否恰到得当。设施设备的安排和摆放是否人性化,是否考虑到小部分旅客人群诸如残障人士的需求。车站候车大厅及列车等是否配备文化宣传及精神文明宣传设备等。

(2)便利性

铁路运输在互联网时代的重大改变,体现在互联网所提供的高效便利上。旅客可以通过互联网及移动终端,高效便捷地购票取票送票,并且旅客可以轻松获取到自己想了解的旅途信息,票务及车站信息。通过开放互联网接口,铁路部门可以配合第三方企业利用互联网为旅客提供更多便利的扩展服务。

(3)经济性

铁路客运提供旅客服务的同时也带来了经济收益，在确保核心服务指标达标的基础上，对旅客提供合适、优质且性价比高的经济服务。目前，已经实现的服务类型有餐饮服务，高铁订餐服务，高铁外卖服务，地方特色特产提供服务以及例如代办旅行安排的指引服务等。经济性的原则在于能通过依靠铁路运输拉动消费，并且同时为旅客提供优质经济服务，从而提高旅客满意度，增强旅途体验。

延伸指标归纳见表4-7。

表4-7　延伸指标

核心指标性质	核心指标内容	具体问卷内容
文明性	服务人员面貌，设施设备人性化，精神物质文明等指标	是否具备文明宣传、旅客对服务人员精神面貌是否满意
便利性	买票送票服务，网上三方购票服务，信息便捷服务等	对所使用快捷性服务是否满意等
经济性	餐饮服务、周边服务等经济指标	对餐饮、周边产品是否满意

(二)数据采集方法

1. 问卷调查

旅客是客运服务的购买者，对车站服务质量具有评价权。分别针对铁路列车的准时性、安全性，铁路所提供的服务的经济性、便捷性、舒适性，旅客的移情性及文明性设计满意度评价指标，并通过指标的层层筛选设计出铁路旅客运输服务质量满意度调查问卷。在问卷中将指标各自分为“好”“较好”“一般”“较差”和“差”5个级别，并向旅客发放问卷，利用旅客登车后至客车离站前的时间段开展调查，旅客回答的调查结果作为评价车站服务质量的基础数据。其中，“好”“较好”“一般”“较差”“差”的分值分别为100、80、60、40、20，通过计算每一道题满意度的平均分值，以此说明旅客对该项服务的满意度如何。在问卷的开始让旅客填写车次、乘车区间等乘车信息，并在问卷最后让旅客填写年龄、出行目的、出行次数等个人信息，将这些个人信息以及乘车信息与服务质量满意度进行交叉分析，以此说明不同车次、不同年龄、不同出行目的的旅客对于铁路客运服务的不同需求。

问卷调查过程中，调查员需要与调查对象进行访谈，主要有实地访谈与电话访谈两种方式。

(1)实地访谈法在社会科学研究中是一种既老且新的方法，长期以来，一直为社会科学研究者所使用。但近年来，在方法论中受到注意并得到重新定义。在某种意义上说，无论何时我们观察或参与社会行动并试图去理解它，就是在做实地研究了。无论何时我们向其他人讲述自己所观察到的情况，就是在报告实地研究的结果。实际研究方法实质上是一种参与式的观察法，与其他形式自然观察有着明显的区别，它不仅仅是收集数据的活动，又常常是产生理论的活动。实地研究者是事先不形成待检验的假设就开始研究的，而常常是从正在进行的活动过程中发现有意义的事情，而这些事情是事先难以预知的，通过对认为是有意义的事情进行反复、深入的观察和实地调查后才能形成观点。运用实地访谈法，调研人员不但可以到各个车站、列车对乘客进行访谈，这种方法的好处是数据来源真实可靠，被调查人都是立即就要乘车的旅客。面对面的访谈也可以更加深入了解旅客对铁路服务的评价及诉求。

(2)电话访谈法指的是调查者按照统一问卷，通过电话向被访者提问，笔录答案。这种调查方法在电话普及率很高的国家很常用，在我国只适用于电话普及率高的人口总体。电话调查速度快、范围广、费用低、回答率高、误差小，在电话中回答问题一般较坦率，适用于不习惯面谈的人，但电话调查时间短、答案简单、难以深入，并且现在很多人较反感这种类型的电话，此种方法实施起来较困难。

2. 自动采集技术——网络、移动、App

通过网络发布铁路旅客运输服务质量满意度电子问卷的二维码或链接，可以让一定时间内乘过车的旅客直接用手机、平板电脑等移动设备扫描二维码或点击链接进入微信公众号或相关 App 对问卷进行填写。旅客提交之后，问卷系统自动更新数据并计算满意度，当某趟列车或某个车站的满意度达到设定值以下之后，系统将自动通知该趟列车或车站，并将满意度较低的环节反馈给车站及列车，让列车和车站及时做出调整以满足旅客需求。电子问卷是长期有效的，所以旅客可以每乘一次车，就打开一次问卷进行填写，十分方便。这种方法可以回收大量问卷且不必花费调查员的时间。但由于网络问卷面向的群体是所有人，可能会有一些并没有乘车的人来填写问卷，一定程度上增加了无效问卷的比例。除此之外，由于部分车站及列车手机信号弱，乘客可能会无法进入微信公众号或手机 App 填写问卷，导致回收问卷数量偏少，使统计结果有所偏离。

未来可在铁路车站及列车座椅靠背后放置智能设备供旅客填写满意度问卷，或者设计智能机器人在铁路车站及列车上行走吸引旅客利用智能机器人填写满意度问卷。此外，还可以设计智能系统自动监测铁路车站及列车的设施设备情况，检测结果实时反馈至后台，如发现有不达标的项目，立即采取措施修复。

(三)评价数学模型

1. 赋权方法

(1)平权法

假设铁路客运服务质量满意度调查问卷中含有 p 个问题，则每一个问题的评分占总评分的比例为 $1/p$。

(2)熵值赋权法

熵值赋权法基于“差异驱动”原理，可以突出局部差异，由各个样本的实际数据求得最优权重，反映了指标信息熵值的效用价值，避免了人为的影响因素，因而给出的指标权重更具有客观性，从而具有较高的再现性和可信度；赋权过程具有透明性、可再现性；采用归一化方法对数据进行无量纲化处理，具有单调性、缩放无关性和总量恒定性等优异品质。

2. 赋值方法

铁路客运服务质量满意度水平的赋值标准参见表 4-8。从表中可见，每一个铁路客运服务质量指标的满意程度都分为五个等级，每个等级的取值标准为非常满意(100)、满意(80)、一般(60)、不满意(40)、非常不满意(20)。

表 4-8　铁路客运服务质量满意度评价标准

满意度数值	1	2	3	4	5
满意程度	非常不满意	不满意	一般	满意	非常满意
比例	α_1	α_2	α_3	α_4	α_5
取值区间	0～20	20～40	40～60	60～80	80～100
取值标准	20	40	60	80	100
注：$\alpha_1+\alpha_2+\alpha_3+\alpha_4+\alpha_5=100\%$					

3. 综合评价方法

综合评价方法，是指使用比较系统的、规范的方法对多个指标、多个单位同时进行评价的方法，也叫多指标综合评价方法。综合评价方法在现实中应用范围很广。

满意度指标体系共分为三级，第一级为服务环节，第二级为服务内容，第三级为具体问题。其中，三级指标计算如下：

$$AS_j=\sum_{i=1}^{5}\alpha_i S_i \tag{4-5}$$

式中 AS_j 表示第 j 个项点的最终得分，α_i 表示第 i 选项的得分，S_i 表示选择第 i 选项的受访旅客比例。

此外在实际应用中，一级指标和三级指标基于层次关系分别被赋予了对应的权重。共有 4 个一级指标，因此每个一级指标的权重为 1/4。对于三级指标，权重计算如下：

$$W_{ji}=\frac{0.25}{m_j} \tag{4-6}$$

式中 W_{ji} 表示第 i 个三级指标的权重；m_j 表示第 j 个一级指标下的三级指标数量。

最终，在计算铁路旅客运输服务质量的总体满意度时，为了能够更加公正、有说服力，采用加权平均满意度来进行说明，具体计算见式(4-7)。

$$C=\sum_{j=1}^{n}\sum_{i=1}^{k}C_i W_{ji} \tag{4-7}$$

式中 C 表示加权平均满意度数值。调查问卷结果分析部分满意度得分均由式(4-5)～式(4-7)计算得出。

参与合规度评价的车站及列车是在指定时间范围内收到相关对照信息的车站及列车。

车站及列车的三级指标得分由 100 分向下扣减，每对照一条扣分一次，扣分分值为 $(x_i-1)\times 100/n/3$，其中 n 取计算时间段内各三级指标中件数的最大值。根据统计结果得到初始值，$n=4$，x_i 为此次严重程度判断结果，如果计算时段内有 k 条，则进行 k 次扣分，如果扣分过程中三级指标≤0，则该指标为 0，对三级指标停止扣分，但对二级因素的扣分在二级因素为 0 分前继续扣减。

第五章　高铁运输价格及收益

第一节　高铁运输定价原理

一、高铁运输价格及其特点

高铁运输产品是旅客的位移，它也是一种商品，同其他社会商品一样，具有使用价值和价值二重属性。高铁运输产品的使用价值表现为改变旅客的空间位置，满足人们旅行的需要。作为使用价值，其特性是：不具实体形态，它产生的效用，是和高铁运输过程即高铁运输业的生产过程不可分离地结合在一起的，高铁运输产品不能储存和调拨，它的质量只能在生产和消费同时进行的过程中得到检验；高铁运输产品是用户极其广泛的社会必需品，社会生产的各行各业，社会生活的各个方面都离不开高铁运输。

高铁运输产品的使用价值是由高铁运输生产过程中的具体劳动创造的，高铁运输也具备劳动、劳动对象和劳动手段三个要素，但是它不是使劳动对象发生质量、数量和形态上的变化，而是改变旅客的空间位置，高铁运输产品使用价值的特性使它和工农业产品具有质的差别，彼此无法相互比较，但是如果撇开运输劳动的具体特点，那么运输劳动就化为同其他生产劳动没有质的区别的一般人类劳动，即抽象劳动。高铁运输产品抽象劳动的凝结形成它的价值，即高铁运输价值。高铁运输价值是区别于工农产品价值及其他商品价值的独立范畴，在价值形成上具有以下特点。

(1)作为高铁运输生产过程劳动对象的旅客，不构成高铁运输产品的实体。

(2)高铁运输业拥有庞大的物质技术装备，资金有机构成高。物质技术装备是运输能力的决定性因素，经受高速、剧烈运动和自然力侵蚀的双重损耗，因而固定资产损耗的价值补偿(固定资产基本折旧)对运输价值量影响非常大。

(3)客流的构成和在方向上、时间上的不均衡性，动车运输工具的类型、运行速度、发送密度、发送条件以及线路自然条件等因素对高铁运输劳动耗量有不同程度的影响。

(4)高铁运输旅客的位移是以人数和距离复合计量的。

(5)工业生产比较专业化，在固定场所相对独立地进行，而高铁运输业面向社会大众，运送条件多样，面多点广。

高铁运输价值是通过交换价值来表现的，高铁运输价值的货币表现就是高铁运输价格，与工农业产品价格相比较具有以下特点。

(1)高铁运输价格只有销售价格一种形式。工农业产品按流通过程的不同阶段，有出厂价格、收购价格、批发价格和零售价格的区别，但是高铁运输产品不能脱离运输生产过程而独立存在，因而高铁运输价格仅有销售价格单一的形式。

(2)高铁运输价格结构复杂，各种运输对象对运输质量有不同的要求，需要提供的高铁运输条件多种多样，这就决定了高铁运输业必须实行适应多种高铁运输需要的差别运价制度，比工农业产品的价格要复杂。

二、高铁运输价格的影响因素

（一）高铁运输成本

高铁运输成本是运输企业在运输生产过程发生的各种耗费的总和。由于高铁建设与运营需要大量的固定资产投入，固定成本高，列车单次运行需要分摊的折旧和维护保养费用高，对高铁运输行业形成较大的进入壁垒和退出障碍，只有高铁运输价格高于运输成本，运输成本才能得到补偿，高铁运输企业才能维持运输生产活动的连续不间断。按照《运输成本费用管理核算规则》规定运输成本一般由营运成本、管理费用、财务费用三部分组成。

营运成本是与营运生产直接相关的各项支出，包括实际消耗的燃料、物料、用具、修理费、固定资产折旧费等。高铁的运输成本和固定成本是高铁运输价格制定首要考虑的因素。管理费用是运输企业行政管理部门管理和组织营运生产活动的各项费用，包括公司的经费、技术转让费、技术开发费等。财务费用是运输企业为筹集资金发生的各项费用，包括企业在营运期间发生的利息支出额、金融机构手续费等。

（二）高铁运输供求关系

运输市场的供求平衡不仅会因运输市场对供给和需求的调节而促成，还会由于运输供给和需求对市场价格调节而产生。运输供给和需求对运输市场价格的调节，通常是由于供求数量不同程度的增长或减少引起的。高铁的供给能力指标可由车站密度、线路数量、列车开行方案、动车组定员等度量，高铁的需求水平指标可由客运量、客运周转量反映。供求双方力量共同作用调节高铁运输市场价格。

（三）运输市场竞争环境

制定高铁运输价格要考虑市场其他竞争者，高铁的市场竞争者主要有两类：一是行业内的竞争者，即传统铁路旅客运输，高铁在时间花费、舒适度以及便捷性上具有突出的优势，但其票价比普速列车要高出许多，中低收入人群选择性较低；二是行业外的竞争，即其他运输方式的竞争。在中长距离的运输服务上，民航对高铁的替代性明显，同样运距上的打折机票价格比高铁票价还低；在短距离运输上，高速公路运输便利灵活，价格也比高铁低。高铁必须在提高服务、完善价格机制、丰富价格策略上有所改进，才能在市场竞争中立足。

（四）旅客支付能力

旅客支付能力是出行者采取何种交通方式考虑的前提条件，是影响票价制定的一个重要因素。收入水平高的旅客对高铁票价敏感度低，为了满足不同旅客的出行需求，必须为不同支付能力的旅客提供不同层次的运输服务，从而制定不同的旅客运价。

（五）其他因素

此外，高铁运输价格制定还会受到经济社会发展水平、宏观调控政策、经济周期等其他因素影响。

三、高铁运输定价原理

（一）劳动价值论

劳动价值论认为：商品的价值量由生产商品的社会必要劳动时间决定，商品交换以价值量为基础，遵守等量社会必要劳动相交换的原则，价格是价值的货币表现，价格随供求关系变化而围绕价值上下波动。

商品价值量的转化形式是生产价格，生产价格等于商品成本价格与平均利润之和。其中：成本价格是商品生产中实际耗费的不变资本价值与可变资本价值之和；平均利润率等于社会剩余价值总量或利润总量除以社会预付资本总量；平均利润是该生产部门的预付资本量与平均利润率的乘积。各生产部门之间通过资本的转移展开竞争，竞争的结果形成平均利润率和平均利润，利润转化为平均利润，商品价值就转化为生产价格。

商品价值构成是生产价格构成的基础，生产价格构成是价值构成的货币表现。从价值增值过程看，价值由生产资料的物化劳动、劳动者的必要劳动和剩余劳动三部分组成。价格构成包括生产成本、流通费用、利润、税金四个要素。生产成本是价值构成中生产资料的物化劳动和劳动者的必要劳动的货币表现。

（二）均衡价格论

均衡价格是商品的供给曲线与需求曲线相交时的价格，即商品的市场供给量与市场需求量相等，商品的供给价格与需求价格相等时的价格，是消费者为购买一定商品量所愿意支付的价格与生产者为提供一定商品量所愿意接受的供给价格一致的价格。在市场上，由于供给和需求力量的相互作用，市场价格趋向于均衡价格。如果市场价格高于均衡价格，则市场上出现超额供给，超额供给使市场价格趋于下降；反之，如果市场价格低于均衡价格，则市场上出现超额需求，超额需求使市场价格趋于上升直至均衡价格。因此，市场竞争使市场价格稳定于均衡价格，在均衡价格水平下的相等的供求数量被称为均衡数量。从几何意义上说，一种商品市场的均衡出现在该商品的市场需求曲线和市场供给曲线相交的点上，该交点被称为均衡点，均衡点上的价格和相等的供求量分别称为均衡价格和均衡数量，即市场上需求量和供给量相等的状态。

均衡价格是在市场上供求双方的竞争过程中自发地形成的，均衡价格的形成也就是价格决定的过程。均衡价格形成完全是自发的，如果有外力的干预（如垄断力量的存在或国家的干预），那么这种价格就不是均衡价格。均衡价格在一定程度上反映了市场经济活动的内在联系，特别是均衡价格理论中关于供给的价格弹性和需求的价格弹性的分析，对企业的生产经营决策有重要实用价值。

均衡价格示意图如图 5-1 所示。

如图 5-1 所示，供给曲线 DD' 与需求曲线 SS' 交于 A 点，A 点是供求双方的均衡点，均衡价格是 HA，均衡运量为 OH。如果市场价格偏离均衡价格，市场力量会自动调节达到均衡状态，例如：价格定为 OB，会引起需求量降低，供给量增大，供过于求，运价下跌趋于均衡价格；价格定为 OC，会引起供给量减少，需求量增大，供不应求，运价上涨接近均衡价格。只有供给价格等于需求价格时，供求双方才能达到均衡。

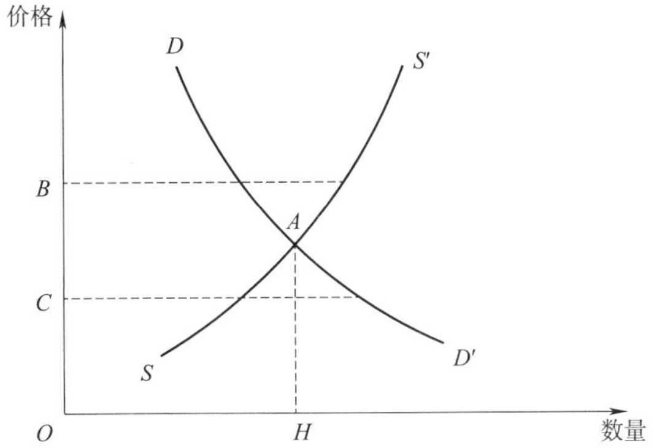

图 5-1　均衡价格示意图

四、现行高铁运输定价

我国的高铁运输定价主要分为两个阶段，2016 年前，高铁运输由国家统一定价，高铁运输票价“一线一定”，即建成一条高铁线路，报发改委审批定价一条线路。高铁运输的票价制定一般按照普速铁路的成本加成方法计算所得，优点在于计算过程简单，缺点在于不够灵活。在 2015 年 12 月 23 日，国家发展改革委下发发改价格〔2015〕3070 号《国家发展改革委关于改革完善高铁动车组旅客票价政策的通知》（以下简称《通知》），这标志着 2016 年后高速铁路的票价制定权正式由政府转移至高铁公司，高铁公司可以根据市场情况灵活制定价格。

（一）2016 年前的高铁运输价格

2016 年前我国的高铁客运票价主要采取“成本加成定价法”制定，票价构成主要包括基本票价、各里程递减票价和各种杂费，基本票价率、杂费率受政府严格管制。成本加成定价法以实际成本为基础，加上一定幅度的合理利润，最终确定运输价格。实际成本的计算方法是：采用一定期间的总运输量与总运输成本，计算单位运输成本，得出基价后，再结合铁路定价中常用的递远递减原则，得到最终票价。以铁路动车组票价制定为例，按最早 2007 年《国家计委关于高等级软座快速列车票价问题的复函》的规定，旅行速度达到每小时 110 公里以上的动车组列车软座票价基准价格和定价方法为：每人公里一等座车为 0.336 6 元，二等座车为 0.280 5 元，可上下浮动 10%。

$$一等座车公布票价=0.336\,6\times(1+10\%)\times运价里程 \tag{5-1}$$

$$二等座车公布票价=0.280\,5\times(1+10\%)\times运价里程 \tag{5-2}$$

高铁的定价参考了这一定价方法，同时考虑到建设成本和市场需求等因素，因此高铁的票价率要高于普通动车组的票价率，目前我国主要高铁线路的基准价格见表 5-1。

表 5-1　我国主要高铁线路运价水平

高铁线路	运营里程(公里)	总票价(二等座)	基准价格(元/公里)
广深	102	75	0.735
京津	120	55	0.458
沪杭	169	78	0.462

续上表

高铁线路	运营里程(公里)	总票价(二等座)	基准价格(元/公里)
沪宁	301	140	0.465
郑西	505	230	0.455
郑武	536	245	0.457
武广	1 069	465	0.435
京沪	1 318	554	0.421
京广	2 298	865	0.376

由表5-1看出，高铁各线票价水平呈现不同、局部相似的特点。不同线路的高铁基准价格水平不一，部分线路的基准价格明显高于全国高铁运价平均水平，除了广深线、京广线，其他线路的平均运价率基本维持在0.45元/人公里左右。

此外，随着高铁线路运营里程的增加，基准价格呈现出下降的趋势，例如运营里程最长的京广高铁基准价格仅为0.376元/人公里，而该线路的郑武段、武广段，基准价格为0.457元/人公里和0.435元/人公里。这反映了我国高速铁路的价格遵循着递远递减的折扣原则。以京沪高铁为例，二等座的基准价格为0.464元/人公里，500公里以内按基准票价原价执行；500～1 000公里递远递减计价，按基准票价的9折执行，约每人公里0.414元/人公里；1 000公里以上递远递减计价，按基准票价的8折执行，每人公里约0.368元/人公里。按照此原则，计算可得京沪高铁全里程1 318公里二等座最终票价为：

$$500\times0.46+500\times0.414+318\times0.368\approx230+207+117=554\text{ 元}$$

此外，还需要注意的是，之前制定的基准价格还包括了按照《铁路旅客意外伤害强制保险条例》规定加收按硬座基准价2%费率的强制保险。2013年后，该强制保险条例被废止，高铁旅客保险转为自愿投保，实际的基准价格发生了小幅的变化，但最终票价扣除旅客自愿投保费用之后，基准价格仍然没变。

(二)2016年后的高铁运输价格

2016年国家放开高铁运输价格之后，高铁票价形成的主体发生了变化，由以往的政府定价转变为高铁企业定价，《通知》规定在中央管理企业全资及控股铁路上开行的设计时速200公里以上的高铁动车组列车一、二等座旅客票价，由铁路运输企业依据价格法律法规自行制定；商务座、特等座、动卧等票价，以及社会资本投资控股新建铁路客运专线旅客票价继续实行市场调节，由铁路运输企业根据市场供求和竞争状况等因素自主定价。《通知》中还指出，铁路运输企业制定高铁动车组一、二等座旅客票价时，应当制定无折扣的公布票价，同时，可根据运输市场竞争状况、服务设施条件差异、客流分布变化规律、旅客承受能力和需求特点等实行一定折扣，确定实际执行票价。公布票价和实际执行票价要按照明码标价制度规定，及时通过网络和售票窗口等渠道告知旅客。制定公布票价应当在售票前对外公告，调整公布票价应当提前30天对外公告。

在《通知》的指导之下，当前我国高铁运输企业已经形成了一套市场化的定价方法雏形。首先根据高铁线路的运营、竞争状况，制定公布票价，相当于一个“天花板”价格。500公里以下的高铁线路主要考虑与高速公路的竞争，高铁公布票价主要参考高速公路票价；500公里以上的高铁线路主要考虑与民航的竞争，高铁公布票价主要参考民航票价。高铁合资公司制定出公布票价后，报备地方发改委价格管理处，并抄送国铁集团后，高铁运输企业即可对外公布票价。

对外公布的票价并非最后的执行票价，高铁运输企业在公布的“天花板”票价之下可根据运输市场实际情况实行灵活折扣，从而形成最终的实际执行票价。目前我国的不少高铁线路已经进行了执行票价试点，例如 2018 年 7 月 5 日，贵广高铁动车组已经开始进行每天票价“一日三价”的试点。“一日一价”“一车一价”不仅展现出一种精准化的运营理念，也可以有效减少资源浪费，有了这种定价机制，可以根据不同的季节、不同的车次，结合实际需求，因地制宜地确定票价，可以实现淡季和旺季、热门车次和冷门车次的均衡运营，通过高铁运输价格调控客流，达到淡旺季互补的效果。

第二节　高铁运输定价方法

一、高铁运输定价的基本方法

（一）平均成本定价法

平均成本定价法是在运量一定的情况下，运输总收入在支付运输平均成本后，还应提供必要经营利润，平均成本定价的运价等于运输平均成本加利润运输，平均成本是运价的最低极限。从动态的角度，运输平均成本定价法是根据单位产品平均成本的变化，确定在不同运量条件下产品平均成本的变化，确定在不同运量条件下产品价格的方法。

在产品构成中，单位产品变动成本（C_L）不随运量变化（在一定时间、一定生产技术组织条件下），单位产品平均固定成本 $\left(\frac{F_L}{Q_L}\right)$ 随运量的增加呈下降趋势，如图 5-2 所示。

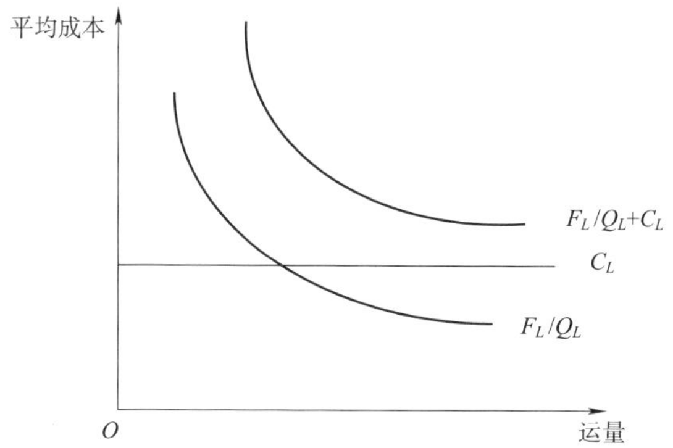

图 5-2　平均成本与运量

用公式表示为：

$$P = F_L / Q_L + C_L + r \tag{5-3}$$

$$Q_L = N \times L \tag{5-4}$$

式中 P 为运输成本定价，元/人公里；L 为趟次高铁列车全程距离，公里；F_L 为高铁列车趟次固定成本，包括高铁固定设施的维修养护成本、车站运营成本和分摊的线路和车站的管理费用等，元/列次。Q_L 为趟次高铁列车的客运周转量，人公里/列次；C_L 为单位运量变动成本,包括动车组列车的牵引用电费用、动车组列车的维修养护费用、动车组列车的乘务人员工资和服务费用及分摊的管理费,元/人公里；r 为旅客分摊的单位运量合理利润,元/人公里；N 为高铁列车额定席位,个。

平均成本法考虑了运输业的劳动耗费,操作简单,一般适用于运输市场不太活跃,货源比较稳定的运输方式或线路。其缺点有如下几点。

(1)没考虑运输市场供求关系与运价的相互影响,运输市场需求变化时,运价不能及时调整。

(2)没考虑运输生产的特点。运输供给能力的增长是跳跃式增长,而运输需求增长是不间断逐渐增长,供给和需求总是有个时差,所以,运输供给超前时,平均成本低于实际成本;当运输供给滞后时,平均成本高于实际成本,按平均成本定价不能完全反映运输生产的实际耗费。

(3)没考虑成本的差异和同等管理水平下收益的大小。运输业的实际成本和配件材料、燃料价格、职工工资水平、资源情况等有关,和各个地区、各条线路也有关。以平均成本法定价必然使各地区,线路盈利能力出现差异,从而使运力向低成本高收益线路集中。

(二)边际成本定价法

边际成本是增加单位运量而引起的总成本的增加量,是总成本对运量的倒数。在生产规模不变的情况下,边际成本实际是增加的变动成本,随运量变化而变化。边际成本曲线与平均总成本曲线相交于平均总成本最低点,在这个最低点,运价等于边际成本,运量是最优运量。边际成本定价法可以使社会资源得到合理分配,实现社会福利最大化。

运价与运量的关系如图 5-3 所示。

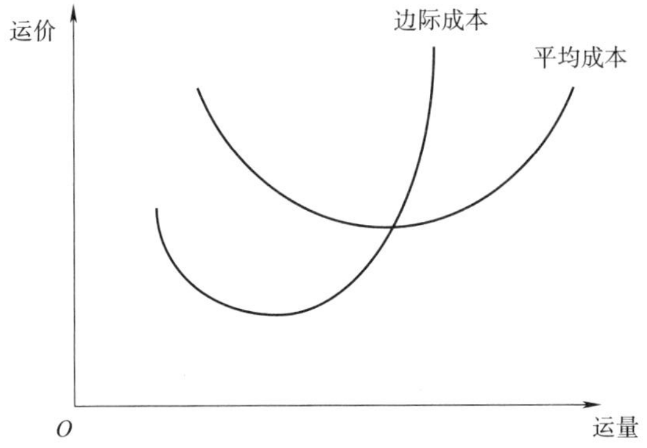

图 5-3 运价与运量

高铁运输的平均成本较高,边际成本相对较低。对于运力过剩,需求不足的线路,如果按平均成本定价,会抑制需求,造成高铁资源闲置。按照边际成本定价,可以提高高铁利用率,促进沿线经济发展。对于运力不足,需求充足的线路,按照边际成本定价,可以限制运量增长,缓解运力紧张,使需求向其他运输方式转移,促使各种运输方式形成合理比价关系。

用公式表示:

$$P_m = \mathrm{d}(TC)/\mathrm{d}(Q_L) \tag{5-5}$$

$$TC = F_L + C_L \times Q_L \tag{5-6}$$

式中 P_m 为按边际成本确定的单位运价率，元/人公里；TC 为趟次高铁列车运行总成本，元。

按照边际成本定价，考虑了实际成本和长期供求情况，同时还可以满足分线、分地区制定运价的要求。但是由于边际成本定价不考虑总成本的情况，当边际成本长期小于平均成本时，就会造成高铁运输企业的亏损，阻碍高铁运输企业扩大再生产。现实中西方国家运价制定多以边际成本为基础，在实际操作中多用变动成本替代边际成本。

（三）完全成本定价法

无论是平均成本定价还是边际成本定价，都只反映高铁运输企业的财务成本情况，没有反映高铁基础设施的成本；只反映历史成本，没有反映将来的成本支出情况。完全成本定价法是根据高铁运输企业的完全成本定价的方法，完全成本也是社会成本，不仅包括生产者在生产过程投入的成本，也包括社会为此付出的额外代价。按照完全成本制定运价时，需要考虑：私人成本与外部成本、固定成本与可变成本、直接成本与间接成本、目前支付成本与将来支付成本，能够真实反映高铁运输成本，实现资源在各种运输方式间的合理配置，充分发挥各种运输方式的优势。

（四）负担能力定价法

按负担能力定价，即以高铁旅客的负担能力为依据，对负担能力大的旅客制定较高运价，对负担能力小的旅客制定较低运价。负担能力定价法的核心是以对高铁运输的需求为基础，实质上是一种价格歧视方法，试图收取每个消费者群体愿意为铁路运输服务支付的最高费用。按负担能力定价有两种情况：一是部分旅客负担能力大，运价高低对其需求影响不大，可以收取较高的费用，另一部分旅客负担能力较小，运价高低对其需求量影响较大，只能收较低的费用；二是对需求量少，负担能力大的旅客尽可能收取多的固定费用。

运输负担能力定价原理如图 5-4 所示。

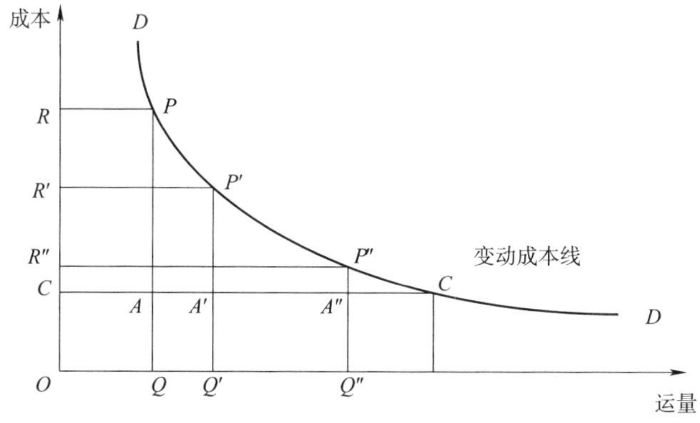

图 5-4 运输负担能力定价原理图

如图 5-4 所示，DD 为高铁运输产品的需求曲线，CC 为变动成本线，如果运价定为 OR，运价总收入为 $ORPQ$，变动成本为 $OCAQ$，所提供的固定成本为 $CRPA$；如果运价定为 OR''，运价总收入为 $OR''P''Q''$，变动成本为 $OCA''Q''$，所提供的固定成本为 $CR''P''A''$；只有运价定为 OR' 最合适，所提供的固定成本为 $CR'P'A'$。

按负担能力定价法形成的高铁运输价格是需求价格，是运价的最高限度。如果运价高于这个标准，旅客无力承担，运输需求会下降到高铁供给能力以下，造成高铁总收入下降。

（五）拉姆齐定价法

拉姆齐定价法也称次优定价法，即在最优定价无法实现的前提下，分摊基础设施固定成本，以每个使用者群体需求价格弹性差别作为分摊固定成本的基础。拉姆齐定价实质是价格歧视，但它是以企业回收生产成本为目的的定价，既考虑企业收支平衡，又实现资源最优分配。

价格高于边际成本形成价格差，价格差应当与需求价格弹性成反方向，即对需求价格弹性大的需求制定与边际成本背离幅度小的价格，对需求价格弹性小的需求制定与边际成本背离幅度大的价格。这样做的好处是对需求价格弹性大的需求缩小价格差，可以相对减少需求量的下降，对需求价格弹性小的需求增大价格差，不至于引起需求量大幅减少。由于需求量的减少幅度最小，因而消费者剩余的减少也就是最小的，可以获得比较理想的效果。任何偏离边际成本的定价都会引起运输基础设施使用中的无效率，对于那些需求弹性较大的使用者，价格上升引起的推出使用的无效率也会较大，为了尽可能减少无效率，只好对需求弹性较小的使用者提高价格。

计算公式：

$$\frac{P_i - C_i}{P_i} = \frac{R}{e_i} \tag{5-7}$$

$$P_i = \frac{e_i \times C_i}{e_i - R} \tag{5-8}$$

式中 P_i 为对使用者 i 群体收取的单位运价；C_i 为使用者 i 群体引起的边际运输成本；e_i 为使用者 i 群体的需求弹性；R 为拉姆齐指数。

二、竞争视角下的高铁运输定价方法

在高铁与民航竞争的前提下，对旅客出行过程以及影响因素进行分析，构建旅客出行效用模型，即旅客出行的广义费用函数，然后结合用户均衡配流理论，构建出票价的双层规划模型，计算得出高铁座席别的最优票价。

（一）构建旅客出行效用函数

1. 旅客出行过程分析

旅客的出行过程通常由两部分组成：出行路径和出行方式的选择。如果忽略城市内的路径选择问题和客运方式换乘问题，那么旅客的出行过程可被视为在多种运输方式通道内、从城市到城市的过程。运输通道主要包括运输工具、运输枢纽和运输线路，那么由这三部分组成的运输通道中完整的乘客旅行过程如图 5-5 所示。

如图 5-5 所示，在运输通道内，旅客的出行过程包括三个阶段：从城市出发、选择城市间的交通运输方式、到达目的地城市。在运输通道中，交通枢纽用区间出发车站和区间到达车站表示。

第一阶段，即出发城市阶段，指乘客在出发城市、通过选择合适的市内交通运输方式

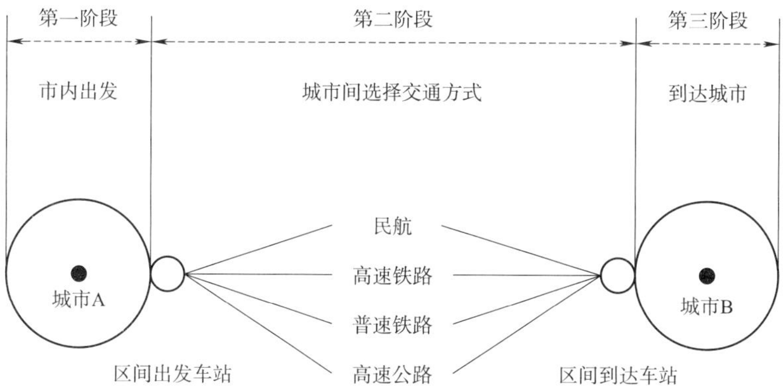

图 5-5　旅客出行过程图

到达起始站的过程。在多数城市的规划设计中，机场一般建在市郊，而高速铁路车站和高速公路汽车车站一般都建在市中心。因此，选择不同交通运输方式的乘客，其出行时间略有不同。市内旅行时间也是影响乘客出行选择行为的重要因素。

第二阶段，即城市间交通方式的选择阶段，指乘客在交通通道中通过时、通过选择某一特定的交通运输方式、实现城市间位移的过程。这个阶段最能够确定旅客的出行选择行为：运输方式的经济性、快速性、舒适性、安全性以及其他因素都能够影响乘客的出行选择。在正常情况下，乘客将根据自身特征以及自己的出行需求选择最高效的客运方式。

第三阶段，即到达城市阶段，指乘客在到达目的城市后、通过选择合适的市内交通工具到达最终目的地的过程，其本质与第一阶段相同。

2. 旅客出行选择的影响因素分析

由于旅客对交通方式的选择是一个多目标决策过程，因此许多因素均会对其造成影响。运输产品的服务属性是交通运输方式本身固有的属性，乘客无法对此进行改变。除此之外，旅客本身的特征、旅客出行的特征以及国家交通政策、民族文化等宏观因素也会对旅客出行方式的选择施加影响。影响旅客出行选择的具体因素见表 5-2。

表 5-2　影响旅客出行选择的因素

宏观因素	交通政策、经济发展水平、消费水平	
	交通信息技术的发展、文化因素	
微观因素	出行者特征	年龄、收入水平、职业情况
		性别、个人偏好、乘车习惯
	出行特征	出行目的、出行距离
		出行时间、出行时间价值
	运输产品服务属性因素	经济性、快速性、方便性
		准时性、舒适性、安全性

为便于量化，本书仅选择运输产品服务属性因素研究旅客的出行选择行为，在具体分析过程中，充分考虑旅客自身特征及旅客需求的异质性，将旅客自身对交通运输方式选择的偏好放入模型，从而进行量化。

3. 影响因素量化过程

在出行前，旅客会比较不同的出行方案，并根据个人需求选择最符合自身要求的运输方式。以下将对影响旅客出行方式的因素进行选择、量化并在此基础上构建效用函数。

表 5-2 对旅客出行选择的影响因素进行了选择与量化，量化过程中同时考虑高铁运输业的供给因素以及旅客自身因素。此量化过程选择了五项指标，总的来说可分为两大类参数指标：第一类参数指标可以最终被量化为费用(即可统一为单位：元)，这类指标包括快速性费用 (T_{ij})、经济费用 (E_{ij})、方便性费用 (Con_{ij}) 与舒适性费用 (Com_{ij})；第二类参数指标则无法量化成费用(即无法统一为单位：元)，这类指标包括安全性 (S_i)。对第一类参数指标，可以通过求和的方式量化其总费用；对于第二类参数指标，可将其转换为相应的影响系数，并以乘积的形式反映在旅客出行效用模型中。旅客出行选择影响因素的具体量化过程见表 5-3。

表 5-3 旅客出行选择影响因素选择及量化

快速性费用 T_{ij} (元)	$T_{ij}=t_i^0\times wt_{ij}$	t_i^0 ——第 i 种运输方式的平均运行时间(小时)； wt_{ij} ——选择乘坐 i 交通工具 j 座席的旅客的时间价值(元/小时)
经济费用 E_{ij} (元)	$E_{ij}=P_{ij}+2\times J_{ij}$	P_{ij} ——第 i 种运输方式 j 座席的票价(元)； J_{ij} ——选择乘坐 i 交通工具 j 座席的旅客旅行起讫点与交通工具站点间衔接所需票价(元)
方便性费用 Con_{ij} (元)	$Con_{ij}=(2t_{ij}^1+t_{ij}^2)\times wt_{ij}$	t_{ij}^1 ——选择乘坐 i 交通工具 j 座席的旅客旅行起讫点与交通工具站点间衔接所需时间(小时)； t_{ij}^2 ——选择乘坐 i 交通工具 j 座席的旅客的候车时间(小时)； wt_{ij} ——选择乘坐 i 交通工具 j 座席的旅客的时间价值(元/小时)
舒适性费用 Com_{ij} (元)	$Com_{ij}=\begin{cases}\dfrac{H}{1+\alpha_i\times e^{-\beta_i\times t_i^0}}\times wt_{ij},t_i^0\neq 0\\ 0,t_i^0=0\end{cases}$	H ——极限恢复疲劳时间(小时)； α_1、β_1 ——待定系数； t_i^0 ——第 i 种运输方式的平均运行时间(小时)； wt_{ij} ——选择乘坐 i 交通工具 j 座席的旅客的时间价值(元/小时)
安全性 S_i	S_i	安全性不能直接通过费用和时间来量化，故采用乘法原则表示

注：表中 i 代表某种运输方式，j 代表运输方式下的某种运输产品(高铁二等座，一等座以及商务座；民航经济舱、商务舱以及头等舱)。由于乘坐不同座席的旅客时间价值一定不同，故在此使用收入法计算：$V(T)_{ij}=NC/T$，其中，NC 为个人月收入，T 为个人月工作小时数。

由表 5-3 可知，当不同座席运价率和旅客时间价值发生改变时，快速性费用、经济费用、方便性费用以及舒适性费用亦会随之发生改变，因此可以反映旅客乘坐某种交通方式下、不同座席之间费用的差异。若通过问卷调查与调研得到相应数据，则可求出高铁与民航在不同座席下的快速性费用、经济费用等指标数值，这就对进一步探讨高铁与民航基于不同座席下的市场分担率情况提供了条件。

4. 构建效用函数

依据加法原理与乘法原理构建旅客出行效用函数：采用加法原理，将快速性费用、经济费用、方便性费用以及舒适性费用乘以适当权重后相加；采用乘法原理，将安全性作为系数乘以所有费用之和。鉴于不同运输方式下不同座位的可观测费用和效用值互为相反数，因此建立的可观测费用函数可表示为以下形式：

$$V_{ij}=-U_{ij}=(\theta_{1L}\times T_{ij}+\theta_{2L}\times E_{ij}+\theta_{3L}\times Con_{ij}+\theta_{4L}\times Com_{ij})/S_i \quad (5\text{-}9)$$

式中 V_{ij} 代表运输方式 i 座席 j 的可观测费用；U_{ij} 表示旅客乘坐运输方式 i 座席 j 的效用值，其为可观测费用的相反数；T_{ij}、E_{ij}、Con_{ij}、Com_{ij}、S_i 为相应的快速性费用、经济费用、方便性费用、舒适性费用及安全性；θ_{1L}、θ_{2L}、θ_{3L}、θ_{4L} 为运输方式的服务性特征参数，该参数受交通工具运输距离影响。

那么由式(5-9)可知，旅客乘坐高铁的费用函数为：

$$V_{高铁j}=(\theta_{1L}\times T_j+\theta_{2L}\times E_j+\theta_{3L}\times Con_j+\theta_{4L}\times Com_j)/S_{高铁} \quad (5\text{-}10)$$

式中 j 为高铁二等座、一等座或商务座；$V_{高铁j}$ 代表 OD 之间旅客乘坐高铁不同座席下的费用；T_j、E_j、Con_j、Com_j、$S_{高铁}$ 分别代表 OD 之间各种高铁席别的快速性费用、经济费用、方便性费用、舒适性费用以及安全性。

旅客乘坐民航的费用函数为：

$$V_{民航j'}=(\theta_{1L}\times T_{j'}+\theta_{2L}\times E_{j'}+\theta_{3L}\times Con_{j'}+\theta_{4L}\times Com_{j'})/S_{民航} \quad (5\text{-}11)$$

式中 j' 为民航经济舱、商务舱或头等舱；$V_{民航j'}$ 代表 OD 之间旅客乘坐民航不同座席下的费用；$T_{j'}$、$E_{j'}$、$Con_{j'}$、$Com_{j'}$、$S_{民航}$ 分别代表 OD 之间民航不同座席的快速性费用、经济费用、方便性费用、舒适性费用以及安全性。

（二）构建高铁票价优化模型

高铁公司和旅客是高铁客运市场中的两大主要参与者：一方面，高铁公司有追求最大化利润的动机；另一方面，旅客在选择出行方式时会遵循效用最大化的原则。由于旅客出行效用值与旅客广义出行费用值互为相反数，那么旅客所追求的效用最大化即可理解为广义出行费用最小化。追求利润最大化的高铁公司有提高票价的动机，但票价的提高会减少旅客的出行效用，因此为解决这两种矛盾，以下构造了双层规划模型。

1. 用户均衡配流理论

为了体现现实生活中真实的客流运输情况，确定平衡稳定的客流分布状态并验证所得到的客流量分布的合理性，相关研究者提出了诸多客流分配方法。确定性均衡原理由 Wardrop(1953)首次提出；Dafermos 和 Sparrow(1969)刻画了用户均衡原理；Smith(1979)进行了更深入的分析研究，构造了 Wardrop 均衡等价公式；Dafermons(1980)认为 Smith 公式可以变成变分不等式，交通均衡配流理论得到完善。以下对高铁票价优化模型的研究基于用户均衡配流理论。

Wardrop 均衡配流模型为：在自然市场中，随着广义出行费用与客流量需求之间的相互作用，各种交通方式的客流量分配逐渐趋于平衡，每种交通方式的广义出行费用逐渐趋于相等，且任意一种客运方式的广义出行费用均小于等于未被选择其他客运方式的出行费用。Wardrop 均衡配流原则也被称为 UE(User Equilibrium)原则，而满足这一原则的交通状态通常被称为 Wardrop 均衡状态。刘安等人(1996)认为 Wardrop 用户均衡 UE 交通分配方法是城市交通规划实践中最为广泛的交通分配方法。目前，此方法也多运用于对城市间交通配流问题的研究。

2. 构建双层规划模型

对高铁客票定价模型的研究，最为深入的三种模型分别为：Logit 模型、拉姆塞模型以及双层规划模型。由于双层规划模型同时考虑运输企业效益以及旅客效用，故其分析相较前两者而言，比较全面。在制定高铁最优票价时，可选择使用双层规划模型。

(1)含义与假设条件

双层规划问题是多层次规划的最基本形式，双层规划系统的决策过程如下：上层决策者做出第一个决策，并将信息传递给较低层决策者；较低层决策者会将该信息用作约束条件，在约束范围内进行最优判断，并将结果反馈给上层决策者；上层决策者会根据反馈结果再次做出决策并告知下层决策者。如此循环迭代多次，将会得到均衡的最优情况。

高铁票价制定问题中的两个决策系统是高铁公司和旅客：高铁公司通常有权设定最优票价以实现最大化利润；而对于旅客而言，其目的通常是最大限度地降低成本。这两个目标是矛盾的，两个决策系统是相互独立的。对于高铁公司而言，其更快的服务速度、更低的票价、更好的服务质量等一系列策略，将会降低旅客的出行成本。对于旅客而言，其通常是根据自己出行效用最大化原则对现有的交通运输方式进行选择。

在构建高铁市场化客票定价的双层规划模型之前，假设其模型满足以下条件：

①高铁公司可以在限定范围内自由定价；

②所有旅客均是从列车始发站上车，至列车终点站下车，因此并不存在中途上下车的问题；

③高铁与民航座席的供给量不小于旅客出行的总需求量，即不存在供给不足的情况；

④旅客的出行需求随着广义出行费用的变化而变化：当旅客的广义出行费用上升时其出行需求减少，当旅客的广义出行费用降低时其出行需求增加；

⑤交通运输系统总是能够达到稳定的均衡配流状态。

(2)公式表达及求解方法

①双层规划模型的一般公式表达

在高铁票价优化的双层规划模型中，上层目标函数为高铁公司的利润，函数以高铁公司票价为变量，其目标是使得高铁公司利润最大化；在下层规划模型中，下层目标函数为旅客的广义出行费用，函数以不同交通运输方式的客流量为变量，目标是使得旅客的广义出行费用最小。双层规划模型的一般表现形式为：

$$(U)\max F(x,y) \tag{5-12}$$
$$\text{s.t. } G(x,y)\leqslant 0$$

其中 $y=y(x)$ 由下层规划求得：

$$(L)\min f(x,y) \tag{5-13}$$
$$\text{s.t. } g(x,y)\leqslant 0$$

式中 (U) 表示上层规划，其目标函数为 F，决策变量是 x，G 表示对决策变量的约束；(L) 表示下层规划，其目标函数是 f，决策变量是 y，g 表示对决策变量 y 的约束。通常情况下，上层决策者设置的 x 值会影响下层决策者可行约束集；$y=y(x)$ 是反应函数，表示下层决策变量 y 与上层决策变量 x 的函数关系。

上层决策者为高铁公司，上层目标函数 $\max F(x,y(x))$ 表示铁路管理部门制定最佳高铁票价以实现最大化的经济效益，x 为高铁客票价格，$G(x,y(x))$ 是对变量 x 的约束条件；下层决策者为旅客，下层目标函数 $\min F(x,y)$ 表示使旅客广义出行费用最低的各种交通方式客流量的需求分配方法，y 为不同客运方式的客流量，$g(x,y)$ 是对变量 y 的约束条件，如客运承载能力，地区人口上限等；$y(x)$ 是反应函数，表示 y 的变动会受到 x 的影响。显然，高速铁路最优客票价格与铁路客运部门的决策变量和旅客的决策变量（即客流）具有相互作用。

②双层规划模型的应用

本书对高铁与民航的不同运输产品进行了细分（高铁商务座、一等座、二等座；民航头等舱、商务舱、经济舱）。其中，高铁可以在自身收益最大化下分别调控不同座席的客票价格，旅客则可以依据自身效用最大化原则选择合适的交通运输方式出行。先对本书应用的双层规划模型具体形式进行介绍。

a. 构建上层模型

假设在短期内，高铁追求某一种特定运输产品（特定座席）的收益最大化。那么高铁客运的收益目标为：

$$\max U(p_j)=(p_j-c_j)\times q_j(p_j) \tag{5-14}$$

式中 p_j 表示高铁 j 座席在特定 OD 下的客票价格；c_j 表示高铁 j 座席在特定 OD 下运载单个旅客的平均成本；q_j 表示 OD 间乘坐高铁 j 座席的客流量，其为票价 p_j 的反函数，票价越高，乘坐 j 座席的客流量越少，$q_j(p_j)$ 由下层模型得出；$U(p_j)$ 为高铁公司在座席 j 上获得的收益。

由于即使在市场经济条件下，高铁公司客票价格的制定也会受到相关部门以及自身成本方面的约束，因此对高铁票价的取值范围进行约束，公式表示为：

$$p_j^{\min}\leqslant p_j\leqslant p_j^{\max} \tag{5-15}$$

式中 $p_j^{\min}$ 表示高铁客运部门在某一线路下的单位客运成本；$p_j^{\max}$ 表示铁路客运票价的最高限制价格。

那么，此双层规划模型的上层模型为：

$$(U)\max U(p_j)=(p_j-c_j)\times q_j(p_j) \tag{5-16}$$
$$\text{s. t } p_j^{\min}\leqslant p_j\leqslant p_j^{\max}$$

式中 p_j 表示高铁 j 座席在特定 OD 下的客票价格；c_j 表示高铁 j 座席在特定 OD 下运载单个旅客的平均成本；q_j 表示 OD 间乘坐高铁 j 座席的客流量，客流量 q_j 是票价 p_j 的函数，随着票价的变化而变化；$U(p_j)$ 为高铁公司在座席 j 上获得的收益；$p_j^{\min}$ 为高铁公司在某一线路下的单位客运成本；$p_j^{\max}$ 为铁路客运票价的最高限制价格。

b. 构建下层模型

在构建完基于高铁公司视角（即供给视角）的上层模型后，在此构建基于旅客视角（即需求视角）的下层模型。在通常状况下，旅客会选择广义出行费用最小的交通运输方式出行。因此下层模型的目标函数为：最小化旅客广义出行费用。高铁票价对双层规划模型中的客流分布有着直接影响。随着广义出行费用与客流量需求的相互作用，票价与客流分布最终达到平衡。根据均衡配流理论，可以建立双层规划模型的下层模型，即交通网络均衡配流模型。

$$(L1)\min D(q,Q)=\sum_{i\in I}\sum_{j\in A}\int_{0}^{q_{ij}} f_{ij}(x)\,\mathrm{d}x$$

$$\text{s. t.}\ \sum_{i\in I}\sum_{j\in A} q_{ij}(p_{ij})=Q$$

$$q_{ij}\geqslant 0, i\in I, j\in A \tag{5-17}$$

式中$f_{ij}(x)$为乘坐第i中客运方式座席j的旅客广义出行费用函数;q_{ij}表示第i种客运方式座席j的客流量;Q表示运输通道内旅客对民航和高铁的出行需求之和;I、A分别表示不同类型的客运方式、不同座席的集合。第一个约束条件表示同一 OD 中不同客运方式不同座席下的客流量之和就是该 OD 对高铁与民航总的客运需求量,第二个约束条件为变量的非负约束。

一般来说,不同城市的需求函数形式大体相同,但其参数会受到城市收入、人口、就业、娱乐业、旅游业以及车辆数量等因素的影响。需求函数的一般形式为:

$$Q=A_r B_s h(u) \tag{5-18}$$

式中A_r、B_s分别是两端城市的相关参数;$h(u)$是关于广义费用u的函数;Q是u的减函数。

由于两端城市的交通容量和人口总是有限的,因此即使高铁票价无限降低,总需求也不会无限增加。当旅客的出行费用发生变化时,运输通道内的需求总量也会随之发生变化。在双层规划模型的下层模型中,弹性需求问题是必须要考虑的。由此,基于改进之后的下层规划模型为:

$$(L2)\min D(q,Q)=\sum_{i\in I}\sum_{j\in A}\int_{0}^{q_{ij}} f_{ij}(x)\,\mathrm{d}x-\int_{i\ 0}^{Q} D^{-1}(x)\,\mathrm{d}x$$

$$\text{s. t.}\ \sum_{i\in I}\sum_{j\in A} q_{ij}(p_{ij})=Q$$

$$q_{ij}\geqslant 0, i\in I, j\in A \tag{5-19}$$

式中$D^{-1}(x)$是需求函数的反函数。经过上述改进后,固定需求问题转变为弹性需求问题。固定需求问题可以通过 Frank-Wolf 方法直接求解,但是模型($L2$)中改进的弹性需求分布问题并不能通过 Frank-Wolf 方法解决,因此有必要增加冗余需求线路以将改进的弹性需求分配问题转换为固定需求问题。

假定$\bar{Q}$为在一段运输通道内客运市场中,高铁与民航各种运输产品的运输能力总和。那么,空余能力e可以被表示为:

$$e=\bar{Q}-Q \tag{5-20}$$

模型($L2$)中,$\int_{0}^{Q} D^{-1}(x)\,\mathrm{d}x$ 可以表示为:

$$\int_{0}^{Q} D^{-1}(x)\,\mathrm{d}x=\int_{0}^{\bar{Q}} D^{-1}(x)\,\mathrm{d}x-\int_{Q}^{\bar{Q}} D^{-1}(x)\,\mathrm{d}x \tag{5-21}$$

由于$\bar{Q}$是各种客运方式的运输能力总和,$\int_{0}^{\bar{Q}} D^{-1}(x)\,\mathrm{d}x$ 是常数,因此去掉该项并不会影响对原问题的求解。令$x=\bar{Q}-y$,新的积分变量y从$\bar{Q}-Q$至 0,对$-\int_{Q}^{\bar{Q}} D^{-1}(x)\,\mathrm{d}x$ 进行变换,则模型($L2$)的目标函数变换为:

$$\begin{aligned}\min D(q,Q) &= \sum_{i\in I}\sum_{j\in A}\int_0^{q_{ij}} f_{ij}(x)\mathrm{d}x - \int_0^{Q_i} D^{-1}(x)\mathrm{d}x \\ &= \sum_{i\in I}\sum_{j\in A}\int_o^{q_{ij}} f_{ij}(x)\mathrm{d}x - \int_{\bar{Q}}^{Q} D^{-1}(\bar{Q}-y)\mathrm{d}(-y) \\ &= \sum_{i\in I}\sum_{j\in A}\int_0^{q_{ij}} f_{ij}(x)\mathrm{d}x - \int_0^{e} D^{-1}(\bar{Q}-y)\mathrm{d}(y)\end{aligned} \tag{5-22}$$

如果 $H(e)$ 为空余能力函数，那么使用需求函数的反函数 $D^{-1}(Q)$ 表示 $H(e)$，为：

$$H(e)=D^{-1}(Q) \tag{5-23}$$

根据式(5-23)，最小化公式可以写成：

$$\min D(q,Q)=\sum_{i\in I}\sum_{j\in A}\int_0^{q_{ij}} f_{ij}(x)\mathrm{d}x-\int_0^{e}H(y)\mathrm{d}y \tag{5-24}$$

则约束方程相应变化为：

$$\begin{aligned}&\text{s. t.} \sum_{i\in I}\sum_{j\in A} q_{ij} = \bar{Q}\\ &q_{ij}>0, i\in I, j\in A\end{aligned} \tag{5-25}$$

虚拟路径的阻抗函数是 $H(e)$，可以看作是一种新的虚拟交通方式，$H(e)$ 的加入使得虚拟路径上的客流量与冗余运输能力相等。由此，灵活的需求问题可转化为固定需求问题。由于虚拟交通方式的加入，运输路线中的交通运输方式数目由 N 变为 $(N+1)$。当运输系统满足平衡分布时，运输路线中乘客的总需求等于各运输方式的运输能力之和，即为 $\bar{Q}$。因此下层规划模型可以转换如下公式表达：

$$\begin{aligned}&(L3)\min D(q,Q)=\sum_{i\in I}\sum_{j\in A}\int_0^{q_{ij}} f_{ij}(x)\mathrm{d}x\\ &\text{s. t.} \sum_{i\in I}\sum_{j\in A} q_{ij} = \bar{Q}\\ &q_{ij}>0, i\in I, j\in A\end{aligned} \tag{5-26}$$

模型 $(L3)$ 中，客运方式的集合 N 里增加了一种虚拟的客运方式（在本书中，令虚拟客运方式为 $n=0$），因此：

$$f_0(q_0)=H(e)=D^{-1}(Q) \tag{5-27}$$

选用 $(L3)$ 形式作为双层规划模型中的下层模型。必须考虑到的是，随着某一特定交通运输方式下旅客乘坐数量的增加，旅客选择此交通运输方式出行的广义出行费用将增加。例如，当大量旅客选择乘坐高铁而不是民航出行时，高铁的车站服务水平由于旅客数量的增加将会降低；若旅客数量持续增加，则可能会导致高铁票价的上升以及旅客排队等候上车时间的上升，由此会导致旅客广义出行费用的增加。

在运输研究中，旅客广义出行费用函数 $f(q_n)$ 主要采用对数函数和幂函数的形式，本书选用幂函数形式：

$$f(q_n)=a\,(q_n)^b-V_n \tag{5-28}$$

式中 a，b 为参数，V_n 为交通运输方式某一运输产品的可观测效用值。本书使用可观测出行费用的相反数表示乘客出行的效用值。

通过上述分析，旅客出行成本受交通供给因素和乘客社会经济特征的共同影响。不同类型的乘客对不同供应要素的重视程度具有差异。假设运输通道内有 i 种运输方式和

j 种座席，则乘坐第 i 种运输方式、第 j 种座席的旅客的广义出行费用，其公式如下：

$$f_{ij}(q_{ij})=aq_{ij}^{b}+Y_{ij} \tag{5-29}$$

式中 $f_{ij}(q_{ij})$ 表示旅客选择客运方式 i 座席 j 的广义出行费用；Y_{ij} 表示旅客选择客运方式 i 座席 j 的可观测费用；q_{ij} 表示旅客选择客运方式 i 座席 j 的数量；a、b 分别为客运方式 j 的服务属性参数；q_{ij} 是 f_{ij} 的函数表明旅客出行量的变化将会对旅客广义出行费用带来影响。

综上所述，基于旅客出行行为的广义费用函数表达式为：

$$f_{ij}(q_{ij})=aq_{ij}^{b}+(\theta_{1L}T_{ij}+\theta_{2L}E_{ij}+\theta_{3L}Con_{ij}+\theta_{4L}Com_{ij})/S_i \tag{5-30}$$

式中 T_{ij}、E_{ij}、Con_{ij}、Com_{ij} 分别表示旅客选择第 i 种客运方式第 j 座席的快速性费用、经济费用、方便性费用、舒适性费用；S_i 表示安全性；θ_{1L}、θ_{2L}、θ_{3l}、θ_{4L} 分别表示旅客选择第 i 种客运方式、第 j 座席的快速性费用、经济费用、方便性费用、舒适性费用在费用函数中的权重。

那么，高铁客票定价的双层规划模型的下层模型为：

$$(L)\min D(q,Q)=$$

$$\sum_{i\in I}\sum_{j\in A}\int_0^{q_{ij}}[aq_{ij}^{b}+(\theta_{1L}T_{ij}+\theta_{2L}E_{ij}+\theta_{3L}Con_{ij}+\theta_{4L}Com_{ij})/S_i]\mathrm{d}x$$

$$\text{s. t.}\sum_{i\in I}\sum_{j\in A}q_{ij}=\bar{Q}$$

$$q_{ij}>0,i\in I,j\in A \tag{5-31}$$

式中 q_{ij} 表示第 i 种运输方式座席 j 的客流量；a、b 分别表示客运方式 i 座席 j 的服务属性参数；T_{ij}、E_{ij}、Con_{ij}、Com_{ij} 分别表示旅客选择第 i 种客运方式第 j 座席的快速性费用、经济费用、方便性费用、舒适性费用；θ_{1L}、θ_{2L}、θ_{3l}、θ_{4L} 分别表示旅客选择第 i 种客运方式、第 j 座席的快速性费用、经济费用、方便性费用、舒适性费用在费用函数中的权重；S_i 表示安全性；$\bar{Q}$ 表示运输通道内旅客选择高铁和民航出行需求的总和；I、A 分别表示运输方式的集合、不同座席的集合；第一个约束条件表示不同客运方式下不同座席的客流量之和就是该 OD 对民航与高铁总的客运需求量，第二个约束为变量的非负约束。

c. 双层规划完整模型

基于上述分析可知，有关高铁客票定价的双层规划的完整模型为式(5-32)、式(5-33)。

$$(U)\max U(p_j)=(p_j-c_j)\times q_j(p_j) \tag{5-32}$$

$$\text{s. t } p_j^{\min}\leqslant p_j\leqslant p_j^{\max}$$

$$(L)\min D(q,Q)$$

$$=\sum_{i\in I}\sum_{j\in A}\int_0^{q_{ij}}[aq_{ij}^{b}+(\theta_{1L}T_{ij}+\theta_{2L}E_{ij}+\theta_{3L}Con_{ij}+\theta_{4L}Com_{ij})/S_i]\mathrm{d}x$$

$$\text{s. t.}\sum_{i\in I}\sum_{j\in A}q_{ij}=\bar{Q}$$

$$q_{ij}>0,i\in I,j\in A \tag{5-33}$$

上层规划模型中，p_j 表示高铁 j 座席在特定 OD 下的客票价格；c_j 表示高铁 j 座席在特定 OD 下运载单个旅客的平均成本；q_j 表示 OD 间乘坐高铁 j 座席的客流量；$U(p_j)$ 为高铁运营管理部门在座席 j 上获得的收益；$p_j^{\min}$ 为高铁客运部门在某一线路下的单位客运成本；$p_j^{\max}$为铁路客运票价的最高限价；下层规划模型中，q_{ij}表示第i种运输方式座席j的客流量；a、b分别表示客运方式i座席j的服务属性参数；T_{ij}、E_{ij}、Con_{ij}、Com_{ij}分别表示旅客选择第i种客运方式第j座席的快速性费用、经济费用、方便性费用、舒适性费用；θ_{1L}、θ_{2L}、θ_{3l}、θ_{4L}分别表示旅客选择第i种客运方式、第j座席的快速性费用、经济费用、方便性费用、舒适性费用在费用函数中的权重；S_i表示安全性；Q表示运输通道内旅客选择高铁和民航出行需求的总和；I、A分别表示运输方式的集合、不同座席的集合。

③求解方法

双层规划问题比较复杂，求解过程非常烦琐，现行比较有效的求解方法有极点搜索法、下降法、KKT法、直接搜索法、非数值优化方法。其中，极点搜索法可以用于解决双层线性规划模型；下降法可以用来解决在双层规划问题中，非线性的连续变量问题；KKT法现在多用来求解双层线性规划问题；直接搜索法是通过上层目标函数数值的变化，直接求目标函数的方法；非数值优化方法可以用来求解城市交通网络设计问题等。本部分内容的核心问题是找到上层决策变量和下层决策变量之间的函数关系。通常做法是对下层函数进行求导，近似代替反应函数，因此解决双层编程问题的关键是找到相应变量的微分关系。

（三）高速铁路票价实例

1. 高速铁路票价实例估算

为制定合理的高铁票价，在上文对双层规划模型探讨的基础上，运用实例计算北京至武汉客运段高铁的最优客票价格。

设置虚拟路径：

通过计算北京至武汉段单程高铁列车数量与民航航班班次，假设高铁与民航的单程旅客输送人次为30 000人，即北京至武汉段高铁商务座、一等座、二等座与民航头等舱、商务舱、经济舱的日单程旅客输送总人次为30 000人。假设运输市场需求小于供给，则需求量的上限为30 000人。已知需求函数为线性函数，那么需求函数可以表示为：

$$d=30\ 000-\lambda\mu \tag{5-34}$$

取$\lambda=10$，即：

$$d=30\ 000-10\mu \tag{5-35}$$

那么，需求函数的反函数为：

$$D^{-1}(d)=30\ 000-0.1d \tag{5-36}$$

通过增设一条虚拟路径将弹性需求问题转化为固定需求问题。假定增加的虚拟路径$i=0$，虚拟客流量为q_0，则：

$$f_0(q_0)=D^{-1}(d)=30\ 000-0.1(30\ 000-q_0)=0.1\,q_0 \tag{5-37}$$

在此基础上可构建求解高铁最优票价的双层规划模型。

2. 构建北京至武汉客运段双层规划模型

构建双层规划模型中，还有两个数据需要确定：上层规划模型中高铁座席别的运营成本数据以及下层规划模型中参数a、b的取值。基于对有关高铁运营成本的调查，假设高铁公司将一位乘坐二等座的旅客从北京运送至武汉需要的成本为494.82元，将一位乘坐高铁一等座的旅客从北京运送至武汉需要的成本为791.47元，将一位乘坐高铁商务座的旅客从北京运送至武汉需要的成本为 1 561.33 元。对下层规划模型参数 a、b 分别取值 2 和 0.4。那么由上文分析可以构建本算例的双层规划模型。

(1)高铁二等座最优票价模型

根据式(5-32)、式(5-33)得高铁公司二等座最优票价的双层规划模型为：

$$\max U(p_3)=(p_3-494.82)\times q_3(p_3)$$

$$\text{s.t}\quad p_3\geqslant 494.82$$

$$\begin{aligned}\min D(q_j)=&\int_0^{q_0}0.1q\mathrm{d}q+\int_0^{q_1}(2q^{0.4}+57.4486)\mathrm{d}q\\&+\int_0^{q_2}(2q^{0.4}+27.0597)\mathrm{d}q+\int_0^{q_3}(2q^{0.4}+0.0163p_3+7.5490)\mathrm{d}q\\&+\int_0^{q_4}(2q^{0.4}+80.7933)\mathrm{d}q+\int_0^{q_5}(2q^{0.4}+40.5082)\mathrm{d}q+\int_0^{q_6}(2q^{0.4}+17.5917)\mathrm{d}q\end{aligned}$$

$$\text{s.t}\quad q_0+q_1+q_2+q_3+q_4+q_5+q_6=30\,000$$

$$q_j\geqslant 0,\ j=0,1,2,3,4,5,6 \tag{5-38}$$

式(5-38)的上层规划模型中，$U(p_3)$为高铁公司在二等座座席上获得的收益；p_3为高铁二等座座席在北京至武汉段需要求解的客票价格；q_3为乘坐高铁二等座座席的旅客客流量，其客流量为二等座票价的函数；上层规划模型并未对票价设置上限，只认为票价的制定不应小于其运营成本。式(5-38)的下层规划模型中，q_j表示不同运输产品 j 的客流量，其中 $j=0,1,2,3,4,5,6$ 分别表示虚拟运输产品、高铁商务座、高铁一等座、高铁二等座、民航头等舱、民航商务舱以及民航经济舱。

(2)高铁一等座最优票价模型

根据式(5-32)、式(5-33)得，高铁公司一等座最优票价的双层规划模型为：

$$\max U(p_2)=(p_2-791.47)\times q_2(p_2)$$

$$\text{s.t}\quad p_2\geqslant 791.47$$

$$\begin{aligned}\min D(q_j)=&\int_0^{q_0}0.1q\mathrm{d}q+\int_0^{q_1}(2q^{0.4}+57.4486)\mathrm{d}q\\&+\int_0^{q_2}(2q^{0.4}+0.0163p_2+13.4856)\mathrm{d}q+\int_0^{q_3}(2q^{0.4}+16.0354)\mathrm{d}q\\&+\int_0^{q_4}(2q^{0.4}+80.7933)\mathrm{d}q+\int_0^{q_5}(2q^{0.4}+40.5082)\mathrm{d}q+\int_0^{q_6}(2q^{0.4}+17.5917)\mathrm{d}q\end{aligned}$$

$$\text{s.t}\quad q_0+q_1+q_2+q_3+q_4+q_5+q_6=30\,000$$

$$q_j\geqslant 0,\ j=0,1,2,3,4,5,6 \tag{5-39}$$

式(5-39)的上层规划模型中，$U(p_2)$为高铁公司在一等座座席上获得的收益；p_2为高铁一等座座席在北京至武汉段需要求解的客票价格；q_2为乘坐高铁一等座座席的旅客客流量，其客流量为一等座票价的函数；上层规划模型并未对票价设置上限，只认为票价的制定不应小于其运营成本。式(5-39)的下层规划模型中，q_j表示不同运输产品 j 的客流量，其中 $j=0,1,2,3,4,5,6$ 分别表示虚拟运输产品、高铁商务座、高铁一等座、高铁二等座、民航头等舱、民航商务舱以及民航经济舱。

(3)高铁商务座最优票价模型

根据式(5-32)、式(5-33)得，高铁公司商务座最优票价的双层规划模型为：

$$\max U(p_1)=(p_1-1\,562.33)\times q_1(p_1)$$

$$\text{s.t}\quad p_1\geqslant 1\,562.33$$

$$\min D(q_j)=\int_0^{q_0}0.1q\mathrm{d}q+\int_0^{q_1}(2q^{0.4}+0.016\,3p_1+30.671\,2)\mathrm{d}q$$

$$+\int_0^{q_2}(2q^{0.4}+27.059\,7)\mathrm{d}q+\int_0^{q_3}(2q^{0.4}+16.035\,4)\mathrm{d}q$$

$$+\int_0^{q_4}(2q^{0.4}+80.793\,3)\mathrm{d}q+\int_0^{q_5}(2q^{0.4}+40.508\,2)\mathrm{d}q+\int_0^{q_6}(2q^{0.4}+17.591\,7)\mathrm{d}q$$

$$\text{s.t}\quad q_0+q_1+q_2+q_3+q_4+q_5+q_6=30\,000$$

$$q_j\geqslant 0,\ j=0,1,2,3,4,5,6 \tag{5-40}$$

式(5-40)的上层规划模型中,$U(p_1)$为高铁公司在商务座座席上获得的收益;p_1为高铁商务座座席在北京至武汉段需要求解的客票价格;q_2为乘坐高铁商务座座席的旅客客流量,客流量为商务座票价的函数;上层规划模型并未对票价设置上限,只认为票价的制定不应小于其运营成本。式(5-40)的下层规划模型中,q_j表示不同运输产品j的客流量,其中$j=0,1,2,3,4,5,6$分别表示虚拟运输产品、高铁商务座、高铁一等座、高铁二等座、民航头等舱、民航商务舱以及民航经济舱。

根据式(5-38)~式(5-40),可以运用 MATLAB 软件对上述双层规划模型进行求解。

3. 求解结果及分析

在构建最优票价模型的基础上,对北京至武汉段实例进行求解。

(1)模型求解结果

将上文构建的函数表达式带入 MATLAB 软件中进行求解。初始值分别设置为$p_1=1\,400$,$p_2=600$,$p_3=300$,并令最大迭代次数为 50 次。模型在迭代过程中实现收敛。模型求解的最优票价分别为:高铁二等座 515.854 2 元、一等座 808.315 1 元、商务座 1 570.352 2 元(见表 5-4)。在设置不同初始值对模型重新求解后发现:不同初始值并不会影响最优解,证明模型存在稳定性。

表 5-4 高铁客票价格求解结果 单位:元

座　　席	商务座	一等座	二等座
实际票价	1 643.500 0	833.130 0	520.860 0
设定的成本	1 561.330 0	791.470 0	494.820 0
求解结果	1 570.352 2	808.315 1	515.854 2

数据来源:实际票价数据由统计所得,设定的成本根据课题研究结果推算得出,求解结果由 MATLAB 求解得出。

(2)对求解结果的具体分析

现对通过双层规划模型求得的最优票价结果进行分析。

①对高铁二等座求解结果的分析

对初始票价为 300 元、模型迭代次数为 50 次时的高铁二等座最优票价及其他相关数据进行解释。图 5-6 所示为高铁二等座最优票价模型迭代 50 次的结果。

从图 5-6 可以大致看出,在初始票价为 300 元的情况下,票价在迭代中逐步上升;最优票价在迭代 23 次后得到了收敛,此后均 515.854 2 元。运用双层规划模型求得的高铁

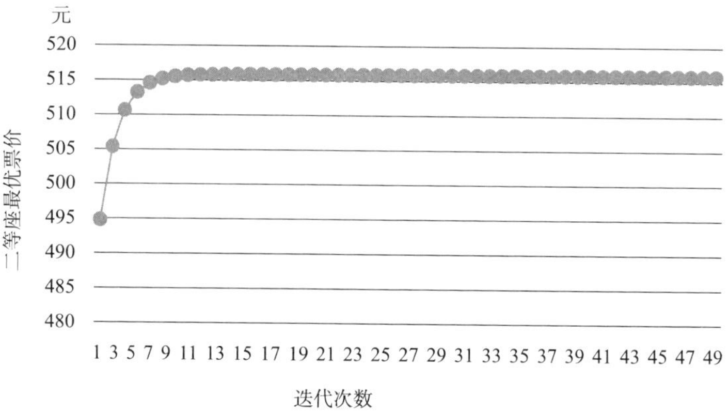

图 5-6　二等座最优票价迭代路径

二等座实际票价约为 515.854 2 元，与实际票价（520.860 0 元）相差非常小。在模型求解过程中发现，由于上层规划设定为高铁公司收益最大化，收益的大小不仅与客流量相关，且与外生变量运营成本密切相关，因此在求解最优票价时，高铁二等座运营成本的大小对高铁二等座最优票价有直接关系。

为确保高铁二等座最优票价解的稳定性，现分别把高铁票价的初始值设置为 300、400、500、600、700，分 5 次进行试验，并记录每次算法迭代的结果。迭代结果见表 5-5。由表 5-5 可知，对高铁二等座票价设定不同的初始值，并不会影响算法的收敛性以及最终的结果。尽管在求解过程中，模型的迭代的次数略有不同，但从二等座最优票价、客运量以及收益三个指标看，求得的结果相差并不大，因此证明了解的稳定性。

表 5-5　二等座求解结果对比

初始值	迭代次数	稳定解时迭代次数	最优票价	二等座客运量	二等座收益
300	50	23	515.854 2	9 192.730 1	193 361.907 7
400	50	23	515.854 2	9 192.720 9	193 361.622 0
500	50	22	515.854 2	9 192.720 5	193 361.594 2
600	50	27	515.854 2	9 192.690 5	193 360.622 2
700	50	25	515.854 2	9 192.686 8	193 360.498 0

影响高铁公司二等座总收益的因素有两个：票价与成本的差额（即从每一位旅客中获得的利润）与市场份额（即二等座客运量）。当票价上升时，高铁公司从每位乘坐二等座的旅客中获得的利润增加，但由于票价上升后旅客乘坐二等座出行的广义费用增加，导致了高铁二等座市场份额的减少，进而会降低高铁公司获得的总收益。图 5-7 显示了高铁二等座收益的变化情况。在初始票价设定为 300 元时，由于成本为 494.820 0 元，此时高铁公司在二等座上的收益为负；在迭代一次后，最优票价上升到 494.820 1 元，此时票价大于成本，因此二等座收益为正；当第二次迭代后，高铁二等座最优票价上升到 505.393 3 元，二等座收益实现进一步上升。高铁二等座收益并没有随着二等座最优票价的进一步上升而出现递减情况，这说明减少客流量带来的损失小于由于票价上升带来的收益。由此可以明确，倘若高铁公司仅仅追求市场份额的最大化，并不能实现最大的收益。

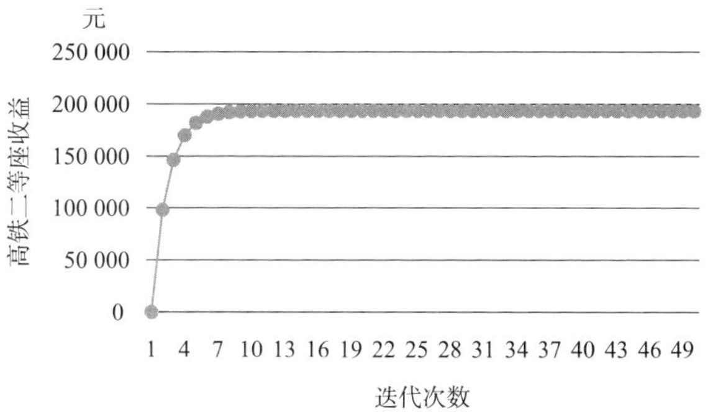

图 5-7　二等座收益变化情况

二等座市场份额变化过程如图 5-8 所示。

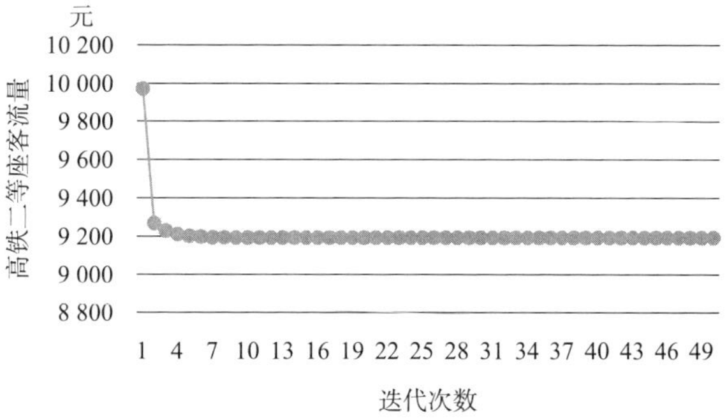

图 5-8　二等座市场份额变化过程

高铁与民航市场份额变化情况见表 5-6。

表 5-6　高铁与民航市场份额变化情况

迭代次数	最优票价（元）	虚拟运输产品的市场份额	高铁份额			民航份额		
			商务座	一等座	二等座	头等舱	商务舱	经济舱
1	494.82	919.73	1 238.09	6 001.57	9 972.67	73.88	3 358.98	8 435.08
2	505.39	928.51	1 318.23	6 206.37	9 267.74	89.23	3 503.94	8 685.97
3	510.65	928.97	1 322.55	6 217.32	9 230.00	90.10	3 511.71	8 699.36
4	513.27	929.20	1 324.70	6 222.76	9 211.24	90.53	3 515.57	8 706.01
5	514.57	929.31	1 325.77	6 225.46	9 201.93	90.74	3 517.49	8 709.31
6	515.21	929.37	1 326.31	6 226.81	9 197.29	90.85	3 518.44	8 710.94
7	515.54	929.40	1 326.56	6 227.48	9 194.99	90.90	3 518.91	8 711.76
8	515.70	929.41	1 326.70	6 227.80	9 193.84	90.93	3 519.15	8 712.17
9	515.78	929.42	1 326.75	6 227.97	9 193.27	90.94	3 519.28	8 712.36
10	515.82	929.42	1 326.80	6 228.05	9 192.99	90.94	3 519.33	8 712.47
11	515.83	929.42	1 326.82	6 228.08	9 192.85	90.95	3 519.36	8 712.52
12	515.84	929.43	1 326.81	6 228.11	9 192.78	90.95	3 519.37	8 712.55

二等座最优票价下高铁与民航的市场份额见表 5-7。可以看出，高铁二等座具有很强的市场竞争力，其在市场份额中有很大优势（分担率约 30.64%），民航经济舱占比也较大

(约 29.04%),高铁二等座与民航经济舱占比超过 50%;民航头等舱占比最小(约 0.30%),其竞争力最小。可见,由于民航头等舱的高票价导致很高的旅客广义出行费用,进而会对其市场份额造成很大影响。

表 5-7 最优票价下高铁与民航的市场份额

客运产品	虚拟运输产品	高铁			民航		
		商务座	一等座	二等座	头等舱	商务舱	经济舱
客流量	929.43	1 326.82	6 228.12	9 192.73	90.95	3 519.38	8 712.57
占比(%)	3.10	4.42	20.76	30.64	0.30	11.73	29.04

②对高铁一等座求解结果的分析

现对高铁一等座最优票价变化情况以及解的稳定情况进行简单分析。图 5-9 反映了高铁一等座最优票价模型迭代 50 次的结果。可以大致看出,在初始票价为 800 元的情况下,一等座最优票价在迭代中逐步上升;最优票价在迭代 21 次后得到了收敛,此后均为 808.3151 元。

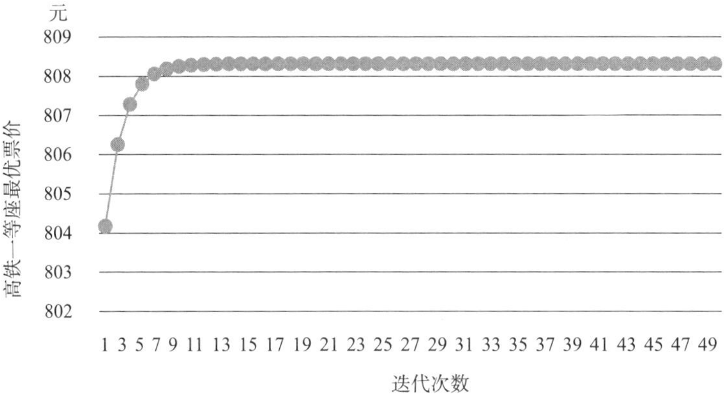

图 5-9 一等座最优票价迭代路径

为确保高铁一等座最优票价解的稳定性,现把高铁一等座票价的初始值分别设置为 600、700、800、900,分 4 次进行试验,并记录每次算法迭代的结果。迭代结果见表 5-8。结果显示,尽管对高铁一等座票价设定不同的初始值,也不会影响算法的收敛性以及最终的结果,因此证明了解的稳定性。

表 5-8 一等座求解结果对比

初始值	迭代次数	稳定解时迭代次数	最优票价	一等座客运量	一等座收益
600	50	23	808.315 1	6 307.507 8	106 250.570 3
700	50	23	808.315 1	6 307.503 6	106 250.473 2
800	50	21	808.315 1	6 307.505 7	106 250.522 7
900	50	26	808.315 1	6 307.485 0	106 250.021 0

③对高铁商务座求解结果的分析

现对高铁商务座最优票价变化情况以及解的稳定情况进行简单分析。图 5-10 反映了高铁商务座最优票价模型迭代 50 次的结果。可以大致看出,在初始票价为 1 700 元的情况下，票价在迭代中逐步下降；最优票价在迭代 24 次后得到了收敛，此后均为 1 570.352 2 元。

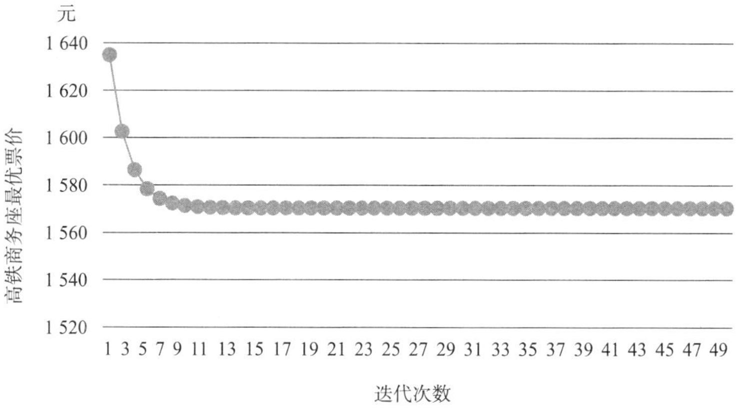

图 5-10 商务座最优票价迭代路径

为确保高铁商务座最优票价解的稳定性，现把高铁商务座票价初始值分别设置为 1 400、1 500、1 600、1 700，分 4 次进行试验，并在记录每次算法迭代的结果。迭代结果见表 5-9。结果显示，对高铁商务座票价设定不同的初始值并不会影响算法的收敛性以及最终的结果，因此证明了解的稳定性。

表 5-9 商务座求解结果对比

初始值	迭代次数	稳定解时迭代次数	最优票价	商务座客运量	商务座收益
1 400	50	21	1 570.352 2	1 432.054 7	11 488.212 5
1500	50	21	1 570.352 2	1 432.051 2	11 488.170 6
1 600	50	23	1 570.352 2	1 432.038 3	11 488.039 3
1 700	50	24	1 570.352 2	1 432.043 7	11 488.101 9

以上结果证明运用双层规划模型求解高铁最优票价可行。

通过运用双层规划模型并使用 MATLAB 软件求解，发现北京至武汉段高铁最优票价分别为二等座 515.854 2 元、一等座 808.315 1 元、商务座 1 570.352 2 元。实例研究表明，高铁座席别票价的确立与高铁公司的实际运营成本息息相关，实际运营成本的大小决定高铁座席别票价的高低，因此降低运营成本对旅客有益。此外，模型求解结果证实，以市场份额最大化为目标的高铁公司并不能获得最大收益，因此要在市场份额最大与收益最大之间进行统筹规划，以制定最合理的高铁票价体系。

第三节 高铁运输价格体系

高铁运输价格体系是各种不同运输价格之间的相互关系所构成的统一整体，主要内容有高铁运输产品价格及其比价体系、差价体系。高铁运输价格体系一方面表现为各种运输方式价格之间的比较关系，另一方面则表现为高铁运输服务价值之间的差别关系，合理的运输价格体系既能够反映客观经济规律的要求和市场需求的平衡，也能够体现国家的宏观经济管理政策。

一、高铁运输产品比价体系

微观经济学认为,"相对价格的变动是资源调节和产业结构变迁、优化的重要手段。"交通运输价格在整个国民经济价格体系中是一个相对独立的体系。在国民经济发展的一定时期内运输市场规模是一定的,各种交通运输方式存在可替代性。每一种运输方式的优点和缺点是相互依存、竞争、发展的矛盾统一体,它们既相互排斥、又相互补充,因此各种运输方式运价比价关系是客观存在的。运输方式运价比价有其自身的规律,不同运输方式之间的比价关系最终是由市场供求关系确定的,可以通过掌握比价关系来引导运价结构性调整。

(一)高铁运输比价关系的意义

高铁运输产品的比价关系是高铁和其他运输方式价格及其相互间的比例关系。不同运输方式之间比价关系的合理化体现在每一种运输方式的运价水平既能够反映其运输产品的价值,也能反映运输市场的供求情况。科学合理的高铁比价关系的意义具有以下三个方面。

一是有利于促进国民经济的发展。运输是国民经济各部门、各地区以及城乡之间经济活动的"纽带",合理的高铁比价关系可以刺激运输市场竞争,使得高铁运输企业改善经营管理,降低运输成本,提高运输服务水平。同时,对整个运输事业的发展起着积极的推动作用。二是有利于促进各种运输方式间的合理分工。科学合理的各种运输方式比价关系,能够通过价格机制来调节市场,有利于运量在各种运输方式间的合理分配,可以使各种运输方式充分利用现有运输能力,发挥最大的效用。三有利于提高运输工具的使用效率。运价也是从经济上影响旅客运输方式的选择。科学合理的运输比价关系有利于充分发挥各种运输方式的运输能力,实现各种运输方式之间形成互补关系,从而运输资源的效率最大化。

(二)高铁运输比价关系的形成

在旅客交通运输体系中,存在普速铁路、高速铁路、高速公路以及民航等多种不同的运输服务提供者,它们为运输需求者提供具有同一性的功能,即实现旅客空间位移的改变,因此,不同运输方式之间具有替代性和竞争性。然而,由于各种运输方式又具有各自独特的技术、经济特征,由此产生的相对比较优势又构成不同运输方式之间的互补性和协调性。

运输比价关系的形成是由旅客运输市场供需两方面因素共同决定的。在现实的运输市场中,旅客面临多样化的运输服务特性和与之相适应的繁多的运价水平。不同运输方式在不同的运输距离或者运输速度范围内具有各自不同的相对优势和劣势,同时制定了差异化的运价费率。但是,运输服务水平较高的运输方式往往也具有较高的运价,比如航空运输在速度和服务质量上具有较高的水平,其价格也相对较高。因此,旅客在进行运输方式选择时,要综合考量运价水平和运输服务之间的综合性价比。不同运输方式也正是基于自身的技术经济特性和运价水平的平衡,才能在一定得市场范围内占有比较优势,保持市场份额,得以持续发展。可见,不同运输方式的运价及其比价关系能够影响到旅客出行方式的选择和交通运输方式本身的竞争和发展,它是运输资源配置的重要杠杆。

(三)各种运输方式比价关系分析

1. 高铁与普速铁路的比价关系分析

高铁与普速铁路相比较的优势在于速度快,但是运行成本也较高,因此价格也会高于普速铁路。同时普速铁路具有一定的社会公益属性,国家对普速铁路的价格进行严格的管制,给予大量的补贴,因此普速铁路的实际票价要远远低于高铁。两者之间的旅行时间与票价差别巨大,是两种不同时间价值旅客群体出行的运输方式,因目标客户群体不同,两者之间的价格竞争并没有公路、航空那样激烈。

从表5-10中可以看出,北京到广州的里程为2 294公里,高铁票价为一等座1 380元、二等座862元,而普速列车Z101硬座为251元,高铁一等座和二等座与普速列车票价比分别为549.8%和343.5%。可以看出,虽然高铁明显缩短了出行时间,但是与普速铁路的价格之比也相对较高。

表5-10　高铁与普速列车的票价比较情况

比较项目＼线路		京广线(北京—广州)	京津线(北京—天津)	京沪线(北京—上海)
里程(公里)		2 294	115	1 463
时间	普速列车	21小时49分(Z101)	2小时13分(K1301)	14小时55分(T109)
	高铁列车	9小时46分(G71)	42分(G301)	4小时28分(G11)
	高铁节约时间	12小时3分	1小时31分	10小时27分
普速列车票价		251元	21.5元	177.5元
高铁一等座位	票价	1 380元	94.5元	933元
	与普速列车票价比	549.8%	439.5%	525.6%
高铁二等座位	票价	862元	54.5元	553元
	与普速列车票价比	343.5%	253.5%	311.5%

注:普速列车的票价都是该列车的硬座票价。

2. 高铁与公路客运比价关系分析

公路客车与高铁的竞争主要是在500公里以内的短途出行,高铁优势在于速度快、舒适便捷、准点发到,因此高铁票价相对于公路客运价格要高一点,旅客愿意支付相对高额的价格来换取时间与便捷。

从表5-11中可以看出,北京到天津的距离大约140公里,高铁在时间上与公路客车相比具有极大的优势,从北京到天津坐直达快巴需要2个小时左右,而乘坐高铁只需要35分钟,节省了将近3倍时间,从北京到天津的二等座票价仅比直达快巴高14.5元,由此可见高铁极大地方便了人们的短途出行。其他500公里以内的线路,北京到石家庄,北京至济南,乘坐高铁比公路客车节省3～4小时。尽管高铁与公路客车票价相比没有优势,但高铁二等座仅比公路客车票价贵25%～37%,同时高铁节约了大量时间,提供了出行的便捷舒适,因此乘坐高铁是人们短途出行的首选。

表 5-11　高铁与公路客车的票价比较情况

比较项目＼行程			北京—天津	北京—石家庄	北京—济南
公路		票价(直达快巴)	40	100	150
		公路客车时间	2 小时	约 5 小时	约 5 小时 30 分
高铁	时间比较	高铁时间	34 分	1 小时 20 分	2 小时 16 分
		高铁节约时间	1 小时 26 分	3 小时 40 分	3 小时 14 分
	高铁一等座位	票价	94.5 元	206.5 元	329.5 元
		与公路客车票价比	236.3%	206.5%	219.7%
	高铁二等座位	票价	54.5 元	128.5 元	194.5 元
		与公路客车票价比	136.3%	128.5%	129.7%

注:以上数据均来源于携程网。

3. 高铁与民航的比价关系分析

民航相较于高铁更为快速,但高铁的优势在于转换时间较短、准点准时、方便快捷,因此在 800 公里以内,高铁的竞争优势明显,800～1 200 公里为高铁和民航的主要竞争空间。高铁票价相对较为稳定,而民航公司会使用各种价格策略进行优惠打折,与高铁进行客源竞争。

从表 5-12 中可以看出,京广高铁沿线 4 个大城市高铁、民航出行比较,里程距离越长,民航的时间优势越明显,北京至武汉 1 200 公里,民航比高铁节约时间 2 个小时,加上搭乘民航的转换时间,两者时间相差无几,因此民航公司对于该线路的折扣优惠较大,提前一周订票,票价仅为 440 元,比高铁票价 520.5 元优惠 15%。而由于北京至长沙、广州距离较远,民航时间优势明显,即使加上搭乘民航的转换时间,民航依然拥有时间优势,因此民航与高铁之间的价格之比大致为 1∶1 的关系,民航可以利用时间优势来争取客源。

表 5-12　高铁与民航的票价比较情况

比较项目＼线路		北京—武汉	北京—长沙	北京—广州
里程(公里)		1 225	1 463	2 294
时间	民航	2 小时 20 分(CA8214)	2 小时 35 分(HU7835)	3 小时 25 分(HU7805)
	高铁	4 小时 24 分(G555)	6 小时 32 分(G503)	9 小时 46 分(G71)
	民航时间节约	2 小时 20 分	3 小时 58 分	6 小时 21 分
民航经济舱票价(折后价)		440 元	570 元	858 元
高铁二等座位	票价	520.5 元	553 元	862 元
	与民航票价比	115.3%	97.1%	99.7%

注:1. 以上数据均来源于携程网。
2. 民航票价为提前一周的折扣票价。

从以上四种运输方式的比价关系中我们可以看出,在市场竞争的条件下,各种运输方式能够根据自身的优势,划分优势区间与目标客户人群,在此基础上制定合理的竞争性价格,形成了合理的比价关系。但不足之处在于,高铁运输价格相较于其他运输方式的价格，缺乏灵活性，这导致高铁在微观市场上竞争力减弱，例如民航可以根据客运率，在一天之内制定不同的价格，处于民航低价时段内的高铁将面临更大的价格压力。总而言之，高铁和其他运输方式之间在运输市场上基本形成了比较合理的比价关系。

二、高铁运输产品差价体系

（一）高铁运输产品差价体系的意义

高铁运输价格按旅客乘坐的列车级别（G 字头、D 字头和 C 字头列车）分为高铁票价、动车票价和城际动车组票价；按客车席别分为商务座票价、一等座票价、二等座票价；按运行距离实行递远递减票价，这些票价就形成了高铁运输产品的差价体系。

高铁运输产品差价是高铁位移产品各种经济关系的反映，是高铁运输生产经营者和旅客经济利益的体现。正确合理的高铁运输产品的差价能保证高铁运输生产的正常进行，促进高铁运输生产的发展，有利于高铁运输能力的合理布局，有利于正确处理高铁运输企业和个人的经济利益关系，同时还有利于运输市场价格的稳定。

（二）高铁运输产品差价体系现状分析

高铁运输不同的运行速度、运行距离、客车席别等所体现的的运输成本不尽相同。有关资料表明，时速 350 公里的高铁每小时耗电 9 600 度、时速 250 公里的高铁每小时耗电 4 800 度，列车运行耗电量的高低会导致运输成本产生差异，并最终反映在票价上，以北京至广州为例，时速较慢的动车 D909 次列车票价率仅为 0.295 元/公里，而时速较快的高铁 G79 次列车票价率为 0.359 元/人公里。此外不同席别的车厢载客量不同也会导致单位运输成本的差异，高铁商务座为 15 人、一等座车厢 60 人、二等座车厢 90 人。不同席别所提供的服务也不同，而车厢的空间面积、运行速度是一样，这都会导致单位运输成本出现差异，从而也会影响票价，以北京至上海的 G105 次列车为例，商务座票价率为 1.33 元/人公里、一等座票价率为 0.71 元/人公里、二等座票价率为 0.419 元/人公里，商务座票价率是二等座的三倍以上。不同的运距会对运输成本造成影响，从而形成距离别差价。高铁运输是按递远递减原则处理距离差价的，500 公里以内不考虑距离差价，500～1 000 公里按基准票价的 9 折考虑差价，1000 公里以上按基准票价的 8 折考虑差价。如京沪高铁上的北京至上海 G119 次列车，北京至济南、徐州、上海，随着运输距离的增加，票价率存在着递减的规律，由 0.454 元/人公里下降至 0.419 元/人公里。

（三）高铁运输产品差价体系的进一步完善

票价可随着季节、日期甚至钟点的变化而变化。从高铁的角度来看，高铁的时点对其运营成本影响较小，而人们对于不同的出行时点，需求弹性差别较大，因此，高铁公司可以利用时点差别定价。

1. 订票时间

一般而言，人们对于未来计划中的出行需求弹性较大，而对于眼前较为急迫的出行计划弹性较小。高铁可以据此实行差别定价，对提前订票的旅客给予一定程度的折扣，以刺激人们乘坐高铁的需求。一方面，这种定价模式可以很好地吸引消费人群，增强高铁的竞争能力，增加运营收入；另一方面，也有利于提高高铁的运输效率。

2. 出行时点

人们出行的时间点对自身的价格弹性具有一定影响。在高峰时段,乘客更加关注于时间的紧迫性,因此,高峰时段人们对高铁的价格需求弹性相较于非高峰时段来说更小。以京津城际铁路为例,其早晚高峰时的上座率明显高于一天中的其他时段。另外,一般情况下,人们更喜欢选择一天中较为舒适的时间点出行,这使得乘客在舒适时段的价格需求弹性相较于不舒适时段要小一些。根据人们在不同时间点出行需求的不同,高铁公司可以实行差别定价,这是一种较好的定价策略。

3. 出行日期

乘客选择的出行日期对价格需求弹性有较大影响。在节假日,人们的出行意愿较大且强烈,对高铁的价格弹性需求较小;在工作日,人们的出行意愿相对较低,因而对高铁的票价需求弹性较大。在这种情况下,人们在节假日等高峰时间出行不仅买票难度增而且出行舒适程度急剧降低,即人们在节假日出行的隐性成本提高,而在出行成本提高的情况下,人们的出行需求很难下降,可见其价格需求弹性较小。

我国高铁可利用出行日期对价格需求弹性的影响,在节假日实行高票价,而在工作日实行低票价。这种削峰平谷的作用在一定程度实现了资源的合理利用。铁路运输较为成熟的国家会根据出行时段的不同实施差别定价。日本城际铁路实行工作日与节假日不同的票价制度,在周末以及节假日实行高票价,而在平时则实行通勤票价,以实现城铁资源的合理利用。

第四节　高铁运输价格机制

一、高铁运输价格机制的内容

机制一词起源于拉丁文,本意是指某种有机地结合在一起,发挥作用的过程或方式。高铁运价机制作为一种经济机制,至少应包括三方面的内容,即运价形成机制、运价运行机制、运价约束机制。其中运价形成机制是整个运价机制的核心,所谓运价形成机制主要是指运价形成的主体,以及由此决定的运价形成方式、运价形式和运价体系。其中运价形成主体起决定性作用。运价形成的主体是指由政府或由铁路主管部门或由铁路运输企业来制定运价,不同的运价形成主体,将决定不同的运价形式,形成相应的运价体系。高铁运价运行机制是建立在运价形成基础之上的第二层次的运价机制,主要是指运价如何与其他经济要素相联系,从而对运输市场和运输经济运行发挥调节作用。高铁运价约束机制是指在市场经济条件下的运价运行过程中,以完备的法律法规体系、现代企业管理制度、经济手段来约束运输企业经济行为中的盲目性、自发性、滞后性,保证公平、公开、公正竞争,规范运价行为。

二、高铁运输价格的形成机制

目前来说,我国的高铁运输价格形成机制主要分为两个阶段,2007 年至 2016 年高铁发展的早期阶段,高铁运输的票价形成一般按照普速铁路的成本加成方法计算所得,优点在于计算过程简单明了,在弥补高铁运输成本的前提下,并使高铁运输企业获得一定的收益，但缺点在于不够灵活。2016 年国家发改委将高铁票价的定价权下放至高铁运输企业后，我国的高铁票价的形成机制开始由政府定价向市场定价转变。

新修高铁线路的运输价格无须再由国家发改委审批，仅需要在国铁集团报备，并由地方发改委价格管理处审批即可通过。大量这一时期新建的支线、短途的城际高铁在运价制定时考虑的因素发生了变化，原有的以成本为基础的价格机制开始向客载率为基础的价格形成机制转变，这一变化使得高铁票价的制定更多地考虑市场的竞争，特别是与其他运输方式的竞争关系。

各种运输方式的竞争的直接影响是使运输方式之间的客运分担率发生变化，进而影响运输的价格。通过预测高铁线路票价与客运分担率，可以得到线路的大致成本收益情况。不同于以往成本加成所得的收益，客载率计算所得的收益更为动态，高铁运输企业可以通过客载率的变化灵活预测价格。

三、高铁运输价格的运行机制

高铁运输价格运行机制是建立在运价形成基础之上的第二层次的价格机制。在市场经济中，运输市场机制运行的机理大体包含以下几方面的内容：一是运价利益刺激功能形成运输市场主体行为的内在动力；二是竞争的优胜劣汰原则构成运输市场主体行为的外在压力；三是运输供求决定运价形成，运价又决定运输供求变动，供求和运价双向调节；四是运输市场和要素市场相互关联，两者的运价存在联动效应。在这些运输市场运行机理的决定下，运价运行形成了一个周而复始、循环不断的连续过程。即运输市场运行中，运输供求决定运价，运价又反作用于运输供求。当某种运输产品供不应求时，在竞争中其运价上涨，使生产该运输产品的部门和企业利润增加，吸引更多的生产要素流入，生产规模扩大，从而又使该运输产品的社会供给总量增加，逐步达到运输供求平衡，形成运输市场均衡价格；随着运输供给的不断增加，直至出现运输供过于求，在竞争中运价下跌，部门和企业的利润减少，致使部分生产要素流出，生产规模缩小，从而使运输产品的供给总量减少，逐步达到运输供求平衡，形成新的均衡价格；在此基础上，又进行新的轮循环。如此往复，这就是运输市场价格运行的基本机理。

四、高铁运输价格的约束机制

在市场经济中，运价的形成和运价的运行不是随意的，而是要受到一定条件的约束或限制。对运价行为和运价运行的约束和管理，包括微观和宏观两个方面，即对高铁运输企业价格行为的约束、规范和对运价总水平运动的约束。运价约束机制是指规范价格合理形成和有序运行并发生作用的机理，其客观内涵是价值规律和供求规律的要求，即运价行为和运价运动，首先要遵循价值规律和供求规律的要求，接受其支配或约束；其主观方面的主要内容是有关运价的法律、法规、制度、政策和管理办法。运价约束机制的作用对象是微观运价行为主体——高铁运输企业。

高铁运输价格约束机制主要包含以下内容：

(1)法律约束。通过经济立法，即制定和贯彻价格法、反垄断法、反不正当竞争法、明码标价法及成本会计法等一系列法律法规，使各项运输市场活动和运价行为(包括微观和宏观两个方面)有法可依、有章可循,通过法制的强制功能实现良好的市场秩序和运价秩序;为市场公开、公正、公平的竞争和价格运行提供保障,使高铁运输企业的市场行为受到法律约束;规范、检查和监督市场主体的运价行为,对企业间的非法勾结、合谋操纵、价格歧视等市场垄断行为和其他价格违法行为实行限制和惩罚,为运输企业创造公平竞争环境,减少人为的障碍和政策性垄断,用法治代替人治。

(2)经济约束。通过运用相应的经济手段,如财政补贴、税率调节、投资方向、调节基金、物资储备及相应的经济惩罚措施等等,引导、鼓励或限制相关的运价行为或相关运输产品价格的运动方向。

(3)行政约束。即运用行政手段和行政权力对运价行为主体的价格行为直接进行管理、监督、检查,对价格违法行为实施处罚,以及在必要时对运价进行干预、限制。

五、其他国家高铁运输价格机制

其他国家高速铁路运价机制大同小异,相同之处在于都是在政府监督指导之下,在保证线路正常运营的前提下,以能够支付高铁公司合理运行费用、取得一定的盈利、并且能及时偿还高速铁路投资的基础上制定的。不同之处在于其他国家在高速铁路运价制定过程中还充分考虑缩短旅行时间、提高舒适度以及均衡旅客客流、相同方向各种运输方式的运价水平、竞争激烈程度等等的影响,其高速铁路票价都在不同程度上突破了传统的按里程计价的定价方式,转而采取比较灵活的运价政策,利用运价的变化调节客流,在满足不同层次旅客旅行需要的同时,吸引了更多的旅客,增加了运营收入。

目前大多数的欧洲高铁公司都采用了收益管理系统(PROS),其核心是以一套灵活的、符合市场竞争规律的、以现代化的微观市场预测及价格优化手段形成的价格机制来代替简单低价竞争,其基本原理是通过顾客选择行为模式的统计特征的描述来实现对旅客进行分类,在这一基础上,对每一类旅客的未来需求进行预测。通过利用各类旅客对高铁价格敏感度的不同和未来需求变化的规律进行预测来控制车次、座位的开放,同时积极利用价格杠杆,平衡高峰期与非高峰期的客流,以保证列车较高的上座率,以达到提高收益的目的。相关国外高速铁路运价形成与调整机制见表 5-13。

表 5-13 国外高速铁路运价形成与调整机制比较

国家	价格形成机制	价格监管方式	价格调整机制
法国	基本票价+加成票价	政府指导价	同一类型车票的价格浮动上限和价格浮动下限的最大差价须控制在 50%以内
德国	综合票价	政府监督价	车票价格自由浮动,但受到监管
日本	基础票价+额外票价	政府指导价	对车票价格的上限进行规制,票价调整需要进行上报
韩国	基本票价+浮动比例	政府指导价	对车票价格的上下限进行规制,价格上限由听证会决定,下限不超过 40%
西班牙	基本票价+浮动比例	政府指导价	车票必须在政府制定的上下限之间调整
意大利	竞争票价	政府定价+市场调节价	国铁政府定价,私人铁路市场定价

(一)法国高铁运输价格机制

在法国未开通高速铁路运营之前,铁路部门的定价主体为政府,采取政府定价的运价形成机制。该阶段法国铁路客运主要根据里程计费，不同地区、不同线路都采取统一的运费率；对于票价执行“递远递减”的制定方法。1981年，法国高速铁路开始运营，高速铁路客车服务水平高、运行速度快，采取原先统一的定价方式不能合理的反映运输成本；同时，法国高速铁路面临民航运输与公路客运的竞争。出于这两点原因，法国高铁票价开始逐步实行政府指导价。

1993年，法国北部高铁路线开通运营，由于高速铁路在舒适度和速度方面优于普通列车，政府允许优质列车与普通列车存在差价。目前法国的TGV票价是由基本票价和加价部分组成的。其中基本票价与既有线的票价相同，基本票价是由基本票价率和运输里程计算得到，并且基本票价部分随着物价指数的变化，进行相应调整。加价部分则与运行距离无关，是根据运行时间、服务质量、旅客流量、竞争价格（航空、公路）、OD沿线客流情况等因素确定的。另外，铁路部门可根据客运繁忙程度的不同实行差异票价，对于低谷时段乘客较少的列车，可以实行折扣优惠。法国政府对列车以及传统干线改进型列车实行客运票价上下限规定，并出台法规明确了上下限的差价比。政府规定同一类型车票的价格浮动上限和价格浮动下限的最大差价须控制在50%以内。法国的价格浮动模式规定了浮动的上下限，有助于价格维持在一个较为稳定合理的水平，同时又保护了消费者的权益。

法国国家铁路公司根据年龄段与职业等因素，按老人、儿童、青年、残障人士、军人等不同群体，提供了人性化的优惠票价。表5-14显示了法国高速铁路通票票价。根据乘坐天数不同，乘客可以得到不同的折扣。以成人车票为例，一个月任意使用9天的单次票价比一个月内任意使用3天的单次票价几乎优惠40%。根据消费者类型不同，折扣也有所不同，12岁以下的儿童可以享受半价优惠，12～24岁的青年可以享受折扣优惠，60岁以上的长者可以享受8.8折的票价。

表5-14 法国高速铁路通票

乘车天数	成人	成人同行	儿童	儿童同行	青年	老年
1个月内任意使用3天	198.85	172.66	99.43	86.33	142.59	174.54
1个月内任意使用4天	228.92	198.85	114.46	99.43	163.93	202.73
1个月内任意使用5天	258.02	224.07	129.01	112.04	185.27	228.92
1个月内任意使用6天	286.15	247.35	143.08	123.68	205.64	255.11
1个月内任意使用7天	313.31	271.60	156.66	135.80	226.98	278.39

在价格制定程序上，制定运价标准或调整方案提交运输主管部门，由国家运输主管部门提请法国行政院审议客运票价方案，批复后实行。法国铁路部门执行政府指导价的同时，开始利用收益管理技术进行定价。对旅客运输市场进行细分，根据不同市场消费者的价格敏感性不同，建立起多层次的价格体系。通过这种特殊的价格折扣方式，最大限度地减少列车运力的闲置，以实现运营收益最大化。

（二）日本新干线运输价格机制

1906年，日本通过《铁道国有法》，将国家规模较大的民营铁路公司收归国有，并于1949年将日本国有铁路改组为国有公共企业，这一阶段的日本铁路客运主要实行政府定价，按照《国有铁道运价法》规定，基本运价要经过国会的审议、决议来确定，对运价进行修改则要制定必要的"改正法"。该法还规定了运价制定和修改的几条原则：公共妥当的原则；成本补偿的原则；有助于产业发展的原则；有助于运费及物价稳定的原则。

1987 年，日本政府对铁路进行了私有化改革。改革后，铁路运价由国会的议决制转变为运输大臣认可制，采取价格上限规制的政府指导价。铁路企业只要获得上限认可，就可以对各种票价实行折扣，运价仅需要上报即可。由于日本高速铁路的上座率很高，高速铁路在客运市场上非常具有竞争力，政府对高铁采取上限规制的价格浮动模式有助于保护消费者的利益。

日本新干线旅客票价也由两部分组成，基本票价和加价。其中，基本票价是日本既有铁路按运营里程计算的普通旅客票价，加价则是对新干线的额外收费，加价部分也是按照运营里程计费的。加价部分主要是考虑了新干线缩短的旅行时间以及服务质量的提高等方面。一般来说，新干线的票价中加价部分为既有线票价的 65%左右。日本的新干线在客运市场的占有率达到了 85% 以上，例如在东京—大阪公共运输方式完成的客运量中，新干线承担了 88%的运量，飞机约为 12%，选择汽车的旅客很少。新干线能够具有如此高的市场占有率，与其票价的合理制定有很大的关系。

日本新干线运营公司根据市场的变化和旅客收入水平以及其他竞争方式的票价变化，来调整新干线的票价。图 5-11 为新干线东京—大阪票价与平均每天劳动报酬的关系。可以看出，日本新干线的票价经常随着旅客承受能力以及市场的因素而变化，例如东京到新大阪线 1964 年 10 月投入运营，新干线旅客票价先后经历了 17 次调整。日本新干线建立之初，新干线的票价与平均日工资的比例关系是 2 倍左右，随着新干线的运营，虽然票价越来越高，但是其与平均日工资的比例却维持在 1.1 左右。由日本新干线可以得出，高铁票价的制定要考虑旅客的工资水平以及承受能力。

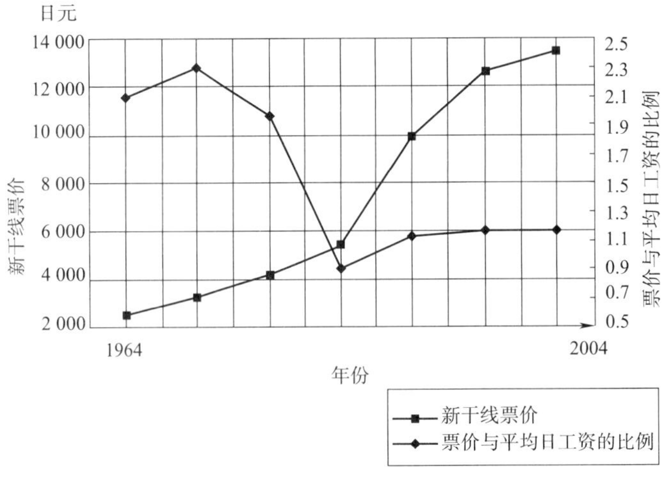

图 5-11 新干线票价

（三）德国高铁运输价格机制

1991 年以前，德国还未开通高速列车，德国铁路主要采取政府定价。客运票价采取按里程定价。政府根据经济环境、市场情况、居民承受能力、运输成本、需求弹性等因素综合制定运输价格。1991 年 6 月，德国铁路 ICE 高速列车开始在汉堡—法兰克福—慕尼黑线运营。政府对高速铁路列车逐步采取市场调节价。高速铁路票价不再单纯根据里程定价，而根据竞争环境不同来制定不同的价格。德国铁路运用这种定价模式，希望能够提高 ICE 列车的上座率，补偿运营成本。同时，德国铁路还建立了"ICE 票价系统控制模型"，对不同车次、等级的票价在不同时间实行不同程度的降价折扣。

2002 年 12 月，德国铁路引入收益管理定价模式，开始执行新的票价体系。收益管理模式能最大限度地提高客运资源配置效率，实现运营收益最大化。目前，德国的高铁运价机制非常灵活，政府允许高铁企业根据市场供求状况自由制定价格，无须经过政府部门审批。但政府对票价有一定的监管权力。德国铁路的客运票价由客运公司营销部门负责，定价机制灵活，能够以市场需求为导向。在执行市场调节价后，德国 DB 公司在客运方面已实现盈利多年。

（四）意大利高铁运输价格机制

意大利第一条高速铁路是 1992 年修建的罗马至佛罗伦萨线。1994 年正式开始了意大利高速铁路网的工程建设。1998 年，意大利政府对米兰—博洛尼亚段 180 公里铁路进行改造升级，车速提高至每小时 300 公里。2000—2003 年依次建成都灵—博洛尼亚、米兰—威尼斯、米兰—热那亚高速铁路，高速铁路总长度达到 1 525 公里。意大利高速铁路采用最新型的 ETR500 高速列车，称之为"意大利欧洲之星"。2006 年，意大利出现了私人铁路公司。NTV 公司是欧盟放开铁路运营权后成立的第一家私人铁路公司，公司致力于提供快速的行车体验和奢华的服务，模仿航空公司实行阶梯式票价，乘客提早订票或者选择非高峰期都能赶上最低票价。乘客在沿途 12 个车站以及部分旅行社都可以订到车票。

意大利一部分高速铁路线由国铁运营、一部分铁路线由 NTV 公司运营建设。国铁线执行政府指导价，而私人运营的高速铁路线执行市场调节价。价格水平与国铁相仿，但采取更为灵活的类似于航空阶梯式票价。在每周的不同日期、每天的不同时间段和不同季节，票价都有所区别，乘客提早订票或者选择非高峰期都能赶上最低票价。NTV 进入市场后，与国有铁路形成竞争，票价降低了 30%，选择铁路交通的乘客增加了 16%，运营状况良好。

（五）国外高速铁路运价机制启示

1. 多数国家都经历了从政府定价到政府指导价或市场调节价的转变

铁路的基础设施建设资金需求庞大，早期通常都由政府出资建设并负责运营。因此，各国在新建铁路初期往往采取政府定价，运价由政府部门通过审议来决定，以里程定价为主，运价较为固定，难以根据市场供求关系进行上下浮动。随着高速铁路产业的发展，客运市场结构逐渐发生变化，单一定价的方式已经越来越难以适应客运市场的需求。各国政府为使得铁路运价能够调节供求关系，适应日益变化的客运市场需求，普遍放松对运输价格的管制，通过允许价格浮动赋予高速铁路客运公司一定的定价自主权，以适应客运市场竞争，提高高速铁路运营效率。

2. 多数国家高速铁路的定价主体经历了从政府到企业的转移

高速铁路运营早期，各国的铁路定价主体往往是政府。政府制定运价政策，企业根据法律法规执行运价。而随着客运市场的发展，铁路客运服务水平有所提高，列车运行速度也在提高。同时，高速铁路也面临着航空运输、公路客运日益激烈的竞争。高速铁路要想在客运市场的竞争中取得优势，铁路企业需要拥有自主定价的权力，能够运用价格策略参与市场竞争。因此，各国为了适应客运市场发展的趋势，普遍赋予企业一定的定价权。政府的角色逐步由价格制定者向价格监管者转变，高速铁路企业能够越来越自主地参与高铁运价的决策。

3. 各国在高速铁路客运运价方面普遍予以一定的价格规制

法国高铁都采取设定价格上下限的规制方法，主要采取差别定价，通过对消费者群体、出行次数、出行时间、预定时间等方面做出区分，采取价格歧视的方法定价，以获得更多的消费者剩余。通过设定价格浮动的上下限范围，避免价格出现大幅波动，保护生产者与消费者的双重利益。日本采取上限价格规制。日本的地域范围小，高速铁路客运服务具有天然优势，很容易成为跨地区的通勤工具。由于铁路竞争力较强，政府一般都不设价格下限，允许企业最大范围内的向下浮动价格，给予消费者更多的价格优惠。德国高铁与意大利私有铁路的价格浮动范围最广，基本实行市场调节价，没有设定价格的上限与下限，但政府仍然具有对于运价监管的权力。德国高铁采取收益管理定价技术、意大利私有铁路采取类似航空公司的阶梯式票价。两国的定价机制都完全以市场需求为导向，价格浮动方式非常灵活，能够通过价格策略获取最大化的收益，提高铁路的运营效率。

第五节　高铁运输价格管理

一、高铁运价管理的意义

高铁运输价格管理，是指根据高铁运价本身运动的客观规律和外部环境，采用一定的管理原则和管理手段对高铁运价的运动过程中所进行的组织、指挥、监督、调节等各种职能活动的综合。

高铁运价管理是国家根据《中华人民共和国价格管理条例》对高铁运输价格的行政管理。加强高铁运价管理对保持运输市场价格的基本稳定、安定人民生活、保障经济建设顺利进行具有重要意义。高铁运价管理是在维护国家利益、追求社会效益最大化的前提下，兼顾高铁运输企业、高铁运输需求者的合法经济权益，有利于高铁运输企业与消费者之间进行合理的利益分配。

二、高铁运价管理内容

(一)高铁运输价格审批与监督

高铁运输价格审批是指高铁运输企业制定的公布票价要报备地方价格部门审批，并抄送国铁集团客运部。高铁运输价格审批是为了防止高铁运输业垄断利润的产生。目前高铁运输价格所采用的是市场定价方式，高铁运输企业根据高铁运输成本变化、运输市场供求、竞争变化等情况，在公布票价(天花板票价)之下自主确定高铁运输执行票价。政府价格主管部门和国铁集团客运部对高铁运输企业的执行票价行为进行监督。

（二）监控高铁运价水平

高铁运价水平是表征运价体系是否合理的基本标志。在高铁运价宏观决策中具有决定意义的就是高铁运价水平。在当前市场经济条件下，运输业的发展已比较成熟、运输市场比较完善、多元化竞争格局基本形成。因此衡量高铁运价水平是否合理的标准应该是：能够补偿正常运营条件下的运输再生产费用；资金利税率水平相当于全国工业企业的平均水平，使投资于铁路的资金能够得到社会平均的社会报酬；能够及时反映运输供求、竞争等因素变化，发挥对运输资源配置的优化作用及对高铁运输企业的激励作用。

（三）处理高铁运输价格投诉

在运输市场存在竞争的情况下，高铁运输企业由于考虑到竞争对手的存在，会将运输价格定在一个相对合理的水平以吸引客户。此时由于供求双方在价格上的不一致完全可以由市场来调整，因而产生消费者投诉的可能性较小。但有些运输设施具有自然垄断特性，运输服务提供者可能借此向消费者收取不合理费用，这种情况需要设立专门的价格投诉机构进行调查处理。我国高铁成立了 12306 投诉中心，处理包括票价投诉等一切服务问题，同时消费者也可以向当地物价部门等政府机关进行相应的价格投诉。

三、高铁运价管理方式

国家对运输价格的管理采取直接管理和间接控制相结合的原则，根据对国计民生的影响分别采用政府定价、政府指导价和市场调节价三种方式。

政府定价，是指由县级以上（含县级）各级人民政府物价部门、业务主管部门按照国家规定权限制定的商品价格和收费标准，凡关系国计民生重要的工农业产品、交通运输价格和劳务收费，以及垄断性产品，稀缺性产品，非营利性收费，或上述产品的计划任务内部分，实行国家定价。这是保持物价总水平相对稳定，促进经济稳定协调发展，安定人民生活的必要条件。

政府指导价，是指由县级以上（含县级）各级人民政府物价部门、业务主管部门按照国家规定权限，通过规定基准价和浮动幅度、差率、利润率、最高限价和最低保护价等，指导企业制定的商品价格和收费标准。它既具有国家宏观价格计划性的特征，又具有体现企业微观价格灵活性的特征。

市场调节价，是由市场独立主体即经营者制定的，这种独立市场主体就是市场经济条件下自负盈亏、自主经营的经营者（包括法人、其他组织以及个人等），他们依据生产经营成本和市场供求状况等决定自己经营商品的价格。

四、高铁运价管理基本手段

根据高铁运价管理原则，高铁运输价格管理手段应是法律手段、经济手段和行政手段三者的结合体。

（一）以法律手段管理高铁运价

高铁运价管理的法律手段，是指国家通过制定价格法律和法规对价格进行规范化的管理。就高铁运输价格而言，是指规范其管理形式和管理权限、禁止高铁运输价格垄断和暴利行为的措施和制裁办法等。具体的法律规则有《中华人民共和国铁路法》《中华人民共和国价格法》《铁路客运运价规则》等，这些规则从其内容上看包括运价的管理形式、管理权限及制定方法等。

（二）以经济手段管理高铁运价

高铁运价管理的经济手段，是指国家利用财政、税收、货币、信贷、投资等经济手段来影响和控制高铁运价水平，从而达到社会资源的合理配置和运输能力的有效使用。高铁运输业是一个初期投资大、资本回收期长、对国民经济发展具有举足轻重作用的基础产业。除了高铁运输企业本身应适应运输需求的变化，准确选定、实施经营决策并改善经营管理外，国家也应对高铁运输业进行必要的扶植。世界各国大多对高铁运输业都有一定的经济扶植政策。

（三）以行政手段管理高铁运价

高铁运价管理的行政手段，是指国家高铁运输主管部门运用行政命令，下达统一的运价和实施带强制性的措施和监督等办法，管理和协调各种价格关系的一种手段。随着市场经济体制的进一步深化，政府应更注重法律手段或经济手段来管理高铁运价，但也并非完全取消采用行政手段。比如，当社会发生非常事件或生产故障而急需运输某些物资，就必须由有关部门运用行政命令的办法责令有关高铁运输企业按国家意志实施运输。

五、高铁运价管理组织体系

为了搞好高铁运价管理工作，必须建立和完善各个层次的高铁运价管理。我国目前的高铁运价管理组织体系设置状况如下。

1. 综合性的政府物价管理机构

国务院由国家发改委，负责管理全国物价工作。地方各级人民政府设物价局或发改委的价格相关处，负责管理本地区的物价工作。

2. 民间性质的行业价格协会

在政府物价管理部门的参与和指导下，行业价格协会按照其商定的章程和制度，在充分协商、平等互利、求大同存小异的基础上来解决价格中的热点和难题，以及时通报衔接市场价格水平。

3. 高铁运输企业内部价格管理组织

高铁运输企业通过设立各种不同组织形式在遵循客观经济规律要求，符合国家有关价格方针政策、法规制度基础上，对高铁运输产品的价格进行制定、调整和监督活动，以增强企业自我约束能力，达到既要适应市场竞争需要，又要使价格活而不乱的目的。目前高铁运输价格由国铁集团内部实行分级权责制管理，国铁集团客运部客运价格处——铁路局集团公司客运处分层管理高铁运输价格。

第六节　高铁运输收入清算单价

由于高速铁路运输的网络型特点，高速铁路运输生产由铁路系统内的高铁公司、铁路局集团公司及其基层站段等部门协作进行，运输进款统一收取、运输收入清算分配。

一、高速铁路运输收入清算的必要性

高铁运输生产根据空间范围划分为管内运输、跨局运输两种情况。管内运输在某个铁路局集团公司范围内完成;跨局运输需要两个以上铁路局集团公司合作完成,因此,高铁运输收入需在相关铁路运输企业间进行清算。

根据高速铁路委托运营管理模式,高铁公司是高速铁路产权拥有企业、铁路局集团公司是被委托运输企业,基层站段是铁路局集团公司内部核算的经济单位。铁路运输企业都必须进行经济核算,计算其收入、支出及利润,考核财务成果。一方面,在高速铁路运输中,收款单位不能直接将其收取的运输进款作为其收入进行支配。另一方面,由于地理、气候、线路等条件不同,单位运输产品成本不同,所以,运输进款需及时完整地解缴国铁集团,国铁集团按预定的清算单价和方法,根据各铁路局集团公司和基层站段等运输企业的工作量和成本情况,须要将高铁运输收入在各铁路局集团公司间进行分配。

二、高速铁路运输收入的构成

高速铁路运输企业所属各车站、车务段、列车段等在进行客运运输中,按照旅客运输规章及有关规定,向旅客、客户核收的票价及其他各种款项,称为高速铁路运输收入。

高速铁路运输收入是在全国高速铁路沿线车站、列车及各种售票平台上收取,以站、段为单位通过银行向铁路局集团公司、国铁集团逐级解缴。国铁集团一方面按规定向国家缴纳税金和利润;另一方面用于补偿运输支出和扩大再生产的投入。

高速铁路运输企业为旅客提供运输服务,按国家规定的费率收取费用,这些费用按收入来源和使用权限不同,分为营运收入、销售收入和代收款三类。

1. 营运收入

按其经营的业务不同,营运收入分为运输收入、车站服务收入和其他收入。运输收入是高铁运输企业经营旅客运输业务取得的营业收入,主要为订票、补票收入,及退票手续费、行李附加费等;车站服务收入是车站为顾客提供各种服务所取得的收入;其他业务收入种类较多,主要是运输延伸服务所得收入。

2. 销售收入

销售收入是指广告收入、运载设备维修收入、技术转让收入等。

3. 代收款

代收款是指高速铁路运输企业在办理旅客运输业务中,使用铁路运输票据或其他专用票据,按规定向旅客核收的下列费用:

(1)国际联运应清算给国外铁路的旅客票价收入、行李附加费;内地与香港直通铁路运输中应清算给有关铁路方的旅客票价收入,行李附加费;

(2)旅客预付款;

(3)超过规定期限无法交付的行李、包裹、遗失物品的变价收入等应缴国库的收入。

三、高速铁路运输收入的管理

为了保证按规定完整的取得收入进款,必须严格规章制度,对进款进行监督。监督主要是通过对票价、报表的审核和对照;加强收入稽查,并通过实地检查有关进款工作、单位执行规章制度的情况,同一切违反规章制度和违法乱纪行为作斗争。

高铁运输收入由专人负责核收,每日收进的各种款项当日整理算清,及时送交银行,存入银行运输进款专户,并登记进款台账,按规定日期汇缴。

高速铁路运输收入进款,一般情况下各级部门都无权动支。只有在下列情况下,才能允许按规定办法和手续动支。

(1)退还旅客的运费。

(2)垫付旅客和路外人员意外伤亡急救和丧葬费。

(3)铁路局集团公司批准垫付的自然灾害急需款。

(4)经国铁集团批准的其他拨付款。

高速铁路运输的票据具有有价证券的性质,对票据的印制保管和使用都必须建立严格的制度,严加管理。各级单位都要设立票据库,配备专人负责保管和发放,建立票据交接、清点和登记制度,并建立票据台账,做到收支正确,账实相符。

四、高速铁路运输收入清算原则

我国高速铁路目前采用委托运营管理模式。该模式将高速铁路的运输资产经营与运输生产经营分离开。高速铁路公司负责运输资产的专业化经营,包括资产经营、资产监管等;另外,高速铁路公司将运输生产经营委托给国家铁路运营单位,即相关铁路局集团公司进行专业化经营,并签订委托运营协议,负责运营调度指挥、行车组织、客运组织和运输设备设施养护维修等。

高铁运输清算办法执行的铁路客运清算办法,客票收入以列车为载体,取得客票收入的企业向提供服务的企业支付提供服务费用。

高铁运输收入清算的总体思路是收入来自市场,旅客运输承运结算,与列车运行直接相关的客运收入,原则上作为列车担当企业的客运营业收入,其余客运收入作为收款企业的客运营业收入,即按照“谁开车承运,收入归谁”的原则进行清算。委托代理费、提供服务相互清算,即不同运输主体之间提供的服务全部要相互清算。

高速铁路运输企业营业收入的确认或清算,分两种情况。

(1)由国铁集团客运收入清算系统确认,通过国铁集团资金清算中心清算。

由国铁集团客运收入清算系统确认,通过国铁集团资金清算中心清算的项目,包括:客票收入;列车线路使用费收入;列车机车牵引服务收入;跨企业电力机车接触网服务(含电费)收入、车站旅客服务收入、车站上水服务收入、售票服务收入。

(2)由高铁运输企业确认,通过企业间清算。

由高铁运输企业确认,在本企业内清算或者通过企业之间清算的项目包括委托代理费、列车补票及客运其他收入、劳务收入、其他服务收入等以及其他各种代收款。高铁运输企业之间确定的清算项目,也需上报国铁集团,由国铁集团资金清算中心进行清算。

对于铁路局集团公司的列车补票及客运其他收入,根据收入部门提供的有关凭证直接列账,对于铁路局集团公司的其他项目,由企业主体之间签订协议,相互确认工作量并进行清算,国铁集团有明确单价的项目要执行规定的单价,没有明确单价的项目,由企业主体之间协商确定。

五、高速铁路运输收入清算单价

1. 清算项目分类及方法确定

高速铁路在进行一个完整的运输作业过程中，各个运输主体之间相互提供了各种各样的服务。根据运输过程中的作业服务环节进行分类，将整个运输过程中分为售票服务、委托代理运输、提供(车站、线路及设施)服务。具体项目分类与基本方法见表 5-15。

表 5-15 高速铁路主要清算项目分类及方法

清算项目分类	清算服务内容	清算方法
售票服务	营销服务费	清算单价
站场(服务)	车站旅客服务费	清算单价
	上水服务费	
	吸污服务费	
	在站整备服务费	
	入段整备服务费	
线路及设施服务	线路使用费	清算单价
	接触网服务费	
	动车组用电	
委托代理费	人工费用	协商定价
	动车组租用费	
	委托设备设施大修、灾害预防、灾害复旧等专项费用	
其他服务	调度服务费	协商定价
	枢纽服务费	

2. 现行高铁运输清算单价

依据《关于进一步鼓励和扩大社会资本投资建设铁路的实施意见》(发改基础〔2015〕1610 号)，国铁集团制定了高铁客运清算单价的相关规定。目前，高铁运输清算单价主要包括：线路使用费、车站旅客服务费、售票服务费、上水服务费等。具体清算单价和标准如下。

(1)线路使用费

根据线路能力利用程度，我国高铁线路可分为一类上浮、一类、二类上浮、二类、三类、三类下浮 6 个级别。

①特别繁忙线路。特别繁忙线路是指日均开行动车组列车达到一定对数以上的特一类、特二类线路。根据特别繁忙线路日均开行动车组列车对数的不按对数逐渐递增的顺序，分为第一档、第二档、第三档。

特一类特别繁忙线路第一档单组动车组列车线路使用费为 101.7 元/列车公里，重联动车组列车线路使用费为 152.7 元/列车公里；第二档单组动车组列车线路使用费为 105.5 元/列车公里，重联动车组列车线路使用费为 158.4 元/列车公里；第三档单组动车组列车线路使用费为 109.3 元/列车公里，重联动车组列车线路使用费为 164.0 元/列车公里。

特二类特别繁忙线路第一档单组动车组列车线路使用费为 84.6 元列车公里，重联动车组列车线路使用费为 126.9 元/列车公里；第二档单组动车组列车线路使用费为 87.7 元/列车公里，重联动车组列车线路使用费为 131.6 元/列车公里；第三档单组动车组列车线路使用费为 90.8 元/列车公里，重联动车组列车线路使用费为 136.3 元/列车公里。

②能力富余线路。能力富余线路是指日均开行列车在一定对数以下的特一类、特二类线路。线路所属企业可自主决策下浮线路使用费标准，同时可与受托铁路局集团公司协商下浮委托运输费用。

(2)车站旅客服务费

根据车站能力利用程度将车站分为繁忙客运车站与普通客运车站。

繁忙客运车站是指日均旅客发送量达到一定人数以上的客运车站。根据车站日均旅客发送人数的不同，按发送人数逐渐递增的顺序，分为第一档、第二档、第三档。

繁忙客运车站第一档的高速动车组票价列车车站旅客服务费清算标准为 8 元/人；第二档的高速动车组票价列车车站旅客服务费清算标准为 9 元/人；第三档的高速动车组票价列车车站旅客服务费清算标准为 10 元/人。

普通客运车站旅客服务费清算标准为 5 元/人。

(3)售票服务费

除卧铺订票费(30%部分)、车站候车室空调费、客票发展金清算给车站资产所属企业外，其余高铁客票进款全部清算给列车担当企业。

售票服务费单价：管外运输企业担当列车票价收入的 1.00%。

(4)车站上水服务费单价

始发站动车组旅客列车：20.00 元/列次。

3. 关于清算标准调整机制

清算标准实行定期调整机制，根据成本和市场的变化，原则上每三年调整一次。

第七节 高铁运输收入清算方法

一、铁路客运收入清算方法沿革

运输收入清算直接关系到各铁路运输企业经济效益，使得收入清算问题成为铁路运输企业经济管理的一项重要内容。多年来，随着国家经济形势和铁路经营状况的变化，以及铁路运输管理体制改革的深化，铁路运输收入清算办法也作了相应的改革和完善。

新中国成立以来，铁路运输企业清算方法先后使用过“管内归己、直通分配”“平均收入率”“收支两条线”“清算单价”“双挂钩”“一路多制”“管内归己、直通清算”“模拟区域运价”“客运收入来自市场，客与货网分账核算”等方法。

1949 年到 1958 年这段时期，铁路运输企业清算使用“管内归己、直通分配”的清算方法，该方法下铁路运输进款全部上缴，管内运输进款不进行分配，作为收款局的应得运输收入；直通进款按各局完成的工作量和该时期经过汇总计算出的平均收入率进行分配。

1959年到1965年这段时期，铁路运输企业清算使用“平均收入率”的清算方法。该方法下铁道部对运输收入客运部分的分配改为按全路平均的客运人公里的收入率统一进行分配，即由铁道部统一计算每千旅客人公里平均率(以旅客千人公里总数除旅客票价总额)，各铁路局按实际工作量相应计算该局应得的运输收入。该方法的特点是简单易行，使清算收入计划方便与实际完成情况进行比较、分析和考核。但是这种方法没有考虑到各铁路局由于运输条件不同而导致运输成本相差悬殊的客观因素，因此造成各铁路局间利润的不平衡。

1966年到1979年这段时期，铁路运输企业清算使用“收支两条线”的清算方法。这种清算方法下，铁道部每年向各铁路局下达运输收入和支出计划，运输收入进款上缴，按各铁路局的支出计划与实际完成工作量挂钩，并通过与实际成本比较计算成本支出节约数额，同时对各铁路局运输收入进款按其实际完成的数额与计划数额比较据以计算超收数额，成本支出节约数额与进款超收数额均是计算计提企业奖励的依据。“收支两条线”的清算方法在当时计划经济体制下，大大削减了清算计算部分的工作量，并且改善了“平均收入率”清算方法造成的分配不公问题，可以大大提高各铁路局增收的积极性。

1980年到1986年这段时期，铁路运输企业清算使用“清算单价”的清算方法。这种方法下，各铁路局旅客运输清算收入的计算依据是其当年实际完成的换算吨公里数和铁道部确定的每万换算吨公里的“清算单价”，当时铁道部将20个铁路局共划分为12种清算单价；运输收入进款的“其他收入”部分，不纳入全路统一分配范围，直接清算给各铁路局，据实入账；铁道部将运输总收入进款的3%保留，主要用于特殊用款需要，例如对超收铁路局增拨进款收入，应对自然灾害以及新线接管等；向各铁路局依据累计完成超过进款计划的10%增拨运输进款收入。1986年开始铁道部向国家实行“经济承包责任制”，对“清算单价”方法再次进行了调整，不仅调整了各局的旅客运输清算单价，增加了“超收提成”比例，而且增加了“超产加价”的激励政策。该办法考虑了各铁路局由于自然地理环境、技术设备条件、经济区域等客观条件不同所带来的运输成本差异，有利于在计划分配方面实现各局的盈亏平衡，在经济责任制执行初期发挥了积极作用。

20世纪80年代后期，铁路运输企业清算使用“双挂钩”的清算方法。1987年，为了更好地贯彻经济承包责任制政策，合理地在各铁路局之间分配运输进款，在“清算单价”方法的基础上，制定了“清算单价、收入分成、多超多得、调节平衡”的“双挂钩”清算方法。在这种方法下，各铁路局从铁道部取得清算收入的主要依据有两个：一是当年实际完成的换算吨公里乘以经重新核定的清算单价计算得出的数额，二是当年实际完成的运输进款乘以经核定的收入挂钩率计算得出的数额，此外如果当年比上年实现超收，则超收的部分可按30%的比例另外增加“超收加成”；各局营业收入中“其他收入”部分可不参与清算直接留归本局。此方法使各铁路局取得的清算收入不仅与当年完成的工作量数额关联，合理补偿了运输成本，并能实现一定的利润，鼓励超产，而且与当年实现的运输进款直接关联，鼓励增收，在运输全行业仍有足够利润的情况下，此办法能够发挥平衡各铁路局利润分配以及调动其积极性的效果。

20 世纪 90 年代初期，铁路运输企业清算方法呈现“一路多制”的格局。1987 年，广州铁路局、柳州铁路局、乌鲁木齐铁路局在其他路局仍在使用“双挂钩”清算方法的时候率先实行“现收抵现支”的清算方法。此方法将承包基建所需的投资补充到经济承包内容之中，运输收入进款除了抵补运输成本支出和适当的企业留利之外，剩余部分可以首先抵顶应当由铁道部拨付的基建投资，可以只将运输收入进款抵顶上述各项后的余额定额（或定率）上缴铁道部。此方法一方面可以促进各铁路局增收；另一方面可以缓解资金上缴下拨的压力，同时有利于提高各铁路局基建投资的积极性。到 1993 年初，全路各局的收入清算形成了“一路多制”的格局。其中哈尔滨、沈阳、北京、呼和浩特、郑州、济南、上海、成都、兰州九个铁路局实行“双挂钩”清算方法，乌鲁木齐铁路局实行“现收抵现支”清算方式，柳州铁路局和广铁集团公司试行“管内归已、直通清算”的清算方案。

1994 年到 1998 年这段时期，铁路运输企业清算全路实行“管内归已、直通清算”的清算方法。这种方法下，所有属于各局的管内运输营业收入，按照实际发生数额全额清算；直通运输收入按照全路统一清算单价进行清算，单价水平由铁道部依照全路直通运输收入数额与直通周转量按客运、货运、行包分三类于每年按计划测算后确定公布；为了调节各铁路局间不平衡和支付铁道部集中负担的支出，各铁路局要按“管直”收入的一定比例向铁道部上缴“调节收入”；各铁路局最终清算收入为管内运输收入、直通清算收入、其他应得收入三项之和扣除需上缴的调节收入后的数额。1996 年铁道部对“管直方案”进行了修订，在“管直清算”的基础上增加了“系数调节”环节。在这种方法下，各铁路局运输清算收入通过各局清算收入基数与相应的收入调节系数相乘计算得出。其中各铁路局清算收入基数为管内运输收入与按照规定的统一单价计算出的直通、电力附加费收入之和；各局收入调节系数为其之前数年支出占全路局运输总支出的比例与其收入占全路局收入的比例相除得出。

1999 年到 2000 年这段时期，铁路运输企业清算使用“模拟区域运价”的清算方法。这种方法实际是对“管直方案”的一种改良，在“管直方案”的基础上，各铁路局乘了不同的“模拟区域运价定价系数”，该“模拟区域运价定价系数”是通过各局完成相同类别的运输产品（或作业）的成本除以全路平均成本后的比例确定的。同时，这种方法扩展了提供跨局服务的补偿清算环节，各铁路局之间相互提供服务，按照相关路局商议确定的模拟市场价格，由铁道部代为清算。提供服务的局相应增加运输收入，接受服务的局相应减少运输收入。“模拟区域运价”清算方法首次引入了市场原则，初步建立起“给谁干活找谁要钱”的清算机制，增添跨局客车交路的清算内容，平衡了各局之间互补作业环节的利益关系，有助于运输生产过程的统一指挥和运输生产设备的统一调度，为资产的高效利用提供了有利条件。

2001 年到 2004 年这段时期，铁路运输企业清算开始实行分账核算的清算方法，即“客运收入来自市场，货网收入合并清算，提供服务相互清算”。按照分账核算原则，不同运输主体之间以及同一主体客运、货运之间的关联交易全部界定为相关服务，都要进行清算。这种方法下，客运清算的总体思想就是收入直接从市场中取得，具体表现为：与客车运行直接相关的进款作为担当局的营业收入，行包专列按照客车办理，普通行包列车仍按照管直方案清算，其他进款直接作为收款局的营业收入。各铁路局的客运业务营业收入分为客票与行包专列收入、普通行包清算收入、车补邮运及客运其他收入、提供服务清算收入四块内容。该方法进一步发展了市场原则，解决了客运收入源自市场的问题。

2005 年 1 月，铁道部对“客运收入来自市场，客与货网分账核算”的清算方法进行完善，颁布了新的清算方法，即“收入来自市场，旅客运输、专业运输承运结算，普通货运分段计算，提供服务相互清算”。随后，铁道部先后颁布了《铁路运输进款及运输收入管理规定》《路网使用费管理办法》等相关补充规定对该清算方法进行修订。现行清算方法中客运业务涉及的收入清算内容包括客运收入进款清算，专业运输收入进款清算，其他运输收入进款清算和提供服务收入清算四部分。

此时，各铁路局客运收入进款清算部分的清算内容主要有以下五项：客票收入进款，行包专列运费收入进款，补票收入进款，与列车相关的客运其他收入进款和客票发展金。

客票收入进款包括旅客列车票价、车站候车室空调费、卧铺订票费等进款项目。具体的清算方法是：所有旅客列车票价进款（包括基本票价与各种浮动票价）均清算给担当局作为其客运业务的客票收入，所有进入或通过实行分段计费并高于国铁运价部分的票价进款均清算给线路所属局作为其客运业务的浮动票价收入；所有车站候车室空调费进款均需集中汇缴至铁道部后统筹分配；卧铺订票费进款按比例清算，其中的 70%清算给担当局，另外的 30%清算给车票发售局作其客运业务的客票收入。

行包专列运费收入进款的清算方法：所有相关进款均清算给组织行包专列开行的路局作为其客运业务的行包专列收入；但如果有外局加挂车辆，则所取得的相关进款应清算给加挂车辆的路局，作为其客运业务的行包专列收入。

补票收入进款的清算方法：凡补票收入进款均清算给列车担当局作为其客运业务的补票收入。

与列车相关的客运其他收入进款的清算方法：所有其他收入进款均清算给收款局，作为其客运业务的其他收入。

客票发展金的清算方法：凡客票发展金进款均清算给车票发售局，作为其客运业务的客票发展金收入。

目前，高速铁路运输收入现行清算办法仍然以 2005 年铁道部制定的“旅客运输、专业运输承运结算、普通货运分段计算、提供服务相互清算”为总体思路，主要依据文件为铁道部铁财〔2005〕16 号文件《铁路运输进款清算办法》，以及中国铁路公司针对该清算办法颁布的《关于调整高铁客运清算有关事项的通知》（铁总财〔2017〕162 号）、《关于优化调整部分客运财务清算事项的通知》（铁总财〔2019〕23 号）等一系列调整及完善文件。

高速铁路与普速铁路收入清算的区别在于，高速铁路由高铁公司设计、生产和运营，高铁公司与铁路局集团公司及其下属单位存在委托代理关系。因此，在高铁运输收入清算过程中，需要考虑高铁公司的成本与收益，加入委托代理费清算。

由此，高铁运输收入清算主要包括客运营运收入清算、委托代理费清算、提供服务收入清算 3 个部分。

二、国外（北美）铁路运输收入清算经验及借鉴

1. 国外（北美）铁路运输收入清算经验

北美铁路公司之间的收入清算主要通过 Railinc 公司进行。Railinc 的出现和运作始

于1993年，这一清算机构曾经下属北美铁道协会（AAR），目前Railinc是北美铁路行业一个市场性的中介机构，由北美铁路十四家一级公司共同出资组成的股份公司，与北美铁道协会并行，且是一个营利型的机构。它为铁路运输行业提供清算服务以及技术、电子商务和其他服务，负责各铁路运输公司之间的过轨运输清算，通过对各铁路公司服务，按信息交换量收取费用。

（1）Railinc的服务目标。

①使铁路能够为客户提供优质的服务。没有Railinc公司以前，客户要填写很多单据，货运公司需要有很多人员手工作业工作，托运过程比较烦琐、复杂，铁路的工作不能适应客户需求。Railinc成立后，连接了铁路内部各公司之间的关系，按客户要求，实现了铁路无缝运输。客户只需面对铁路一个整体，使客户方便地与铁路交易。客户通过使用拨打电话等通信设备和网络技术很方便办理托运手续；同时实现货物跟踪、预计货物到达时间，为客户提供货物所在位置及预计送达时间的查询，提供客户与铁路之间的便捷服务。

②为铁路公司提供便捷的清算和其他服务。各铁路公司通过Railinc进行清算，降低了清算的交易成本，从而减轻铁路公司的成本支出。同时，要求各铁路公司统一报表格式、统一编号，方便数据交换，传输的数据要经过审核，然后存档备用，为各铁路公司提供分析用的完整数据库。

（2）清算内容。

Railinc公司清算工作的内容是负责各铁路运输公司之间的货物运费以及各项劳务费用的清算。

（3）清算依据和原始信息的取得。

清算依据是各铁路运输公司间的协议以及客户与铁路之间的有效合同。电子货票是Railinc对各铁路公司清算的唯一依据。在北美，客户的托运单和铁路公司填写的货票是分开的。首先，客户要把填写的托运单据交给承运铁路公司并在那里保存，同时承运铁路公司要负责把货票填写完整，其中包括铁路公司之间的收入分配协议，以及客户与铁路公司间的运价合同等事项；然后，承运铁路公司把所填货票通过电子系统传输到Railinc，形成电子货票，保存到数据库中，并具有法律效力。

（4）清算过程。

①参加清算的大铁路公司计算机制票实时、完整传输到Railinc的数据库。Railinc负责对原始信息审核，保证原始信息的完整性、准确性。

②小铁路公司不直接参加Railinc清算，它被包含在其中一个大铁路公司之中，按着这两个公司的协议，大铁路公司与它清算。

③次月的第一个工作日，Railinc都会向每一家铁路公司提供清算报表，并发布相关信息；同时将有关清算数据传输给清算银行，所有这些清算数据都是通过计算机网络进行传输。

④清算净应付账款按日计算，按月结算。收入清算和资金结算过程中纠纷在30天内协商解决。

2. 对我国高铁运输收入清算改革的启示和借鉴

我国铁路与国外铁路在运营模式、管理体制、市场环境、企业素质等多方面存在差异，完全照搬照抄是不现实的。我们应当充分借鉴其先进的经营管理理念和技术操作方法，结合我国铁路实际，创造性地加以借鉴和运用。

(1)清算机构能够提高公司间的清算效率，保证清算公平、公开，降低交易成本。

我国铁路当前实行的集中清算体制，包括机构设立和具体清算方式，从几年来的运行效果看，国铁集团选择集中清算的决策是正确的，是符合改革方向的。其实，不单是北美铁路这样，我国国内的民航、电力部门也采用这种做法。与北美铁路比较完善的清算体制相比较，我国铁路还处于起步阶段。北美铁路在清算机构设置、定位，清算流程的设计，清算信息流、资金流的管理，以及信息的有效利用方面都有许多成功经验值得我国铁路借鉴。

(2)要进行清算系统功能的优化和完善。

北美铁路清算系统，按照公平、公开、公正的原则，在进行运送费用的清算过程中，保证了各运输企业的经济利益，同时又建立了一个完整的数据库，不但服务于各企业的数据交换，还具有数据查询、运输生产和经济分析等功能。

目前我国铁路已开始建立自己的运输收入清算系统，其中，客运清算系统已运行多年，有力地保障了铁路运输企业直接从市场上取得客运收入的清算方式。但随着改革的不断深化，我国铁路的清算系统还需不断优化和完善系统功能，充分利用数据资源，开发有关运输生产和经济活动分析等功能，服务于铁路运输企业市场化经营的要求。

三、现行高铁运输客运进款清算方法

现行高速铁路运输企业客运进款清算的内容，包括《铁路运输进款及运输收入管理规定》中“客运运输进款”项下的客票进款、列车补票进款，与列车有关的客运其他进款、销售收入、客票发展金。

1. 客票进款

客票进款包括旅客票价进款、订票费进款、车站候车室空调费进款。

旅客票价进款，包括基本票价进款和各种浮动票价进款。

高速铁路执行市场化运价的旅客票价进款，包括基本票价进款、季节(包括节假日)浮动票价进款和分座席列车在基本票价基础上的上浮票价进款，全部清算给列车担当企业，作为其客运营业收入中的客票收入。

进入或通过合资铁路、股份制铁路、地方铁路及临管线实行分段计费高于上述市场化运价部分的票价进款，全部清算给线路所属企业，作为其客运营业收入中的浮动票价收入。

高铁列车补票进款，全部清算给列车担当企业，作为其客运营业收入中的列车补票收入。

作为其客运营业收入中的客票收入。可表示为：

$$R_{票价} = \sum_{i=1}^{m} \sum_{j=1}^{n} F_{ij} \times C_{ij} \times Plf_i \tag{5-41}$$

式中$R_{票价}$为高铁开行列车的客票收入；F_{ij}为第i种类型第j种席位的车票价格；C_{ij}为第i种类型第j种席位的定员数量；Plf_i为第i种类型列车的客座率。

2. 与列车有关的客运其他进款

与列车有关的客运其他进款，全部清算给收款企业，作为其客运营业收入中的客运其他收入。

3. 销售收入的清算

销售收入，包括运载设备维修收入、技术转让收入等，可按照客票收入的比例计算。

$$R_2 = k_2 \times R_{票价} \tag{5-42}$$

式中R_2表示销售收入；k_2为销售收入占客票收入的比例，一般取 7.8%。

4. 客票发展金

客票发展金，全部清算给车票发售企业，作为其客运营业收入中的客票发展金收入。

四、委托代理费清算方法

1. 费用内容及确认方法

委托运输费用内容可以包括人工费用、移动设备租用费（含高级修及大修费用）、直接生产费（含运输生产设备运用和修理费用）、间管费、税金以及其他单项委托运输提供服务所发生的费用。

(1)人工费用。

人工费用包括工资、工资附加费，分直接生产人员费用和间管人员费用，其中直接生产人员人工工资按照经协商确定的实际用工数量（含劳务派遣用工等其他从业人员），依据受托方人员平均工资水平（分高铁和非高铁）计算；直接生产人员人工工资附加费按照规定计提基数及各地区实际计缴比例计算；间管人员费用按直接生产人员费用乘以国铁集团公布的间管人员占直接生产人员的平均比例（见表 5-16）计算。受托方要强化劳动用工管理，控制用工总量。

表 5-16　间管人员占直接生产人员比例和间管费用计算比例

序号	项　目	比例(%)
1	间管人员占直接生产人员比例	11.70
2	间管费用计算比例	7.80

(2)动车组租用费。

动车组租用费可由委托方与受托方按照租用动车组实际完成的走行公里和定额标准协商确定。定额标准根据分车型动车组全成本支出除以分车型年标准走行公里计算。动车组相关成本支出包括维护修理费用、高级修费用、资金成本和税金等。其中：动车组维护修理费用按动车组资产原值乘以维护修理费用比价系数计算；动车组高级修费用按照修程规定的一个高级修周期内应发生的费用分摊至每年计算；动车组资金成本按动车组资产原值乘以资金成本回收率计算，资金成本回收率中的年利率按中国人民银行公布的五年期贷款基准利率下浮 10%计算。其他移动设备租用费可比照动车组租用费的方法计算。受托方要优化运输组织，合理安排动车组运用，提高资产利用效率，控制动车组占用。

动车组租用费计算方法如下：

动车组租用费＝动车组年度实际完成的千辆公里×动车组租用费定额标准　(5-43)

动车组租用定额标准＝动车组相关成本支出÷年标准走行公里　(5-44)

动车组相关成本支出＝动车组维护修理费＋动车组高级修费用＋动车组资金成本＋税金　(5-45)

动车组维护修理费＝按照修程规定的动车组一、二级修等维护修理费用　(5-46)

动车组高级修费用＝(一个高级修周期内按修程应发生的动车组三、四、五级修费用/一个高级修周期对应的公里数)×年标准走行公里　(5-47)

动车组资金成本＝动车组资产原值×资金成本回收率　(5-48)

$$资金成本回收率=(1-残值率\times复利现值系数)/年金现值系数=\frac{1-4\%\times(\frac{P}{F},i,20)}{(\frac{P}{A},i,20)} \quad (5\text{-}49)$$

(i为年利率，按中国人民银行公布的五年期贷款基准利率下浮 10%计算)

税金＝动车组相关成本支出/(1－税率)　(5-50)

(3)直接生产费。

直接生产费包括运输部门费用、机务部门费用、工务部门费用、电务部门费用、车辆部门费用、供电供水部门费用等。直接生产费根据作业技术标准、修程修制和定额标准计算。定额标准由委托方和受托方协商确定。受托方要优化修程修制，严格执行作业技术标准和修程修制，充分利用专业优势和规模优势，降低费用支出。

(4)委托设备设施大修、灾害预防、灾害复旧等专项费用。

专项费用由受托方经规范审批程序后提出书面建议，由委托方经内部决策程序审批同意后委托受托方实施。双方按相互签认的工作量和金额计算费用，属于资本性支出的应单独核算。委托方和受托方要强化沟通，建立健全事前、事中和事后的相互确认机制。

(5)间管费用。

间管费用按国铁集团公布的间管费用占人工费用、动车组租用费、直接生产费、委托设备设施大修合计数的比例计算。受托方要厉行节约，大力压缩非生产性支出。

(6)激励约束机制。

委托方与受托方相互协商，可建立增收节支激励约束机制，具体方式可由双方协商确定。

2. 费用管理与核算

(1)委托运输费用中能够实行定额包干的项目，由委托方和受托方协商确定包干范围和标准。

(2)委托运输应引入竞争机制，委托方可将相关费用包干给具备相关资质的其他单位。

(3)委托方和受托方对委托运输费用约定结算标准的，按约定标准进行结算；未约定标准据实结算的，可由双方共同组织委托会计师事务所，对委托运输费用进行真实性审计，依据审计结果确定委托运输费用。

(4)受托方对实际发生的委托运输费用按照《铁路运输企业成本费用管理核算规程》

规定的科目，分委托单位、分成本项目设置明细科目进行单独核算。受托方必须根据实际真实发生的经济业务和相应实际发生的成本进行核算，不得多列和少列委托运输费用。

(5)受托方核算委托运输费用时，对能够直接列入相关成本费用科目的委托运输费用支出，可直接列入；对不能直接列入的，要按照相关受益对象相应的工作量进行分摊。分摊方法一经确定，原则上不得随意变更。

五、提供服务收入清算方法

高速铁路运输企业的提供服务收入，包括线路使用费收入、跨企业客运电力机车接触网服务(含电费)收入、售票服务费收入、车站旅客服务费收入、车站上水服务收入等。

1. 高速铁路线路使用费清算

高铁运输企业的线路使用费收入，即运输过程中，对高铁线路使用的付费，由负责高铁运营的铁路局集团公司与高铁公司进行企业间清算。

线路使用费可表示为：

$$R_1 = \sum_{i=1}^{m} P_1 l_i \times L_i \times T_i \times 2 D_i \tag{5-51}$$

式中R_1为高速铁路线路使用费；$P_1 l_i$为第i种类型的列车线路使用费清算单价(分重联和单组)；L_i为第i种类型的列车单程运行完成的走行里程；T_i第i种类型的在计算年度开行的总天数；D_i为第i种类型的列车日均开行对数。

2. 跨企业客运电力机车接触网服务(含电费)清算

跨企业的高铁动车组机车接触网服务费(含电费)是指高铁运输企业向外企业的动车组电力机车提供接触网设施而收取的服务收入及电费。

跨企业客运电力机车接触网服务(含电费)清算按照实际提供的总吨重公里和国铁集团公布的单价计算。一站直达动车组列车执行分线的区段统一的跨企业动车组电力机车接触网服务(含电费)收入清算单价，其余执行不同企业别的跨企业动车组电力机车接触网服务(含电费)收入清算单价，机车向旅客列车直接供电的机车交路在此基础上增加机车向客车供电的附加单价清算。

$$R_2 = \sum QS_{总} \times P_2 l_i \tag{5-52}$$

式中R_2跨企业客运电力机车接触网服务(含电费)费；$QS_{总}$为外企业高铁动车组电力机车在本企业管内产生的总重吨公里；$P_2 l_i$为相应的高铁动车组电力机车用电及接触网服务单价。

3. 售票服务费

售票服务收入是指本企业管内各车站为外企业担当的旅客列车提供售票服务，而向列车担当企业收取的服务收入。售票服务收入按照所售票款的进款收入和全路统一的比例计算。

$$R_4 = \sum R_{总} \times r \tag{5-53}$$

式中R_4为高铁售票服务费；$R_{总}$为本企业管内车站所售外企业担当高铁列车的进款收入总额；r为高铁售票收入比例，一般取1%。

4．车站旅客服务费

为了帮助高铁运输企业完成日常运输组织工作，铁路车站提供旅客服务，因此向高铁运输企业收取的费用。

高铁车站旅客服务费是指管内各车站为旅客列车提供发送服务而向列车担当企业收取的服务费。车站旅客服务收入按照发送人，按全路统一的单价收费。

$$R_5 = \sum Q_{总} \times P_5 \tag{5-54}$$

式中R_5为高铁车站旅客服务费；$Q_{总}$为高速铁路公司工作人员参与日常运输组织工作的车站的发送旅客人数；P_5为高铁旅客发送服务费单价，按人计算。

5．车站上水服务费

车站上水服务收入是指管内各上水车站为高铁旅客列车提供上水服务，而向列车担当企业收取的服务收入。车站上水服务按照实际通过上水站上水的高铁旅客列车列次和全路统一的单价计算。

$$R_6 = \sum N_{总} \times P_6$$

式中R_6为车站上水服务费；$N_{总}$为通过本企业上水站的高铁旅客列车列次；P_6为车站上水服务费单价。

第六章　高铁投融资

第一节　高铁投融资现状

本节将在回顾世界各国高铁投融资发展历史和现状的基础上，对比分析中国高铁投融资的发展过程、投资规模高铁的经济和投融资特征等。

一、高铁投融资规模

(一)世界高铁投融资概况

世界上第一条高铁线路是由日本于 1964 年建成的东京到新横滨的总长为 515 公里的新干线，当时的最大速度为 210 公里/小时，目前为 285 公里/小时。自日本的新干线问世以来，世界各国纷纷开始高速铁路的研制和建设。欧洲的第一条高铁是由法国于 1981—1983 年建成的里程为 425 公里的 LGV 巴黎东南线，初期的最高速度为 270 公里/小时。截至 2020 年，中国高铁营业里程位居世界首位，达到 3.79 万公里；日本次之，为 3 041 公里；法国 TGV 线路总运营里程为 2 814 公里。截至 2018 年底的各国高铁运营里程数如图 6-1 所示。

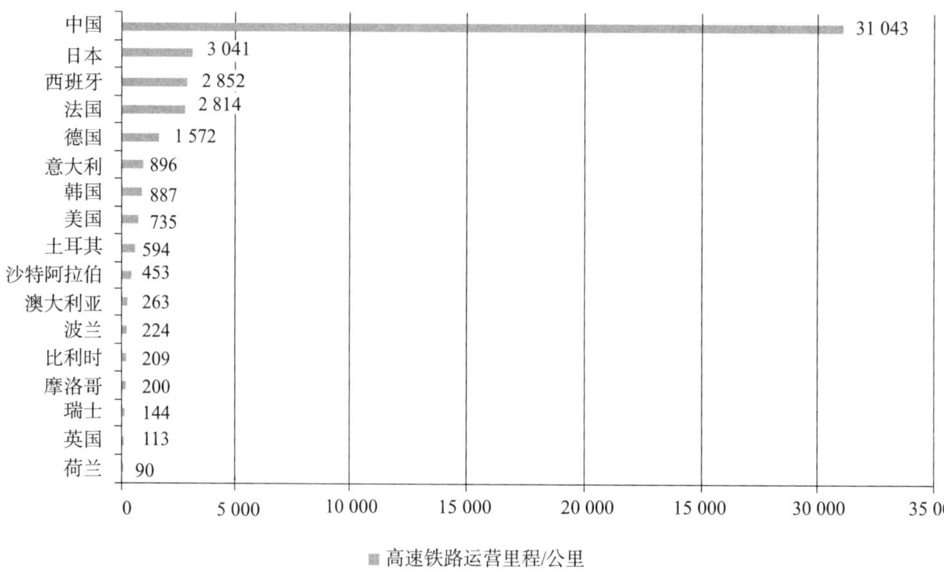

图 6-1　2018 年世界各国高铁运营里程图

根据各国高速铁路单位建设成本(以 2005 年价格)数据，通过各国(地区)已运营里程粗略计算各国高铁的投资规模总额，估算公式为：

高铁的建设总投资[国别规模]=各国高速铁路单位建设成本×该国高速铁路单位建设成本　(6-1)

即以各国高速铁路单位建设成本(以 2005 年价格)为单价(Nash,2013),按各国已运营里程粗略计算出的各国高铁的建设总投资金额见表 6-1。

表 6-1　部分国家高铁建设里程与总建设投资额估算表

高铁建设国家(地区)	高铁建设里程(公里)	建设投资(亿欧元)(2005 年价格)
比利时	209	33.6
法国	2 814	132.3～529.0
德国	1 572	235.8
意大利	896	228.5
日本	3 041	608.2～936.7
韩国	887	303.4
西班牙	2 852	222.5～570.4

由表 6-1 可以大致计算出,世界高铁投资总规模的范围在 1 764 亿欧元至 2 837 亿欧元之间。且我们可以得到的初步结论是,各国在高铁建设过程中的建设投资均很高,单位公里的平均造价为 2 400 万欧元。可见,高铁是一种非常昂贵的交通基础设施。

从历史角度看,在世界范围内的高铁建设的主要代表国家在欧洲是法国、德国,在亚洲地区是日本。其中,截至 2017 年法国高铁线路总运营里程为 2 814 公里,在建和规划目标是 1 725 公里。德国于 2017 年已完成 1 571 公里的高铁线路的运营里程,建设中的高铁里程为 147 公里,计划建设里程为短期 82 公里,长期为 210 公里。截至 2016 年日本总运行高铁里程为 3 041 公里,未来计划建设里程为 402 公里。三国高铁建设里程变化如图 6-2～图 6-4 所示。

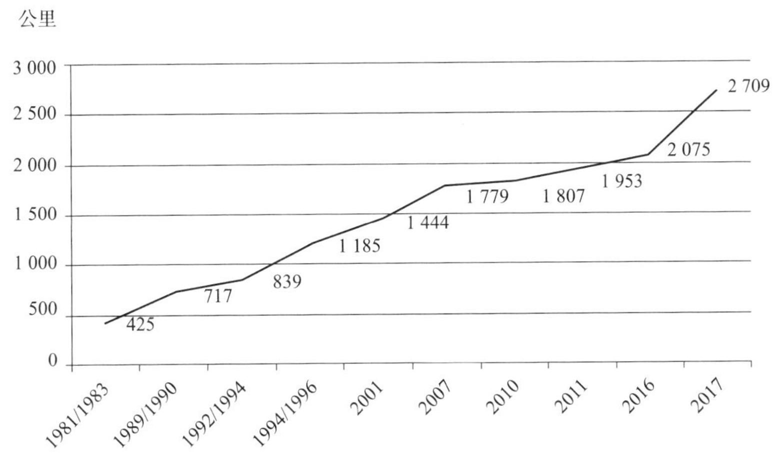

图 6-2　法国 LGV 总建设里程

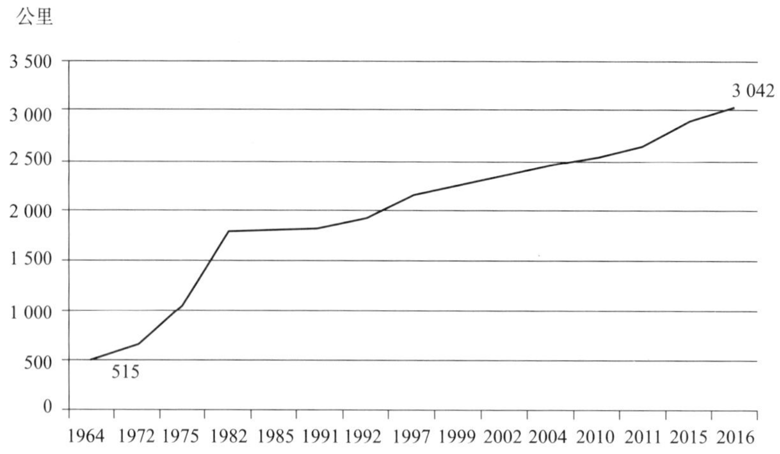

图 6-3　日本高铁总建设里程

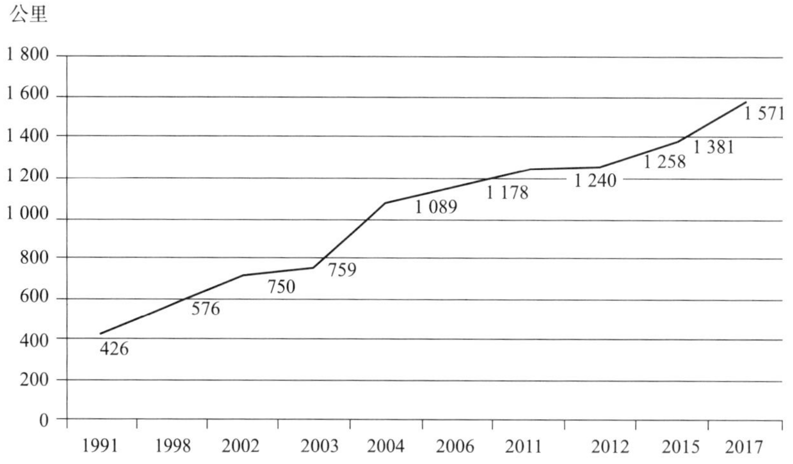

图 6-4　德国高铁总建设里程

从高铁的资金来源来看，可大致分为三个阶段：早期的高铁投资属于商业性项目，基本由国家铁路公司以资本金＋负债的形式来进行融资，代表性的项目有日本的东海道新干线（东京—大阪）和法国的 TGV 东南线；而后进入以中央和地方政府财政出资为主，适当进行负债的阶段，代表性的项目主要是欧洲的法国、德国、意大利、西班牙等高铁项目；目前，进入了以公私合作伙伴关系（PPP）为代表的第三个阶段，代表性的项目是法国由图尔至波尔多的高铁，该项目的资金来自 50 年的 PPP 特许经营权（Crozet，2013）。特许经营商将提供 80 亿欧元的融资，其中大部分由法国政府和欧洲投资银行承保，而法国铁路路网公司（RFF）将出资 10 亿欧元，中央和地方政府将共同完成 30 亿欧元的出资额。相比之下，布列塔尼和尼姆—蒙彼利埃的高铁延伸线的建设则采取了 30 年特许经营期的 PPP 模式，由中央和地方政府以及位于布里坦尼的法国铁路路网公司支付部分投资。目前 TGV 网络扩张的一个特点是地方政府投资发挥着越来越大的作用。

自 1987 年日本民营化改革后，日本新干线由政府所有的日本铁路建设、运输和技术局建设并拥有所有权，建成的新干线再交由 JR 公司进行运营和维护。日本铁路建设、运输和技术局在确保 JR 公司不会因新干线的运营而亏损的条件下，向 JR 公司收取线路使用费。自 1996 年以来，新干线的建设投资由中央政府和地方政府按 2∶1 的比例分担，JR 公司不再承担任何投资。这种制度使得 JR 公司合作建设新干线的速度大大降低了。

（二）中国高铁投融资和资金来源概况

目前，中国高铁的具体投资额并没有明确公布的官方数据。根据中国合资铁路各出资方（即股东）的部分披露数据及逐年收集的中国铁路项目投资资金来源估算截至 2018 年底中国境内开通运营的高速铁路项目股本金认缴金额约 2 万亿元，据此估算中国高铁的总投资在 4 万亿元左右。

关于中国高铁网络的投资来源目前尚无公开的数据可以查询，但其基本上是同我国整个铁路建设项目的资金来源相一致的。以 2013 年政企分开的时点为分界点，对中国铁路建设项目的资金来源构成和比例进行计算和分析，结果如图 6-5 所示。

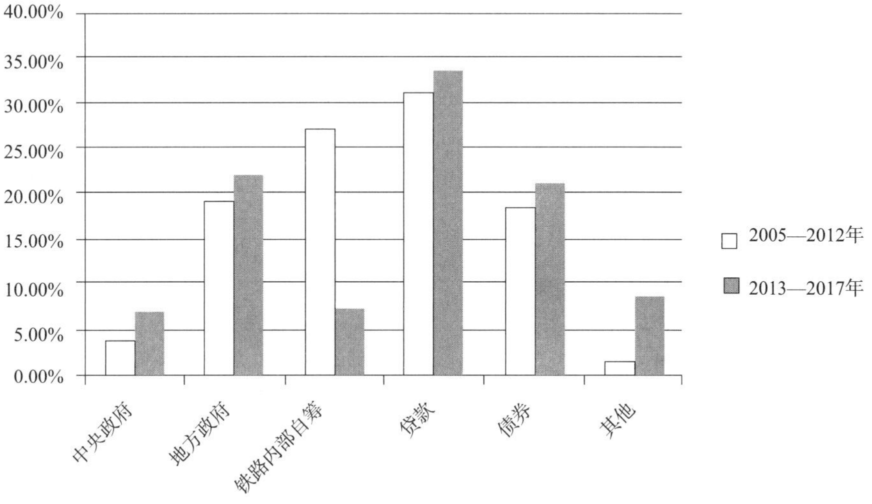

图 6-5　铁路行业投资资金来源比例

从图 6-5 可以看出，在铁路政企分开前的 2005—2012 年期间，铁路行业的建设投资分别来自中央政府（4%）、地方政府（19%）、铁路（铁道部）内部自筹（27%）、银行贷款（30%）和发行铁路建设债券（16%）等。这个阶段的特点是股本金比例为 50%左右（2008 年前这个比例是 70%）。而 2013 年实行政企分开后，虽然是同样的资金来源渠道，但各个渠道所占的比例发生了很大的变化，主要表现为：

（1）中央政府的出资比例大幅度增加，由原先的 4%增加到了 7%左右，增幅达 75%；

（2）地方政府的出资比例继续比例有所增加，由原先的 19%增加到了 22%左右；

（3）铁路企业内部自筹的比例大幅下降，由原来的将近 1/3，降低到 7%左右，降幅达 75%；

（4）银行贷款的占比稳中有升，由原来的 30%增加到了 33%；

（5）发行铁路建设债券的情况同银行贷款的趋势基本相同，由原来的 16%增加到了 21%。这个阶段的特点是股本金比例继续下降，由 50%左右降为 36%。

根据 2005—2012 年和 2013—2017 年两个阶段的铁路投资来源构成的不同，我们可以看出铁路政企分开后发生的一些主要变化：

(1)中央政府对铁路的投资的份额呈急速上升趋势，但占铁路投资的比重仍然低于10%，在世界主要铁路国家的各国政府对铁路的投资中几乎是最低的。

(2)地方政府对铁路的投资比例在不断增加，占铁路项目资本金地比例由政企分开前的不到40%，增加到政企分开后的61%，成为铁路建设资本金的第一大来源。

(3)铁路企业自筹占资本金的比重在不断减少，由政企分开前的54%减少到政企分开后的20%左右。从这个角度来分析，在铁路政企分开前中央政府、地方政府和铁道部系统(含铁路局等运输企业)投入到铁路建设项目的资本金比例总体为8%∶38%∶52%；而在铁路政企分开后，中央政府、地方政府和铁路总公司(含铁路局等运输企业)投入到铁路建设项目的资本金比例总体变为19%∶61%∶20%。

(4)银行贷款和铁路债券等债务资金在铁路总投资中所占比重仍呈现不断增加的趋势，由政企分开前的50%增加到政企分开后的75%左右。也就是说铁路建设的资金越来越依靠负债的支撑。

可见，在铁路政企分开之后，随着国家经济发展进入"新常态"和铁路总公司债务压力的初步暴露，国家有关部门已开始关注高铁项目的投融资风险，并着手建立相应的控制机制。同时，铁路总公司内部的自筹资金开始降低比例，并要求地方政府在新建高铁项目中增加出资比例和建成后的运营亏损补贴。

二、高铁的经济特性和投融资特征

(一)投资规模大，造价高

Nash(2013)指出高铁线路建设的成本很高，其中法国、西班牙以及中国的建设成本最低，而英国的建设成本最高。各国每公里高速铁路建设成本见表6-2。

表6-2 每公里高速铁路的建设成本

高铁建设国家	预估单位建设成本(百万欧元/公里)(2005年价格)
比利时	16.1
法国	4.7～18.8
德国	15.0～28.8
意大利	25.5
日本	20.0～30.9
韩国	34.2
西班牙	7.8～20.0

如果将表6-2中的数据作为独立的观察值，那么铁路每公里的平均建设成本为2 200万欧元，标准差为1 000万欧元。法国和西班牙的高铁客运专线线路的建设成本最低，线路的最高限制坡度可达3.5%。相比之下，客货混跑线路的最高限制坡度通常不超过1.5%。

根据相关高铁建设成本数据(Wu J，Nash C，Wang D，2014)，不同技术标准的高速铁路之间的建设成本差异较大，每公里造价处于800万欧元至3 000万欧元之间，其中我国350公里/小时高速铁路的平均建设成本比250公里/小时高速铁路高出90%左右，表6-3列举了我国部分高铁线路的建设成本情况。高速铁路线路在基础设施、线上建筑、土地及其他成本之间的比例分别为60∶20∶20，而车站建设需额外增加10%～30%的费用成本支出。

表6-3 我国部分高速铁路建设成本

高铁线路	运营时间	设计速度（公里/小时）	线路里程（公里）	预估造价（百万欧元/公里）
合肥—南京	2008年	250	156	6.03
北京—天津	2008年8月	350	120	20.51
青岛—济南	2008年12月	250	393	6.27
石家庄—太原	2009年4月	250	190	14.48
合肥—武汉	2009年4月	250	364	7
东南沿海高铁线	2009年9月	250	650	7.24
武汉—广州	2009年12月	350	980	15.69
郑州—西安	2010年1月	350	456	12.07
福州—厦门	2010年4月	250	275	7.24
成都—都江堰	2010年5月	200	67	18.1
上海—南京	2010年7月	350	300	18.1
南昌—九江	2010年9月	250	131	7.24
上海—杭州	2010年1月	350	154	22.93
北京—上海	2011年7月	≥350	1318	19.31

资料来源：Wu J, Nash C, Wang D. Is high speed rail an appropriate solution to China's rail capacity problems? [J]. Journal of Transport Geography, 2014, 40:100-111.

除去设计时速以及线路的坡度，影响建设成本的另外一大驱动因素是人口密度。这不仅会影响土地成本还会增加桥梁、高架桥以及隧道的建设要求。地形也是一个影响因素，尤其是山区的建设成本相对较高。就运营成本而言，在能源消耗和维护成本方面高铁会高于传统铁路，但高铁的高速增加了车辆和车务人员的利用效率，从而可以抵消这部分成本，因此在建设和运营成本之间会有一些平衡。

（二）出资主体逐渐多元化

自铁路总公司实行政企分开制度后，一方面，如前文所述，来自地方政府的投资资金大幅增加，另一方面，高速铁路的出资主体也逐渐多样化。

高铁项目的资金来源较为广泛，包括股本融资、债券融资、银行贷款等。由图表我们可以分析得出世界高速铁路建设资金的来源渠道是多样化的，其主要的资金来源是地方政府直接投资、中央财政拨款、信用贷款、资本市场融资、民间资本等。由于各国的资金实力、市场状况、铁路投资政策及制度存在很大的不同，因此高速铁路的资金来源也存在很大的差别。

政府投资有两种形式：中央政府财投资和地方政府财政投资。其中，中央政府财政投资又包括铁路建设基金、财政拨款和国债基金。在铁路基本建设资金来源中，政府投资占相当大的比例。地方财政投资是指铁路所在地区的当地政府以土地征地拆迁、折价入股等方式出资建设铁路。近几年，随着高速铁路的大量建设，政府投资不足的矛盾逐渐凸显，因此，拓宽融资渠道，更多地引进社会资本显得尤为重要。

我国的情况经国家发展和改革委员会统计，在国有基本建设投资中，各种资金来源所占比重分别为国家投资资金占 12.3%、国内贷款占 26.7%、股票资金 1.5%、自筹资金 42.6%、其他资金占 10.1%。可以说，这五大资金来源渠道也就是高铁建设项目的主要资金来源，但具体的构成在不同时期会有所不同。

（三）投资回收期长，需要大运量的支撑

根据本章第一节的数据，我们可以看出高速铁路线路的建设成本之高，因此需要大运量来支持，高的运量密度是实现高铁项目财务和国民经济可持续性的基础。

正如其他引入高铁服务的国家那样，在中国高铁投入运营后，较之飞机，高铁的旅行时间更短，频率更高，价格也相对低，且旅行条件也有所改善，因此运量来源为转移传统运输方式以及诱发运量。2010 年武汉—广州高铁运量组成（估算）见表 6-4。

表 6-4　2010 年武汉—广州高铁运量组成（估算）

运量构成	2010 年（%）
传统铁路运量转移	52
航空运量转移	6
诱发运量及公路运量转移	42

部分学者通过费用效益分析方法，如 Wu（2014）纳入乘客的旅行时间节省的效益进行分析。将商业旅客的时间价值设定为每小时工资率（基本工资加上每小时的社会福利），而休闲旅客的时间价值为商业旅客的 30%～50%来进行估计。借鉴日本发展情况，预计未来 50 年高铁流量每年增长 5.4%。

费用效益分析法下的不同设计速度高铁运量的国民经济效益盈亏平衡点如图 6-6 所示。

通过成本效益公式分析可以得出，即使为 250 公里/小时设计时速的高速铁路，也需要在 9 000 万人公里/公里到 10 000 万人公里/公里旅客运输密度才能实现国民经济的成本效益的均衡。若假设旅客的实际时间价值为计算平均值的两倍，也至少需要 5 000 万人公里/公里的年旅客运输密度才能达到国民经济的盈亏平衡点。而即使到 2019 年运输密度最高的高速铁路线路的客运密度超过 5 000 万人公里/公里的占比很低，因此对大多数建成的高铁来说，尤其是中西部的高铁项目，其运量密度很难达到门槛值。

（四）有较好的社会效益

高速铁路建成后的社会正效益可以从区域经济，城市集聚以及产业结构升级三个方面来进行概述。

在区域经济方面，高速铁路对区域经济增长的刺激作用可分为两种，一是催化作用，指高铁给处于低增长或经济转型期的区域带来新的经济活动，引起区域经济增长；二是促进作用，指高铁对本来已经繁荣发展的区域经济的促进作用。因为高铁的特殊性，特别是中国在供给侧和需求侧两方面的优势使世界其他任何国家在短期内非常难以模仿中国高

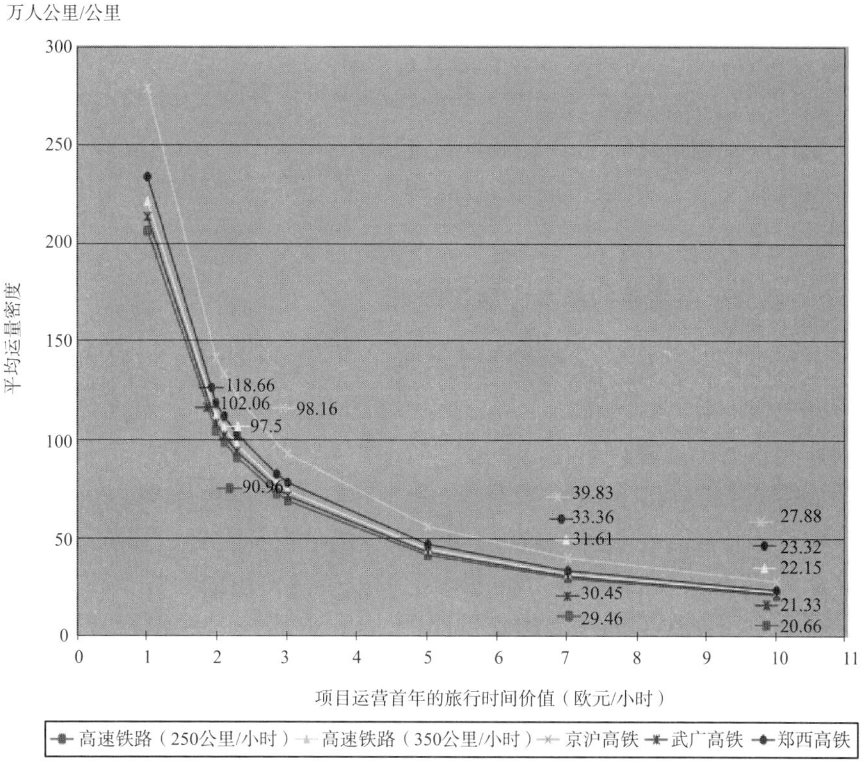

图 6-6　费用效益分析法下的不同设计速度高铁运量的国民经济效益盈亏平衡点

铁的发展模式。正因为高铁的出现，尽管在 2011 年以后出现了前所未有的经济增长压力，中国还能保持稳定的经济增长，且对世界经济增长的贡献率一直保持在 30%以上。

在城市集聚方面，中国高速铁路的快速运输会对城市经济增长产生重大影响。高速铁路是城市化发展到高级阶段出现的一种快速便捷的大区域交通方式，高速铁路对沿线城市产生直接或间接的经济效应，表现出经济各要素在一定范围内实现空间集聚和再次配置。它对区域的可达性、城镇体系构建、社会资源流动、产业结构调整等方面产生了不同的效应。

在产业结构升级方面，高速铁路具有速度优势，能够显著吸引壮大旅游、商贸、房地产、文化教育等与人流聚集和速度有直接关系的现代服务业的发展。依托高速铁路所产生的“同城效应”，实现区域资源共享，加快产业梯度转移，有效推动区域内产业优化分工，围绕构建高铁沿线产业链条，形成比较优势，促进沿线地区的产业协调互补发展。由于中国高铁的大多数乘客主要来自商务和休闲旅游的年轻一代和高收入群体，因此旅游相关的活动，包括购物、饮食无疑会增加。与零售或批发，酒店或餐饮等旅游相关的行业在高铁连接方面的就业率出现了正增长。Dong 等人(2018)发现，当高铁线路连接两个城市时，学术社区的知识生产率(通过合作论文数量衡量)增加了约 30%，代表了高铁线路上的知识溢出现象；其次，劳动力市场面临更大的市场，因为人口流动率增加，“双重城市”生活成为可能。

第二节　高铁投融资体制

投融资体制是指投融资活动的组织形式、投融资方法和管理方式的总称。其主要内容包括投融资主体的确定、投融资决策制度、投融资资金筹措实施方式及运作，投融资收益分配结构，以及投融资监督体系和调控方式等。伴随着经济体制改革，经过反复的探索和实践，我国投融资体制的各个方面都不断地得到改革和发展，其中铁路部门也完成了自中央财政计划投资到向市场转化多方融资的过程。

本节将主要从宏观视角阐述高铁的投融资体制，还进一步对该体制下高铁公司的治理结构和投融资主体作简要介绍。

一、合资铁路制度是高铁的基本投融资体制

(一)合资铁路的背景和20世纪的发展情况

在改革开放前的计划经济体制下，铁路建设投资是由中央财政预算安排，以基本建设资金方式划拨到铁道部或建设单位。

改革开放后的1979年，国务院批准了《基本建设贷款试行条例》，1984年由国家计委、财政部、建设银行联合发布了《国家预算内基本建设投资全部由拨款改为贷款的暂行规定》，决定从1985年开始，国家预算内基本建设投资全部由财政拨款改为银行贷款，变无偿使用为有偿使用。铁道部作为国家铁路的主管部门，统一从银行贷款，统一偿还本息。从此，银行贷款成为铁路建设资金的主要来源之一。

为了减轻铁路建设还贷的压力，国务院在1986年3月批准铁道部“七五”期间实行全行业经济承包责任制，即铁路建设、机车车辆购置和更新改造等资金由铁道部从盈利中自行解决，不足部分通过贷款等途径筹措，国家通过减收营业税予以扶持。但其后由于国家宏观经济发展出现波动、生产资料价格全面上涨、铁路运价调整没有及时到位等原因，使铁路经营的外部环境发生较大变化，导致铁路运输成本大幅上升，铁路建设资金的积累大大减少，使“以路建路”的“大包干”未能包住，铁路基本建设规模缩小，铁路新线建设的速度明显放慢。“七五”期间铁路建设投入不足，最少的一年铁路新建线路只有30多公里。

而另一方面，国民经济的快速发展对铁路的需求不断增加，这种情况在经济发达和铁路严重短缺的地区尤为突出。于是，在20世纪80年代末以地方政府为主开始了由中央(铁道部)、地方政府以及相关企业合资建设铁路的探索，涌现了三茂、北疆、南防、集通、神木、西延等第一批合资铁路公司。

1992年，国务院批准了国家计委、铁道部《关于发展中央和地方合资建设铁路的意见》，国务院在《批转国家计委、铁道部关于发展中央和地方合资建设铁路意见的通知》中明确“修建合资铁路是对传统的建设和管理体制的一大突破，是深化铁路改革的一条新路”。1993年，铁道部发布了《关于规范组建合资铁路公司的申报、审批程序的意见(试行)》，同年国家计委和铁道部联合下发了《〈关于发展中央和地方合资建设铁路的意见〉实施办法》，为合资铁路的发展奠定了基础，合资铁路建设规模不断扩大。1996年铁道部颁发了《合资铁路管理办法》，1998年又发布了《合资铁路管理配套实施细则》，在规范组建合资铁路公司方面取得了实质性进展。截至1998年底，全国已建成和在建的合资铁路共有29条，总长8 409公里，遍布全国21个省、自治区。

与此同时，《中华人民共和国公司法》的颁布实施，为合资铁路公司规范化改制提供了法律依据。合资铁路作为运输行业独立的法人实体，在铁路建设、管理和经营中，率先推

行项目法人责任制、投资项目资本金制、企业法人治理结构、客货运输清算制等。

（二）2005 年的省部协议为高速铁路的发展奠定了投融资体制的基础

根据 2005 年 2 月发布的《国务院关于鼓励支持和引导个体私营等非公有制经济发展的若干意见》，铁道部出台了的《关于鼓励支持和引导非公有制经济参与铁路建设经营的实施意见》，全面开放了铁路建设、客货运输、运输装备制造与多元经营四大领域，并制定了七项措施扶持非公有制经济参与铁路建设经营，从形式上为中国铁路投融资体制的改革扫除了政策上的障碍。

此后，铁道部确定了"政府主导、多元化投资、市场化运作"的投融资改革整体思路，加大了与地方政府、企业合资建路的力度，与 31 个省、市、区政府签订了加快铁路建设的战略合作协议；对新建项目，尤其是高速铁路项目积极探索股份制、项目融资等新的投融资模式，高速铁路（客运专线）的建设都组建了股份制形式的合资铁路公司。地方政府以直接出资或以征地拆迁补偿费用入股等形式参与高速铁路建设。2003—2008 年，全路新组建合资铁路公司 76 家，多数为高速铁路公司，吸引了地方政府、战略投资者资金共 2 832.7 亿元。2008 年地方政府、企业共投资 885.92 亿元，占国家铁路和合资铁路完成投资额的 26.4%。2009 年投资的 6 000 亿元中，来自地方和企业的 1/3。

根据中国铁道统计年鉴的数据显示，截至 2016 年底，我国共有 210 家合资铁路公司，由中国铁路总公司控股的有 176 家，其中开通运营的共计 136 家，资产总额 3.52 万亿元，营业里程达 4.38 万公里。

根据铁路统计指标手册 2005—2017 年的数据整理，可以看出铁路总公司基本建设投资中 80%之多资金额为合资铁路基本建设投资，如图 6-7 所示。合资铁路公司已经成为高铁投融资的主要载体。合资铁路的投融资规模日益扩大，截至 2017 年年底，对合资铁路总投资达到 4 965.51 亿元，占铁路总建设资金的 86.19%，远超出国家铁路以及地方铁路的投资。

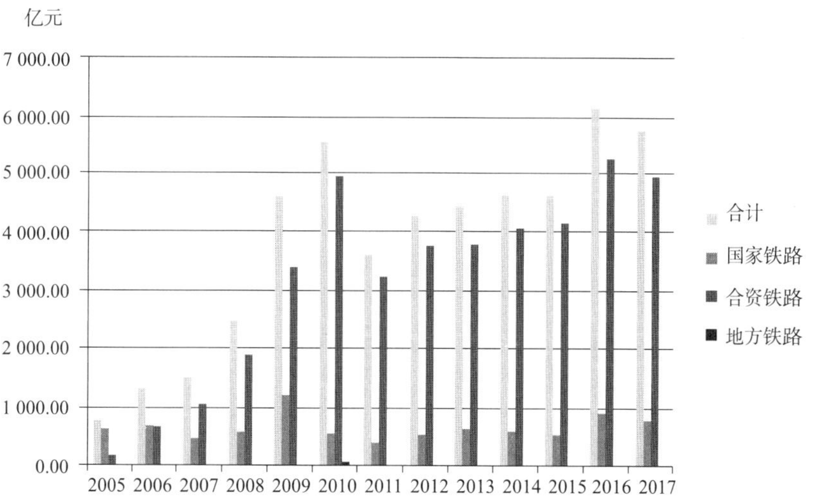

图 6-7　2005—2017 年铁道部（铁路总公司）基本建设投资资金

（三）高铁公司的组织结构

自 2005 年以来，中国对高铁项目的投资都使用了合资铁路（股份制）模式。在这种模式下，国铁集团(CRC)通过其中国铁路投资公司或项目所涉及的区域性铁路局与当地政府(通常是省政府)组建合资企业，有时有少数第三方的参与。如中国平安保险集团有限公司在京沪高铁公司中参股，中国海洋石油总公司在京津城际铁路公司中参股，复星集团在杭州—绍兴—台州高速铁路公司中投资参股。该项目通常由合资合作伙伴提供50%的股权性投入，另外50%来自国内银行(如中国国家开发银行)，国铁集团主要负责实施项目和动员融资。

中国高速铁路项目的组织结构如图6-8所示。

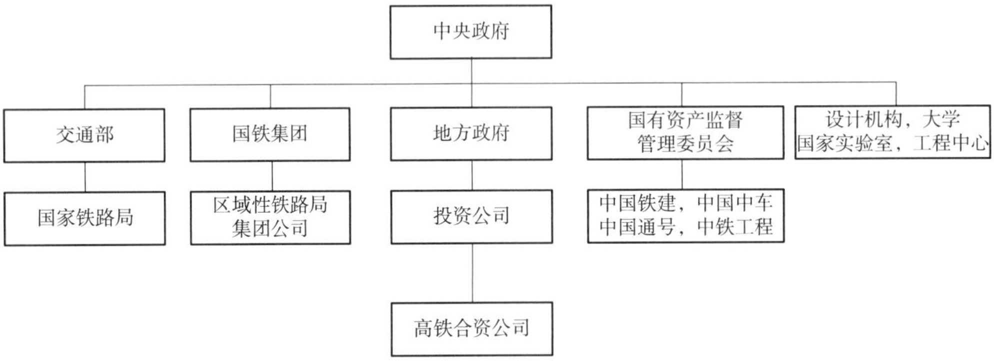

图6-8 中国高速铁路项目的组织结构

售票盈利和线路使用费模式如图6-9所示。

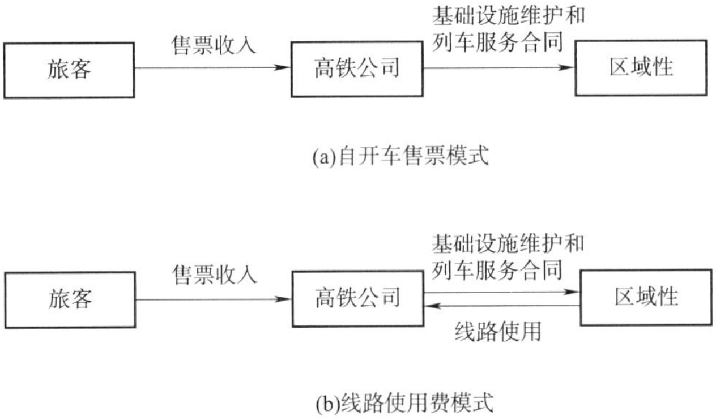

图6-9 售票盈利和线路使用费模式

直接模式与合资模式如图6-10所示。

高速铁路基础设施主要使用合资铁路模式建造。合资股东通常是中央政府和省政府。有些项目还涉及第三方，如其他非铁路国有企业或私营公司。中央政府由国铁集团代表，而许多省份已建立铁路投资公司以持有其所有者权益。整体的财务结构通常为50%的股权和50%的债务。每个合资伙伴都贡献一定股份，省政府经常以土地的形式作为折价入股。合资公司还会从贷款和其他债务中筹集其余的融资。虽然高铁基础设施是合资公司的财产，但大多数合资企业通常不管理铁路服务。相反，合资铁路公司完全或部分地与当地铁路局签订合同，内容包括运营管理，包括列车运行和列车控制；基础设施和

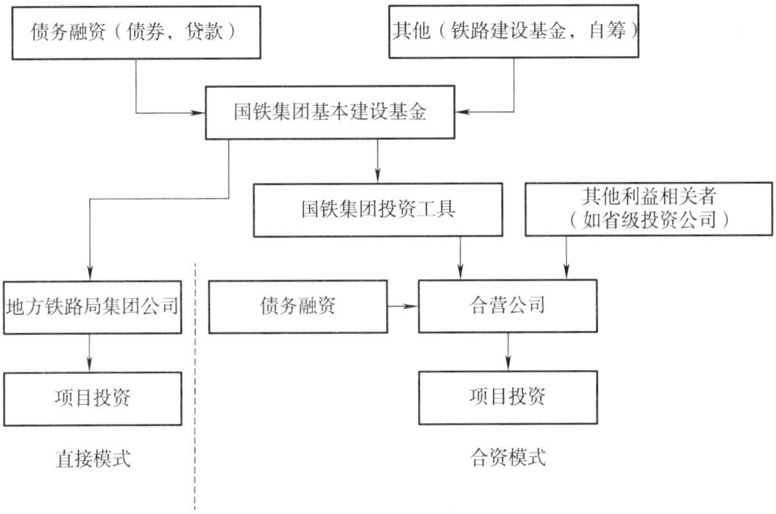

图 6-10 直接模式与合资模式

设备管理；车辆管理；安全管理；收入管理；管理铁路使用的土地。

（四）高铁投融资体制的现存问题

单一的投融资模式使得高速铁路面临着不可忽视的风险，融资渠道窄、债务负担过重、投资回报率低等问题，阻碍了进一步的发展。

1. 融资渠道单一问题

虽然高铁公司的股权结构已经实现多元化，但参与铁路的投资主体基本仍是具有政府背景的国有投资公司，本质是中央和地方两级政府出资。同时，铁路建设资金筹措基本依靠财政性资金和银行贷款。虽然有部分市场化融资的方式，但总体而言，市场化融资的覆盖面不广、难度较大。

2. 巨额债务负担问题

目前，高速铁路公司的资本金比例多低于 50%，贷款比重过大，致使铁路建成后即面临还本付息的巨大压力，财务利息支出普遍较高，影响高铁企业的经营效益，许多高铁项目在运营初期达不到设计运量，收入难以覆盖贷款利息，更谈不上归还本金。

3. 法人治理结构问题

目前，各高铁公司基本按《中华人民共和国公司法》建立了法人治理结构，但大多数合资公司股东会、董事会、监事会不能有效运行。在高铁公司管理上，尤其是工程招投标、运输收入清算、工期建设、运营方式调整等重要问题，控股方仍沿袭国铁管理方式，直接对高铁公司下达行政指令，高铁公司缺乏基本的话语权，股东权益得不到保障。由于原铁道部一股独大，地方投资公司一般在每条铁路的股权分散，高铁公司虽然是独立法人和市场主体，但对资产难以真正享有处置权和收益权，高铁公司权益受侵害的现象时有发生。

4. 运营管理模式问题

高铁合资公司目前全部采取委托运营管理模式，导致投资主体利益得不到保障。这种模式存在的问题是：一是委托的资产不清晰，谁投资、谁受益的投资原则得不到体现，合资公司根本无法介入收益分配；二是委托成本核算不透明，地方合资铁路委托管理后，仍沿袭统收统支模式，没有实行差别化的成本核算，甚至出现委托管理成本比自营成本高的问题；三是委托管理的权责不明确，地方合资铁路委托管理后，委托方法人地位和作用如何体现，没有明确约定。从运营成本构成看，高铁公司除了要负担财务费用和计提折旧外，还要给铁路局集团公司支付委托管理费、线路使用费、安全整治费等，因此高铁公司的经营效益受收费标准的波动影响较大，更像一个事后算账的融资平台，对高铁的生产和经营活动往往具有不可预见性。

二、地方及其他投融资平台

（一）地方政府投融资平台

地方政府融资平台是地方政府向重要基础设施投资的重要主体，同时也是直接与高速铁路项目建设相关的投融资类金融平台。

融资平台产生的背景是：一方面城市化的发展导致地方政府的财政支出压力增大，分税制的改革导致地方政府的收入来源下降，另一方面，由于法律层面的约束导致地方政府无法举债，而房地产市场的兴起又为政府经营土地创造了条件。

近年来，我国政府融资平台呈现高速发展的趋势。政府融资平台拓展了公共基础设施领域的融资渠道，使地方政府以较少的财政资金撬动了巨额的信贷资金，在加快地方经济发展、改善当地交通条件、提升城市形象等方面发挥了积极作用。

不同地区经济发展水平不同，融资平台的数量及其承担的城市建设职能繁重程度有所差异。经济发达的城市融资平台数量较多，其承担的城市建设任务也较重。

按行政级次区分，平台可分为市一级平台、市二级平台、区（县）一级平台、区（县）二级平台、市土地储备中心、区（县）土地储备中心。一级平台指市国资委或区（县）国资部门直接出资设立的公司，二级平台指一级平台的子公司，土地储备中心是政府国土部门的事业单位，承担辖区内的土地整理储备工作。对融资平台行政级次进行区分，是因为融资平台属于地方国有企业，其负责人具有一定的行政级别，企业自身也被视同一定级别的政府单位，这种政治因素是银行发放贷款时不得不考虑的因素。

按主营业务类型区分，平台可分为城市投资建设类、交通运输类、开发区和园区类、国有资产管理公司类、土地储备中心类与其他类。承担铁路、园区等大型项目建设的平台公司以及市土地储备中心由于投资较大，具有较高的资金需求，负债规模也普遍较大。就地方投融资平台贷款的投向来看，有数据表明融资平台贷款绝大部分用于城市建设方面，包括交通、市政、土地整理储备、水利与环境设施、旧城改造与园区建设 5 个方面。同时，融资平台也涉足一些与城市资源经营相关的产业，如地产业、商业和旅游业等。

目前，平台贷款的还款来源主要分为土地出让收入、自身经营性现金流、财政拨款与专项税收或费用返还三类。刘昊，张月友等（2013）对地方投融资平台的抽样调查显示结果如图 6-11 所示。

（二）其他投资主体

除去在中国高速铁路股东份额中占有重要权重的国铁集团、铁路建设基金和地方政府投融资平台之外，中国社保集团、中海实业有限责任公司、华晋焦煤有限责任公司和山西焦煤集团有限责任公司、中国华能集团有限公司等能源类企业，太原钢铁（集团）有限

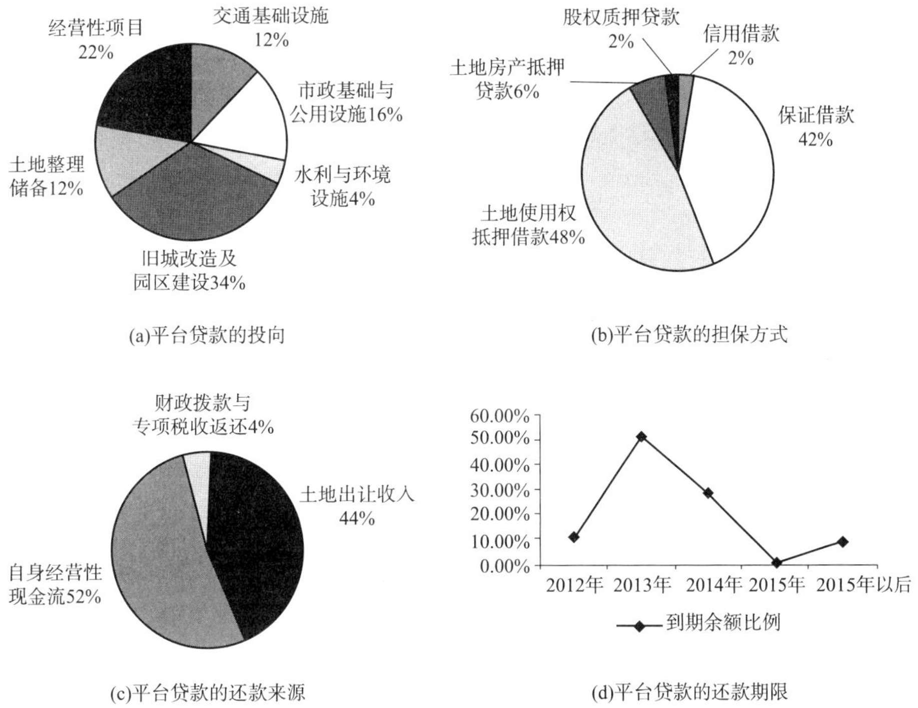

图 6-11　地方政府投融资平台概况

数据来源：刘昊，张月友，刘华伟．地方政府融资平台的债务特点及其风险分析——以东部 S 省为例[J]．财经研究，2013(5)：123-133.

公司、上海宝武钢铁集团有限公司等相关国有企业，平安资产、复兴集团等民营金融投资机构和以中银集团投资有限公司为代表的外资企业也在高铁建设中有参股。

中海实业有限责任公司隶属于中国海洋石油集团有限公司，是中国最大的海上油气生产商，归属于国资委管理。公司成立于 1982 年，总部设在北京。在京津城际铁路建设初期，因公司区位原因，以及看好京津城际铁路项目的投资前景，成为京津城际铁路有限责任公司的股东之一，持有股份比例占所有者权益比例为 16.50%。

中国宝武钢铁集团有限公司，是国务院国有资产监督管理委员会监管的国有钢铁骨干企业，成立于 1978 年 12 月 23 日，总部位于上海。2016 年 8 月，宝钢集团有限公司在“2016 中国企业 500 强”中排名第 57 位；次月，宝钢集团与武钢集团实施联合重组，宝钢更名为中国宝武钢铁集团有限公司，武钢集团成为其全资子公司。其子公司华宝信托有限责任公司成立于 1998 年，是宝钢发展金融产业的主体企业，注册资本 10 亿元人民币（含 1500 万美元），旗下控股华宝兴业基金管理有限公司和华宝证券经纪有限责任公司。

宝钢集团是沪杭铁路客运专线在私人资本领域重要的代表，投资股份占所有者权益比例为 14.04%。类似于宝钢集团的投资主体还有石太客运专线中的华能集团、华电集团等 4 家国有企业，持股占比总计为 23.1%。

中银集团投资有限公司是一家投资管理公司，1984 年 12 月成立，总部位于中国香港。作为中国银行唯一的专业投资管理公司，中银投资曾在境内外进行多种形式的投资活动，参与了一大批大型基础设施和重点项目建设，投资领域涉及地产、工业、能源、交通、传媒、旅游酒店、金融等行业。

中银集团在京沪高速铁路股份有限公司中作为外资投资方，占到所有者权益比例为3.99%。虽然所占比例不大，但已经列为京沪高铁股份有限公司的主要股东，并在推动京沪高铁公司向现代公司化管理和运营做出了重大贡献。

三、相关金融政策

（一）对地方政府向高铁项目投融资所出台的政策

为了解决地方政府经济建设资金的短缺，我国已于2009年开始发行地方政府债券，当年的总规模控制在2 000亿元以内，而后地方政府债券发行规模不断扩容，2019年的发行规模增长至4.36万亿元。我国地方债的具体发行方案是：地方政府债由财政部以记账式国债发行方式代理发行，实行年度发行额管理，中央政府的财政部根据国家经济发展的需要和政府负债的情况等每年控制债务发行的总规模。还本付息和支付发行费也由财政部代办。但地方政府承担还本付息责任，及时向财政部上交本息、发行费等资金。未按时上交的，在办理年度结算时，财政部与地方财政结算时如数扣缴。新方案规定：发行地方债所获资金的使用方向主要是公益性建设项目，不得安排经常性支出。由中央代理发行的地方政府债券，必须列入地方预算进行管理。

国务院《关于支持铁路建设实施土地综合开发的意见》指出，需给予既有铁路站场综合开发用地政策支持。支持铁路运输企业利用自有土地、平等协商收购相邻土地、依法取得政府供应土地或与其他市场主体合作，对既有铁路站场地区进行综合开发。市、县国土资源部门要依法为铁路运输企业利用自有土地进行土地产权整合和宗地合并、分拆等提供服务。政府供应既有铁路站场综合开发范围内的用地，应将综合开发的规划要求和铁路建设要求一并纳入土地供应的前提条件。

（二）国务院关于改革铁路投融资体制加快推进铁路建设的相关意见

改革铁路投融资体制，加快推进铁路建设，对于加快工业化和城镇化进程、带动相关产业发展、拉动投资合理增长、优化交通运输结构、降低社会物流成本、方便人民群众安全出行，都具有不可替代的重要作用。

1. 推进铁路投融资体制改革，多方式多渠道筹集建设资金

按照“统筹规划、多元投资、市场运作、政策配套”的基本思路，完善铁路发展规划，全面开放铁路建设市场，对新建铁路实行分类投资建设。向地方政府和社会资本放开城际铁路、市域（郊）铁路、资源开发性铁路和支线铁路的所有权、经营权，鼓励社会资本投资建设铁路。研究设立铁路发展基金，以中央财政性资金为引导，吸引社会法人投入。铁路发展基金主要投资国家规定的项目，社会法人不直接参与铁路建设、经营，但保证其获取稳定合理回报。

2. 建立铁路公益性、政策性运输补贴的制度安排，为社会资本进入铁路创造条件

有关公益性铁路的经营亏损，要建立健全核算制度，形成合理的补贴机制。在理顺铁路运价、建立公益性运输核算制度之前，为解决国铁集团建设项目资本金不足、利息负担重等问题，考虑到铁路运输公益性因素，中央财政将对国铁集团实行一定补贴。

3. 强化企业经营管理，努力提高资产收益水平

国铁集团要坚持企业化、市场化运作，推进现代企业制度建设，改善经营、增收节支。建立完善成本核算体系、绩效考核体系，有效控制建设和运营成本，提高经营效益。要在抓紧清理资产的基础上，全面开展资产评估工作，摸清底数，盘活存量，优化增量，增强企业自我发展能力。要抓紧实现建设项目投产运行，做好站点设施和运营设备的配套，充分发挥铁路网络整体效益，提高增量资产收益。

4. 加快项目前期工作，形成铁路建设合力

国铁集团、地方政府等项目业主要加强组织领导，密切协调配合，加大工作力度，切实做好建设方案、资金筹措和社会稳定风险分析等前期工作。银行等金融机构要根据自身承受能力继续积极支持铁路重点项目建设。国铁集团继续享有国家对原铁道部的税收优惠政策，国务院及有关部门、地方政府对铁路实行的原有优惠政策继续执行。

（三）中国铁路建设债券发行相关办法

1. 根据《国家发展改革委办公厅关于明确中国铁路建设债券政府支持性质的复函》（发改办财金〔2011〕2482 号），中国铁路建设债券是经国务院批准的政府支持债券。

2. 根据《财政部、国家税务总局关于铁路债券利息收入所得税政策问题的通知》（财税〔2016〕30 号），对企业投资者持有本期债券取得的利息收入，减半征收企业所得税；对个人投资者持有本期债券取得的利息收入，减按 50%计入应纳税所得额计算征收个人所得税。

3. 根据《国务院关于组建中国铁路总公司有关问题的批复》（国函〔2013〕47 号），中国铁路总公司组建后，继续享有国家对原铁道部的税收优惠政策，国务院及有关部门、地方政府对铁路实行的原有优惠政策继续执行，继续明确铁路建设债券为政府支持债券。

4. 根据《财政部关于中国铁路总公司公司制改革有关事项的批复》（财建〔2019〕315 号），明确中国铁路总公司改制更名为“中国国家铁路集团有限公司”，由财政部代表国务院履行出资人职责，国务院及相关部门给予的支持政策和优惠政策继续适用于中国国家铁路集团有限公司。

5. 国铁集团债券发行铁路建设债券的主要内容。

根据以上发行依据，国铁集团已于近年发行了多期中国铁路建设债券。以下以 2019 年 7 月发行的债券为例进行阐释。

2019 年底国铁集团根据《国家发展改革委关于中国铁路总公司发行中国铁路建设债券核准的批复》（发改企业债券〔2018〕201 号）发行中国铁路建设债券，规模 3 000 亿元。2019 年 7 月，当期债券发行规模为 150 亿元，债券构成分为 5 年期和 20 年期两个品种，其中 5 年期品种的发行规模为 100 亿元，20 年期品种的发行规模为 50 亿元。本期债券 5 年期品种的票面年利率为 Shibor 基准利率加上基本利差，基本利差区间为（−0.25%～0.75%）；20 年期品种的票面年利率为 Shibor 基准利率加上基本利差，基本利差区间为（0.20%～1.20%）。Shibor 基准利率为公告日前 5 个工作日全国银行间同业拆借中心在上海银行间同业拆放利率网上公布的一年期 Shibor（1Y）利率的算术平均数 3.09%，基准利率保留两位小数，第三位小数四舍五入。该期债券 5 年期品种的招标利率区间为 2.84%～3.84%，20 年期品种的招标利率区间为 3.29%～4.29%。

当期债券的最终基本利差和最终票面年利率将由发行人根据市场招标结果，按照国

家有关规定确定，并报国家有关主管部门备案，在债券存续期限内固定不变。本期债券采用单利按年计息，不计复利，逾期不另计利息。

当期债券为利率招标，招标结果于 2019 年 7 月 11 日在中国债券信息网（www.chinabond.com.cn）、中国货币网（www.chinamoney.com.cn）、上海证券交易所网站（www.sse.com.cn）和深圳证券交易所网站（www.szse.cn）上公布。

对当期债券，其投标人投标路径为：中央国债登记结算有限责任公司提供的企业债券招标发行系统→其他发行人系统→2019 年第一期中国铁路建设债券。

当期债券通过中央国债登记结算有限责任公司提供的企业债券招标发行系统招标发行，通过承销团成员在银行间市场以及上海证券交易所、深圳证券交易所向机构投资者（国家法律、法规另有规定除外）公开发行，并分别在中央国债登记结算有限责任公司和中国证券登记结算有限责任公司上海分公司、深圳分公司登记托管。债券上市后，机构投资者、个人投资者（国家法律、法规另有规定除外）均可参与交易。当期债券允许直接投资人将中标量按比例指定为承销团成员营销量。

（四）其他国家高铁投融资相关法律案例

西班牙 1855 年通过的《铁路通用法》规定：可以使用公共资金帮助通用线路的建设；与线路建设相关的省州或民众，要向国家纳税作为补贴或者按照委任书中的方式和比例支付一定的利息；工程承建公司可以将款项保存用于铁路建设，为开展工作提供足够的资金，特别是将铁路工程作为抵押，以达到替换承建公司时的退还金额；国家保护投入建设铁路的外资，使之免于战争导致的禁运或没收。

此外，《铁路特许权法》使西班牙铁路交叉融资成为可能。该法提出允许特许经营者融资，对扩大市场融资范围做出了规定。一是影子收费，是指对于公益性的基础设施项目，政府通过项目招标的方式确定民间投资主体，并授权后者负责项目的融资、建设与运营作为对该民间投资主体的回报，政府在授权期限内每年以财政性资金或其他形式基金向其支付一定的费用，补偿其免费为公众提供服务应得的利益。授权经营期结束时，民间投资主体无偿将项目转让给政府。影子收费的融资形式使用户可以不承担价格支付，而由有关管理机构承担。二是在特许权经营中可以发行有价证券，公司债券抵押贷款和股权贷款。基础设施建设的特许经营期限为 40 年，运营为 20 年，最高期限分别为 60 年和 25 年，以满足通过发行公司债券进行融资的债权人的权利。对特许权经营的立法规定，大大提高了融资的灵活性，建立了吸引私人资本进行基础设施投资更有效的风险分配机制。

第三节　高铁投融资方式

投融资方式主要是指在资源配置过程中，投融资的决策方式（谁来投资）、投资筹措方式（资金来源）和投资使用方式（怎样投资）的总称，它是投融资活动的具体体现。投融资方式是由投资体制中投资主体的层次和结构决定的，与所有制及其实现形式、经营方式的转变直接相关。本节将主要按照高铁投融资的资金来源介绍高铁投融资过程中利用的不同国际经验和国内的模式，并通过案例，简要展示各类方式（模式）的运作机制。

一、投融资方式分类及案例

如前文所述，我国的高速铁路建设费用一般由地方政府财政和土地拆迁折合资本金入股，同时由国铁集团出资控股。其他高速铁路的建设费用来源也可以是在铁路建设公司和政府投入高速铁路项目资本金的基础上，由相应的项目公司通过政策性银行贷款、发行债券或融资租赁等方式筹集剩余资金；也可采取PPP模式，鼓励私人企业和民营资本进入高速铁路的建设；建立高速铁路专项基金，通过立法征收专项税，等等。这些都是可借鉴的先进经验。这些融资渠道若按照所有权的归属分类，则可以分为股权融资和债务融资，并各有其创新模式，见表6-5。

表6-5　股权融资与债务融资

股权	传统模式	地方政府财政投资；国铁集团（运营商）；地方政府土地拆迁；制造商及相关房地产物业公司出资等
	创新模式	成立专项基金、PPP（其中包括BOT、TOT等）、ABS、上市、征收专项税、其他社会资本等
债务	传统模式	银行信贷、商业信用、发行铁道专项债等
	创新模式	债转股、融资租赁（项目融资租赁、委托融资租赁、杠杆融资租赁、经营性租赁等）

（一）股权融资

资本金是项目主体所有者权益的重要组成部分，即设立企业必须有法定注册资金。政府可以通过投入一定比例的资本金，来为高速铁路注入资金。在政府投入高速铁路项目资本金的基础上，尚有国铁集团作为既有线路资产的持有者、中车公司作为高速铁路机车车辆的制造商、能源企业、境外投资者（机构）和其他社会资本，也均可作为利益相关主体，向项目注资，形成项目的股本。

欧洲各国的高速铁路建设主要以各级政府的财政投资为主，企业出资和项目负债为辅，其中仅法国的TGV东南线和大西洋线是以铁路运输企业负债为主的形式修建的。法国高铁TGV除去东南线和大西洋线之外，由于认为高速铁路具有公益性特征，其资本金几乎是由政府完全出资的。巴黎和斯特拉斯堡之间的高铁项目是一个高铁融资的典型模式，其总投资32亿美元，31％来自法国中央政府，8％来自欧盟，3％来自卢森堡政府，高铁通过的4个法国地区有19％，而RFF和SNCF的投入分别为17％和22％。

PPP（Public-Private-Partnership）模式是一种新型的项目融资模式。通常译为“公共私营合作制”，是指政府与私人（包括国有企业）组织之间，为了合作建设城市基础设施项目，或是为了提供某种公共物品和服务，以特许权协议为基础，彼此之间形成的一种伙伴式的合作关系。并通过签署合同来明确双方的权利和义务，以确保合作的顺利完成，最终使合作各方达到比预期单独行动更为有利的结果。PPP模式在减轻政府初期建设投资负担和风险的前提下，能够提高城市交通运输服务质量。高速铁路准公共产品的特性也决定了其利用社会资本进行建设运营的可能。

一些高铁线探讨了以PPP形式吸引民间投资的形式，例如法西高铁连线、荷兰—比利时高铁连线等。法国和西班牙高铁国际连接线（费古厄和佩皮尼昂）采取PPP模式的要点有3个。

(1)法国和西班牙政府投资占54%。

(2)银行贷款占36%。

(3)私人公司投资占10%,同时,私人特许经营拥有50年的经营权。

但到目前为止,这种尝试的效果不甚理想。

BOT(Build-Operate-Transfer)模式,实质上是基础设施投资、建设和经营的一种方式,以政府和私人机构(包括国有企业)之间达成协议为前提,由政府向私人机构颁布特许,允许其在一定时期内筹集资金建设某一基础设施并管理和经营该设施及其相应的产品与服务。政府对该机构提供的公共产品或服务的数量和价格可以有所限制,但保证私人资本具有获取利润的机会。整个过程中的风险由政府和私人机构分担。当特许期限结束时,私人机构按约定将该设施移交给政府部门,转由政府指定部门经营和管理。对于大型的基础设施建设来说,BOT结构项目融资的意义在于,一是可以降低投资风险;二是可以用项目本身来融资,因其不影响投资人的资产负债状况,从而可以展开更多的投资业务。

TOT(Transfer-Operate-Transfer,即移交—经营—移交)融资模式是一种国际上较为流行的项目融资方式,通常是指政府部门或国有企业将建设好的项目的一定期限的产权或经营权,有偿转让给投资人,由其进行运营管理;投资人在约定的期限内通过经营收回全部投资并得到合理的回报,双方合约期满之后,投资人再将该项目交还政府部门或原企业的一种融资方式。

资产证券化,简称ABS,是指以基础资产所产生的现金流为偿付支持,通过结构化等方式进行信用增级,在此基础上发行资产支持证券的业务活动。简单地讲,就是通过出售基础资产的未来可预期收入(未来可预期现金流)进行现在的融资。资产证券化(ABS)已逐渐成为一种被广泛采用的金融创新工具,得到了迅猛发展。德国纽伦堡—英戈尔施塔特高速线在资产证券化现代融资模式运用上,选择表内融资,以铁路项目公司股权为资产证券化融资标的,选择离岸信托作为特定目的机构,是非常成功的资产证券化融资案例。

成立铁路专项基金,即以公开或者非公开的方式向个人或一些相关机构募集资金。基金投资期限较长,一般可达3~5年,资金来源广泛且退出渠道多样化,可在一定程度上保证高速铁路的融资效果。我国的铁路建设基金属国家预算内专项基金,实行专款专用,按国家规定作为铁路基本建设和机车车辆购置资金的来源。

(二)债务融资

贷款方向项目注入的资金及其他资产,在资产负债表中构成了贷款方的债权,也即项目的债务。

传统银行贷款,是高铁融资的一个主要渠道,其对高铁基本建设投资份额仅次于政府投资。自商业银行集团进入高铁行业之后,以中国建设银行、中国银行为代表的国有银行相应延长了对铁路建设项目的贷款期限,同时下调了贷款利率水平。但是,由于铁路建设项目还贷期限较长,中长贷款受国家对项目有关规定的约束,国内银行贷款尚不能满足铁路建设项目的资金需求。

与其他种类的银行贷款相比,国家开发银行等政策性银行贷款及无息贷款具有指导性、非营利性和优惠性等特殊性,在贷款规模、期限、利率等方面提供的优惠力度较大,在一定程度上可有效解决高速铁路建设过程中资金需求大、投资周期长、资金回收慢等问题。

发行债券是发行人以借贷资金为目的，依照法律规定的程序向投资人要约发行代表一定债权和兑付条件的债券的法律行为。

主动负债是高速铁路项目融资中最为常见的模式。日本国铁的情况是日本铁路改革之前，新干线建设初期以运输企业出资和负债为主，以东海道新干线为代表。改革初期基本和欧洲模式一样，而改革后，以铁路建设公司和运输企业负债为主，并由政府进行担保。目前，新干线的投资全部来源于中央(2/3)和地方政府(1/3)。

我国铁路在政企分开前，项目资本金以铁道部为主，地方政府以征地拆迁费用折价入股形式为辅，商业负债率多大于50%。政企分开后，少量新建国家级高铁干线的项目资本金以国铁集团为主(8∶2)，而大量省级高铁(城际)线路以地方为主(7∶3)，负债率高于50%。

融资租赁，又称设备租赁，是指实质上转移与资产所有权有关的全部或绝大部分风险和报酬的租赁。高速铁路系统的机车、信号、自动售检票系统属于单体金额较大的固定资产，具有可移动性，其所需资金约占整个轨道交通投资的三分之一，资金投入量大，完全可以通过融资租赁的形式进行融资。

日本上越新干线16 300亿日元的投资额中，在政府资金和自筹资金之外，也包含租赁收入2 280余亿日元，该部分占股东权益比14%。我国的广珠城际铁路同样采用了融资租赁的方式筹集资本金。

按照主体的资金来源，高速铁路投融资途径可以分为政府投入、直接融资(社会资本)和间接融资(金融资本)。政府投入是一类特殊的资金来源。另外，还需要针对项目融资方式，包括PPP(其中包括BOT、TOT等)、ABS等进行创新性设计和探索。其中，创新投融资工具就会涉及投融资主体、投融资模式、投融资工具创新等，把既有国铁和轨道交通相关线路的资产证券化(ABS)和成立高速铁路建设产业基金的设立作为金融创新的重要突破口，探索社会资本通过证券、基金、上市、合作、综合开发等方式参与高速铁路建设和运营的可行方式。

以德国为例，德国在1993年推行民营化改革以后，近九成以上的铁路由德国联邦铁路公司统一运营，这一时期的德国联邦铁路公司(DB)主要是由东德的德国国营铁路公司和西德的德国联邦铁路公司合并组成，联邦铁路管理局、联邦资产管理局通过改革，逐步实现政企分开。在德国，纽伦堡—英戈尔施塔特高速线项目的项目发起人是纽伦堡—英戈尔施塔特高速线客运专线公司，其拥有项目资产证券化过程中铁路的经营权和管理权，并与德国联邦铁路公司分享一定的运营收益。在资产证券化运营中主要设立了信托型特殊机构，托管业务主要委托给了德国第二大银行德国商业银行，在德国相对成熟的市场经济运行环境中，信托型特殊目的机构的设立可以促使其在国内大规模开展铁路资产证券化融资。

二、高速铁路公司的投融资案例

(一)京沪高铁投融资案例

1. 京沪高铁投融资机制概况

京沪高速铁路股份有限公司(以下简称“京沪高铁公司”)于2007年12月27日在

北京创立。由原铁道部和北京市、天津市、上海市、河北省、山东省、安徽省、江苏省、南京市人民政府作为出资人，分别授权中国铁路建设投资公司、北京市基础设施投资有限公司、天津铁路建设投资控股(集团)有限公司、上海申铁投资有限公司、河北建投交通投资有限责任公司、山东铁路建设投资有限公司、安徽省投资集团有限责任公司、江苏交通控股有限公司、南京铁路建设投资有限责任公司作为其出资人代表，平安资产管理有限责任公司、全国社会保障基金理事会，共同发起设立。2010 年中银集团投资有限公司受让中国铁路建设投资公司持有的京沪高铁公司部分股份，作为新增股东。至此京沪高铁公司由 12 家股东共同出资组建，见表 6-6。

表 6-6　京沪高铁公司股东组成情况

股东名称	认购的股份数(万股)	出资方式	占股比例(%)
中国铁路建设投资公司	60 366 63.38	货币	46.21
平安资产管理有限责任公司	1 600 000.00	货币	12.25
全国社会保障基金理事会	1 000 000.00	货币	7.66
上海申铁投资有限公司	733 345.89	非货币	5.61
江苏交通控股有限公司	680 127.00	非货币	5.21
南京铁路建设投资有限责任公司	653 227.06	非货币	5.00
山东铁路建设投资有限公司	605 131.39	非货币	4.63
天津铁路建设投资控股(集团)有限公司	588 795.36	非货币	4.51
中银集团投资有限公司	521 739.13	货币	3.99
北京市基础设施投资有限公司	283 049.24	非货币	2.17
安徽省投资集团有限责任公司	183 642.05	非货币	1.41
河北建投交通投资有限责任公司	176 675.62	非货币	1.35

2. 京沪高铁公司准备上市概况

根据财新周刊报道，京沪高铁公司的经营状况良好，但社会投资方和国铁集团之间却一度矛盾重重。2012 年底，平安资产管理有限责任公司与全国社会保障基金理事会提出退股，希望大股东中国铁路建设投资公司代表原铁道部回购股份。主要原因包括京沪高铁投资规模超出预期，车票定价水平低于投资者预期，运行之初多次调整运行图不规范，以及铁路清算系统不透明等。此后，两大股东退股要求在京沪高铁公司内部遭到否决。

随后，平安资产管理有限责任公司与全国社会保障基金理事会希望尽快推动京沪高铁上市，但京沪高铁公司并没有做出相关动作。除了大股东国铁集团的积极性不高以外，京沪高铁内部的“资产划分”被看作是其上市的阻碍。

京沪高速铁路股份有限公司是京沪高速铁路及沿线车站的投资、建设、运营主体。目前，该公司资产质量优良、有稳定的现金流，已连续盈利超过三年，属于《铁路“十三五”发展规划》中明确的实行资产证券化的高速铁路企业，已具备首次公开发行股票并上市的条件。2018 年 10 月 22 日，中信建投证券股份有限公司(以下简称“中信建投证券”)和京沪高速铁路股份有限公司签署《京沪高速铁路股份有限公司与中信建投证券股份有限公司关于京沪高速铁路股份有限公司首次公开发行股票并上市之辅导协议》。2019 年 2 月 26 日，中国证券监督管理委员会北京监管局网站刊登了京沪高速铁路股份有限公司上市辅导备案表。国铁集团控股企业京沪高速铁路股份有限公司正式启动A股上市工作。这是国铁集团积极推进国铁企业股份制改造的重要举措之一，是大力发展混合所有制经济、促进企业资本结构优化调整的具体行动。

3. 京沪高铁投融资机制的实施效果

京沪高铁项目投资主体多元化，实现融资管理创新。京沪高速铁路社会资金投入并及时到位，有效缓解了国家铁路资金投入压力、确保了工程建设有序加快推进，切实增强了公司决策的透明度、确保工程建设依法合规，减轻了政府的财政负担与还贷压力，为股东提供稳定的收益，激发沿线投资热情。

京沪高铁自2011年6月30日正式开通运营以来，公司完成从建设向运营转型，于2014年实现扭亏为盈，于2015年全部弥补完历史亏损，六年利润过百亿元，京沪高铁公司营运收入、支出及利润情况如图6-12所示。以2017年为例，其旅客发送量达到1.79亿人次，主营业务收入为284.3亿元，实现净利润95.2亿元。

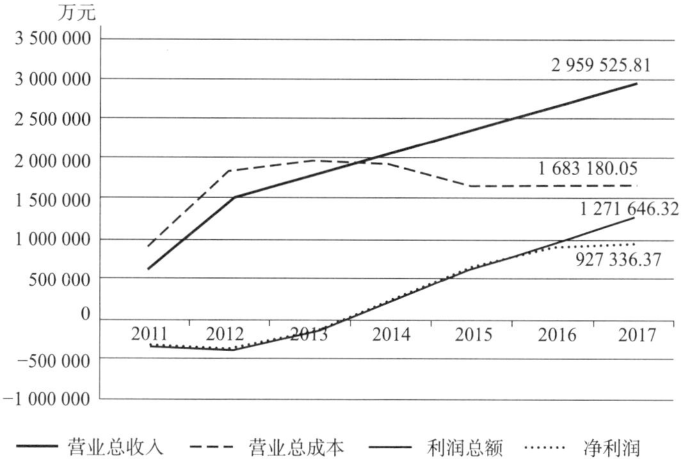

图6-12　京沪高铁公司运营收入、支出、利润等情况

根据相关报道和股东年报显示，自2016年起，京沪高铁公司开始给股东分红，整理出部分股东的分红情况见表6-7。

表6-7　京沪高铁公司部分股东分红情况　　单位：亿元

股东名称	2016		2017	
	分红	股息(率)	分红	股息(率)
平安资产管理有限责任公司	0.14	0.875%	1.98	1.237 5%
天津铁路建设投资控股(集团)有限公司	0.12	0.2%	1.20	0.2%
安徽省投资集团有限责任公司	0.047	0.256%	0.695 1 (2017年8月)	3.785%
河北建投交通投资有限责任公司	0.06	0.339 6%	0.57	3.226%

部分股东分红是京沪高铁的股权化的良好开端，京沪高铁开创交通基础设施投资体制创新的新模式，提升政府投资的正向效应，为鼓励社会资本进入和混合所有制改革发挥

示范作用。

4. 作为投融资机制的创新模式

京沪高铁项目在短暂时间内实现盈利，除了其得天独厚的优势条件之外，最重要一点是其在投融资体制改革方面取得重大突破，多元化投资大大降低了高铁建设初期的融资成本。在国铁集团的大力支持推动下，在沿线铁路局集团公司的密切配合下，京沪高铁公司以建立现代企业制度为目标，确定资产界面，厘清经济关系，明确管理责任，已初步建立起资产边界明确、资产收益清晰的资产管理制度。京沪高铁投融资机制不仅为高速铁路等铁路基础设施投资、建设和运营，而且对其他交通基础设施的投资、建设和运营提供了有益的借鉴。

同时，京沪高铁公司的上市，为股市注入绩优蓝筹股，有利于通过资本市场优化资源配置，实现铁路运输主业资本扩张、高效发展，提高经济社会效益；有利于提升列车开行效率，为广大旅客提供更加优质的服务；有利于国铁企业建立市场化经营机制，实现国有资产保值增值，形成行业示范效应；有利于建设安全高效、服务优质、业绩优良的世界一流高速铁路标杆企业。但是，铁路优质资产上市融资存在一定风险。因此，京沪高铁公司上市必须要考虑路网使用费的不确定性等问题，同时京沪高铁公司与国铁集团其他网络的铁路主营业务之间必须建立清晰的关联交易处理规则。

（二）长吉城际铁路

随着高速铁路建设的不断发展，股权融资在合资铁路建设中的应用也逐渐广泛。以2011年建成开通的长吉城际铁路的建设为例，其作为东三省第一条城际高速铁路被列为吉林省“十一五”规划的重大交通基础设施项目。长吉城际铁路线路全长112.499公里，建设工期为三年，设计时速每小时250公里，年度输送旅客能力超过2 300万人次。作为一条合资高速铁路，其总投资额主要由中国铁路沈阳局集团有限公司出资总资本金的56.03%，剩余部分则由地方政府及其投融资平台进行出资，见表6-8。

表6-8　长吉城际铁路建设出资人认缴金额占比

股东名称	认缴金额占比
中国铁路沈阳局集团有限公司	56.3%
吉林省交通投资集团有限公司	36.51%
长春市长双烟铁路建设有限公司	0.40%
吉林省高速公路集团有限公司	0.21%
中国铁路发展基金股份有限公司	6.09%
吉林省投资集团有限公司	0.49%

数据来源：中国高速铁路股权结构统计。

（三）郑西高铁

郑西高铁自郑州东站向西延伸至西安北站方向，全长484公里，于2010年2月6日正式开通运营。该线是我国中西部地区第一条时速350公里的高铁线路，也是世界上第一条修建在大面积湿陷性黄土地区的高速铁路。郑西高铁由郑西铁路客运专线有限责任公司负责建设运营，该公司由铁路局集团公司和地方投融资平台共同出资成立，其中中国铁路郑州局集团有限公司认缴出资占比为57%，剩余的部分由中国铁路上海局集团有限公司、铁路发展基金以及地方(铁路)投融资平台投资,见表 6-9。

表 6-9　郑西铁路客运专线有限责任公司出资人认缴金额占比

股东名称	认缴金额占比
中国铁路郑州局集团有限公司	57%
中国铁路上海局集团有限公司	9%
中国铁路发展基金股份有限公司	17%
河南铁路投资有限责任公司	11%
陕西省铁路投资(集团)有限公司	2%
安徽省投资集团控股有限公司	3%
江苏交通控股有限公司	1%

(四)兰新高铁

兰新高铁是连接了中国甘肃省兰州市与新疆维吾尔自治区乌鲁木齐市的高速铁路,是世界上一次性建成通车里程最长的高速铁路,是中国《中长期铁路网规划》的重点项目,也是亚欧大陆桥铁路通道的重要组成部分,这是我国西部地区的一条代表性高速铁路线路,于 2014 年 12 月 26 日,全线开通运营。兰新高速铁路由兰州西站至乌鲁木齐站,全长 1 786 公里,设 22 个车站,设计的最高速度为 250 公里/小时,由兰新高铁甘青有限公司和兰新高铁新疆有限公司两家负责建设和运营。这两家高铁公司均是由铁路局集团公司和地方政府(及投融资平台)共同出资的合资公司,其中,主要比例分别由中国铁路兰州局集团有限公司和中国铁路乌鲁木齐局集团有限公司认缴出资,剩余部分则由中国铁路发展基金和地方铁路建设投融资平台负责投资,见表 6-10、表 6-11。

表 6-10　兰新高铁(甘青)有限公司出资人认缴金额占比

股东名称	认缴金额占比
中国铁路青藏集团有限公司	19%
中国铁路兰州局集团有限公司	54%
中国铁路发展基金股份有限公司	20%
青海地方铁路建设投资有限公司	2%
甘肃投资集团铁路有限责任公司	6%

表 6-11　兰新高铁(新疆)有限公司出资人认缴金额占比

股东名称	认缴金额占比
中国铁路乌鲁木齐局集团有限公司	93%
新疆维吾尔自治区国有资产投资经营有限责任公司	4%
中国铁路发展基金股份有限公司	3%

数据来源:中国高速铁路股权结构统计。

第四节　高铁投融资风险

本节主要通过案例描述了在高速铁路投融资过程中涉及的风险。当前学术界对于风险的定义没有一个固定的概念，根据不同的金融学角度可以提出不同的看法，比较笼统的概念则是认为风险指的是一切导致事情发生变化的因素，这种不确定因素就是风险。本节根据不同的角度对风险进行了定义，主要包括以下内容：(1)所谓的风险指的是未来极可能发生的一些不确定事件。(2)风险造成的损失可大可小，同样的风险也会造成不同的结果；(3)风险的大小可以从事后造成的损失以及对项目成功率的影响两方面进行定义。

从高铁线路投融资的角度来看，该类项目存在的风险主要来自经济上的风险，除了因为项目自身建设与运营时间长，投资数额大造成的不确定风险之外，由于参与建设的利益相关者之间的利益关系较为复杂，也会产生一定的风险。在高铁的发展历史中，由于不同的投融资方式会诱导产生不同性质的风险，因此本节将依据传统方式和创新方式的分类，介绍高铁投融资过程中已经遭遇或有可能产生的风险。

一、传统投融资方式下的风险

高铁建设金融投资主要来源于中央政府的财政支持，其他的资金来源主要来源于当地政府的投资，银行贷款，外商投资以及铁路债券的发行。其中铁路债券的应用较为广泛但主要在中央层级进行合作。

铁路尤其是高速铁路是运输密度经济非常显著的运输方式，若长期在运输密度不经济的状态下运营，且高额投资的主要来源是高负债时，出现财务状况难以维持的局面自然是不可避免的。以我国为例，根据高铁运营的相关财务数据，大部分高铁建设项目的投资资金有50%～70%来源于银行借款，因此需要较大的运量来支持高融资、折旧、银行借款以及运营成本的现状，其中2016年需要偿还贷款利息甚至超过了当年营业收入，如图6-13所示。

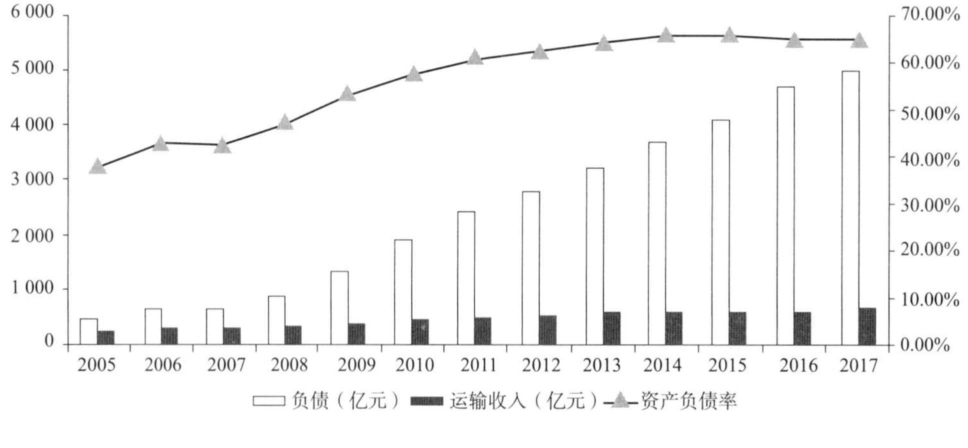

图6-13　2005—2017年中国铁路的负债、还本付息和资产负债率的演变情况

在这种情况下有学者指出(赵坚，2019)，世界最大规模的中国高铁网络和过低的高铁运输密度(运输收入)预示着重大金融风险。继续进行大规模高铁建设将给国铁集团和地方政府造成更加巨大的债务负担，进而成为撞击中国经济的“灰犀牛”。

在1987年日本进行国铁改革之前，其国铁债务的形成和清偿过程，与国铁特别是新干线建设以负债为主的投融资体制的变化密切相关，暴露出日本政府在铁路投融资及其财务政策方面存在不足。

第二次世界大战后日本政府很长一段时期在国有铁路的发展上既没有必要的政府直接投资，也没有动员社会资本参与或鼓励国铁进行土地综合开发(其实日本私营铁路的土地开发一直比较成功)，致使国铁单纯依靠债务搞建设，最终债台高筑进而财务崩溃。日本国铁 1949 年改为公社制前后制定过多次 4 或 5 年的复兴计划和设备投资计划，一直希望政府相应增加投资。但当时对不同运输方式实行区别对待，政府的铁路直接投资一直未能落实，国铁只能主要依靠负债搞建设。日本经济进入高速增长后政府主持制定从 1965 年起的第三次国铁长期发展计划，在建设资金上政府的办法还只是使用财政性融资，即在一般预算以外有偿性地使用政府债务，再加上发行由政府支持的特别债，很少有财政一般预算的直接投资，于是国铁负债建设似乎成了常规。

1970 年政府通过《全国新干线铁路发展法》，国铁也进入更大规模依赖财政性融资和政府发债的建设期。这些需要还本付息而且利率当时也较高的政府债务，加上一般性银行贷款很快就使国铁不堪重负。由于国铁财务状况问题越来越大，1968 年起政府开始对其给予补贴但采用的是“工程费补助金、财政再建债务利息补助金、特别利息补助金”等名义，其中能够直接用于铁路建设的一般预算资金还是很少。主要思路仍是让国铁继续大幅增加债务而且加剧“借新还旧”，只不过借和还的大都是政府债。

改革前 1986 年度日本国铁债务总余额中财政性融资的比重达 40.2%，铁道债券占 56.4%，银行贷款仅为 3.4%。日本政府也曾利用各种办法包括准许提高运价帮助国铁，但连续 13 次提价都无济于事，国铁的财务状况仍然加速恶化，只能继续靠财政补贴和大量举债“借新还旧”得以维持。国铁改革之前的几年，其资产负债率已高达 95%以上且仍不断攀升，如 1983 年为 96.27%，1984 年为 96.56%，1985 年为 96.78%，1986 年已达到 97.00%。这使得国铁的信用几近崩溃，面临破产威胁，改革已势在必行。

日本国铁改革的经验表明，从最早让国铁主要以自筹和负债方式承担全部高铁建设投融资责任，到减少约一半责任，再到后来基本全部由政府承担全部高铁建设投融资责任，尽管目前政府出资中还包括 JR 公司支付收购新干线的资金，但日本高铁建设投融资体制已经发生了从政府在极高程度上让铁路运输企业使用债务融资杠杆到主要由政府直接出资而且在中央与地方政府之间划清出资责任的重大转变。

二、创新投融资方式下的风险

如投融资方式中所述，PPP 模式是工程项目融资的一种模式。在该模式下，政府、营利性企业和非营利性企业基于某个项目而形成相互合作关系。通过这种合作形式，合作各方可以与预期单独行动相比更为有利的结果。合作各方参与某个项目时，政府并不是把项目的责任全部转给私人企业，而是由参与合作的各方共同承担责任和融资风险。

我国高铁项目模式最突出最重要的风险就是公共部门和私人部门的合作风险，即中央政府、地方政府、国铁集团以及私人投资者等投资主体的利益补偿机制问题。高铁实施项目融资并不是一项简单的融资活动，而是一项涉及面广、专业性强的系统工程。PPP

方式主要用于基础设施项目，由于其规模大，建设期和特许经营期都比较长，项目的政治经济环境变化大，结构复杂，涉及众多的参与方，特别是政府的参与，使得方式的合作风险极为复杂。

高铁项目的其他风险还有合同风险（如合同的结构设计、合同履约与变更问题、争议与索赔、合同的条款确定等），该类风险的原因是信息不对称，道德风险和逆向选择就是典型的现象。其中道德风险指市场的一方无法察觉到另一方的行动，逆向选择则是指一方无法了解另一方提供的商品的质量或类型，这两种问题都会导致合同无法被有效履行，信息不对称的存在往往会增加市场双方的交易成本；建设成本风险（包括涉及项目的建设成本的融资问题、财务问题、利率波动、通货膨胀和物价波动问题等）、票价政策以及税收政策变动的风险等。

历史上，英法隧道 PPP 项目也曾暴露过对投资风险估计不足的问题而造成严重后果。

1994 年投入运营的英法海峡隧道横穿多佛海峡，连接英国多佛尔和法国桑加特，全长约 50 公里，其中 37.2 公里在海底，12.8 公里在陆地下面。英法海峡隧道项目堪称 20 世纪最伟大的基础设施建设工程。但是由于各方面风险问题，2006 年 8 月，巴黎商业法庭表示批准欧洲隧道公司的破产保护申请；之后欧洲隧道公司宣布通过公开换股，债务重组成功；2007 年 7 月，欧洲隧道集团首次在巴黎和伦敦证券交易所上市交易，将替代欧洲隧道公司负责英法海峡隧道的经营。

该项目初始投资预算为 60.23 亿英镑，其中 10.23 亿英镑为股权资金，由英国的海峡隧道集团(CTG)和法国的法兰西曼彻公司(FM)各出资 79%和 21%。中标之后，CTG 和 FM 分别在英国和法国注册了 Eurotunnel PLG 公司和 Eurotunnel S. A 公司，两家公司联合成立了合伙制公司 Eurotunnel General Limited（即欧洲隧道公司）。其余的 50 亿英镑来自世界上最大的辛迪加贷款，并给予欧洲隧道公司自主营运权。TML 联营体（Trans Manche Link，也是由 CTG-FM 的股东组成）作为项目的总承包商，负责施工、安装、测试和移交运行。

根据项目建设的失败案例可以总结以下风险。

(1)在政府角度的风险方面，兴建类似英法海峡隧道的固定通道造价相当昂贵，理性的私营投资者是不会参与新海峡通道建设，而由公共部门投资兴建必然会引起较大的社会争议，因此政府的所谓“项目唯一性”担保并不起实质性作用。相反地，在英法海峡隧道正式开通之后，有实质性竞争关系的轮渡、航空公司打起了价格战，迫使欧洲隧道公司大幅降低票价。两国政府在此问题上，没有提供足够的支持。另一方面，两国政府项目前期并没有对建设方案进行足够的调查分析，在建设期间要求增加安全管理和环保措施导致了施工成本的增加和工期的延迟，使得项目正式开通一拖再拖，项目现金流进一步恶化。在项目公司的索赔要求下，两国政府最终将特许期由 55 年延长至 99 年，但是项目公司在运营的前十几年背负着巨大的财务压力，苦苦经营，以至于 2006 年不得不申请破产保护。

(2)在运营风险方面，项目公司作为项目的运营者，承担着全部运营风险，但是由于项目公司本身的缺陷所在，项目公司的股东全是施工承办商和金融机构，没有任何运营实体项目的经验，前期运营绩效很不理想。运营时间的延迟、项目公司本身运营能力的不理想、轮渡和航空公司引起的价格战以及其他原因，欧洲隧道公司一直到 1998 年才正式全面正常运营，而此时项目公司的债务负担已经极其严重。

由上述案例可见，我国高速铁路项目在创新投融资方式、拓展投融资路径时，需要加强项目的前评价与后评价工作，建立科学合理的风险预警机制，才能更好地平衡各方利益诉求，从根本上防控金融风险。

第七章　高铁运输外部性

第一节　高铁运输的正外部性

外部性是20世纪初由马歇尔和庇古提出的，用于研究一个经济主体，通常指一个消费主体或生产主体，他们的经济活动对其他个人或群体的福利产生的有利或不利影响。这种有利影响带来的收益或不利影响导致的损失是“非市场性”的结果，是一种经济力量对另一种经济力量作用的附加影响，不完全需要经济主体自身承担其活动后果。外部性又可称为外部影响、溢出效应、外部效应等，可以从产生的主体、根源、条件、效果、时空性、稳定性及方向性七个方面对其分类，具体见表7-1。

表7-1　外部性的分类

分类标准	具体表现	特　点
产生主体	生产外部性，消费外部性	体现了影响领域的不同
产生根源	制度外部性，技术外部性	体现了外部性在公共物品方面的新发展
产生条件	竞争外部性，垄断外部性	体现了不同市场条件下外部性的作用效果
产生效果	外部经济（正外部性），外部不经济（负外部性）	体现了经济活动公共化和非市场化
时空性	代内外部性，代际外部性	体现了外部性作用的广度和深度
稳定性	稳定外部性，不稳定外部性	体现了外部影响的历史性
方向性	单向外部性，交互外部性	体现了作用对象的不同

高铁运输的正外部性是指高铁在进行位移的过程中创造的社会价值大于个体价值从而给社会各个方面带来巨大外部收益的现象。在经济正外部性方面，高铁运输完善了交通运输网络的建设，要素能够在更大范围内自由流动，优化了资源的配置，进而带动了区域经济结构的升级和经济总量的增加。在政治外部性方面，高铁在较为落后地区的建设有助于区域间的公平，具有一定的公益性质。高铁“走出去”利于展现中国强大的综合实力和大国风采。在文化正外部性方面，高铁技术在不断发展，对它的研究也在不断完善。此外，高铁运输方便了人们的出行和货物的运输，人们的交流和货物运输越频繁，越有利于文化的传播、融合和发展。在社会正外部性方面，高铁运输有助于扶贫工作的开展，民族间的融合，社会的安全和稳定。在生态正外部性方面，低消耗、低排放的高铁运输是推动生态环境保护和提高资源利用效率的一大助力。

高铁运输的正外部性较为抽象，在分析时可针对高铁创造的时空价值、地区经济总值、产业总值和就业分布，利用各种模型或实地调查等方法进行研究。高铁运输的正外部性实现内部化的途径主要有两种：政府或市场。政府可通过补贴或完善相关法律法规对高铁建设部门给予激励作用，但这两种激励方法在现实运用中仍存在一定弊端。所以，需要发挥市场的主体作用,通过价格信号调节高铁的供给和消费,使生产达到市场最优生产和消费量,进而使高铁运输实现最大的外部收益。

一、高铁运输正外部性定义、特征与分类

正外部性即活动的外部经济性,是指个人或群体的行为给其他个人或群体带来了福利,且不需要补偿该经济主体或使其他享受福利的个人或群体付出任何代价的一种个人成本小于社会成本,社会收益大于个体收益的经济学现象。

正外部性用福利函数的数学表达式可定义为:$W_a=W_a(X_{1a},X_{2a},X_{3a},\cdots,X_{na},X_{mb})$,$a\neq b$,当$\partial_w/\partial_{mb}>0$时,指个人或群体$a$的福利不仅受到自身经济活动的影响,还受到来自其他个人或群体b的经济活动的影响,且b给a带来了正的外部影响。其中,a和b是两个不同的经济主体,W_a表示a的福利函数,$W_a(1,2,3,\cdots,m,n)$表示a的经济活动。

正外部性的特征可以归纳为以下几点:

(1)产生者不一定想要给他人带来福利,即正外部性的产生不一定是主动的;

(2)在经济活动中出现并潜移默化影响其他经济主体;

(3)不直接通过价格机制对他人或群体产生正面影响;

(4)会造成他人或群体效用的增加或成本的减少;

(5)影响范围广且福利的享受具有非竞争性和非排他性;

(6)享受正外部性的经济主体不需要支付任何费用。

正外部性可以从其产生影响的途径和发展程度的大小进行分类,具体见表7-2。

表7-2 正外部性的分类

分类标准	具体表现	特　点
影响途径	直接正外部性,间接正外部性	正外部性是由本身带来还是由其附属品带来,体现了正外部性可影响范围之广
发展程度	一般外部性,极端外部性	体现了影响程度的深浅,极端外部性往往是公共产品

高速铁路的运输是一种社会性经济活动,高铁在进行位移变化的过程中为社会创造了巨大的时间和空间价值。此外,高铁本身在很大程度上是一种公共物品,它的建设和运营在经济、政治、文化、社会、生态等多方面产生了极大的社会收益,具有显著的正外部性。

以图7-1为例对高铁运输的正外部性进行简要分析。该图横轴代表高铁运输的数量(Q),纵轴代表高铁运输的成本(C)。个人对高铁运输的需求,即高铁运输产生的私人价值用边际个人收益(MPB)表示。社会总体对高铁运输的需求,即高铁运输创造的社会价值用边际社会收益(MSB)表示,且在同一运输数量水平上MSB与MPB的差值用边际外部收益(MEB)表示。由图7-1可知,MEC与MPB、MSB分别交于A和B点。A点代表着市场上生产供给和消费需求处于均衡时的状态($MEC=MPB$),其高铁运输数量为$Q_{市场}$;B点代表着社会整体对高铁运输的需求和高铁供给处于平衡时的状态($MEC=MSB$),其高铁运输需求量为$Q_{最优}$。

可以看出,在不考虑高铁运输成本的前提下,高铁运输最优的生产和消费数量$Q_{最优}$要远大于市场生产和消费的市场均衡数量$Q_{市场}$,且在$Q_{最优}$的高铁运输数量上,高铁运输会产生最大的边际外部收益($\text{Max}\{MEB\}$),在0至$Q_{最优}$的高铁运输数量上,高铁运输会

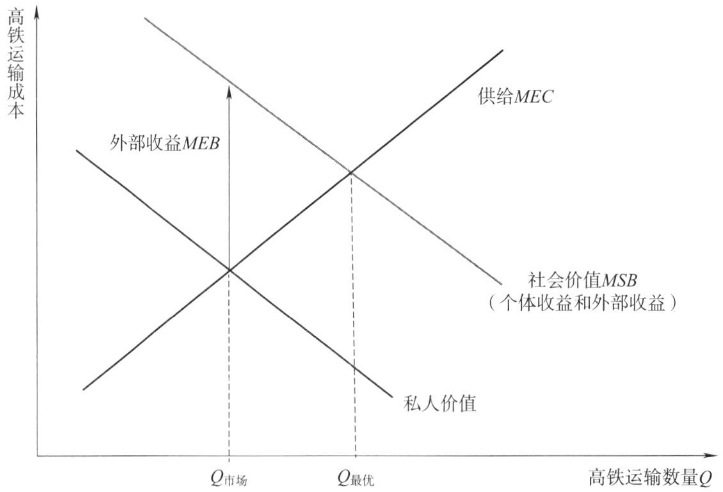

图 7-1 高铁运输的正外部性

给社会带来最大的福利和外部累积收益（Max{*MEB*}）。所以，对高铁建设和运营的相关部门而言，让高铁运输数量达到市场最优的供给量是使其创造最大的正外部性，拥有最大的社会价值不可缺少的一步。

二、高铁运输正外部性的表现

（一）经济正外部性

“要想富，先修路”，这是前人在广泛的经济实践活动中得出的宝贵结论，并不断地在经济建设中得到检验和发展。人类社会早期，交通工具落后，那时人们的出行基本依靠步行、牛车、马车或船舶，远行一趟需要耗费大量的时间和金钱，区域间的沟通极为不便。交通工具第一次实现巨大的变革是在第一次工业革命后蒸汽机在机车和轮船上的应用，蒸汽机车和汽船的出现大大地缩短了地区间的交流距离，为英国之后一度成为“日不落帝国”打下了坚实的基础。19 世纪末 20 世纪初，第二次工业革命内燃机的使用给世界带来了火车、轮船、飞机、电车等各种新式交通工具，这些交通工具方便了人们的出行和区域间各种生产要素的流动，地区经济生产力水平有了很大的提高。高速铁路是 20 世纪 70 年代出现的采用世界最先进生产技术、迎合新时代发展潮流的一种交通工具，它有着占地少、噪声小、时速快、准点率高、受环境影响小等特征，在地区经济发展中作用愈发明显。

高铁运输对经济发展的溢出效应主要表现在以下几个方面。

（1）高铁的兴建是铁路运输的一个有力补充，它完善了交通运输网络的建设，为经济的可持续发展打下了良好的基础。从表 7-3 可知，近几年来，我国高速铁路营业里程的增加值与铁路营业里程增加值基本同步，且高铁运输在铁路运输中比重不断加大，从 2014 年的 14.3%增加到 2018 年的 22.1%。高铁逐渐成为我国交通运输和经济发展的重要助力。

（2）高速铁路的运输带动了经济总量的增加。以中国高铁建设为例，在消费方面，中国高铁旅客发送量从 2014 年的 8.13 亿人次到 2019 年的 22.90 亿人次，增长了近 1.8 倍。2019 年中国高铁旅客发送量占铁路旅客发送量的 62.6%，说明高铁运输已成为中国大部分旅客比较偏好的一种出行方式，极大地促进了中国铁路客运的发展。在固定资产投资方面，我国高铁新线建设里程不断增加，2019 年高铁新线建设里程占铁路新线建设里程的 64.5%，已成为我国铁路固定资产投资建设的主力军。此外，高铁的建设还间接带动了围绕高铁修建项目的上下游企业的投资和发展，比如钢筋、水泥等原材料企业或是在高铁站点、沿线地区进行房地产开发建设的企业等。在对外项目方面，2018 年中国与伊朗、尼日利亚、苏丹等国家签订了 13 个大型高铁建设或修复项目，体现出我国高铁的强大出口能力。高铁的对外贸易进一步推动了中国经济总量的增加。

表 7-3　2014—2019 年中国铁路和高铁建设相关指标

指标 年份	铁路营业里程 （万公里）	高铁营业里程 （万公里）	铁路旅客发送量 （亿人）	高铁旅客发送量 （亿人）	铁路新线建设里程 （公里）	高铁新线建设里程 （公里）
2014 年	11.2	1.6	23.57	8.13	8 427	5 491
2015 年	12.1	1.9	25.35	11.61	9 531	3 306
2016 年	12.4	2.2	28.14	14.4	3 281	1 903
2017 年	12.7	2.5	30.84	17.17	3 038	2 182
2018 年	13.1	2.9	33.75	20.05	4 683	4 100
2019 年	13.9	3.5	36.60	22.90	8 489	5 474

资料来源：《交通运输行业发展统计公报》(2014—2019)、《铁道统计公报》(2014—2019)。

（3）高铁运输促进了城市或区域的发展，加快了城镇化进程。高铁的建设对一个城市或区域的发展来说影响非常大，高铁运输可以通过“增长极效应”“点轴效应”“同化效应”等对城市产生影响。高铁站点依托着便利快捷的交通运输方式使其辐射范围变大，吸引着大量的优秀人才和物资的流入，渐渐发展壮大，成为一定区域内的一“极”，并对周围其他地区产生更大的影响。高铁运输线路上很多这样的“增长极”相互联系，连接成“轴”，拉动了整个区域的发展。各种要素在区域内拥有高铁站点的城市间快速流动，节约了大量的时间成本，城市发展效益大大提高，城镇化进程也在不断加快。

（4）高铁的建设有利于区域间要素的合理配置，推动地区产业结构和经济结构的优化升级。见表 7-4，2008 年 8 月 1 日开通京津城际铁路后到 2010 年京沪高铁开通前，京津地区的总产值从 2007 年的 15 099.57 亿元增加到 2009 年的 19 387.75 亿元，第一、二、三产业产值在这两年内分别增加了 35.7 亿元、1 329.01 亿元及 2 923.47 亿元，高铁运输对三大产出的影响率分别约为−7.1%、−3.1%和 1.9%，可以看出其对京津地区第三产业的带动作用要远大于第一产业和第二产业，从而优化了京津地区的产业结构和经济结构。

表 7-4　京津城际铁路的开通对北京和天津产出的影响

类别	地区生产总值 （亿元）	第一产业产值 （亿元）	第二产业产值 （亿元）	第三产业产值 （亿元）	第一产业比重 （%）	第二产业比重 （%）	第三产业比重 （%）
高铁运营前 （2007 年）	15 099.57	211.45	5 401.93	9 486.19	1.4	35.8	62.8
高铁运营后 （2009 年）	19 387.75	247.15	6 730.94	12 409.66	1.3	34.7	64
高铁影响率 （%）	28.4	16.9	24.6	30.8	−7.1	−3.1	1.9

资料来源：2007 年、2009 年的《北京统计年鉴》和《天津统计年鉴》。

（二）政治正外部性

中国是世界上最大的发展中国家，自 1978 年实行改革开放政策以来，我国一直在探索着走属于中国特色的社会主义发展道路。在经济制度建设方面，我国逐步形成了以公有制为主体，多种所有制经济共同发展的基本经济制度，以及在国家宏观调控下，发挥市场在资源配置中起决定性作用的中国特色社会主义市场经济体制。故而与其他发达资本主义国家相比，我国的经济除了可借助市场的力量发展外，也能充分发挥社会主义制度的优越性，集中全国的人力、物力、财力等有计划地开展大规模的经济建设。

高速铁路是中国交通基础设施建设中一个重要的组成部分，它的建设也是世界各国构建和完善交通网络时十分重视的一个环节。然而，高铁的修建往往耗时长且需要各种资源的大量投入，个人或机构投资者一方面可能由于庞大的生产成本没有足够的实力去投资，另一方面在较偏远的地区进行高速铁路的建设风险高、收益低，很多以盈利为目的的生产者并不愿去投资。因此，我国高铁的规划与兴建基本是以国家作为投资主体，具有较强的政治意义。

首先，在国内，我国高铁的建设呈现出公共性和公益性的特点，有利于地区间的平衡发展。根据国家发改委 2018—2019 年批复的高铁项目，中国开工建设 27 个高铁项目，其中有 17 个项目在中西部地区开展。尽管在这些地区修建高铁不仅需投入大量成本，面临狭小的消费市场，短期投资收益低，但是地区的稳健成长离不开便利的交通，高铁的修建能在一定程度上刺激这些地区直接和间接的投资，方便各种要素的流动，从长期来看，有利于经济的发展和社会的稳定。如河南省开封市，借助着“高铁＋高速”的模式，实现了与郑州市的互通有无，大量的人力、物流、资金流等在两地之间快速流动，以宋城路站为中心的区域经济实现了快速发展。

其次，在国际上，高铁是中国对外交往的“名片”，我国在部分国家进行的高铁建设带有一定的援助性质，体现了中国良好的大国形象。表 7-5 显示 2018—2019 年我国对外高铁绝大部分建设项目都在发展中国家，这些国家经济相对落后且部分国家政局不稳，我国在这些地区建设高铁需要承担巨大的经济风险和政治风险。所以中国高铁“走出去”是我国政府在“一带一路”背景下加快中国“走出去”步伐，密切与其他国家联系的一次勇敢尝试。它优化了我国的出口贸易结构，显示了我国强大的高铁技术和综合国力，增强了中国的国际话语权，也促进了这些高铁进口国家经济的增长。

表 7-5　2018—2019 年中国对外高铁建设项目

顺序	国别	建设企业	项目名称	投资额
1	伊朗	中土集团	伊朗克尔曼沙至霍斯拉维铁路项目	35.3 亿元
2	伊朗	国机重工	伊朗德黑兰—哈马丹—萨南达季(T-H-C)铁路扩建项目	53.49 亿元
3	伊朗	北方国际	伊朗加兹温有轨电车项目	1.5 亿美元
4	尼日利亚	中土集团	尼日利亚铁路现代化	423.28 亿元
5	尼日利亚	中国电建、美国通用公司、南非 TRANSNET 公司、荷兰 AMPT 公司联营体	尼日利亚西线铁路修复项目	—

续上表

顺序	国别	建设企业	项目名称	投资额
6	苏丹	中铁十六局集团	苏丹港经尼亚拉至阿德里铁路项目	—
7	坦桑尼亚	中土集团	坦桑尼亚中央线路修复改造工程一期和二期项目	—
8	阿根廷	中国铁建	圣马丁货运铁路改造一期项目	10.88亿美元
9	以色列	中铁隧道集团、中铁电气化局联合体	以色列特拉维夫轻轨项目	45亿元
10	塞尔维亚	中铁国际、中国交建联合体	匈塞铁路项目	—
11	印度尼西亚	电建国际	印尼雅加达城市轻轨 EPC 项目	—
12	缅甸	水电十局与缅甸 A1 公司联合体	缅甸仰光环城铁路升级改造项目	—
13	沙特阿拉伯	中地集团	沙特胡富夫至利雅得铁路建设项目	8 810万美元

资料来源：国家铁路局、国家发展和改革委员会官网。

（三）文化正外部性

修建高速铁路的技术是一种文化软实力，在研究这项技术的过程中，大批优秀的专业机构和专业人才不断涌现，不仅推动着高铁自身建设技术和与其相关的工业生产技艺的进步，也带动了以其为主体的经济、政治、社会等相关领域的科学研究。以我国高速铁路的建设为例，中国地大物博，高速铁路的建设需要面对各种不同的环境条件。如京沪城际铁路的建设为了较少占用宝贵的土地资源，就尽量采用“以桥代路”的方式修建高铁，相应地对高铁建设各个部门的技术要求也就更高，从而间接推动着高铁及其相关产业生产技术的进步。其次，高铁作为中国近 20 年一个快速发展的新事物，它对中国乃至世界的政治、经济、文化等都带来了很大的影响，关于它的各方面研究也在不断地更新和进步。根据中国知网 2009 年 1 月 1 日至 2018 年 12 月 31 日收录的有关“高速铁路”这一主题的文献统计（图 7-2），知网收录有关研究高速铁路的文献最多的一年有 2 613 篇，最少的一年有1 209 篇。自 2010 年起，知网收录的有关高铁的文章每一年稳定在 2 000 篇以上，且大部分是关于高铁建设技术、高铁财政管理以及高铁外部影响的相关文章。这说明了随着我国高铁运输历程的不断前进，各位专家学者对高铁各方面的研究也在不断深化，以高铁运输为研究中心的文化也在不断地完善和发展。

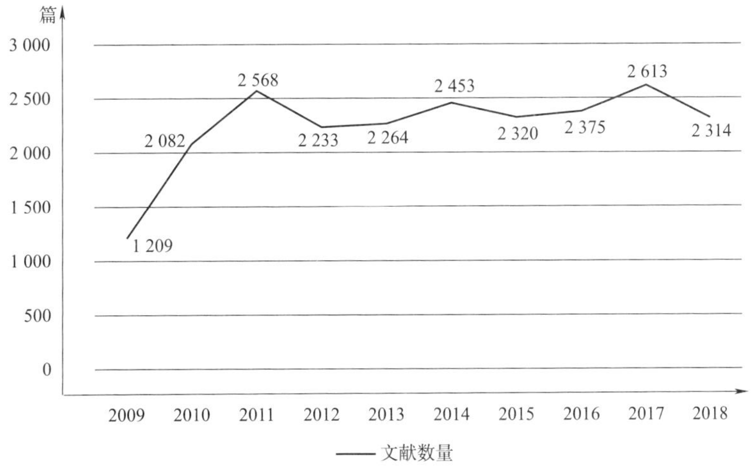

图 7-2　2009—2018 年中国知网有关高铁研究的文献数量

资料来源：中国知网，图形经过相关数据处理得到。

此外，从文化传播的角度来看，高铁的运输使旅客的出行、货物的运输更为方便快捷，这有利于地区间文化的交流和知识的溢出，从而促进了文化的传播、融合及发展。人作为传播中最直接有效的载体，在相互交流的过程中就对他人的文化产生影响，拥有地方特色的货物在地区之间传递时则代表着一种文化的传递。古代“丝绸之路”上中国运往西方国家的丝绸、瓷器、茶叶等货物代表着当时中国在这方面高超的制造技艺，令其他各国部分人士对中国文化产生了浓厚的兴趣和向往之情，纷纷来华来进行交流和学习，中西方文化的碰撞和融合极大地推进了文化的发展。如今我国拥有着世界上最尖端的高铁制造技术，中国的高铁运营里程早已超过了世界其他各国高铁运营里程的总和，我国“高铁”的出口就是代表着我国最先进文化之一的出口，我国高铁工程师在外修建高速铁路时，借助技术的外溢效应，既给当地带来了中国的高铁技术，也在不断学习着它国先进的文化，克服不同恶劣的兴建条件，通过“干中学”来实现自身技术水平的提高。

（四）社会正外部性

高铁在为社会提供服务时具有公共性和盈利性两种属性。一方面高铁作为交通基础设施建设的一部分，通常是由政府或国有企业出资修建，承担着向社会提供公共服务的职能。特别是在中西部较为落后的地区修建高铁，国家在投入资金及运营补贴等方面支持力度极大；另一方面，高铁提供的运输服务较为高端，迎合了部分对服务质量和服务效率比较敏感的人群的需要，通过收费来对消费者加以区别，以获得一定营业利润来维持高铁的正常运营。

近年来，我国的高铁覆盖面积不断加大，高铁网络日益完善，预计 2030 年营运里程可达约 4.5 万公里。这时全国各大省会城市、50 万人口以上的大中城市和部分有战略发展意义的小城市基本实现高铁全覆盖，区域间的可达性大大提高。

高铁运输推动着社会的发展与稳定。它的方便快捷性大大缩短和减小了人们出行的时空距离，区域间可达性提高，人们在有限的时间里可活动范围加大。在人员流动方面，高铁运输使人口分布格局呈现出新的特点。劳动者在面临就业时可选择去大城市，也可留在拥有高铁运输的中小城市，便利的交通使大中小城市的劳动力就业区域和就业结构发生了转变，加快了城镇化进程。投资者或购房者一般倾向于选择在交通运输较为便利的地方进行建房或购房活动，高铁站的修建可改变城市居民的分布格局，推动了城市经济的发展。此外，围绕着中心城市打造的“1 小时高铁圈”或“0.5～2 小时高铁圈”带动了周围地区旅游业的发展。大量人口利用假期乘坐高铁去周边地区游玩，放松心情，幸福感也会有所提高。

在精准扶贫方面，高铁在经济较为落后地区的修建首先给这些地区带来了大量的资金和物资以完成基础设施建设；其次，在建设过程中或是高铁运营后也可为它们创造大量的就业岗位；最后，便利的交通有利于它们与外界的往来，进而吸引更多优秀人才和企业在此集聚。有些生态良好或者有特色的地区还可大力发展旅游业来刺激经济增长。如 2014 年广西境内高铁的运营使其在该年接待了国内外游客 2.9 亿人次，同比增长 17.4%，全区的旅游总人数和总收入都高于全国旅游业平均增速，超过了区域内其他行业的增速。高铁运输使广西经济水平有了很大的提高，经济逐渐趋于高质量发展。

在民族关系方面，部分少数民族生活的地区环境恶劣，较为贫困，缺乏与外界的联系。高铁运输减小了各民族之间的交通障碍，有助于带动少数民族地区经济的发展，利于民族间的大发展和大融合。

在安全方面，高铁运输较飞机、高速公路等运输方式来说受环境影响小，是一个较为安全的出行方式。中国是个人口大国，幅员辽阔，在这片土地上经常会发生各种自然灾害、人为突发事件等。有时一个城市可能没有足够的人力或物力来解决问题，而快捷的高铁运输可以在最短的时间里帮助处理灾害，降低损失，从而有利于实现社会的稳定与和谐。

（五）生态正外部性

生态环境简单来讲是指各种生态关系的总和，具体是指人类社会和与其赖以生存和发展的大气环境、水环境、土壤环境、生物环境等相互作用形成的一个关系到社会和经济可持续发展的复合型生态系统。它既包括光、热、土、气、动植物等自然要素，又包含着这些自然要素与人类长期共处形成的各种依存关系。人类社会对待生态环境的态度和方式经历了一个漫长的演变过程。原始社会采猎文明时期由于生产力水平低下，人们只能被动地适应环境，应对自然灾害的能力也较低，久而久之对自然就产生了一种"敬畏"的态度。农业文明时期，人类生产工具有了一定进步，畜力和金属工具的使用让人们尝试主动地去改造自然环境，这时生态环境开始遭到了大面积破坏。工业文明时期，蒸汽机和内燃机的出现和在生产上的广泛应用，让人类渐渐出现了"人定胜天"的思想，对自然环境的过度开发使人地矛盾一度变得十分尖锐。20 个世纪 70 年代左右，付出了大量金钱和时间甚至是身体健康等惨痛代价的人们意识到了保护生态环境的重要性，采取各种措施走可持续发展之路，试图与自然和谐共处。这时低消耗、低排放的高铁运输迎合了时代发展绿色经济的潮流，它是出行方式的一次革新，也是保护生态环境的重要一步。

高铁运输直接或间接地对生态环境产生正的外部影响。

(1)作为低碳环保型的出行工具，高铁对汽车、飞机等交通工具的替代可以直接地保护生态环境。高速铁路的占地面积小。在发送同等数量旅客的情况下，高速铁路所需的占地面积仅是公路所需占地面积的四分之一，且高铁的建设很多都是采用"以桥代路"的方式，这就极大地减小了对所经区域耕地或住房的侵占。例如，京津城际铁路桥梁的长度占全线总长度的 87%，共节约了近 4 590 亩的土地。再者，高铁使用了有力的防噪和降噪措施以改善人们生活质量，减小噪声污染，现在即使高铁的运行速度已经达到普速铁路列车的两倍以上，它的噪声仍小于普速铁路列车。此外，高铁减少了对能源的消耗以及二氧化碳等有害气体的排放量，从而有利于生态环境的保护。以 2013 年我国京沪通道上京沪高铁、京沪高速公路和京沪航线为例，京沪高铁在这一年里单位周转量的能耗和碳排放量都远远低于京沪高速公路和京沪航线，经计算分别是二者单位周转量消耗标准煤总量的 19.5%和 13.7%，单位周转量碳排放量的 42.7%和 30.9%(见表 7-6)。这说明了高铁在节约能源和保护环境方面的优越性。

表 7-6 2013 年京沪通道不同运输方式总周转量、总能耗量及碳排放量

对　　象	京沪高铁	京沪高速公路	京沪航线
总周转量(亿人公里)	450.58	68.74	147.18
消耗标准煤总量(10 000 吨)	24.4	19.06	58.24
单位周转量消耗标准煤总量(10 000 吨/亿人公里)	0.054	0.277	0.396
总碳排放量(10 000 吨)	15.351	41.24	122.01
单位周转量的碳排放量(10 000 吨/亿人公里)	0.256	0.600	0.829

资料来源:国家铁路局《高铁经济学导论》编写组．高铁经济学导论[M]．北京:中国铁道出版社,2018:148-150.

(2)高铁运输缩短了地区间时空距离,通过促进要素流动,优化了产业结构,从而间接地改善了生态环境。一方面,高铁运输加大了各要素在地区间的流动,优化了资源的配置,提高了资源的利用效率。人是"理性的经济人",在有限的资源条件下往往希冀着最大的产出。因此,他们会尽力使资源在可能的条件下得到最优的利用。高铁运输改善了资源配置的交通条件,扩大了要素配置的范围,人们拥有了更多的选择,资源也能获得更好的利用,使用效率也就更高。另一方面高速铁路的运输特别是城际高速铁路的运输带动了旅游业等第三产业的发展,推动着地区产业结构的优化升级,减小了对环境的压力。例如郑开城际铁路开通后,2015 年开封市全年共接待国内外游客 4 492.1 万人次,比上年增长了 13.2%,旅游总收入 245.1 亿元,比 2014 年同期增长了 27.3%。从表 7-7 可看出,2015 年开封市第三产业产值较 2014 年大幅增加,所占地区生产总值比重达到近 41.2%,提升了 5.7 个百分点。高铁运输对其第一、第二和第三产业影响率分别为 0、−3.0%和 25.1%。这表明了高铁的运营在推动地区产业结构的改善,特别是对部分城市大力发展旅游业方面有积极的作用,进而有利于生态环境的保护和改善。

表 7-7 郑开城际铁路的开通对开封产出的影响

类别	地区生产总值(亿元)	第一产业增加值(亿元)	第二产业增加值(亿元)	第三产业增加值(亿元)	第一产业比重(%)	第二产业比重(%)	第三产业比重(%)
高铁运营前(2014 年)	1 492.1	285.2	678.0	528.9	19.1	45.4	35.5
高铁运营后(2015 年)	1 604.8	285.2	657.8	661.8	17.8	41.0	41.2
变化率(%)	7.6	0	−3.0	25.1	−6.8	−9.7	16.1

资料来源:《开封市 2014 年国民经济和社会发展统计公报》和《开封市 2015 年国民经济和社会发展统计公报》。

三、高铁运输正外部性的测算与估量

由前文对高铁运输正外部性的分析可知,高铁运输的正外部性即高铁运输产生的外部价值或收益,实际上就是指当市场最优的高铁供给量大于现存市场高铁供需的均衡量时,由于供给不足使得单位社会收益大于单位个人收益的单位外部价值的总和。高铁运输带来的外部价值是一个比较抽象的概念,历年来相关专家学者在研究高铁运输所产生的外部价值时,试图从不同交通工具、不同交通运输方式或高铁运输对各方面的影响入手采用各种方法对其进行量化分析,从而能更好地说明高铁运输影响的正外部性。

(一)高铁运输正外部性的量化方法

1. 时空价值的估量

高铁运输的外部价值直接表现为它所创造的时间和空间价值,即高铁缩短了人们出

行的时空距离，增大了地区间的可达性，扩大了人们的活动范围。首先在估量高铁运输产生的时间价值时，可将旅行时间和出行成本作为中心变量进行分析，找到可能影响这两个变量大小的个人收入水平、旅行距离、出行目的、交通工具的安全性和舒适性等多种因素，建立时间节约或配置模型等来估量高铁运输产生的时间价值。其次在量化高铁运输创造的空间价值方面，可采用"节点—场所"橄榄球模型，即通过测算交通枢纽地区的节点价值和场所价值来研究该车站运输的空间价值，也可利用全要素生产率来探索地区的交通基础设施建设对经济增长的带动作用，或是借助"空间杜宾模型"来估算交通枢纽对城市经济增长和城市集聚的关系。此外，在衡量高铁运输的时空交互价值方面，以时间角度为切入点，再引入空间变量，通过对影响二者的不同关联因素的综合，建立相关模型来深入探究高铁运输的时空价值。

2. 经济正外部性的测算

在定量分析中，最常用来估算高铁运输对经济发展作用的是国内或地区生产总值GDP、各大产业的增加值或比重、劳动力在地区或产业间的分布情况。通过对某地区或地区之间开通高铁前后的各大产业产值、总产值和劳动力分布情况的计算和比较，可以说明高铁运输对地区产业结构、劳动力就业结构和经济增长的带动作用。

3. 其他外部效益的衡量

在衡量高铁运输对非经济方面的其他正外部性影响时，可以通过调查问卷的方法计算居民幸福感和满意度指数来说明高铁的社会影响，收集和统计相关科研机构关于高铁运输的研究成果来直接说明高铁运输的文化影响，可将有无高铁城市居民的生活质量进行对比估量高铁运输的生态作用和正外部性的大小，或是分析各大官方网站和其他媒体上有关高铁运输的数据或报道来估量高铁的政治影响。

（二）运输正外部性的典型模型分析

空间经济计量模型最初是Douglass（1995）提出用来估算美国洲际交通运输的外溢效应，但当时他得出的结果并不显著。后来也有部分学者对其不断加以完善以此来研究区域间交通运输的外部效应。我国学者胡鞍钢、刘生龙（2009）就借助了完善后的空间经济计量模型对中国1985—2006年28个省份的数据进行处理并分析验证了交通运输正外部性的显著存在。该模型分析具体如下：

假定中国的省份都有对数型生产函数，如下：

$$y=a_0+a_1l+a_2k+a_3t+\mu \tag{7-1}$$

式中 y 代表各省的总产出，采用国内生产总值（GDP）来表示；l 和 k 分别代表省内的劳动和资本；t 是有效的交通资本量，包含着省内和省际有效的交通资本运输量，代表了本省对外省的"溢出效应"；μ 是随机干扰项。为了量化这一外部效应，令 σ 为衡量省际交通运输资本外部性的程度，且使一个省 h 的有效资本存量与邻近省份 m 这一相关关系如下：

$$t_h^e=t_h+\sigma t_m \tag{7-2}$$

如果不存在交通运输溢出效应，即 $\sigma=0$ 时，$t_h^e=t_h$，则实际的交通运输资本等于有效的交通运输资本。

上述方程只假定有一个省份与该省相邻，但现实当中可能有多个省份与该省相邻，所以每个相邻的省都可能对该省的交通运输资本带来正外部性。h 省的交通运输资本的生产函数如下：

$$t_h^e = t_h + \sigma \sum_{m=1}^{m} w_m t_m^e \tag{7-3}$$

式中 m 是指与 h 省相邻的省份的总个数；w_m 代表着与邻近省份相关的有效资本的权重。

交通运输的有效资本不仅是本省和邻省的贡献，还隐含着邻省和其邻近省份间的贡献。以此类推，可以将 σ 看作是其他省份随该省距离增加而缩减的程度。假定第一层邻近省份对该省的溢出效应为 σ，第二层则是 σ^2，第三层为 σ^3，依次往下进行类推。故而，较高的 σ 值代表着生产率外溢效益的衰减速度越慢，较低的 σ 数值代表着生产率的外溢效应的衰减速度越快。

为了量化推导出隐含的有效交通运输资本数量，令 T 代表各个省份交通运输资本 $N\times 1$ 向量，其他向量也是如此定义。因此隐含的有效资本量可用式(7-4)来表示。

$$T^e = T + \sigma W T^e \tag{7-4}$$

式中 W 代表一个 $N\times N$ 的近邻矩阵，它是每个省份交通运输资本的权重。为了方便计算，这个权重 W 主要分为简单的空间权重矩阵、铁路里程权重矩阵、GDP 差距权重矩阵和公共边界距离权重矩阵 4 种。通过式(7-5)可以求出 T^e。

$$T^e = (1-\sigma W)^{-1} T \tag{7-5}$$

或者通过式(7-6)求出 T^e。

$$T^e = P(\sigma) Y \tag{7-6}$$

其中，$P(\sigma)=(1-\sigma W)^{-1}$，式(7-6)是运输资本正外部性的有效表达形式。当 $\sigma>0$ 时，交通运输的外溢效应就产生了，每个省的交通运输资本不但受本省的交通运输资本的影响，还受到邻近省份和邻近省份的邻省的影响。进而，交通运输资本对各个省的产出都会带来影响，将式(7-6)代入生产函数的式(7-1)中得：

$$y = a_0 + a_1 l + a_2 k + a_3 P(\sigma) T + \mu \tag{7-7}$$

在进行实际的测算时，通常会利用式(7-7)，且若是交通运输资本的外溢效益太过显著，那么全国范围内测算出来的交通运输资本的生产力将大于基于各个省份的数据计算出来的潜力之和。

四、高铁运输正外部性内部化的途径

人是“理性的经济人”，他们对外部环境导致损失的敏感程度要远大于外部环境给其带来收益的敏感程度。因而在研究高铁运输的外部性时，人们往往会倾向于对高铁运输负面影响的研究，而忽视了对高铁运输给社会各个方面带来的正面作用的探索。高铁在一定程度上可以作为一种公共产品，因为它在部分地区的修建具有一定的公益性质和政治意义，但总的来说，它与国防、公安司法、义务教育等具有“非竞争性”和“非排他性”的完全公共产品不同，高铁运输可以根据不同距离或不同服务水平向消费者实行阶梯定价，使其通过付费的高低来竞争使用，同时排除了不想为此付费的群体。所以，高铁不是完全的公共产品，它需要获得利润来维持自己的运营。高铁在运输过程中所产生的外部价值是

巨大的，可并不是其主动带来的，而是随着它的修建和运营附加产生的价值。因此，研究如何推动高铁运输正外部性实现内部化从而更好地给社会带来持续正面影响的途径必不可少。以下试从政府和市场两个角度对高铁运输正外部性内部化的途径进行深入探究。

（一）政 府

在经济活动中，政府是最主要的参加者之一，它可以通过制定法律法规、实施经济政策等手段对生产者的产出和消费者的消费水平进行干预，从而影响产业的发展和市场的均衡。因此，在高铁运输实现正外部性最大化的过程中，政府在哪些情况下能采取何种措施以带来一定作用呢？

最早尝试将外部性与政府行为连接起来的经济学家是庇古。庇古从降低产品的负外部性出发，提出政府可向产生负外部性的企业收取税收以减小他们的生产活动给社会带来的负面影响。后来，在正外部性方面，庇古又创造性地提出了“庇古补贴”的思路，即是政府可对产生正外部性的企业进行补贴以激励他们生产满足社会需要的产品的积极性，维持或增加他们的生产活动给社会带来的正面影响。假设在高铁运输中政府直接采用“庇古补贴”这一方法来推动高铁运输相关部门的生产，情况如图 7-3 所示。

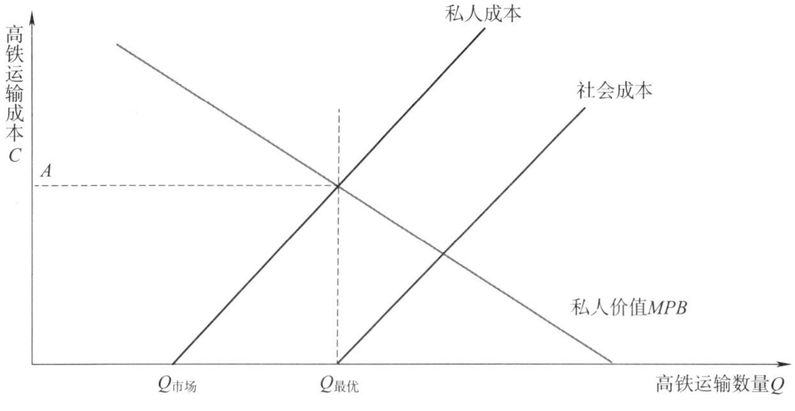

图 7-3 庇古补贴在高铁运输上的作用

此时在 B 点上高铁运输部门的私人成本 MEC 等于私人价值 MPB，即实现了高铁运输部门个体的帕累托最优。但从图 7-3 的分析易知此时市场的供给量 $Q_{市场}$ 小于满足社会成本等于社会收益时的供给量 $Q_{最优}$，并不能使得高铁运输达到最大的正外部性。因此，政府此时可以对高铁运输部门每一单位的产出给予 A 单位的补贴，使其成本线由 MEC 下移至 MSC，以促使高铁运输拥有最大的外部效益。

然而这样直接补贴的方式仍然会存在以下一些问题。

（1）给予高铁运输部门的补贴部分实则是从社会其他受益群体中获得的，即导致了其他受益群体福利的损失，进而可能使得这些群体消费高铁数量的减少。那这种补贴带来的外部收益的增加是否能够弥补其导致损失带来的福利的减少呢？

（2）政府在研究高铁各个部门的补贴力度大小时是否能科学有效地刺激供给的增加，且在研究的过程中也需消耗大量人力物力成本，这个成本又会减小其补贴带来的正外部性的增加。

(3)在补贴过程中,可能会产生寻租现象,这不利于补贴理想效果的实现。故而,政府用补贴的方式推动高铁运输正外部性的内部化还需要进一步的完善。

此外,政府也可以为高铁运输制定相关的法律法规,以保障高铁运输效益的增加。如与前文分析的政府补贴存在的问题类似,在政府研究、制定和实施这些法律法规和经济政策的过程中,本身会产生一定的成本,这个成本会使得由法律法规给高铁运输带来的外部效益的减少。当这个成本大于它所带来的正外部性的增加时,这个方法就变得不那么可行了。

(二)市　　场

市场是各个经济主体开展经济活动的场所,它的运行主要靠价格机制进行调节。在市场上人流、物流、信息流等可较为自由地流动,生产者和消费者可以根据市场上提供的各类信息来进行生产和消费活动。高铁运输在市场上是一个标价产品,它的生产和消费活动也同样需要依靠市场的力量。科斯在研究正外部性的内部化问题时,不同于庇古完全借助政府的力量,他更加强调了市场和初始产权界定的重要性。科斯认为市场的交易是相互的,正外部性的产生和发生作用是相互的,在交易成本很小几乎可以不计的情况下,无论产品的初始产权归谁所有,结果都是最优的。这句话运用在高铁运输上即是指高铁运输部门和它带来收益的群体进行谈判交流时,花费在这上面的时间精力等交易成本越小,最容易协商获得双方满意的结果,最终实现外部效益的增加。例如,高铁运输促进了高铁站点或运输线路沿途的房地产业的发展。那么高铁部门在建设前可以跟这些地方政府和房地产开发商进行协商,要求获得一定的补偿。若是合理,双方就可顺利交涉,那么高铁的兴建将会增加运输的正外部性。

在实际谈判过程中,双方交易成本的高低也取决于高铁运输对不同受益群体来讲所获得正外部性的大小。高铁运输若能极大地促进该地的发展,给各个主体带来显著的外部效益,其交易也更容易达成。

综上所述,想单靠政府扶持实现高铁运输正外部性的内部化还存在一些问题,所以高铁运输外部效应的增加还是需要更多依靠市场的力量。以市场为主体来调节高铁运输相关经济主体的活动,政府在旁给予一定指导,从而可加快高铁运输正外部性内在化的进程。

五、案例分析——以成贵高铁为例

成贵高铁又称成贵客运专线,是连接成都和贵阳的客运专线。它起至成都东站,终至贵阳北站,途中连接了四川省的眉山市、乐山市、犍为县、屏山县、宜宾市、长宁县、兴文县,云南省的威信县、镇雄县和贵州省的毕节市、大方县、黔西县等地。成贵高铁于2019年12月正式开通运营。它的建设和运营拥有极大的正外部性。

(一)具有一定的战略意义且创造了巨大的时空价值

成贵高速铁路的建设带有一定的战略意义。成贵高铁全长约为632.6公里,线路覆盖了地形地质条件极为复杂的四川省、云南省和贵州省,被誉为"世界第一条山区高速铁路"。它的修建代表了我国先进的高铁建设技术,也方便了山区人们与外界的沟通和交流。成贵高铁在成都站上与西成高铁相连,在贵阳站与贵广高铁、沪昆高铁、贵南高铁相连，形成了西部地区去往华南地区、华东地区等沿海发达地区的高速通道，完善了西南地区高铁运输网络的建设。成贵高铁的设计速度在250公里/小时左右，它将成都到贵阳的火车时间距离从16个小时左右缩短到了近3个小时，大大扩展了人们在有限的时间里可活动的空间范围，创造了巨大的时间和空间价值。

(二)促进了地区经济的发展

快速便捷的成贵高铁推动着沿线地区经济的发展。首先，在其兴建之时，铁路总公司联合地方政府有关部门就共同直接投资约780亿元进行高铁建设。这个工程的开展不仅给地方带来了更多的就业岗位，也拉动了与高铁建设相关联的上下游企业的发展。其次，成贵高铁的运输优化了地区的经济结构。高铁的开通可拉动高铁站附近的房地产投资与高铁运输相关的服务业的发展。四川、贵州和云南等西南地区拥有优美的自然、人文风光和丰富的矿产资源，成贵高铁的运营也能更好地开发和有效利用当地的旅游和矿产资源，从而有利于经济的高质量发展。此外，成贵高铁在一定程度上将改变区域的经济格局。沿线的城市因成贵高铁的修建将形成以成都市为中心点的川西平原都市群，以贵阳市为中心点的城市群和以乐山—五通桥—犍为—宜宾为轴的川南城市群，通过城乡一体化进程形成成贵经济走廊经济带。由点到轴及面，成贵高铁提升了地区发展的格局，进一步激发了这些城市的发展潜力。

(三)有利于社会的和谐与文化的发展

成贵高铁以时速250公里的速度将人们由成都到贵阳的出行时间大大缩短，成为旅客们南下出川最快的一种方式，并且对于川南、滇北昭通和黔西毕节这几个地区的人们来说，这是他们当地的第一条高铁，影响也更大一些。成贵高铁在成都和贵阳交通枢纽上与其他高速铁路相通，从而使西南地区与其他地区的互通往来更为便利。人流、物流及信息流等都可以在这儿进行有效流转，特别是对于交通较为不便的山区劳动力而言，成贵高铁的开通为他们提供了可选择的新的生活和劳动方式。此外，成贵高铁推动了地区旅游业的发展，其他地区的人们来到这儿参观，既了解了这些地区的风土民情，也在交流的过程中实现了文化的碰撞和融合。川贵滇地区人们借助便捷的成贵高铁享受到了更方便的生活，更高的生活质量，社会也能更加稳定和谐。当地民众在与其他地区人们沟通的过程，也是当地文化与外来文化交流的过程，不同文化间的相互学习推进了文化的发展。

(四)重视环保理念并提高了资源的利用效率

成贵高铁建设过程中一直坚持环保理念。川贵滇三地拥有良好的自然生态环境，但地形地质条件特殊且复杂。因此，成贵高铁在建设伊始就尽量避开类似屏山越溪河风景保护区等生态环境较为脆弱的地区。同时，为了保护珍稀鱼类的栖息地，成贵高铁在建设过程中尽量避免使用河墩跨桥设计。除了不得不采用河墩跨桥设计的岷江、金沙江外，成贵高铁其余跨越河段的大桥桥墩并未涉水。成贵高铁的兴建在环保方面投资近1.7亿元，其中在降噪方面的投资就将近1.2亿元，这更进一步地说明了在成贵高铁建设全过程中对环保理念的重视程度。成贵高铁全线通车后，将极大地促进各种要素和资源在区域范围内或邻近区域间的自然流动，进而可推进资源的合理化配置，提高资源的使用效率，利于环境的保护和经济的可持续发展。

便利的交通运输是经济持续发展的基础和保障，成贵高铁的修建最初借助了政府部门庞大的资金投入，在后期建设过程中又通过成立“成贵铁路有限责任公司”来尽力实现“去行政化”，以公司形式来进行项目的运营和管理并参与市场竞争，从而可获得成贵高铁运输更大的外部收益。

第二节 高铁运输的负外部性

一、负外部性概述

负外部性是指某个人(生产者或消费者)的一项经济活动会给其他人带来危害，但他却不会为此形成的外部成本进行支付，此时，这个人的私人成本便小于社会成本，此时产生的影响便是负外部性。

(一)负外部性形成的四个条件

(1)负外部性必须与某种福利影响相联系，而不仅仅是与物质影响相联系。

(2)造成外部成本的主体必须是一个事实存在的人或者群体，或者是人所拥有的事物，受到影响的一方也必须是人或者被人所拥有。

(3)产生负外部性的主体，都不会对其所造成的成本进行支付。

(4)负外部性是主体无意识产生的，是其在进行经济活动时所产生的副产品。

(二)负外部性的成因

诸如空气污染便是一种外部成本，因为无法对造成污染的主体进行适当的限制，厂商们便会肆无忌惮地向空气中排放有害物质。基于此，便产生一个问题，即为什么该种行为会形成外部成本，造成经济的无效率?

例如，在一个城市中有一个繁忙的公交站，车辆在进站或者出站时会排放许多废气，产生许多噪声，造成的结果便是公众医疗费用的增加等外部成本。但是，对于企业来说，这些损害都是外部的，给周围的环境带来了巨大的损害，致使许多居民患上疾病。

根据亚当·斯密的“理性人”理论，一个企业会以利润最大化为目标。基于此，若不对公交公司产生的污染进行管制，公交公司则会对此污染置之不理，从而产生巨大的外部成本；若对其进行管制，即要求公交公司使用电力发电机对公交车排放的废气及噪声进行清除，那么成本将非常巨大。要想将污染完全清除代价会更大，甚至公交公司都无法在激烈的市场中立足。由此可看出，公交公司需要选择一个使其利润最大化的均衡水平，此时，公交站减少一单位污染所增加的成本，正好等于多净化一单位污染所获得的收益，公交公司清除污染产生的私人边际成本等于公司的私人边际收益。如图 7-4 所示，当公交公司只考虑私人边际成本时，其会产生($B-A$)单位的污染物，清除 A 单位的污染物。但考虑整个社会边际成本时，通过测算会发现，企业所产生的社会边际收益是私人边际收益的十倍，但公交公司并不会将该种收益统计入账，因为这对于公司来说是外部的，并不会增加公司的利润。

由此可看出，污染产生的外部成本会导致经济无效率：即在无管制的情况下，企业会使清除污染的私人边际成本等于私人边际收益，从而决定利润最大化的污染水平。当污染影响很大时，均衡水平与有效均衡水平差别会很大，均衡结果为高污染，低净化水平，即无效率。

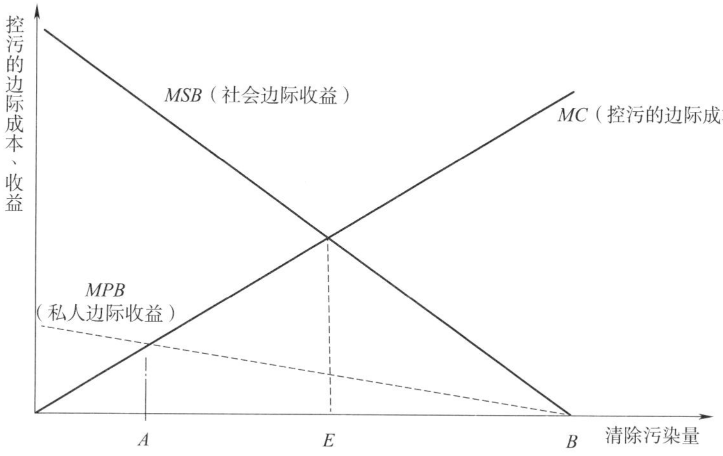

图 7-4　最优的环境改善水平

二、高铁运输负外部性概述

高铁运输的负外部性即高铁在运输活动中，对资源、环境、安全、拥挤等方面产生的不利影响，即其在运行中引起了生态及社会环境等方面的问题。此时，高铁在运行时产生的私人边际成本小于边际社会成本，对社会其他主体产生了危害。

高铁运输的外部成本等于社会成本与私人成本之差。如图 7-5 所示，其中横轴为高铁的运输量，纵轴为高铁的成本，MC_1 表示高铁运输产生的私人成本，MC_2 表示高铁运输产生的社会成本，D 表示对运输的需求。均衡运输量为运输需求 D 与 MC_1 的交点 q_1，支付价格为 P_1。而高铁运输产生的社会成本 MC_2 与 D 的交点决定的均衡运输量 q_2，q_2 小于 q_1，而此时的 P_2 大于 P_1。此时若可以通过管制将均衡价格提高至 q_2，便可实现外部成本内部化，从而实现帕累托最优。

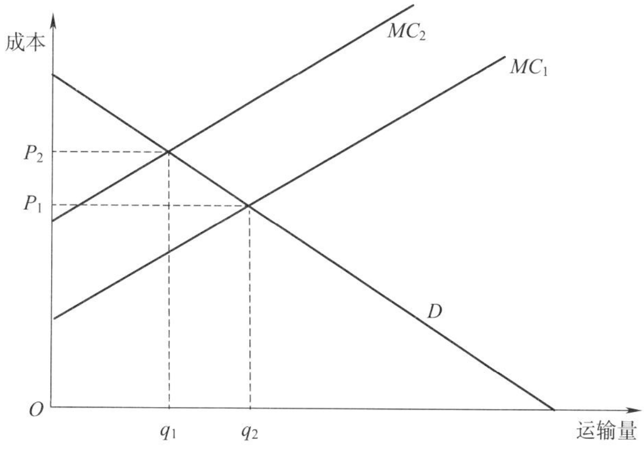

图 7-5　运输外部成本

(一)高铁运输负外部性的分类

1. 环境污染与生态破坏

高铁运输的负外部性表现较为明显的首先是对环境的污染及生态破坏，具体内容见表 7-8。

表 7-8 高铁运输负外部性——环境污染及生态破坏的具体内容

表现形式	具体内容	
环境污染	1. 土地	景观的损坏、土地的占用、道路建设材料的使用
	2. 大气	CO，SO_2等有害气体的污染
	3. 水	运输线路建设对水流的影响
	4. 固体废物	废弃的高铁及运输线路等
	5. 其他	人类沟通被隔离、视觉障碍、噪声、电磁波污染
生态破坏	以上的环境污染都会造成生态破坏	

资料来源：王多宏，吴士杰．运输外部性理论相关问题研究[J]. 生产力研究，2010(1)：35-38.

2. 交通拥挤

在发展中国家，交通拥挤问题俨然已成为最严重的交通运输问题之一，究其原因可发现，交通供求的不平衡是造成交通拥挤的根本原因。交通拥挤首先会浪费时间，其次会对大气产生污染，并且会产生噪声污染等问题。由于高铁站容量有限和运输路线有限，因此也存在拥堵问题。当发生拥堵时，高铁会在路上停顿，从而降低高铁的运行效率。

交通拥挤会带来诸如额外时间和运营成本等拥挤成本。对于拥挤成本是否是高铁的负外部性，对分界线观点不同的人有不同的看法：若以供给者为界，那么拥挤成本一部分会由供给者支付，剩下的一部分由使用者支付，前者肯定是属于内部的，而后者对于供给者来说是外部的，可以算作高铁的负外部性；但如果以高铁运输的整体的产品系统为界限，不考虑其所产生的大气污染时，拥挤成本是由交易活动双方共同支付的。因此，对于整个系统来说，仅仅是内部的现金流动，属于系统内部性。由此可看出，拥挤成本的划分界限不同，其所产生的影响也是不尽相同的。

3. 交通事故与道路损坏

产生交通事故时，很多相关的费用也会产生，如：处理事故及相关问题的行政费用、政府支付的事故医疗费用；受害者财产损失、人身安全损失等。具体公式为：事故成本＝人员伤亡损失额－意外伤害保险额偿付额等。

(二)高铁运输负外部性的成因

高铁运输的负外部性成因最主要是高铁运输存在外部成本，并且这种成本无法得到补偿。以下会详细阐述造成高铁运输负外部性的不同方面的原因。

1. 宏观层次方面

高铁运输业中的国有企业一直占据着主导地位，并且占有相当大的比例，显示出高铁运输业是社会经济主体。因此，高铁运输业并不会自负盈亏，是具有社会公益性的。当高铁运输设施成本低时，会更多地去利用它，但是当它成本高时，便会减少对其的利用。由此可看出，对高铁运输设施的维护费用会变成社会成本，使用费会成为高铁使用者的私人成本，这两种成本的差额即为边际外部成本，这种成本最终会由国家进行支付，以上种种使得高铁收费整体是比较低的。整体收费偏低造成高铁运输设施严重不足，导致对高铁运输设施的管理及经营变成了特权。例如，有些情况下，政府相关部门会凭着该种特权强行征收一些不必要的费用，但是这些费用并没有用于弥补高铁运输产生的外部成本，从而成为额外的外部成本。在高铁运输在参与激烈的市场竞争时，其经营者会利用特权，将外部成本转移至其他运输方式，最终会导致不公平的竞争方式。

2. 微观层次方面

使用高铁运输的经济主体，作为一个理性人，只会关心自己的私人成本，从而忽视对其他人造成的伤害。诸如新闻上播出的高铁霸座、不接受乘务员检查车票等行为，都对整个高铁其他乘坐者及高铁的秩序产生了危害。此时，完善高铁相关纪律法规等问题至关重要。

3. 深层原因

(1)制度不完善

舒尔兹提出，制度可定义为约束人们行为的一系列规则。制度是否完善关乎于市场交易的顺利进行。正如科斯定理所阐释的，在产权明确且交易成本为零或者很小时，无论在开始时以及将财产权赋予谁，市场竞争的最终结果都是有效率的，都会实现帕累托最优。因此，有效的产权机制是解决负外部性的重要方法之一。由此可看出，负外部性产生的深层原因是有些稀缺资源的产权机制不完善，并且这些稀缺资源的使用费也不明确。此时，稀缺资源使用者为满足自身效用最大化，会尽可能地去使用这些资源，并不会考虑它的真实损耗，最终使均衡结果无效率。

根据科斯定理，高铁运输负外部性产生的深层次原因是一些稀缺资源没有建立有效的产权制度。比较重要的稀缺资源是资金。高铁运输设施的建设以及管理耗资较大，回收期较长，由于没有建立有效的资金管理机制，必然会导致廉价的利用公共资源，从而导致交通拥挤。

(2)竞争不公平

运输业需求较高，交通运输设施供给量相对而言就太少，使得高铁运输设施成为一种稀缺的并且可以廉价使用的资源。这会造成过度使用资源，最终导致严重的交通拥挤问题。再者，城市的生活环境也算是一种较为稀缺的资源，例如清新的空气环境、完备的法律法规、较为完善的社会保障制度等。前者没有建立有效的产权制度，导致了后者的恶化；以上两种资源产权制度的不完善均对整个社会的环境产生了危害。总而言之，高铁运输设施及城市生活环境产权的不完善是造成高铁运输负外部性的深层次原因。

三、高铁运输外部成本的评估与量化

(一)外部成本计量的复杂性

大多数人都认同清洁的环境对人类很重要，有效的管制都要求管制者能够衡量外部影响的货币价值。例如，如果我们可以根据边际社会成本和边际收益来确定排污费，那么首先我们必须能够准确地计算出污染对社会的危害。假如受到影响的是市场物品的话，此时可以直接测量危害；若新建一条高铁运输线路需要拆掉一些人的房子，那么我们也可以很容易地计算出房屋的市场价值。

但是,在许多情况下,尤其是计算非市场部分的价值时,操作难度是非常大的。高铁运输负外部性测量的主要难点在于许多损失并不能通过市场标价来计量。首先,该种影响范围及广度可能都是非常大的,例如噪声污染、环境污染、拥挤等问题。其次,还有一些影响需要经过一段或者很长的时间才能显现出来,例如污染对人体造成的不同程度的伤害、污染物对当地植被或者建筑物的损害等。上升至区域或国家层次上,一些污染物包括酸雨或者硫化气体等,都会扩散至相当大的范围,这种危害都需要经过长时间的积累才能显现。比如大量的二氧化碳的排放会引起温室效应,使全球变暖,加快沙漠化和海平面的上升,空调排放的氟利昂等有害物质会破坏臭氧层,这些产生的影响更是不可估量的。由此可发现,高铁运输产生的外部成本的影响是多时空层次的,对这些影响进行币值估计也变得十分复杂。因此,测量高铁运输外部成本的方法仅仅局限于区域的使用上,对于涉及跨境的计算时,这些方法都会失效。

评估运输引起的外部成本,特别是在测定环境方面存在很大的困难,原因在于其影响的范围是非常广的。运输外部性分为地区级、国家级以及全球级,如图 7-6 所示。从地区级别来看,许多外部影响都是直接对周围的事物产生影响的,如污染、拥挤、噪声等,但有的影响需要经过时间积累才会显现,如污染对人体产生的危害。

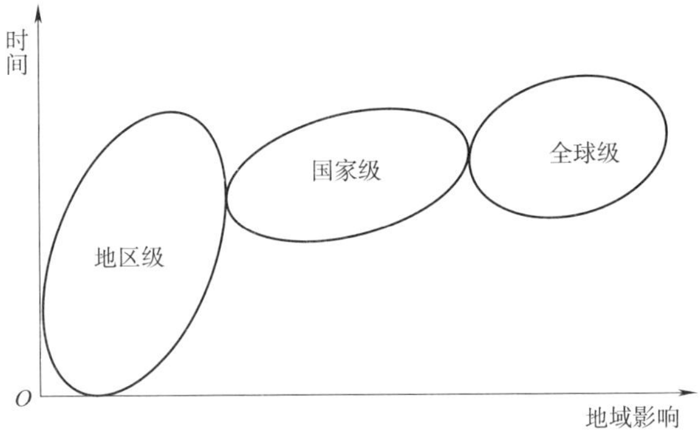

图 7-6 运输外部性的时空影响范围

高铁运输外部成本难以进行价值估计的另一个难题是:物理性的影响与其币值估计产生的影响很多情况下都是间接的。有时,人们很难理解这些联系,币值估计就更难。甚至有些情况下还需要综合考虑一些非线性的特征及变量,问题显得更加复杂。

(二)外部成本计量的方法

尽管在测量高铁运输外部成本中出现了许多问题,存在着许多困难,但是对于测量诸如拥挤成本、事故成本等的方法都取得了一定进展,测量方法大致分为以下几类。

1. 币值估计法

币值估计法主要针对关于高铁运输项目的评估,主要内容即为对地区经济发展的促进,增加就业以及节约旅途时间及运货时间等,都有相对应的测量方法。

但是存在以下问题:一是对成本的测量没有统一的标准;二是许多相关的成本无法很好地被分隔开,造成成本的重复计算。对高铁运输外部成本进行测量的主要是为减少运输对环境产生的危害而制定相关对策。对高铁运输外部成本进行币值估计可以有效地解决高铁运输所产生的负外部性，尽管在政策制定方面，此种方法并非最关键的一个方面，但它可以保证人们以一个共同尺度在内部和外部影响之间进行衡量。

近年来，许多西方国家在运输外部成本的币值估计方面成果颇丰。研究学家们通过不断的探索，尝试运用不尽相同的方法来对高铁运输产生的诸如污染物排放、噪声等外部成本进行估计与测量，这些计算结果有时会涉及不同方面与地域，更甚者会涉及十分综合性的层次，有些还可以用于进行不同区域之间的比较。这表明，该种计算结果可以为定量估计高铁运输负外部性提供可靠的基础。但是，人类在高铁运输外部成本方面所掌握的方法存在很大的局限性，需要进行不断探索。

2. 规避成本法

高铁运输产生的环境污染或者对环境产生的其他危害在许多情况下是可以得到一定规避清除的，这种规避清除的方法可以作为对环境价值的评估。例如，双层玻璃或者特殊材质的玻璃能够很有效地减少噪声污染，运输设施及车辆采用更加安全的工厂设计标准能够降低事故风险。当采用规避成本法时，规避污染所耗费的成本即环境污染的成本。

采用这种方法同样存在着许多困难。最主要的问题在于很难区分出为环境污染所支付的成本来自哪个主体，即可能会发生重复，如上述安装双层玻璃或者采用更安全的工程设计标准等。假如从安全角度来考虑问题，高铁运输业提供了一个相对比较安全的产品，但也需要付出巨大的代价，支付更高的成本。

3. 显示性偏好法

有些时候，许多消费者会通过自己的行为来隐晦地表现出自己对环境的估价。这些人会通过牺牲一些物质方面的利益来获得环境方面的利益，如许多人会花高价购买远离市中心或者污染较为严重的地区的房子。因此，环境污染等问题会使其附近的房屋及土地贬值，显示性偏好法会通过周边房屋及土地的价值及环境质量来估计由交通运输引起的污染成本。

4. 旅行成本法

一些新建的运输设施可能是以牺牲诸如公园等免费的娱乐场场所为代价的。因此，可通过人们去这些场所享受的乐趣、花费的旅行成本，包括时间与金钱等来评估此类价值。

这种方法的用途是评估某种特定环境的价值，但如果涉及许多种环境因素，或者人们愿意对各方各面的因素进行逐一评价时，该种方法就会失效。

5. 判例法

此种方法即用历史判例来从一些方面对环境进行估价，原因在于可在长期时间内保持一致性。这些判例是一些对造成环境损害进行赔偿的法律诉讼，虽然听上去操作性很强，但却有严重的局限性。例如，京沈高铁建成之后，由于北京市朝阳区京包线沿线小区的维权行为不断持续，前后几年共计修改 3 次的环境评价方案最终被环保部(现为国家生态环境部)审议通过。争议如此之高原因在于：原来的设计路线会经过大量小区、小学、医院等人流量较大的区域，对人们生活危害较大，又因为环保测评部门在公众参与调查中存在数据造假等问题，激发了群众的维权行为。

另外虽然存在运输供应商赔偿污染物泄露的例子，但法律裁决更多的应用于对交通事故中伤亡的估价。原因在于这些判例只存在于已经确定权利的地方，但这些权利却很少涉及环境。即使没有这个局限性，此方法也会受到许多法律的限制，因为法律通常适用于对事故受害者在余生中受到的照顾。但假如环境破坏造成了死亡，法律却不会考虑"死者"的成本。同理，对动植物的伤害也不会被法律裁决包括入内。

6. 实际发生法

实际发生法是将严重的交通污染或事故产生的直接或间接成本进行直接加总，该方法更多的适用于较为严重的交通事故。

以上的每一种方法都各有利弊，所以对于不同的外部影响很难只用同一种评估方法。因此，对于不同的外部成本需要采用不同的计量方法，或者需要同时采用多种方法，甚至对于同一种外部成本，不同的研究人员在不同的国家所采用的方法也不尽相同，最终得到的结论也都相差甚大。由此可见，不同的估价方法所计算出来的外部成本很难进行比较，最终会影响其在实际中的应用。

（三）外部成本的度量

1. 交通污染成本

假设某一地区有 m 种大气污染源，n 种污染成分，每一种污染成分造成的经济损失用 $C_j(j=1,2,\cdots,n)$ 表示，每种污染源的排污量用 $P_{ij}(i=1,2,\cdots m;j=1,2,\cdots,n)$ 表示，那么某一种污染源造成的经济损失 T_{Ci} 表示为式(7-8)：

$$TC_i=\sum_{j=1}^{n}\left[\frac{P_{ij}C_j}{\sum_{i=1}^{m}P_{ij}}\right] \tag{7-8}$$

如果 j 代表交通运输，则式(7-8)就表示交通运输引起的大气污染。环境污染既有存量的影响，又有增量的影响，以上的计算可近似地看作边际成本。

2. 交通拥挤成本

交通拥挤造成时间损失、排污量增加、旅行时间的不确定性等等，在运输外部成本中占有较高的比重。

当仅考虑时间价值损失的外部成本时，单车的总成本可表示为式(7-9)：

$$g=M+VT \tag{7-9}$$

式中 g 表示单车每公里的总成本；M 表示单车每公里的实际货币成本；V 表示单位时间价值；T 表示每公里旅行时间。一般地，车速 S 是车流量 F 的减函数：$S=S(F)$，且 $\partial S / \partial F<0$，则式(7-9)可写成式(7-10)：

$$g=M+\frac{1}{S(F)}\cdot V=M+\frac{1}{S(F)} \tag{7-10}$$

这些车流每公里的总成本 TC 为式(7-11)：

$$TC=g\cdot F=M\cdot F+\frac{V\cdot F}{S(F)} \tag{7-11}$$

对式(7-11)求导，得到式(7-12)：

$$\frac{\mathrm{d}TC}{\mathrm{d}F}=M+V\cdot\frac{F'\cdot S(F)-F\cdot S'(F)}{S^2(F)}=M+V\cdot\frac{F'}{S(F)}-\frac{V\cdot F\cdot S'(F)}{S^2(F)} \tag{7-12}$$

此时，增加一辆车旅行一公里产生的边际外部成本 MEC 为式(7-13)：

$$MEC=\frac{V\cdot F\cdot S(F)}{S(F)}=\frac{V}{S(F)}E_{SF} \tag{7-13}$$

MEC 表示车辆速度的流量弹性。

3. 交通事故外部成本

交通事故的外部成本涉及对人的伤残评估以及物品损失的评估。

国际上采用的方法为：交通事故外部成本＝人的生命伤残数量×生命伤残单位成本，或者交通事故外部成本＝物的损失量×物的损失单位成本。

对于人或物的单位成本，米香(Mishan E J)提出了米香模型。该模型首先把事故分成两类：一类是车辆之间碰撞发生的事故，一类是单车发生的事故。前一类事故 N_C 与车流量 Q 的平方成正比，后一种事故 N_S 与车流量 Q 成正比。以年为计算时间，并同时假设车辆及驾驶员是无差别的。两类事故可以分别表示为式(7-14)、式(7-15)：

$$N_{C=}K_CQ^2 \tag{7-14}$$

$$N_S=K_SQ \tag{7-15}$$

式(7-14)、式(7-15)中 K_C 和 K_S 都是常数。若分别用 C_C 和 C_S 表示两种事故的成本，这样交通事故的总成本 TSC 可写成：

$$TSC=C_CK_CQ^2+C_SK_SQ \tag{7-16}$$

则边际成本 MSC 为：

$$MSC=\frac{\partial TC}{\partial Q}==2C_CK_CQ+C_SK_S \tag{7-17}$$

相应的边际私人成本 MEC 与平均社会事故成本 ASC 相等，为：

$$MPC=ASC=TSC/Q=C_CK_CQ+C_SK_S \tag{7-18}$$

则边际外部成本 MEC 为：

$$MEC=MSC-MPC=C_CK_CQ \tag{7-19}$$

(四)负外部性的模型分析

计划经济不允许交易双方进行资源交易和谈判，政府依靠自身的强制力规定了各个利益相关者的利益，从而形成了价格扭曲的市场。而在市场经济下，市场失灵也使得部分交易未能通过价格表现出来，从而也造成了价格扭曲。假定在某一时期，高铁运输方式的正常运输能力为 M_1，正常的单位成本为 C_1。因此，在正常条件下，维护高铁运输方式的运营需要收费 $M_1\times C_1$。若当其单位收费为 C_1 时，高铁运输方式的运输能力为 M_1 时，这就表示高铁运输处于供求均衡的状态。在另一时期，政府下令将单位收费降至道路运输的收费标准 C_2，这就出现了低收费现象。同时，由于交通运输整体费用降低为 C_2，这就会增加交通运输的需求，最终会导致交通拥挤现象。

基于此，做出以下两个假设：一是收费变动与需求量的变动成反比；二是高铁运输方式的实际单位成本与实际利用水平成正比。根据假设一，运输收入是固定的，如果单位收费变动之后固定了，那么实际运输量也会在变动后固定。若单位收费发生变化后，运输收入$=M_1\times C_1$，实际运输量$=M_1\times C_1/C_2$。

可以使用成本补偿比例这一指标来反映低收费现象，用超载程度来反映交通拥挤现象。

$$成本补偿比例=单位收费/本期实际单位成本 \tag{7-20}$$

$$本期实际单位成本=正常单位成本\times本期超载程度 \tag{7-21}$$

$$本期超载程度=本期实际运输量/本期实际运输能力 \tag{7-22}$$

高铁运输方式的实际运输能力$=M_1$，超载程度$=C_1/C_2$。则

$$实际单位成本=(C_1\times C_1)/C_2 \tag{7-23}$$

$$本期成本补偿比例=(C_2\times C_2)/(C_1\times C_1) \tag{7-24}$$

高铁运输方式的实际运输能力$=M_1\times C_2/C_1$。超载程度$=(C_1\times C_1)/(C_2\times C_2)$。则

$$实际单位成本=(C_1\times C_1\times C_1)/(C_2\times C_2) \tag{7-25}$$

$$本期成本补偿比例=(C_2\times C_2\times C_2)/(C_1\times C_1\times C_1) \tag{7-26}$$

由此可看出，从供给方面看，每增加一个时期，成本补偿比例都只相当于前一时期的，呈等比递减之势；从需求方面看，每增加一个时期，超载程度都增加为前一个时期的，超载程度呈等比递增之势。同时考虑到高铁运输方式与道路运输方式之间的替代效应、收入效应，以及市场经济无法解决的诸如环境污染、温室效应等外部性问题，交通运输方式对整个社会的资源配置的扭曲程度是巨大的。

四、各种运输方式负外部效应的比较

由于各种运输方式技术经济特点的不同，其所产生的影响也是不同的。数据研究显示，若只从运输部门总体的外部成本分析，客运对环境影响占 76.8%，货运占 23.2%，而西欧国家中的运输外部影响主要集中在客运。若从运输不同方式来分析时，公路运输无论是在客运还是货运方面，所造成的外部成本都远大于其他运输方式；在客运方面，铁路的外部成本都是最低的，在货运方面，铁路和水运都是有利于环境的运输方式。若从外部影响的程度来排列时，公路运输最严重的是事故，铁路运输最严重的是噪声，而航空业对气候的影响最大。各种运输方式的负外部性的比较见表 7-9。

表 7-9　各种运输方式负外部效应的比较

运输方式	大气污染	水污染	土壤污染	健康及安全	噪声污染	振动	交通拥挤
道路运输	* * *	*	* * *	* * *	* * *	* *	* * *
铁路运输	*		* *	*	* *	* * *	* *
内河运输		* *	*	*	*		*
海洋运输							
航空运输	*	*	*	*	* *	*	* *

注：空白处表示影响极小或无，* 表示影响极小，* * 表示影响较大，* * * 表示影响极大。

资料来源：张丽娟．运输外经济学[M]．北京：中国人民大学出版社，2015.

第三节　高铁运输外部性的纠正

高铁运输外部性的存在，无论是正外部性还是负外部性，都将使社会资源配置无法实

现帕累托最优，导致效率损失和社会福利减少。因此高铁运输外部性纠正机制的设置是一个至关重要的问题。高铁运输外部性的纠正，又被称为高铁运输外部性的内部化（或内在化），指的是将高铁运输的外部影响纳入市场的过程，其目的是实现社会资源的更优配置，并减少市场失灵。因此，高铁运输外部性的纠正实质就是如何让社会资源得到更有效的利用。

一、高铁运输外部性对效率的影响

（一）高铁运输正外部性与供给不足

由于正外部性的存在，高铁运输市场将会出现供给不足。一般来说，高铁运输企业在做生产决策时，只会考虑自身所获得的票价等营业收入，而不考虑给周边居民、房地产开发商、相关产业等主体带来的额外收益。如图 7-7 所示，纵轴代表高铁运输的价格 P，横轴代表高铁运输的运输量 Q。高铁运输的正外部性表现在图上为边际外部收益（*MEB*），即新增单位高铁运输给其他主体带来的额外收益。此时，高铁运输的供给曲线为 S；D 代表正常情况下高铁运输的需求曲线，即高铁运输的边际私人收益（*MPB*）；D' 代表出现外部收益时的需求曲线，即高铁运输的边际社会收益（*MSB*）。私人决策时，均衡点为 F_0（$S=D=MPB$），高铁运输的生产和消费数量为 Q_0；而社会最优决策时，均衡点为 F^*（$S=D'=MPB+MEB$），高铁运输最优的生产和消费数量为 Q^*。因此，$Q_0<Q^*$，即市场供给不足时，社会资源的配置未达到最优状态。

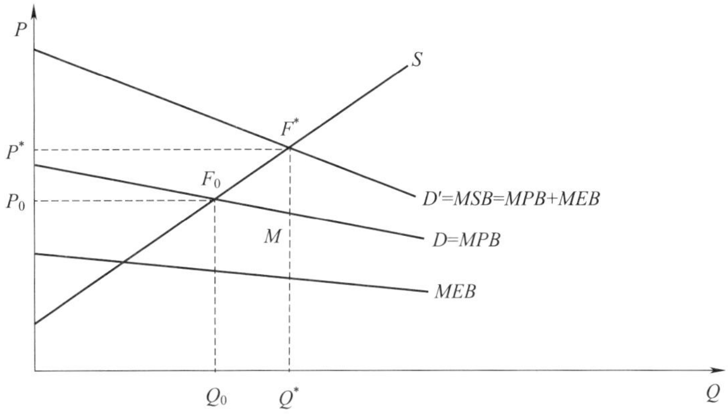

图 7-7　正外部性与供给不足

（二）高铁运输负外部性与供给过剩

由于负外部性的存在，高铁运输市场将出现供给过剩。一般来说，高铁运输企业在做生产决策时，其成本只包括了高铁及其轨道的制造和运营成本，即私人成本；而现实情况是高铁运输还带来了噪声、污水的排放，对环境的污染以及交通拥挤和事故等外部成本。所以，社会成本、私人成本及外部成本之间的关系是：社会成本＝私人成本＋外部成本。如图 7-8 所示，纵轴代表高铁运输的价格 P，横轴代表高铁运输的运输量 Q。高铁运输的负外部性表现在图上为边际外部成本（MEC），指新增单位高铁运输给其他主体带来的额外成本。此时，高铁运输的需求曲线为 D；S 代表正常情况下高铁运输的供给曲线，即高铁运输的边际私人成本(MPC);S'代表出现外部成本时的供给曲线,即高铁运输的边际社会成本(MSC)。私人决策时,均衡点为$E_0(S=MPC=D)$,高铁运输的生产和消费数量为Q_0;而社会最优决策时,均衡点为$E^*(S'=MPC+MEC=D)$,高铁运输最优的生产和消费数量为Q^*。因此,$Q_0>Q^*$,即市场供给过剩,社会资源也未能实现最优配置。

(三)高铁运输外部性的综合影响

综合考虑高铁运输的正外部性(外部收益)与负外部性(外部成本)对高铁运输量的影响,可以将其表示为图 7-9。由图 7-9 可知,考虑正外部性后的需求曲线为 D',考虑负外部性后的供给曲线为 S',两者的交点即为最优高铁运输量Q_4,均衡价格为P_4。可以确定的是,此时的均衡价格P_4要高于分别考虑正外部性和负外部性时的水平(P_2和P_3)。然而,Q_4和P_4的具体值应是多少,这取决于外部收益和外部成本的相对水平,因此这仍是一个值得深入研究的问题。

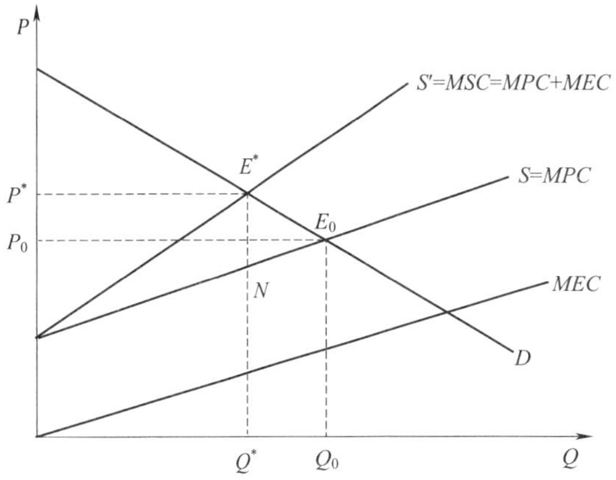

图 7-8 负外部性与供给过剩

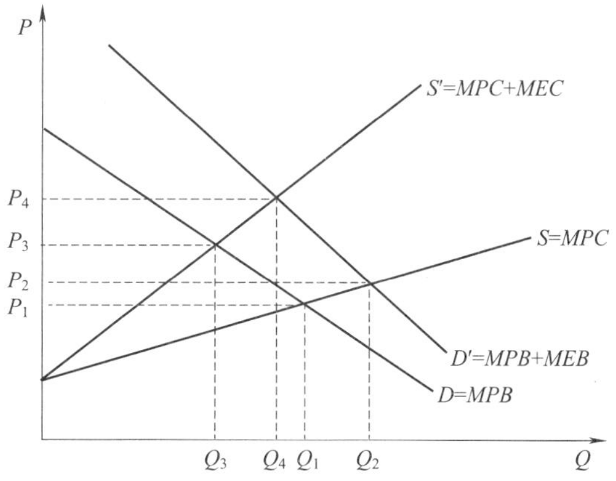

图 7-9 高铁运输外部性的综合影响

二、高铁运输外部性纠正的理论基础

通过以上分析可知,只要存在外部性,无论其正负,都无法使资源得到最有效的配置。针对此问题,学者们开始研究如何将外部性内部化,即如何纠正外部性带来的不利影响。最具代表性的经典理论是庇古税理论和科斯的产权交易理论。庇古认为,外部性应该通过政府税收或津贴来纠正;科斯则认为产权的界定和交易能够将外部性纳入市场机制,从而纠正外部性。

(一)庇古税理论

庇古(1920)在其《福利经济学》著作中系统地阐释了外部性问题,即边际私人净产值和边际社会净产值的背离。边际私人净产值是指单个经济主体在其生产活动中多增加一单位生产要素所获得的净产值,而边际社会净产值是指从整个社会来看每增加一单位生产要素所获得的净产出。一般情况下,这两者是相等的。庇古认为,如果在边际私人净产值之外,还有其他经济主体受益或者受损,那么外部性就出现了。此时,边际社会收益与边际私人之间的差额就是边际外部收益,边际社会成本与边际私人成本之间的差额就是边际外部成本。然而,这种差额存在带来的结果是社会资源无法实现帕累托最优配置。

为了使社会总福利最大化，庇古提出政府干预市场的经济手段，即庇古税，从而使外部性内部化。庇古税理论指的是，当存在外部收益时，政府给予生产企业等额津贴以激励其扩大生产；当存在外部成本时，政府对生产企业征收税额以约束其生产行为。

由于庇古税实施的前提是使边际外部成本（收益）等于税收（津贴），这就表示政府在规定庇古税的形式和税率时必须准确衡量高铁运输外部性的成本或收益，并将其货币化。因此，设置庇古税并非一件容易的事。就负外部性而言，外部成本是难以衡量的，例如废气废水的排放所引起的污染损失、生物物种的灭绝等都具有不确定性，这些都难以用货币来表示。有学者指出，可以通过制定相应的环境标准来代替理论推倒中的最优生产点，并据此来设定庇古税税率是一个有效的方法。事实上，只要对外部性行为收税或给予津贴，就会带来一定的作用，虽然无法达到理论上的最优水平，但税额或津贴与边际外部成本或收益越相近，其带来的影响就越突出。

（二）科斯定理

科斯定理是以 1991 年的诺贝尔经济学奖得主罗纳德·哈里·科斯（Ronald H. Coase）命名的，但不是由他自己提出，而是由另一位美国经济学家乔治·史提格勒（George Stigler）于 1966 年首次提出并使用的。科斯定理是在庇古税理论的基础上提出来的，为外部性问题提供了一条新的解决思路。科斯（1960）认为庇古税理论忽视了两大问题，一是外部性是相互的而非单向的，二是庇古没有以社会总产值（效率）最大化或者损失最小化为目标去考虑问题。科斯提出，在交易成本为零的前提下，对原始产权进行充分界定，并允许外部效应的生产者和消费者进行协商谈判和交易，就能使社会资源得到最有效的配置。

当然，科斯的产权交易方式也具有一定的局限性：第一，科斯定理的前提假设（交易成本为零）难以满足，即在现实情况中，任何交易都是有成本的；第二，即使交易成本为零，由于个人策略性行为的存在，社会也不能实现帕累托最优；第三，科斯定理忽略了产权的分配效应，产权界定后不同的分配方式会引起外部效应的生产者和消费者的收入变化，从而造成不同的社会福利变化。

三、高铁运输外部性纠正的具体做法

高铁运输作为一种准公共物品，给社会经济的发展带来了极大的效益。世界各主要国家（地区）对高铁运输的发展给予了高度重视，并通过多种方式鼓励其发展，包括财政补贴、税收优惠、“轨道＋交通”模式等。

（一）高铁运输正外部性纠正的具体做法

1. 财政补贴

政府部门对高铁运输企业的财政补贴是庇古税理论直接运用的体现。财政补贴指的是政府对某一经济主体或经济活动提供无偿经济支持，是一种转移支付行为。财政补贴根据资金的提供方可分为中央财政补贴和地方政府财政补贴。中央/地方政府部门对具有正外部效应的高铁运输生产商给予财政补贴，使其数额能尽量等同于边际外部收益，从而将边际私人收益提高至与边际社会收益相近的水平。因此，高铁进行财政补贴带来的效果是：对于高铁企业，其经济收入增加，供给能力增强；对于消费者，高铁使用成本增加，但高铁运输量的增加又能满足更多的需求，因此社会整体福利是增加的。

国外政府对高铁的建设与运营都有着不同程度的补贴政策。例如，在法国，高速铁路是由法国国营铁路公司(SNCF)负责运营的。1997 年之前，高铁的建设与投资也主要由 SNCF 公司承担，而法国政府给予部分非营利线路 4%～30%的财政补贴；1997 年之后，政府则成为高铁运输建设的最大投资主体，补贴水平显著提高。2007—2018 年间，法国政府对 SNCF 的直接财政补贴(包括运营补贴和投资补贴)一直保持较高水平，见表 7-10。

表 7-10　法国政府对 SNCF 的财政补贴(2007—2018 年)　　单位：百万欧元

项目	2007	2008	2009	2010	2011	2012	2013	2014	2015	2016	2017	2018
运营补贴	21	23	42	59	49	42	99	41	42	50	42	57
投资补贴	1 055	1 354	1 131	926	558	701	931	1 111	1 333	1 431	1 346	1 744
总计	1 076	1 377	1 173	985	607	742	1 030	1 152	1 376	1 481	1 388	1 801

数据来源：法国国营铁路公司(SNCF)财务报告(2007—2018)。

此外，法国政府还给予 SNCF 公司间接补贴，包括提供大批量的公共服务订单(Public Service Order)等具有补偿性质的订单，具体数据见表 7-11。

表 7-11　SNCF 的公共服务订单(2007—2018 年)　　单位：百万欧元

项目	2007	2008	2009	2010	2011	2012	2013	2014	2015	2016	2017	2018
法国路网公司	3 836	4 062	4 333	4 411	4 631	4 960	5 174	5 416	2 839	159	185	204
地方政府	3 442	3 682	3 854	3 959	4 210	4 268	4 306	4 507	4 675	4 900	4 992	4 875
中央政府	249	242	254	262	443	530	495	455	463	517	460	396
总计	7 527	7 986	8 441	8 632	9 285	9 757	9 975	10 379	7 978	5 576	5 636	5 475

数据来源：法国国营铁路公司(SNCF)财务报告(2007—2018)。

2. 税收优惠

税收优惠，是指国家为了减轻高铁运输企业的税收负担，以法律或行政法规的形式规定其享有优惠税率或免税政策。高铁运输企业所得税的税收优惠包括免税、减税、税额抵扣等。税收优惠实质上也是对高铁运输企业间接补贴的一种体现，它能够减少企业的成本负担，从而使其有更多的资金进行生产活动。因此，对高铁运输企业给予一定的税收优惠，也能够在一定程度上激励高铁运输企业提高其运输量，纠正其正外部性。

法国政府对高铁运输的发展也给予了多方面的税收优惠。增值税方面，在 2004 年以前，法国对于大多数商品销售和服务实行的是 19.6%，2004 年之后则更新为 20%，而对于公共交通运输法国一直实行的是 5.5%的超低税率。因此，法国高铁一直也享受着税收优惠政策。从法国 SNCF 公司 2007—2018 年的纳税情况来看，其有效税率一直处于较低水平，这也间接反映出法国政府对其高铁运输的税收优惠力度(见表 7-12)。除此之外，法国 SNCF 公司用于高铁运输的研发投入资金也可以抵扣其所得税。

表 7-12　SNCF 的纳税水平(2007—2018 年)　　单位：%

纳税水平	2007	2008	2009	2010	2011	2012	2013	2014	2015	2016	2017	2018
理论	34.43	34.43	34.43	34.43	34.43	34.43	34.43	34.43	34.43	34.43	34.43	34.43

续上表

纳税水平	2007	2008	2009	2010	2011	2012	2013	2014	2015	2016	2017	2018
有效	(38.22)	(70.96)	(26.85)	9.01	63.81	44.65	20.33	38.22	42.92	49.81	17.82	5.03

注：表中括号表示数据为负数。

数据来源：法国国营铁路公司(SNCF)财务报告(2007—2018)。

3.“轨道＋土地”模式

轨道交通的建设与运营最为突出的正外部性就是周边土地价值的上涨，最终使得房地产开发商及相关商业活动开发商获得外部收益。为了纠正该外部性，“轨道＋土地”模式受到了学者及政府的关注。“轨道＋土地”模式指的是在轨道交通投资与建设的同时，将其周边及沿线的房地产进行开发获得一定收益，并将该收益再转移给轨道交通的投资者以弥补其在轨道建设时的亏损，从而实现正外部性的内部化。香港地铁公司便是运用了“轨道＋土地”模式，并成功转型为盈利的地铁公司之一。在该模式下，香港地铁公司将其地铁的投资和运营与土地的开发和升值紧密联系起来，积极与房地产商合作，利用土地上的物业开发赚取的利润来支持地铁的建设、运营和维护，从而收回了香港地铁的外部收益。

还有一种模式是把产生正外部性的企业与受正外部性影响的企业合并为同一家企业，从而使正外部性成为企业内部问题，实现正外部性的纠正。在轨道交通领域，企业合并的做法就是指将轨道交通的投资和运营主体与房地产及其他相关商业开发商合并起来，让其外部收益自动转换成企业内部收益，从而鼓励轨道交通企业的生产供给。因此，企业合并实质上也是“轨道＋土地”模式的运用。高铁运输作为轨道交通运输的一种，其正外部性的纠正也可以借鉴“轨道＋土地”模式。

(二)高铁运输负外部性纠正的具体做法

内部化并不意味着由运输引起的负外部性(包括环境成本和拥挤成本)会完全消失，内部化只不过是有利于降低外部成本，由内部化产生的正确价格可以提供一种导向，促进外部成本最小化。为了纠正高铁运输的负外部性，具体做法可以总结为征收税款、政府管制以及产权界定与交易。

1. 征收税款

征收税款是庇古税理论直接运用的体现。在高铁运输负外部性问题上，对高铁运输部门征收税款，并使税款金额无限接近高铁运输部门每增加一单位产出所带来的外部成本。对高铁运输部门实施税收政策带来的效果是高铁运输企业的生产成本上升，高铁运输的供给变少以及价格上升。

为减少环境污染，多个国家对污染行为征税，比较常见的有大气污染税。早在20世纪70年代美国就开始征收二氧化硫税，并颁布了《二氧化硫税法案》。该法案根据二氧化硫的浓度将地区分为一级、二级等标准的地区，且针对不同标准的地区实行差额征税。德国、日本、法国等国也征收了二氧化硫税。此外，“税收”在运用到纠正高铁运输负外部性问题时是广义的，对各类产生负外部性行为的收费也属于税收的范围，也就是说税收可以指环境污染税，也可以指污染物收费等。

2. 政府管制

除征税外，政府还可以通过对高铁运输企业设定标准或颁布禁令来减少其外部成本，这就是政府管制。例如高铁运输的最优运输量为Q^*，因此，最为有效的手段是直接将高铁运输生产商的产量限制为Q^*，这就相当于政府部门按照最优外部性为高铁运输部门制定生产运作计划。若高铁运输部门的生产规模超出计划或禁令标准，则政府部门需对其采取一定的惩罚措施，从而实现最优的生产水平。然而，直接限定运输量有一个至关重要的前提，即政府部门能够明确找到高铁运输的最优外部性，同时最小化其政策执行的成本。在实际情况中，该前提是很难满足的，所以政府部门使用直接限定运输量的管制手段来纠正负外部性的可行性不强。

现实生活中，为了减少交通运输带来的环境污染以及交通拥堵等问题，政府往往通过对交通运输的燃料、运输设备等的使用和维护进行约束来间接减少交通运输的外部成本，从而实现负外部性的纠正。具体到高铁运输而言，针对高铁运输的环境污染与生态破坏的负外部性问题，政府部门可以通过规定高铁的燃料成分、逐步淘汰高污染燃料、强制检查和维修高铁的排放控制系统等管制手段来约束。针对高铁运输引起的交通拥挤、交通事故和道路损坏等负外部性问题，政府可以根据需要对高铁路线进行限定并出台相应的法律法规等。

3. 产权界定与交易

根据科斯定理，针对高铁运输负外部性的问题，在交易成本为零时，政府只需对高铁运输引起的环境污染、交通堵塞与事故等负外部性问题的处置权进行明确界定(且不用在乎其具体规定形式)，就能使资源配置的效率达到最优。例如，关于高铁运输带来的环境污染问题，政府可以选择规定高铁运输部门享有排污权，也可以选择规定居民等其他经济主体享有清洁权。当产权明确后，无论权利最初分配如何，高速运输部门和居民等其他经济主体将会乐于进行产权交易，市场机制的存在使得双方自然会谈判协商出合理的价格来，进而使得高铁运输的外部成本降低。同样的道理，产权交易的运用也适合高铁运输的正外部性的内部化。此时，政府也只需明确正外部性的收益权的归属问题即可。

现实生活中，很多国家治理交通运输负外部性的做法也体现了科斯定理的运用。例如，美国为减少汽油中的含铅量而实施的铅许可证交易便是一个典型例子。19 世纪 70 年代之前的美国为了提高汽油中的辛烷值，汽油中铅的含量高达 2.4 克/加仑。然而，汽油燃烧带来空气中的铅含量过高，会严重影响人类的身体健康，如引发高血压等。因此美国国家环保局决定减少含铅汽油的使用，逐渐建立起铅许可证交易市场。为保障铅许可证交易市场的正常运行，美国政府规定了炼油厂的含铅标准，并制定了法律法规。美国国家环保局允许炼油厂之间进行直接的铅许可证交易，同时也允许其将未使用的铅权储存起来以备未来使用或者再次出售给其他炼油厂。有记录显示，美国铅许可证交易计划的实施取得了很大的成功，市场交易活跃，含铅汽油的使用大幅减少且未引起大幅的价格变动。

高铁运输外部性使社会资源的配置效率无法达到最优状态。其中，正外部性的存在会使得高铁运输市场出现供给不足，而负外部性的存在则使高铁运输市场出现供给过剩。庇古税理论和科斯的产权交易理论为高铁运输外部性的纠正提供了不同的思路。总的来说，高铁运输外部性的纠正离不开政府的支持与指导，同时也应积极发挥市场调节机制的作用。

第八章　高铁运输布局

高铁运输布局亦即高铁网络规划，高铁网络主要包括高铁线路和高铁车站两部分构成，其中，沿线城市通过高铁线路相互联系形成串珠状的高铁经济带，而高铁车站作为影响高铁运输乃至区域发展的重要“触媒”，其快速发展势必会导致人口和经济活动在空间上的集聚，从而影响城市经济发展和空间结构，而其影响程度受到高铁线路选线和高铁车站选址的影响。因此，探讨高铁线路和高铁站点的类型、空间布局的基本原则以及其影响因素，对促进高铁与沿线地区经济社会深度融合发展具有十分重要的意义。其次，了解高铁经济带和高铁车站周边的内涵、形成机制和演化模式，对促进沿线地区一体化发展和城市空间结构调整也具有十分重要的意义。为此，本章将在对高铁车站和高铁线路类型、空间布局原则和影响因素的基础上，介绍高铁干线经济带的基本内容、形成和演化模式，以及高铁车站周边地区的基本内涵、理论模型、功能定位和布局模式。

第一节　高铁网络布局与规划

一、高铁线路布局与规划

(一)高速铁路线路的类型

尽管高铁已经历了50年的发展历程，但世界上尚未形成较统一的定义。世界各国根据其高铁的技术和发展阶段，对高铁的界定也不同。目前，世界上高铁的界定多是依据高铁运行速度。其中，日本全国新干线铁路整备法(1970)第2条将“列车运行时速在200公里以上的干线铁路称为新干线铁路”。UIC(国际铁路联盟)(2008)将新建的设计最低时速为250公里，既有铁路改造线路的时速超过200公里以上的铁路线路界定为高速铁路。2009年，美国联邦管理局在美国高速铁路规划项目中将运营时速在240公里、运距在320～965公里，运营时速在177～240公里、运距在160～800公里，运营时速在145～177公里、运距在160～800公里的铁路线路界定为高速铁路。

目前，我国高速铁路通常界定为新建设计开行250公里/小时(含预留)及以上，初期运营速度不小于200公里/小时的客运专线铁路。根据上述定义，中国的“高铁”以及部分“动车”和“城际列车”都属于高铁，也就是基本上涵盖了以C、G和D字头列车所运营的线路。

(二)高铁线路布局规划的基本原则

1. 效益优先，兼顾公平

高速铁路投资较大，线路走向、车站布点，要有利于广泛吸引客流、便于旅客乘坐高速列车，以增加客票收入，保证企业有良好的财务评价，有偿还投资能力。同时还应考虑能尽量向社会提供快捷、方便的交通条件，有利于促进、激发沿线社会经济的进一步发展，减少依赖于能耗高和污染严重的客运量，提高经济社会效益。效益包括企业的财务效益和国民经济效益。同时，高速铁路的建设和运营还应该考虑国家对促进区域协同发展的要求，有选择和针对性地在效益不佳的地区布局高速铁路线路。

2. 明确功能定位，融入综合交通体系

高速铁路作为综合交通运输网络的重要组成部分，应充分与航空、铁路网、城际公交、城市交通网络融合，避免高速铁路与其他交通方式之间的无序竞争。根据国际经验，高速铁路较航空的优势竞争距离在运行时间3小时范围内，与公路竞争的优势竞争区间大于1小时。因此应结合各线路自身的条件，有针对性地布局高速铁路线路和规划高铁运行组织。此外，增强高速铁路与铁路网络的共同兼容性。高速和中速的跨线旅客列车，都要驶离高速线进入路网干线，并从路网干线驶入高速线。高速线与既有线上重要的客运站和必要的接轨客运站应尽量靠近，紧靠既有站修建的高速站，以便于修建高速线与既有站间的联络线，沟通高速、中速、客车在既有线与高速线间的通路，便于旅客换乘。

3. 合理分布车站，做好衔接换乘

高速铁路线路车站的分布首先应该满足路网功能需求，充分考虑路网中不同线路衔接换乘的可能性；重要车站选址应确保相关线路引入条件、尽量选择周边高层建筑物少、重要管线设施少的地段。其次，应根据线路设计速度及输送能力确定合理站间距。第三，车站选址应考虑充分吸引客流，提高旅客出行效率。

4. 兼顾安全和舒适性原则

安全是高速铁路运行的首要保证。选线和工程措施都必须考虑保证行车的安全，不能遗留造成威胁安全的隐患。因此线路应尽量绕避塌陷、滑坡、活动断裂带和软弱地基等不良地质地带，避免浸水路堤和洪水冲刷路堤。个别工程点不能绕避时，要采取保证安全的工程措施。

由于列车高速运行，将产生列车的颠簸和振动，使旅客感到不适，各国对高速铁路的舒适性都十分重视，各专业设计参数中，规定了有关舒适度要求的参数。为保证高速铁路的舒适性要求，除了线路及有关专利设计应满足各项舒适度要求和车辆应具有良好的减振、密闭性能外，更为重要的是高速线路的整体刚度。

此外，根据《高速铁路设计规范》(TB 10621—2014)，中国高速铁路的规划和建设还应满足地质选线、环保选线和工程选线等基本原则。

(三)高铁线路布局规划的影响因素

在西方发达国家，高速铁路的建设可行性和空间布局主要受到高速铁路成本—收益率的影响，即通过科学定量模拟高铁的成本和收益的关系，确定高铁线路建设的可行性，进而决定是否建设高铁线路。高铁建设及运营的成本—收益受到所在区域的自然环境要素和经济社会要素的综合影响，更多地反映市场机制在高铁建设和空间布局中的作用。中国高铁的建设除受上述要素的影响外，还受到国家宏观政策的影响，反映政府在高铁建设中的主导作用。因此，影响中国高铁建设及空间布局的因素可以划分为自然环境要素、城市自身的经济社会因素和国家宏观政策。其中，自然环境要素通过影响高铁的建设成本、运营成本和技术成本来影响高铁网络的空间布局的演化；经济社会要素通过影响高铁的征地成本、客流量等影响高铁网络的空间布局；国家宏观政策为高铁的建设提供政策和资金支持。

1. 自然环境要素

自然环境直接影响着基础设施的建设，是决定基础设施建设类型、规模、技术等级、空间形态和分布特征的主要因素（金凤君，2012）。其中，各种自然地理因素如地质、地貌、水文、气候、工程地质和自然区位等，是高速铁路网络演化所赖以依托的重要物质基础，直接影响高铁线路建设的工程可行性、投资规模和建设成本等，进而影响高铁网络布局和结构等。自然环境要素对高铁建设及布局的影响主要表现在以下两个方面。

(1)对高铁线路建设成本的影响

高速铁路的建设成本受到路线设计速度、轨道类型、沿线地形、天气条件、土地征用成本、用高架桥代替路基、大型跨河桥梁和大型车站的建设等。一般情况下，在地形相对平坦的地区建设高速铁路，所需费用要比在地形起伏较大地区建设少得多(表 8-1)。中国大多数高铁线路有大量的隧道、高架桥（丘陵地区）或高架结构（平原微丘地区），且高铁建设成本主要取决于隧道和高架结构的比重，这些均受到地形地质和水文条件的影响。例如，郑西客运专线的建设需克服湿陷性黄土区的技术难题，兰新客运专线的建设需要克服冻土对高铁轨道的影响；京沪高铁建设高成本不仅受到其高昂的征地成本的影响，同时受到途径地区河流水系的影响需建设 3 个长距离高架，导致京沪高铁的建设成本为武广高铁建设成本的 1.49 倍。整体上，中国中部地区自然地理因素相对较好，东部地区次之（部分省份丘陵布局相对较多），西部地区地形较为陡峭、自然本地条件相对较差、自然灾害频发，布局高速铁路网络仍存在很多难题，一定程度上增加了高速铁路的建设成本。

表 8-1　不同地形条件下每公里交通线路的综合建设费用（以平原为 1）

地形区	铁路（准轨级）	公路（路面宽 7 米）	隧道	
			单线	双线
平原地区	1	1	1	1
丘陵地区	1.69	1.33	1	1
山岳地区	2.15	1.92	1.67	1.6
困难地区	3.54	2.81	1.67	1.6

资料来源：《高速铁路设计规范》(TB 10621—2014)。

(2)对高铁技术等级的影响

自然因素对高铁技术等级的影响主要表现在对线路的曲线半径和限制坡度两个方面，在规定的标准内选择适合的自然地理条件或改变既有的自然条件。为保证高速铁路的快速运行，高速铁路建设需要首先考虑的就是地形因素，即高铁线路的坡度不易过大。根据《高速铁路设计规范》(TB 10621—2014)，高速铁路的设计时将高铁建设的平面曲线半径设定为 2 800～7 000 米之间(表 8-2)。曲线正线的最大坡度不宜大于 2‰，困难条件下经技术经济比较后不应大于 3‰。动车组走行线的最大坡度不宜大于 3‰，困难条件下不应大于 3.5‰。动车组走行线的最大坡度大于 3‰，宜铺设无砟轨道。

表 8-2 高铁建设的平面曲线半径表(米)

高铁技术等级[设计速度(公里/小时)]			350	300	250
最小值	有砟轨道	一般	7 000	5 000	3 500
		困难	6 000	4 500	3 000
	无砟轨道	一般	7 000	5 000	3 200
		困难	5 500	4 000	2 800
最大值			12 000		

中国的自然环境条件各地区差异较为明显,呈现出东中西三个阶梯的分布态势。其中,第一阶梯是青藏高原,平均海拔在 4 000 米以上,对铁路技术的要求相对较高;第二阶梯分布着大型的盆地和高原,高原地区的湿陷性土壤一定程度上增加高铁建设的难度;第三阶梯上分布着广阔的平原,间有丘陵和低山,且河网密布,较第一和第二阶梯的地形更适合高速铁路的建设。地形平坦、自然条件较好的平原是人类活动集聚的地方,同时也是交通设施分布相对集中的地方,可以为高铁提供充足的客源。整体上,第一阶梯和第二阶梯对高铁技术和成本的要求相对较高,不利于高铁设施网络的建设和布局。

2. 经济社会发展水平

高速铁路的发展是顺应经济社会发展的阶段而产生与发展的,但经济社会的本底条件是影响高速铁路成本—收益的核心要素。经济社会要素对高铁网络的建设和布局的影响则主要表现在土地征用成本和客源供给两个方面。

(1)对高速铁路建设成本的影响

与中国普速铁路的建设所不同,高铁的建设主要发生在中国既有交通基础设施和城市建设相对完善的地区,部分高铁站点位于城市的建成区范围内以及部分线路位于中国耕地红线内,这一定程度上增加了高铁建设的土地征用成本。土地征用成本的高低很大程度上决定了高速铁路建设成本和技术等级。在人口稠密和经济发达地区的土地征用成本相对较高,为减少土地征用成本的影响,多数地区采用高架的方式建设高铁,这一定程度上增加了高铁的建设难度。

(2)对高铁客源及收益的影响

通常情况下,人口稠密和经济发达的地区可为高铁的发展提供充足的客源,增加高铁的票务收入,进而影响高铁线路的建设和空间布局。根据世界各国高速铁路发展的经验可以发现,高速铁路主要布局在经济发展水平相对较高、人流和物流相对集中、城镇化水平较高的城市之间。中国高速铁路的发展具有其特殊性,但也与其他国家存在一些共性。首先,中国高速铁路建设受经济和人口空间布局的影响较大,且经济和人口的空间格局也为高铁的发展创造条件。中国高速铁路首先布局在经济发达和人口稠密的省会城市之间或者同一省份的中心城市和次中心城市之间,如北京—天津、郑州—石家庄、北京—上海、武汉—广州、上海—南京、上海—杭州、长春—吉林等等。这些城市对之间较强的人流和信息流可为高速铁路的发展提供较充足的客源。之后,考虑区域均衡发展的需要,高速铁路开始向中西部人口密度较低和经济较不发达的地区扩张。此外,除城市的人口和经济活动的分布特征外,高速铁路网络的布局也受到其他交通方式和市场需求的影响。随着高速公路和航空运输业的不断发展,东中部地区逐渐成为高速铁路和航空主要竞争的市场(王姣娥和胡浩,2013),一定程度上也影响高铁列车的配置。同时,未来廉价航空的发展也将会对铁路的发展产生重大影响。整体上,高铁设施网络的空间布局受到经济社会要素的影响,而经济社会要素对高铁组织网络的空间布局起决定性作用。

3. 国家战略与规划

(1)"五年规划"为高速铁路的发展提供了政策支撑

中国历次国民经济和社会发展计划,都把基础设施作为重要发展内容,成为全国交通、通信、水利等基础设施建设的纲领。"八五"计划,中国政府开始着手对高速铁路进行研究。"九五"计划期间,中国政府对京沪高速铁路建设的可行性进行研究。"十五"规划提出,到2005年铁路营业里程达到7.5万公里,其中复线铁路2.5万公里,电气化铁路2万公里以上。"十一五"规划提出加快发展铁路运输,建设1.7万公里铁路,其中客运专线7 000公里。"十二五"规划和《"十二五"综合交通运输体系规划》,则明确提出"基本建成国家快速铁路网"的发展目标,快速铁路营业里程达4万公里以上,基本覆盖50万以上人口城市。同时,适应城市群发展需要,建成京津冀、长江三角洲、珠江三角洲三大城市群城际交通网络,推进重点开发区域城市群的城际干线建设。《中长期铁路网规划》(2016年)提出在原规划"四纵四横"主骨架基础上,增加客流支撑、标准适宜、发展需要的高速铁路,同时充分利用既有铁路,形成以"八纵八横"主通道为骨架、区域连接线衔接、城际铁路补充的高速铁路网。这些规划的提出和实施,为中国高速铁路的发展提供了政策支撑。

(2)扩大内需的发展战略为高速铁路建设提供了财政支撑

20世纪90年代亚洲金融危机后,中国陷入了通货紧缩状态。中央政府决定实施积极财政政策,并把基础设施建设作为社会经济发展的重点,拉动社会需求,刺激经济;并配套相应的投资政策,发行国债,用于交通等基础设施建设。2004年,铁道部出台《中长期铁路网规划》,提出构建"四纵四横"铁路快速客运通道以及三个陆路快速客运系统。为应对2008年全球金融危机,中国政府提出了十大举措,将基础设施作为其中的重中之重。

(3)区域规划进一步明确了高铁布局的区域导向

在国家"五年规划"和宏观发展政策的引导下,国内发达地区的地方政府均把城际高速铁路作为发展重点,提出了时序发展规划和实施目标,出台了一系列投资政策,促进了高速铁路的发展。如在国务院批复的《长江三角洲区域规划》《珠三角地区改革发展规划》《成渝经济区发展规划》《关中天水经济区发展规划》和《广西北部湾经济区发展规划》等国内主要经济区的规划中,均将城际客运专线、客运专线的建设作为交通基础设施发展的重点,并将其直接上升为国家规划战略的一部分。

4. 企业投融资及运营体制

影响高速铁路快速扩张的政策主要包括融资模式和运营模式。从融资模式分析,中国是政府主导型,政府具有较大的能力,并能够在较短时间内集聚较多的资金,为高速铁路的快速扩张创造条件。在铁道部改制前,中国高速铁路的投资中铁道部占50%以上,区域政府根据经济情况贡献20%～50%;铁道部投资中部分是由中国铁路投资公司和省级政府下属的国有投资公司通过从银行贷款获取,区域政府通过资金支持和提供土地的形式参与高速铁路的建设(侯雪,2014);从运营模式来看,中国高速铁路的运营和所有权归铁道部所有。中国高速铁路的建设是由中央政府和地方政府共同推进,中央政府起主导作用，即中国高速铁路运营模式为典型的“政府主导型”模式，但政府主导型高铁运营模式一定程度上也制约了高铁的市场化运作，不利于高铁经济效应的发挥。

二、高铁车站的布局与规划

（一）高铁车站的类型

高铁车站，全称高速铁路车站，是指在高速铁路沿途建设、主要为高速列车服务的火车站。

高铁车站均为客运站，按办理的客运量大小可分为特大型、大型、中型、小型车站。按客运量大小分类的目的是确定客运设备的规模和标准。根据《铁路旅客车站设计规范》（TB 10100—2018）的规定，车站按照高峰时段的高峰小时旅客发送量 PH（人）进行分类：$PH \geqslant 10\ 000$ 的为特大型站；$5\ 000 \leqslant PH < 10\ 000$ 为大型站；$1\ 000 \leqslant PH < 5\ 000$ 为中型站；$PH < 1\ 000$ 为小型站。此外，也可以根据所服务城市规模和行政等级对高铁站进行划分。通常情况下，城区内常住人口在 1 000 万人以上的超大城市，高铁站为特大型站，人口规模在 500 万～1 000 万人的特大城市，高铁站为特大型站或大型站；人口规模在 100 万～500 万人的大城市，高铁站为大型站或中型站，人口规模在 50 万～100 万人的中等城市，高铁站为中型站或小型站；人口规模小于 50 万人的小城市，高铁站为小型站。

（二）高铁车站布局规划选址原则

郑晓天（2011）从我国高速铁路的勘测、设计、研究经验，以及国外高速铁路车站的设置和使用情况，概括了高速铁路客运站布局方案选址的原则。

（1）有利于最广泛地吸引客流。

高速铁路的站址应设于市区作为首选方案，除非代价过高或条件实在不具备时，则尽量设于靠近市区或市区边缘的位置。目前，铁路与航空和公路相比，赢得较大的市场份额，正是由于铁路可以伸入市区其至市中心区设站，能够为城市居民提供更为方便的出行条件。

（2）体现“以人为本”的建设理念。

高速铁路客运站布局规划设计应采用先进、成熟、经济、实用、可靠的工程结构和运输设备，体现高速度、高密度、高安全、高舒适的技术特征，满足数字化铁路的要求。

（3）与城市和铁路枢纽的总体布局规划相协调。

高速铁路客运站是城市基础设施和铁路枢纽客运系统的重要组成部分，也是城市与外部联系的重要“窗口”。因此，高速铁路客运站的布局规划既要与目前城市规划和枢纽的布局相协调，又要与城市数十年后的发展规划相适应，符合城市的总体布局规划，促进城市的可持续发展，并且要满足铁路枢纽近远期的路网要求和运营需要，提高铁路枢纽的通过能力。

（4）与城市其他运输方式相配合。

高速铁路的客运站是大量人口聚散之地，是城市交通与对外交通的连结点，是城市的交通枢纽。因此，高速客运站周围城市道路要保证畅通、布局合理。对于发展城市轨道交通的城市，高速站址应做好统一规划地铁或轻轨与高速客运站的相互位置，无论在平面或立面上都要使旅客流程通畅、走行距离最短，方便换乘，方便客流快速地集散与疏解。

（三）高铁车站布局规划选址的影响因素

1. 城市形态

谢香君（2008）提出，城市形态的不同将会影响高铁车站的选址，呈现出车站数量与选址布局复杂程度随着城市形态的分散程度增加而增加的特征。针对不同的城市形态，高速铁路车站的布局也会有所偏重。根据 Vickerman（1999）研究，城市形态可以根据其外观和规模可以分为：单中心团状城市、多中心团状城市、中心型带状城市、大型带状城市、中心型带状城市、大型星型城市、卫星城市群、组团城市等。杨晓珊（2018）认为客运站的选址会根据城市形态的变化进行调整，以利于城市的发展。通常情况下，城市规模较小、形态较集中的城市所需要的客运站数量相对较少；反之，城市规模越大、形态越分散所需的客运站数量也越多，布局较为复杂。

2. 城市规模

建成区规模和开发强度决定了城市地域拓展的能力和需求，进而影响高铁站点的开发。当高铁站点位于大城市的近郊或外围区时，由于城市规模较大，具有较大的向外扩张的潜力，促使高铁站点地区成为城市向外扩张的核心载体，进而促使高铁站点地区的发展；而如果位于小城市的外围地区，则其在短时间内发展潜力相对较弱，长时期内为小城市的地域扩张提供方向。而李松涛（2010）认为规模和城区规模较小的城市的客运站应该布局在城市的边缘，为未来发展提供空间；而规模大、城区面积大和人口众多的城市的客运站应布局在城市的内部，以便有效地接纳客流。金辰虎（1994）认为高铁站点应该布局在距离城市中心 $L=1.2+a\sqrt{S}$（L 表示城市公共交通系统的平均客运距离；S 表示城市建成区面积；a 为调整系数，当市区人口规模小于 100 万人时，取 0.25，市区人口规模大于 100 万人时，取 0.22）范围内。根据该原则，对我国地级市市辖区范围内的高铁站点进行分析发现，296 个位于市辖区内的高铁站点到市中心的理想距离平均值为 4.7 公里，而真实的直线距离为 13.3 公里；且这些高铁站点中仅有 73 个高铁站点位于理想距离范围内，即多数高铁站点到市中心的距离大于平均客运距离，这将增加高铁站点的开发难度。

高铁站点与城市建成区半径之间的耦合关系如图 8-1 所示。

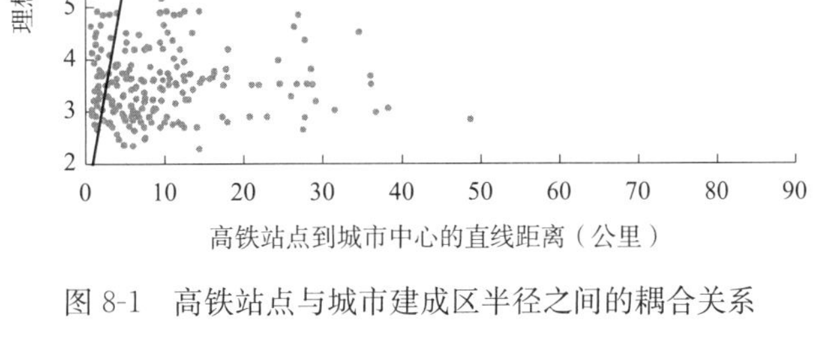

图 8-1　高铁站点与城市建成区半径之间的耦合关系

3. 城市发展阶段

城市发展阶段的划分标准主要包括城市化和工业化水平。城市化和工业化是推动区域经济发展的主要动力，同时也决定了高铁站点的选址、高铁站点地区的空间发展导向和产业功能定位等(表 8-3)。整体上，高铁站点的开发应与城市发展阶段相融合，并综合考虑城市未来发展战略，实现城市和高铁站点地区的共赢。通常情况下，在大城市或特大城市中，城市化和工业化水平相对较高，城市表现出较强的“去中心化”的趋势，为位于城市郊区或边缘地区的高铁站点的发展创造机遇和条件。

表 8-3　不同国家(地区)城镇化阶段背景下站点选址和产业功能对比

	欧　洲	日　本	中　国
城镇化阶段	城市更新	快速城镇化向稳定城镇化转变	快速城镇化
站点选址	老站翻新再利用为主，少量外围新站	新站建设与老站翻新并存	新站建设为主，老站功能逐步转向普铁
空间发展导向	市中心复兴	市中心升级与新区新城建设并存	建设新区新城以实现扩张
产业功能导向	金融、商务、办公、教育、商业、居住等一体化功能区	商务、办公为核心兼具购物、休闲、居住等多种功能	注重商务、金融等高端服务业，但目前难见成效

(1)城市化水平影响高铁站点地区未来发展的潜力。城市化水平反映城市发展程度的数量指标，主要表现为既有人口和非农业活动的地域集中，城市型景观的地域推进，城市文化的地域扩散等(许学强等，2009)。铁路站点布局与城市之间的关系一直处于动态变化中，随着城市地域推进，大量铁路站点由城市外围发展成为城市核心区，并表现出在城市化初期铁路站点布局在城市外部边缘位置、城市化中期铁路车站布局开始进入城市内部、城市化后期铁路车站布局在城市中心区附近的规律(李松涛，2010)。铁路站点的布局决定了未来城市扩张的方向，同时城市化发展阶段也将影响城市未来发展潜力，可为高铁站点地区的发展提供足够的资源支持。目前，我国高铁站点的建设和发展主要集中在东中部地区，其城市发展阶段多数已步入了城市化中后期阶段，城市发展程度相对较高，向外扩张的潜力也较高，高铁站点布局在城市的外围更能够激活周边土地的活力。根据我国 529 个高铁站点的分布特征发现(表 8-4)，处于地级市或直辖市市辖区范围内的高铁站点基本上已经进入了城市化的中后期阶段，而处于县级行政单元的高铁站点部分仍处在城市化的起步阶段，城市化水平相对较低，城市的地域推进潜力相对较弱。

表 8-4　我国高铁站点所在行政区的城市化水平

城市化水平(城市化率)	地级市市辖区		县级行政单元	
	站点数量	占比(%)	站点数量	占比(%)
终期阶段(>80%)	126	23.82	—	—
后期阶段(0%～80%)	77	14.56	4	0.76
中期阶段(30%～60%)	76	14.37	65	12.29
起步阶段(<30%)	11	2.08	170	32.14
总计数	290	54.82	239	45.18

(2)城市工业化发展阶段。工业化一般是指制造业或第二产业所创造的国民收入(或就业人口)占所有产业国民收入(或就业人口)的比重不断提升的过程。工业化是一个长期不断变化的过程,其间往往还伴随着经济结构的变化,一方面由传统的农业部门占主导地位向工业占主导地位的转变,另一方面工业部门的内部结构也处于不断的演进之中,同时还伴随着第三产业的发展。处于工业化后期的城市通常具有较为发达的第三产业,而处于工业化初期的城市仍以第二产业发展为主。此外,高铁站点地区主要集聚商务、信息时装、文化娱乐、科技信息、文化产业、金融会展等企业以及居住区、高铁站场(王丽,2012),即主要以第三产业(服务业)为主。因此,处于工业化后期的城市未来发展的方向和潜力与高铁站点地区的产业功能定位存在较大的一致性,能更好地促进高铁站点地区的发展。根据我国高铁站点所在的市辖区和县级行政单元的工业化水平发现(表 8-5),我国高铁站点所依托城市多处于工业化中后期阶段,部分站点的腹地已经进入发达经济阶段,这为高铁站点地区的发展创造条件。

表 8-5 我国高铁站点所在行政区工业化阶段(2014 年)

工业化水平	地级市市辖区		县级行政单元	
(人均 GDP)	站点数量	占比(%)	站点数量	占比(%)
发达经济阶段 (>93 833 元)	149	28.17	17	3.21
工业化后期阶段 (50 055~93 833 元)	84	15.88	54	10.21
工业化中期阶段 (25 027~50 055 元)	45	8.51	89	16.82
工业化初期阶段 (12 474~25 027 元)	12	2.27	70	13.23
初级产品生产阶段 (<12474 元)	—	—	9	1.70

4. 城市规划

杨晓珊(2018)指出,高铁站点选址应充分考虑城市总体规划中关于城市发展方向和功能定位的相关规定。作为指导城市空间结构发展的战略性规划,城市总体规划的修编时间间隔较长,往往来不及与高铁的选址进行完整严密的配合,同时高铁线路布局规划首先是将重点城市进行连接,满足核心城市的发展规划与选址的协调之后,再考虑沿线的中小型城市,所以中小型城市的城市规划与高铁车站选址往往不够契合。同时由于在实际的选址过程中,高铁的技术特性与原有的土地储备的影响,站点区位可能与原有城市规划不协调,从而带来既有投资浪费与沉没成本。所以高铁车站在选址过程中首先要考虑与城市总体规划相协调,选择利于城市发展的区位,这样不仅能便于吸引客流,还能获得城市政策经济补贴,进一步吸引外来资金的投入。

(四)高铁车站布局规划选址的类型

张曌(2017)根据车站与城市功能区一级城市中心的相对位置关系,将车站类型分为以下三类:城中站、边缘站和外围站。

(1)城中站。高铁站点位于城市内部,并且与城市中心距离较近,这种情况多是利用城市既有的火车站,将高铁引入既有站,在其基础上进行改建,升级为高铁站。位于城市中心地区的高铁站,其选址通常基于以下考虑:原有火车站位于市中心,基础条件较好,可以在其基础上加以利用改造建设新的高铁站;城市中心的某地段面临衰败与老化,建设高铁站可以带动该地区的更新改造,改善城市环境。该类站点在特大、大城市或原来有铁路的中小城市较为多见。

(2)边缘站。高铁站位于城市建成区边缘。由于距离城市中心较远,站点周边各类功能规模较为有限,但边缘站周边空间资源相对丰富,用地成本相对较低,站点本身对外交通服务的能力如果能够得到充分发挥,则拥有较佳的发展潜力,适合所有城市。

(3)外围站。高铁站点位于城市建成区外围地区,远离主城区和城市中心。该类站点使得一些对出行需求较高的城市功能向高铁站点周边地区集聚。这种情况下高铁站点周边地区发展完全依托高铁站点,多为规划带动引导,建设成效受到自身条件、城市规模、发展阶段、空间拓展方向和动力等多重因素的影响。这类站点较适合超大城市、特大城市、大城市。中小城市在条件允许的情况下,应尽量避免因为高铁站过于远离城市中心而出现站点交通功能弱化的情况。

第二节　高铁干线经济带的布局与规划

一、交通经济带的内涵及类型

交通经济带(Traffic Economic Belt,TEB)的专门研究始于20世纪80年代,由于研究时间较短,加之研究角度的差异,目前尚没有统一的定义。交通经济带是以交通干线或综合运输通道作为发展主轴,以轴上或其吸引范围内的大中城市为依托,以发达的产业,特别是第二、三产业为主体的发达带状经济区域。这个发达的带状经济区是一个由产业、人口、资源、信息、城镇、客货流等集聚而形成的带状空间经济组织系统;在沿线各区段之间和各个经济部门之间建立了紧密的技术经济联系和生产协作。

交通经济带是一个复杂而特殊的带状区域经济系统,有其自身的构成要素,这些要素对它的形成、发展和演化有着重要影响。交通运输基础设施、以工业商贸为主的三次产业、沿线分布的经济中心和大中城市、区域是影响或左右交通经济带形成与发展的四个要素。其中,交通基础设施是交通经济带形成的前提条件;三次产业特别是工业、金融商贸和信息业是交通经济带的主要构成内容;大中城市是交通经济带发展的依托;区位是交通经济带及其经济中心形成的关键因素。

按照交通轴性质的不同,陆大道院士(1998)将交通经济带划分为以下4种基本类型。

(1)沿海型交通经济带:由沿海若干港口城市辐射区域构成的经济带。以沿岸航线及沿岸线路为经济带的生长轴线,以大中型沿海港口为经济带内主要经济中心的生长点,通过廉价的海上运输实现经济带内部和对外的客货、信息等社会、经济、政治行为交流,通过港口后方集疏运线路取得与广大腹地的双向联系。其典型实例是日本的东海岸经济带。它从明治维新时期(1868年)开始起步,在日本高度成长期(结束于1972年的石油危机)成为世界最为发达的沿海地带之一。它以东京为主中心、大阪为副中心,以三大都市圈——东京都市圈、名古屋都市圈、大阪都市圈为主体，包括静冈等次级地方经济圈；其经济社会总量目前占日本全国的比重GDP为70%、商业批发为66%、大学生人数为75%。

(2)沿江(河)型交通经济带：是由沿江河干流和主要支流的城市辐射构成的经济带。它以大江河主航道两岸为经济带的生长轴线，以大中型内河港口或水陆交接枢纽为经济带内主要经济中心的生长点，通过廉价的内河水运实现经济带内部和对外交流，通过支流航线及港口陆路集疏运线路取得与腹地的广泛联系。其典型实例是德国的莱茵河经济带。

(3)陆路型交通经济带：沿铁路或公路干线的城镇辐射范围内的区域构成的经济带。它以铁路、公路主干线为经济带的生长轴线，以大中型陆路枢纽为经济带内主要经济中心的生长点，通过快速而高效的铁路、公路运输实现经济带内部和外部经济系统的广泛联系，通过相连的支线线路取得和邻近地区的网络化联系。以铁路为主干的陆路经济带，按其区位又可分为内陆型和通达沿海型两种。此类交通经济带如苏联欧亚铁路干线沿线经济带，中国已形成的哈大经济带、胶济—兰烟经济带、京广经济带、陇海—兰新经济带；公路型经济带如京津塘高速公路经济带。

(4)复合型交通经济带：是以两种或两种以上运输方式形成的综合运输通道为轴，由沿线大中小城市体系所依托，以发达的工农业和商贸业、流通业为实力的经济带。事实上通过长期的发展，任何一种发达的交通经济所依托的交通轴线，都已经形成综合运输通道，只不过不同运输方式的地位和分工略有差别。即发达的经济带都是以两种或两种以上的运输方式形成的运输通道为依存的，都已成为复合交通经济带。例如，我国的胶济—兰烟交通经济带就是同时依托胶济铁路(济南—青岛)、兰烟铁路(兰村—烟台)干线和济青高速公路两种运输方式的经济带。又如长江经济带和沿海经济带都不能只依靠沿江水运和海上航运，为促进其发展，还必须修筑沿江铁路、沿江高速公路(公路国道主干线)，建设沿海国道公路主干线和沿海大铁路。而德国的莱茵河沿岸交通经济带更是一条典型的复合交通经济带，其交通轴包括：现代化的内河航道与港口体系，沿河两岸的铁路、高速公路。日本东海疲乏经济带所依托的运输体系包括：沿海港口体系——以东京港、横滨港、名古屋港、大阪港、神户港为枢纽港以及一大批中小港口，东海道新干线(高速铁路、准轨)和东海道本线(原有常速铁路、窄轨)，东(京)名(古屋)高速公路和名(古屋)神(户)高速公路及国道公路，空中航线等组成。

二、高铁经济带的内涵与基本特征

(一)高铁经济带内涵

高铁经济带是以高速铁路以及其沿线综合运输通道(普速铁路、高速公路、航空和水路等)以及配套线状基础设施(供电、电力、能源和邮电通信等)为发展主轴，以沿线相互联系密切的城镇或城镇群为主要依托的不同等级的发展中心及其经济活动共同组成的带状区域经济系统(戴帅等，2011)。高速铁路是高铁经济带内产业活动与布局的现行条件和重要基础设施。没有高速铁路和铁路运输通道等现状基础设施的建设和不断完善，就没有高铁经济带的形成和发展，高铁经济带是铁路经济带的高级形态。

(二)高铁经济带基本特征

根据韩增林等(2000)、冯广超(2016)的归纳和总结,高铁经济带的特征主要有以下几点。

1. 高铁经济带是一个具有耗散结构的空间经济级联系统

耗散结构是指远离平衡的开放系统,通过与外界不断地交换物质与能量,可能在一定条件下产生自组织现象,形成新的稳定的有序结构,并逐步实现从无序向有序,从脚底水平向高级有序过渡的稳定结构(韩增林等,2000)。空间级联系统是指各要素或各类功效空间在相互联系与作用过程中逐步形成的、以效力或功能作用维系的、趋于平衡稳定态的空间系统(金凤君,2013)。所谓级是指系统内部各要素或单元由于规模大小、功能强弱、效力高低所体现的差别层次序列;联是指联系,是各要素或单元相互依存与作用所形成的某种关系。在形态上空间级联系统所形成的是一个空间级序关系网络。高铁经济带是由沿线产业、人口、城镇、交通和信息基础设施等要素构成的非平衡、非线性相互作用的开放系统,这些系统间通过不断地物质、信息和能量的交换,以及沿线各要素之间的相互作用,通过促进区域产业链前项和后项联系,带动区域系统的整体演化,最终形成不同规模等级、职能分工明确、空间联系紧密的空间级联系统,并在空间上形成一种稳态。

2. 高铁经济带是一个具有生命周期的经济社会有机体

高铁经济带的形成是高速铁路与其他交通方式、经济社会活动在空间上长期相互作用的结果。在发展过程中,城镇、产业、社会和文化等活动不断借助高速铁路的技术创新,能量表现出明显的集聚与扩散特征,从而导致高铁经济带内部结构、总体功能、经济实力、腹地边界等要素明显的阶段性变化特征;高铁经济带通过与外部系统的质、能交换实现类似有机体的新陈代谢过程,并在内部组织结构上也会表现出与传统交通经济带相似的雏形、膨胀、成熟、消融等生命周期过程与特征。

3. 高铁经济带演化规律具有可知性、宏观调控的可能性

与传统交通经济带相类似,高铁经济带是大地域范围内的空间局系统,其形成和发展对区域、国家经济建设的意义极大。高铁经济带固有的时空演化模式使其形成和发展具有明显的规律性,其规律性通过研究是可知的。摸清了高铁经济带的发展规律,政府可以通过制定总体发展战略和规划,以基础设施建设、产业结构调整、城镇发展规划、科技的传播及转化为契机,宏观上把握住交通经济带的总体发展水平,综合运用经济、法律和行政等宏观调控手段对其进行重新设计和调整,并恰如其分地干预其发展、演变方向。

4. 高铁经济带是交通经济带演化的高级形态

高速铁路是世界经济发展到一定阶段的产物。如中国开始高速铁路的研究始于20世纪90年代,京沪铁路交通运输能力不足,交通运输严重滞后经济发展,使其遭受“瓶颈”限制,出现经济增长缓慢、交通不畅的局面。在这种背景下,中国开始高速铁路的研究,并到2008年开通了中国第一条高速铁路——京津城际铁路。高速铁路通过其强大的技术经济优势,大幅度提高了沿线区域的可达性,加速人流、物流、信息流和资本流等各要素的流动,促进相关产业的发展和产业结构调整,进而影响沿线城市经济发展和城镇等级结构,促进沿线高铁经济带的形成与发展,并解决传统经济带中交通运能不足和滞后与经济发展的矛盾。

三、高铁经济带形成机制

随着我国经济发展和空间结构的演化，我国地域空间组织模式陆续出现了 T 字形、π 字形、开字形、弗字形、目字形、菱形、丰字形、三纵四横等形态构架，经历了从点轴系统向网络化空间结构的转化（李国平等，2012）；我国城市群尺度地域空间组织模式处于分散的多中心空间形态、以轴向扩展为主的空间扩展阶段（王娟，2012）；我国城市尺度地域空间组织模式呈现出圈层结构、带状结构、放射结构、多核网络结构和主城—卫星城结构（周春山和叶昌东，2013）。虽然影响地域空间组织的因素有很多，但不同地域空间尺度组织模式的形成和发展均表现出明显的交通指导作用。交通设施对地域空间组织的影响主要表现为引导作用、集聚与扩散作用和再塑作用（金凤君，2012；张庭伟，2001）。

作为地域空间组织的重要组成部分，交通基础设施是构成区域和城市形态最关键的要素。交通网络的建设和空间布局是推动地域空间组织演变最直接的推动因素。高速铁路作为一种新型的交通运输方式，主要承担城市间的客运功能（部分国家承担一定的货运功能），其快速发展疏解了普速铁路和公路的客运压力，为货物运输释放出一定的空间，进而影响区域发展和空间结构。可以将高铁的空间效应归纳为以下 4 种类型。

（1）时空收敛效应。空间收敛是高速铁路产生的基本效应，其在建设与发展过程中通过"费用—空间收敛"效应、"成本收敛—流量扩张"效应和"时间—空间收敛效应"营造空间发展优势，推动空间经济结构与形态的形成、发展与演化。

①费用—空间收敛。交通技术进步引起运输费用的降低将会导致各种要素向沿线地区布局，进而导致空间市场范围的变化。

②成本收敛—流量扩张。新交通方式的引入，增加了基础设施所经过区域作为运输通道承担空间交流的能力，以及经济个体的空间活动能力，降低单位运输成本，扩大产品交流的规模。

③时间—空间收敛。交通速度的提高使得任何两地间的联系比任何历史时期花费的时间都要少得多，因而大大加强了产业在经济活动中的相互关联，而这种关联以交通基础设施为基础纽带。

（2）集聚与扩散效应。高速铁路通过集聚与扩散效应来影响经济发展。从基础设施营造的生产环境看，其提供的服务具有刺激集聚供给和需求的双重作用，由此促进经济增长和效率提高。高速铁路作为在运输时间、效率和能力上均具有突出优势的基础设施，提供了新的集聚供给，集聚供给能力的提升也将促进经济效益或效率的提高。同时，受高速铁路设施网络空间布局的影响，高速铁路对区域的集聚效率存在较大的差异，从而导致沿线的经济社会要素和人口在不同空间尺度的集聚与扩散。此外，经济发展的集聚需求也促使高速铁路集聚供给的进一步扩张，促使交通基础设施投入的增加，这又将影响各要素在空间上的集聚与扩散，实现各要素在空间上的优化配置。

（3）空间异构效应。由于高速铁路所引致的"集聚与扩散效应"在空间上的非均衡性，导致不同要素在空间上的优化配置，进而影响区域空间结构。在中宏观尺度，高速铁路的建设将会导致高级服务业、商业活动向中心城市转移，而中心城市的工业和低端服务业开始向周边的中小城市转移，进一步强化既有的"核心—边缘"结构；其次，高速铁路的建设降低了城市间运输费用和提高了运输效率，这扩大了企业或经济中心的市场服务范围，吸引产业向交通运输区位优越的地点或交通沿线集聚，逐步形成具有一定集聚规模的交通经济带。在城市尺度，高铁站点和机场作为重要的"触媒"，也会导致人口和商业活动向该地区集聚，进而促进该地区的发展，疏解中心城区的产业和人口压力，促使城市次中心的形成，进而影响城市既有的空间结构类型。整体上，高速铁路网络为区域尺度上要素的优化配置提供可能，而高铁站点为城市内部结构的调整等创造条件。

(4)轴向强化效应。高速铁路引致的集聚与扩散效应和空间异构效应促使各要素在空间上的优化配置，这为地区经济的发展创造条件。高速铁路的建设提升了沿线城市联系的便捷性，降低了沿线城市联系的成本，加强沿线城市之间的联系，进而促使沿线城市更倾向于与其他城市联系；同时，各要素在高速铁路沿线集聚的外部性，也促进交通经济带的产生和发展。

高速铁路的空间效应决定了高铁对地域空间组织模式作用方向和程度。根据高铁的空间效应，高速铁路对地域空间组织模式的影响机制可归纳为以下几个方面。

①高铁的建设对区域经济社会的空间布局具有引导作用。高铁的建设降低了城市间联系的交通成本，缩短了城市间联系的时间，提高了产品的市场竞争力，扩大了企业或经济中心的腹地范围，加强了产业在经济活动中的相互关联，促使人口和经济活动向交通运输区位优越的地区集聚，在宏观尺度上将会影响交通经济带的发展水平。

②高速铁路将会导致经济活动和人口在空间上向核心轴线或枢纽集聚与扩散。通常情况下，交通枢纽或交通设施越发达，对区域经济社会要素的集聚效应也越明显，而高铁的建设将进一步强化经济社会要素向交通枢纽或交通设施沿线集聚，从而促使高铁经济带的形成与发展，以及城市和城市群的空间重构。

③高速铁路的建设对区域经济社会空间结构具有重塑作用。高铁的建设提高了区域的可达性，使部分城市的交通区位，甚至经济区位发生明显的变化，从而导致经济社会要素向经济区位提升的地区集聚，通过集聚效应促进区域发展。城市交通区位的变化也将会导致区域经济社会空间结构的演变，并在空间上形成了不同的形态。

④高速铁路的建设将会改变城市之间的相互依存机制。高铁的建设加强了沿线城市的经济社会联系，导致经济活动和人口在高铁沿线城市间重新配置。同时，非高铁沿线城市为享受到高铁的服务，需通过邻接的高铁沿线城市进行中转，又强化了高铁沿线城市与周边城市的联系。

高铁对地域空间组织模式的影响机制如图 8-2 所示。

此外，高速铁路的空间效应也受到地理空间范围的影响，即在不同地域空间尺度(尤其是全国、城市群和城市尺度)存在较大的差异(表 8-6)。在全国尺度，高速铁路的建设将会促使沿线地区可达性、城市等级和经济发展水平明显提升，产生明显的"廊道效应"，进而影响交通经济带的形成和发展；在城市群尺度，高速铁路通过改变核心城市空间范围和城市间相互作用机制来影响城市等级结构和空间结构，进而对不同城市群的地域空间组织产生影响；在城市尺度，高铁站点作为影响周边地区经济发展和土地开发的重要触媒，引致人口和经济活动空间集聚，进而对城市空间结构产生影响，但由于高铁站点地区发展时间较短，其空间效应尚不明朗，更多地表现在高铁站点地区开发对城市空间结构潜在的影响。

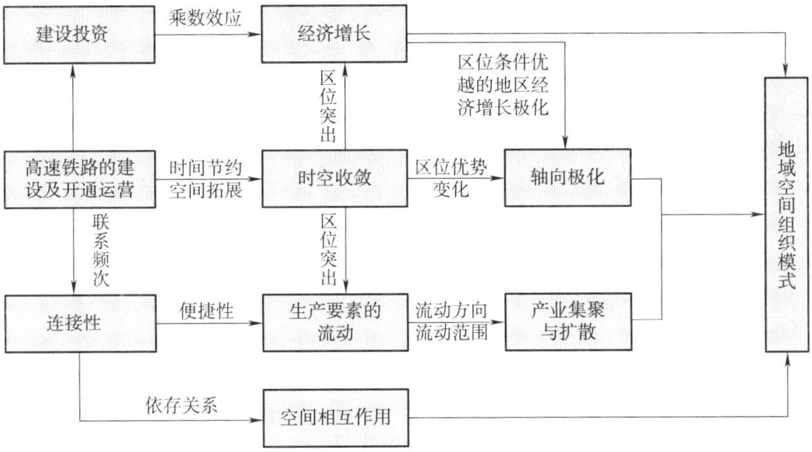

图 8-2　高铁对地域空间组织模式影响机制

表 8-6　高铁在全国、城市群和城市尺度的空间效应的特征

类型	全国尺度	城市群尺度	城市尺度
时空收敛效应	全国尺度整体的提升，尤其是位于高铁沿线的城市	极大程度缩短边缘城市与核心城市之间的联系时间	高铁站点地区获得最大的时间节约，并成为城市对外联系的门户
集聚与扩散效应	经济活动和人口向高铁沿线城市的集聚与扩散	高等级高附加值产业或行业向核心城市集聚，而低附加值的行业向边缘城市集聚	经济活动(尤其是商业、服务业等)向高铁站点集聚
空间异构效应	城市等级结构；核心边缘结构强化；交通经济带(交通走廊)的发展	城市等级结构和空间结构的重新配置；空间范围的拓展	多中心城市的发展
轴向强化效应	高铁线路沿线的城市获得最大可达性和等级的提升	网络化趋势明显	更多地表现在节点极化效应

四、高铁经济带的演化模式

(一)理论模式

通过对主要交通经济带和城市群空间组织模式的分析，高铁对全国尺度和城市群尺度地域空间组织模式的影响主要表现在对核心城市集聚和扩散机制的影响。为此，根据高铁沿线核心城市集聚力和扩散力，可以将高铁沿线的发展划分为 4 个阶段。

(1)在高速铁路建设初期，更多地反映出对核心城市的集聚效应，这将导致核心城市地位和空间辐射范围扩大，而周边中小城市的地位略有降低。

(2)随着核心城市空间集聚程度不断提升，核心城市功能空间开始向周边城市转移，尤其是具有便捷交通联系的城市，这一定程度扩大了核心城市空间辐射范围，而位于两个核心城市辐射范围中间的城市由于享受不到高铁的服务，而成为高铁效应的“洼地”。整体上，该阶段核心城市仍以集聚为主，扩散力仍相对较小，对周边城市影响不明显。

(3)当核心城市功能达到饱和时，其低端商业和服务业开始向周边城市转移，尤其是向高铁沿线城市转移，扩大了核心城市的服务范围，并使部分相邻核心城市的服务范围在空间上形成连续的面状分布特征。部分城市的“洼地效应”降低，但其发展状况受自身发展水平以及与核心城市的功能分工等的影响。

(4)高铁的建设促使核心城市空间服务范围的增加，核心城市集聚力逐渐降低，而扩散力明显提升，增加了核心城市域其他城市之间的联系，并在高铁沿线地区形成一体化的功能区域。该区域主要是由若干个核心城市或其他城市相互作用,形成的由若干个功能区域构成的一体化区域。多条高铁线路沿线城市的组织模式在不同尺度上的组合构成了全国尺度和城市群尺度地域空间组织模式。

高速铁路对地域空间组织模式影响的四阶段模型如图 8-3 所示。

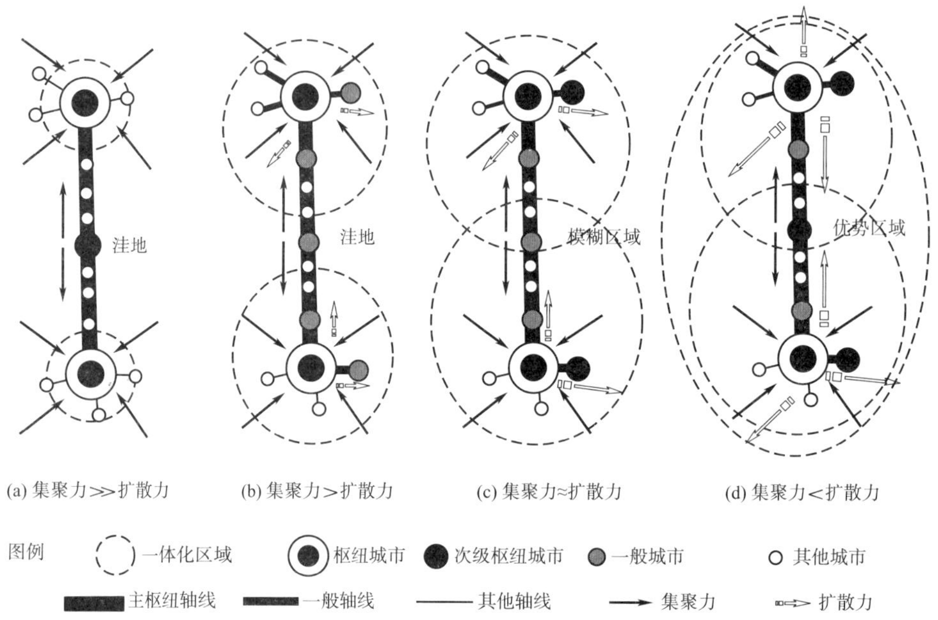

图 8-3 高速铁路对地域空间组织模式影响的四阶段模型

(二)实证案例

目前,我国交通经济带的空间分布基本上呈现出以主要城市群或都市圈为节点的点轴分布格局,城市群内组织较为紧密,而不同城市群之间的联系相对较为薄弱。高铁的建设,扩大了核心城市交通圈和腹地范围,增加核心城市在地域空间组织中的地位,提升周边城市对其依赖度,促使部分高铁沿线城市群形成具有紧密联系的整体。例如,京沪高铁的建设扩大了北京为中心城市群的空间范围,促使南京和上海城市群或都市群形成一个整体,并增加了徐州和济南周边城市对其依赖程度,基本上形成了以北京、济南、徐州、南京—上海等四个城市群或都市圈为重要节点的组织模式。京广高铁的建设强化了以北京、郑州、武汉、长沙和广州为中心的城市群内城市间的联系,拓展了城市群的空间范围。同时,京广高铁的建设促使以武汉、长沙和广州为中心的城市群在空间上形成连续的面状分布特征,加强了三大城市群之间的联系。哈大高铁的建设增加了沈阳周边城市与其联系强度及依赖性,扩大了沈阳城市群的空间范围,尤其是在哈大线和京沈线方向,同时,也增加了大连和沈阳的联系,促使以沈阳为中心的辽中南城市群和以大连为中心的南部沿海城市群连接为一个整体;其次,哈大高铁的建设也增强了长春与周边城市的联系,对哈尔滨为中心城市群影响较小,但强化了哈尔滨和长春的联系,使长春成为哈尔滨的首位联系城市,促使两个城市群一体化发展。杭深高铁的建设增强了沿线城市间的联系以及与长三角和珠三角的联系,促使上海和广州成为杭深交通经济带的重要组成部分,使杭深交通经济带基本上形成了以上海—杭州、福州—厦门和广州—深圳等为中心的点轴空间格局，而但三个城市群之间的联系仍相对较为薄弱，促使位于福州—厦门和广州—深圳城市群中间位置的汕头和揭阳被边缘化。根据其空间分布特征，可以将京沪、京广和京哈交通经济带空间分布特征归纳为如图 8-4 的组织模式图。

无高铁和有高铁两种情形下典型交通廊道地域组织模式如图 8-4 所示。

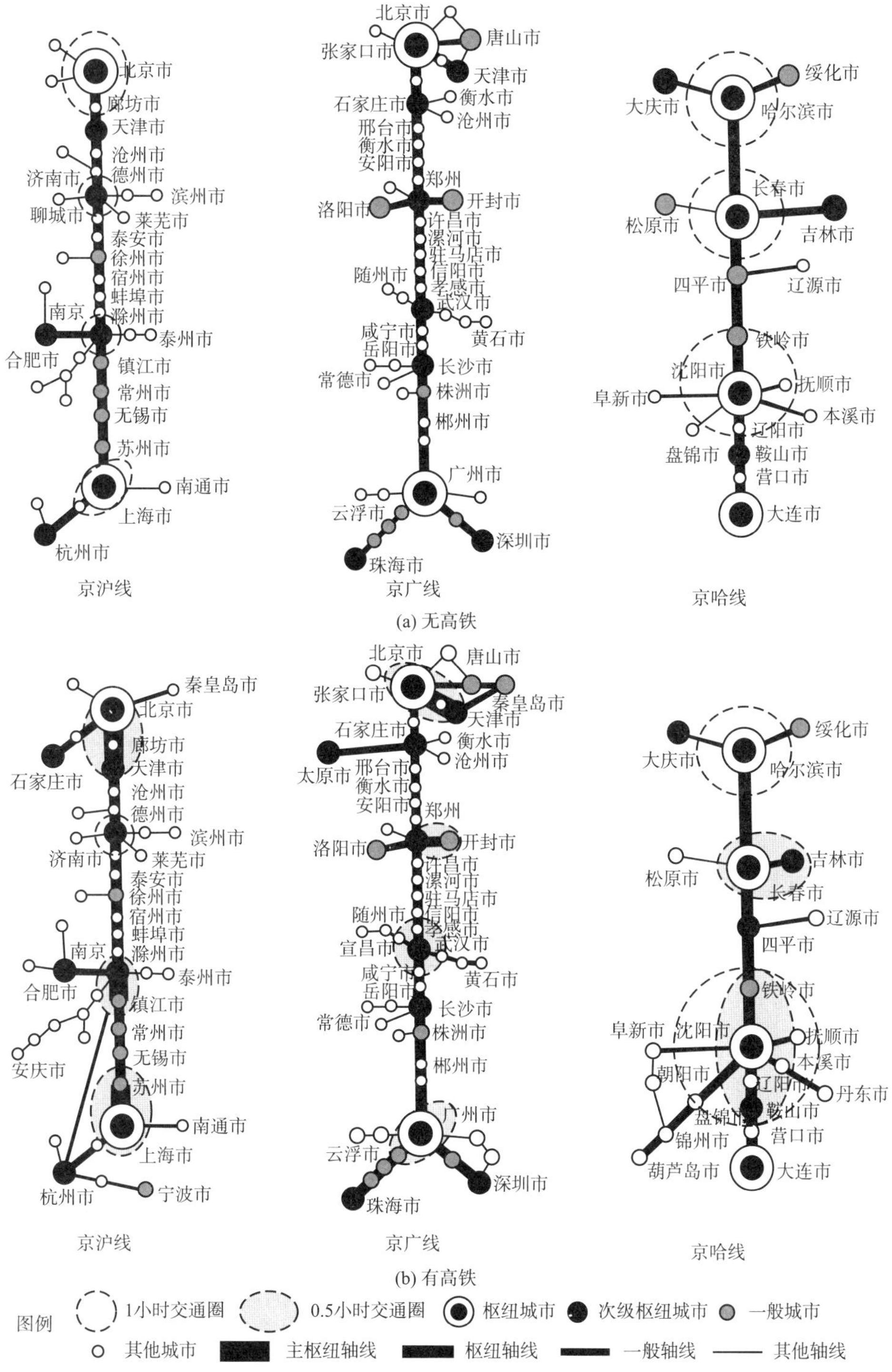

图 8-4　无高铁和有高铁两种情形下典型交通廊道地域组织模式

第三节　高铁车站周边地区的布局与规划

一、高铁车站周边地区基本内涵

高铁车站周边地区，又称高铁车站地区，指高速列车停靠的火车站及其周边交通方式转换的过渡空间，一般而言是从火车站出发步行可达的5～10分钟的范围。高铁站区主要包括高铁车站以及为其配套服务的设施用地、高铁车站直接或间接影响的范围，又称高铁车站腹地范围。高铁站区不仅仅是一个空间的概念，也是一个复杂的经济社会系统，主要包括三个层次：二是它是一种新的经济模式，由于高铁车站的布局，对周边地区产生直接或间接的影响，出现资金、技术和劳动力的聚集，从而产生了集聚效应和扩散效应的新经济现象；二是它诱发了一系列相关产业的发展；三是它在空间上呈现出以高铁车站为中心，向周边地区扩张。前两个层次受到所在城市经济社会本底条件的影响相对较大，因此，高铁站区范围的划分应综合考虑所在城市的宏观区位条件、经济社会条件、高铁车站自身的特征和高铁车站与城市的位置等诸多因素影响，同时也受既有城市空间结构和发展战略的影响。

根据《关于推进高铁站周边区域合理开发建设的指导意见》(发改基础〔2018〕514号)规定，中国高铁车站地区规划及开发规模应与其开发时序相结合，合理把握高铁车站地区开发时序和规模。该指导意见指出：大城市初期应重点开发新建高铁车站周边2公里以内区域，可适当控制预留远期发展空间，避免摊子铺得过大、粗放低效发展。中小城市不宜过高预估高铁带动作用，避免照搬照抄大城市开发经验，硬造特色、盲目造城。新建铁路站场实施土地综合开发的，应当严格执行土地综合开发的边界和规模要求，扣除站场用地后，同一铁路建设项目的综合开发用地总量按单个站场平均规模不超过50公顷控制，少数站场综合开发用地规模不超过100公顷。同时，该指导意见也对高铁车站地区土地综合开发过程中土地利用提出相关要求，具体表现在：高铁车站周边开发建设要落实最严格的耕地保护制度和节约用地制度，依法办理建设用地审批手续；合理确定高铁车站周边用地规模、结构、布局及土地开发和供应时序，坚决防控单纯房地产化倾向；统筹地上地下空间复合利用，积极推广地下空间开发利用、轨道交通上盖物业综合开发等节地技术和模式，提升节约集约用地水平；要按照“框定总量、限定容量、盘活存量、做优增量、提高质量”要求，依据城市规划、土地利用总体规划和土地使用标准对高铁站周边建设用地加强审查，严格土地用途管制。

二、高铁车站地区理论模型

(一)交通与土地利用

经济活动场所的选择主要取决于区位条件的好坏。区位条件是相对于区位主体而言的，即不同的区位主体具有不同的最优区位条件。区位主体是指集聚在高铁站点周边的企业或人流，其区位条件主要包括劳动力、资本、原料、能源、运输、市场等(许学强等，2009)。其中，交通区位条件主要是相对于公路和铁路交通网络而言的区位，铁路和公路空间布局特征决定了各城市具有不同的通达性和连接性，由此形成了不同的区位条件，从而导致物质流和非物质流在空间上的集聚与扩散，这都将对高铁站点地区的建设和发展产生重大影响。高速铁路对城市区位条件的影响主要表现在两个方面：高速铁路的建设将会导致站点所在城市可达性整体提升，从而促使周边地租的增加；高铁站点的建设也会导致站点周边城市交通条件的改善，促使站点地区地租的提升。两种情形下导致的地租提升共同决定了高铁站点地区的开发和利用，如图 8-5 所示。根据区位理论，居民和经济活动地租呈现出由中心区向城市边缘地区递减的规律；随着可达性的提升，居民和经济活动的交通成本降低，在同一地理位置的企业和居民将会获得较大的收益，从而对居民和经济活动的区位偏好产生重要影响，即表现为在同一地理位置的居民和经济活动的地租成本增加(王姣娥，2008)。其次，不同的行业受地租的影响基本上呈现出市中心向外的圈层结构，即服务业位于城市的中心，其次为制造业、居住和农业等，这影响和决定了高铁站点地区的产业选择。此外，从微观尺度分析，高铁站点作为高铁和城市直接的衔接区域，也是可达性提升最为明显的地区，其发展将会导致人流和经济活动向高铁站点地区集聚与扩散，促使“集聚经济”和“规模经济”的形成和发展，使企业享受到两者的空间经济溢出效应，进而促进企业的发展。

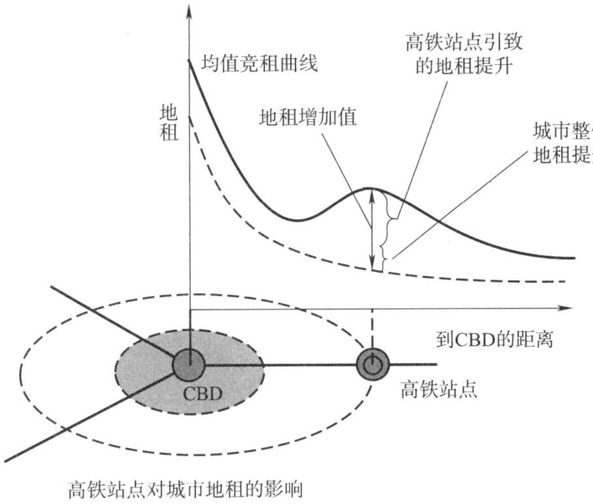

图 8-5 可达性变化对周边土地价格的影响

(二)节点—场所模型

节点场所模型由 Bertolini 提出，它通过关注站点作为节点在传输网络中的不同作用和场所功能引起的各种经济活动而广泛用于评估每个站的性能程度。其中，节点指数测量不同站点的传输属性，这和传统意义上测量使用步行和其他交通模式的可访问性是大致相同的；场所指数评估车站土地利用的强度和多样性，通常使用不同行业和服务的工人数量来衡量。根据 Bertolini 提出的原始模型，这些车站可分为五种典型情况，如图 8-6 所示，即平衡、压力、依赖、不平衡节点和不平衡场所。沿图中中线的平衡情况表示的站点表示运输功能与场所功能一致。图右上角的压力站点表明交通功能和地点功能的强度和多样性都达到了最大容量，这意味着交通和土地利用的发展空间很小，交通运输与空间土地使用之间激烈竞争。图左下角的依赖情况表明，交通功能和地方功能的强度和多样性都具有最小值，这暗示着仍有足够的空间来发展交通和地方功能。图左上角不平衡节点情况下的站点比城市中的站点具有更高的运输条件。图中右下方不平衡位置的站点在土地利用强度和多样性的方面发挥得比运输条件更好。

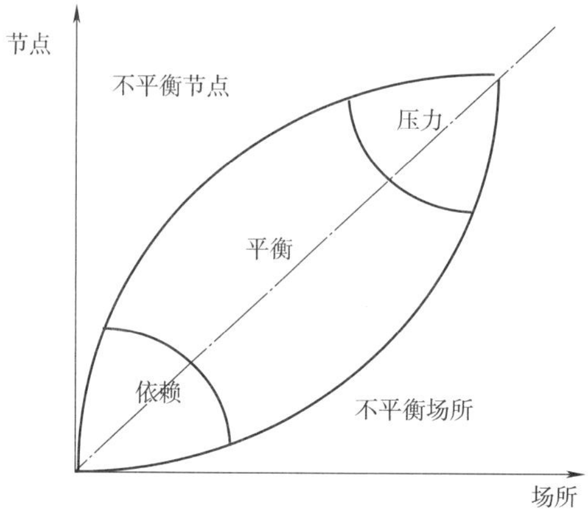

图 8-6 节点—场所模型示意图

目前，不同的经济学家对于节点—场所模型有了更深的理解或是改进。梅耶(Meijers，2000)对于节点—场所模型进行了总结，并且增加了第三个维度：站点地区的"交往"价值。这一价值在一定程度上可看作是节点和场所价值的衍生物，也可以看作一个与该地区"城市性"水平相关的独立变量。Saeed Monajem(2015)基于常规的节点—场所模型上加入了立体空间指数，认为立体空间指数与其他交通和土地利用指数间具有逻辑联系，并在案例中利用立体空间指数与代表节点场所的不同因素进行相关性分析，确认出最能代表节点和场所的指标，并删除有多重共线性或不重要的指标。David S. Vale(2017)在基础的节点一场所模型中加入了设计指数，假设了两种不同的模型，分别为普通模型从两个维度上分析和延伸模型从 3 个维度分析。Paul Chorus(2011)利用人口和工作以及一些社会指标来决定繁荣程度，并最终设计公式以定量计算繁荣度，此方法的运用有助于发现对发展场所指标最重要的因素。Shuai Shaoa(2017)采用了连续的双重差分模型，将不同小因子聚类成大变量，直接计算出不同变量的值来表示影响的大小。

三、高铁车站地区功能定位

(一)用地功能选择的基本原则

1. 站城融合，统筹安排

高铁车站地区开发建设要符合国家、区域、城市和车站地区自身的根本利益和长远发展要求，与城市建成区合理分工，在城市功能布局、综合交通运输体系建设、基础设施共建共享等方面同步规划、协调推进。要充分结合所在城市自身资源禀赋、优势特色、发展定位等，甄选出发展基础条件优越、城市特色鲜明和发展潜力较大的产业，构建枢纽偏好型产业体系，避免沿线临近站点形成无序竞争、相互制约的局面。

2. 功能协调，结构清晰

高铁车站地区规划用地结构清晰是用地功能组织合理性的一个标志，要求各主要用地功能明确，各用地之间相互协调，同时又安全便捷，保障各功能的整体协调、安全和运转高效。

3. 分期建设，留有余地

高铁车站地区用地开发是高铁车站发展与建设的战略部署，必须具有长远观点和科学预见性，力求科学合理、方向明确，留有余地。

（二）用地功能选择的具体内容

高速铁路自身服务的人群特点决定了其对于地区发展带动作用存在明显的指向性，最显著的效应就是进一步强化城市服务业相关职能的发展，包括商务办公、零售商业、住宅等。高铁车站周边地区适宜布局的产业用地类型主要包括以下几种。

(1)商务办公用地。商务办公用地主要指各类生产性服务业用地，具体包括服务于相关企业的生产性服务业用地，如金融、物流等。

(2)商业服务业用地。高铁枢纽作为大量人流集散的场所，本身就需要相应的商业配套服务设施，这是枢纽服务业的发展创造了初始需求。枢纽周边地区应努力发展为区域服务的较为高端的零售业，将交通枢纽进一步转变为经济枢纽，形成区域商业中心。

(3)会议展览产业用地。会展业是以区域市场为对象的产业，布局在区域性交通枢纽周边地区更容易发展成功。高铁客运枢纽建成后，将成为城市乃至城市群地区人流、物流、信息流最密集的地区之一，为会展业发展提供了优越的条件。高铁枢纽周边地区要抓住机遇，提供比其他城市功能区更加优越的会议展览场所，形成服务区域的会展休闲产业中心。

(4)娱乐休闲用地。高铁枢纽周边地区可发展三种类型的娱乐休闲设施：第一类是依托自然景观的娱乐休闲设施，可结合滨水绿地及大型绿化公园，建设为本地区居民服务的休闲场所，同时作为城市客厅的特色景观；第二类是与商业、商务、会展等设施配套的都市型娱乐休闲设施，在空间上与现代服务业相结合，为城市居民服务的同时，吸引周边城市的相对高收入者和短期出游者；第三类是旅游业相关设施。高铁建成后，会有大量游客通过高速铁路到达目的地或者进行中转，借助这样的交通优势，结合城市休闲设施的建设，注重地方历史元素、民俗文化元素、水元素等的利用，可以将高速铁路周边地区开发成为城市重要的旅游中转站和城市重要的旅游、文化展示节点。

(5)居住用地。

(6)其他用地。

（三）用地功能布局的圈层结构

国外相关学者通过对法国、德国、日本等国家的高铁车站周边地区考察分析，提出了高铁站周边“3 个发展区”的概念，此后圈层理论经过深化发展，基本将高铁周边区域划分为三个圈层。

(1)核心区(第一圈层)：步行 5～10 分钟范围内，为高等级商务办公区，高密度开发。这个圈层是包括交通核在内的服务区域。交通核包括站场、枢纽主体、广场、车站附属用房、公交场站、城市轨道交通站场等综合交通设施，并为车站旅客提供各种配套服务。这是车站发挥最基本功能的区域，该区域通常具有空间开发强度高、建筑密度大等特征。

(2)影响区(第二圈层):步行 15 分钟范围内,为商务配套设施,中高密度开发。第二圈层是对第一圈层各种功能的拓展和补充。随着距离的增加,旅客人群扩散,密度降低,对各种配套服务的需求减少,各种功能与车站的关联程度也在逐步降低,并从为车站地区旅客服务为主转向兼顾城市居民,城市各项功能组织也由“外向型”向“内向型”过渡。

(3)外围区(第三圈层):步行 30 分钟范围内,为城市各种相应职能区。铁路旅客数量进一步减少,逐步融入城市的各个角落,车站地区旅客特有的各种活动特征与需求也随之“变异”,由“旅客”逐步过渡到“居民”。此时城市的各项功能组织与车站已经没有直接关联,而由城市发展目标或分区定位等综合因素确定。

高速铁路站点地区三个发展圈层如图 8-7 所示。

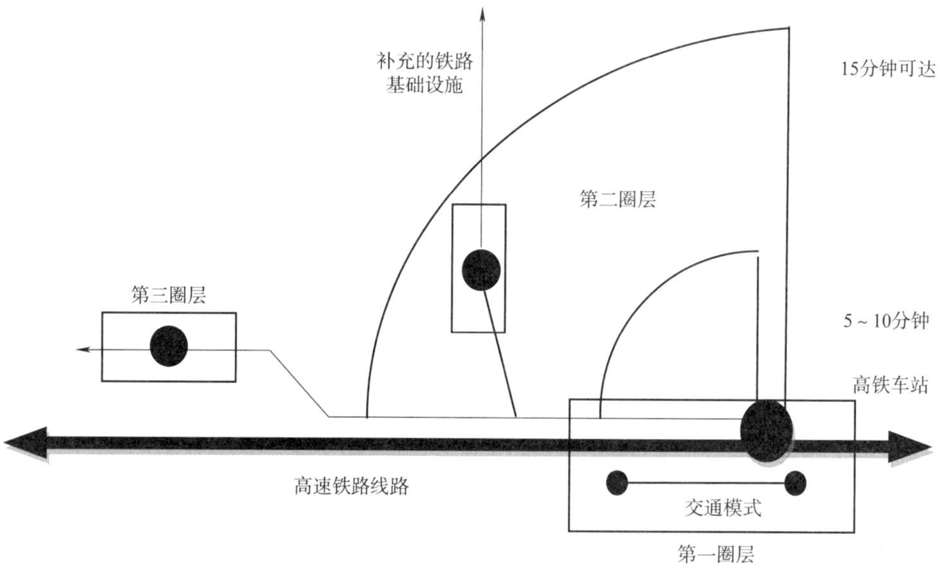

图 8-7 高速铁路站点地区三个发展圈层

国内学者对高铁车站地区三圈层的发展结构模式有一定的介绍及研究,也有一些对三圈层模式变形的研究,如王昊等(2010)提出在枢纽周边交通供给能力有限的情况下,综合型铁路客运枢纽应坚持采用交通枢纽与城市商业中心适当分离的双心形布局方式,并通过步行系统和城市景观廊道适当连接。这样,虽然可能牺牲城市土地开发的收益,但却可以有效保障枢纽的交通功能,同时也为远期在成熟条件下更高效地利用枢纽周边的土地资源预留了条件。

四、高铁车站地区布局模式

根据不同高铁站点的区位特征、发展现状及规划以及高铁站点与城市的关系,可以将未来我国高铁站点地区开发模式划分为城市副中心、城市次中心、城市功能组团、城市“飞地”和城市交通枢纽五种类型,如图 8-8 所示。

1. 城市中心模式

该类站点主要布局在城市的中心,以欧洲和日本高铁网络的布局最为明显。高速铁路在欧洲开始发展和布局时期,多数城市开始向实行中心城市复兴计划,高铁车站在城市

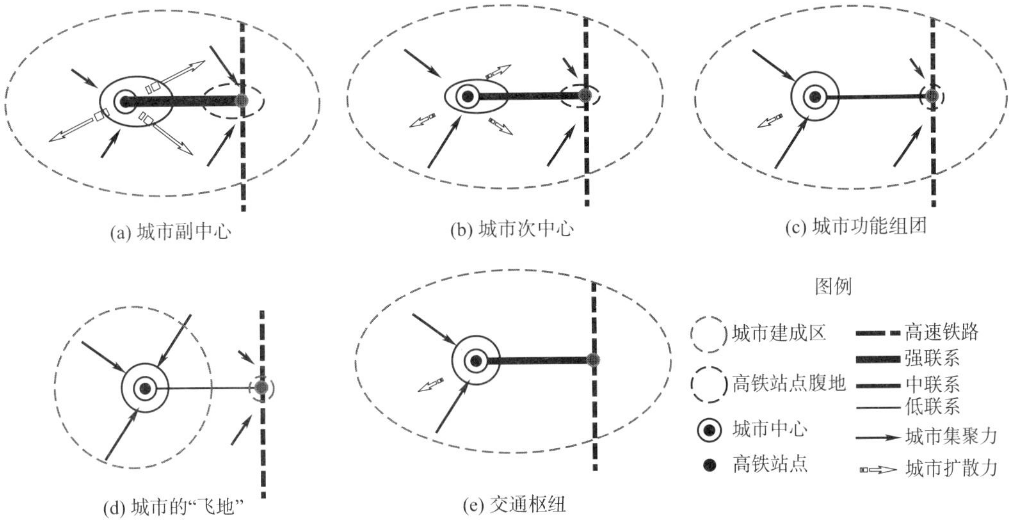

图 8-8 高铁站点地区利用模式

中心的布局作为其“复兴计划”中重要举措，如法国南特站（张曌，2017）。

法国南特站位于法国西北海岸南特市老城区东部，距离南特市政府厅的直线距离仅 0.5 公里，位于城市中心地区，是利用原有火车站基础上扩建而成的，是该市最大的综合性铁路客运车站，也是整个法国西部地区的一个重要铁路枢纽。TGV 高铁的开通和建设缩短了城市间的旅行时间，增加城市间各要素的沟通和联系。南特市为带动高铁站点周边地区的发展，制定了一系列的优惠政策。为吸引更多的外地企业入驻，专门为搬迁进驻到高铁车站周边地区的公司提供选址和规划方面的优惠政策，并在高铁站附近设置产业孵化区，为企业提供比南特市平均租金低 25％的办公场所。同时，南特市对高铁站周边居住区、老工业区进行城市更新改造，采取商住混合、集约用地等形式，重点发展办公、商业、金融、商务等公共服务，促进城市中心的复兴。

2. 城市“副中心”模式

该类站点主要布局在特大城市，该类型站点所属城市经济发展水平相对较高，城市规模较大，城市中心问题已凸显，城市开始向外扩张，急需疏解城市中心人口压力和部分功能。高铁车站地区凭借其优越的区位条件以及与城市中心便捷的交通联系，成为城市中心地区功能疏解主要承载地区，促使城市中心的要素逐步向高铁车站地区集聚。此外，该类型的高铁车站本身具有较强大的节点功能，也会导致周边经济活动和人流向高铁车站地区集聚。在城市中心要素疏散和高铁车站自集聚双重作用下，促使高铁车站地区逐渐发展成为城市的副中心，如广州南站和天津西站。

天津西站位于天津市红桥区，为集高速、城际、普速铁路以及公路长途、轨道交通、公交、出租停车等为一体的综合交通枢纽，是津浦铁路线的起点站，京沪高铁五大始发站之一。天津西站铁路站场总体规模为 13 台 26 线，其中高速铁路 9 台 17 线，普铁 4 台 7 线，2 条正线。2021 年初，天津西站始发车次 26 列途经天津西站车次 119 列，天津西站终到车次 24 列。天津西站是地铁 1 号线和地铁 6 号线的换乘节点，同时还是地铁与市内公交、出租的重要转换节点。此外，为配合天津西站的建设，在其西侧 500 米处建设天津西站客运站，以促进天津西站人口的疏散。整体上，天津西站在承担对外交通和城市交通中均发挥了重要的作用，具有较强的节点功能。

其次，天津市作为天津西站重要的腹地，天津市辖区已步入了工业化和城市化的后期阶段，且经济发展水平较高、人口较稠密，为天津西站地区的发展创造条件。天津西站所处的红桥区是天津市的旧城区，发展相对较为落后，第三产业较为薄弱。尽管红桥区服务业占全区经济比重 95%以上，但仍主要以传统商贸业为主，并形成了利润率较低的“小商品和大市场”的发展模式(刘华申，2013)，而科技服务、文化旅游、创意等现代服务业的科技研发制造业等高新技术产业比重较低，未形成优越的竞争力(张泉芬，2013)。此外，西站地区第三产业主要以传统的餐饮和商贸为主，现代服务业发展相对较为薄弱，缺乏主导产业，产业竞争力不强；空间上，西站地区的产业呈现出小、散、乱的特征，并没有形成规模经济，但天津西站的开通，为周边地区的发展创造条件。

此外，《天津城市总体规划》和《天津市城市空间发展战略规划》均明确将围绕天津西站建设高铁新城，并打造成为天津城市副中心。根据《天津市总体规划》，西站地区将打造成为仅次于和平区的集铁路、公共交通综合枢纽与城市商务于一体的城市副中心。根据《天津西站地区副中心规划》，天津西站地区将被打造成为辐射京津冀和环渤海地区，集商务金融、商业贸易、文化休闲居住于一体的，集中展现天津崭新城市形象的综合性城市副中心。按照该规划，天津市西站地区城市副中心呈现出“四河六岸，一轴双核，五大板块”的空间结构(图 8-9)。其中，五大功能板块主要包括核心商务板块(212 万平方米)、休闲商务板块(93 万平方米)、枢纽商业板块(216 万平方米)、科教生活板块(234 万平方米)和创意生活板块(254 万平方米)。其中，公共设施(以金融办公、商业零售、文化娱乐和教育科研等为主)、道路广场、居住、对外交通、绿地、水体、市政设施用地分别占比 32.8%、26.4%、20.5%、7.4%、6.8%、5.5%和 0.5%(王哲和洪再生，2013；张泉芬，2013)。

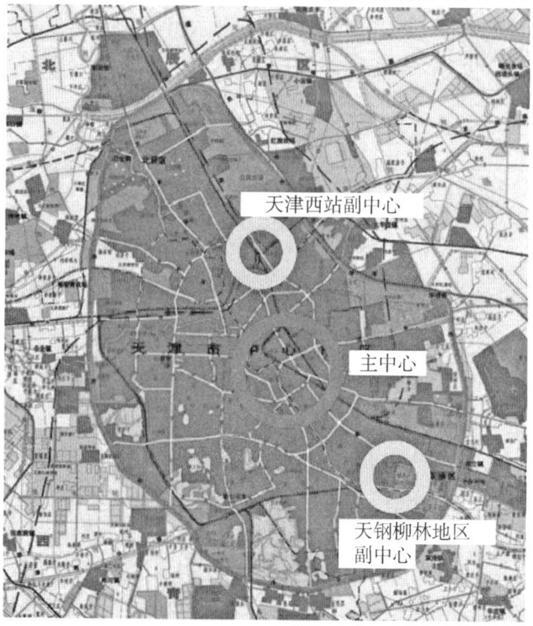

(a)

图 8-9

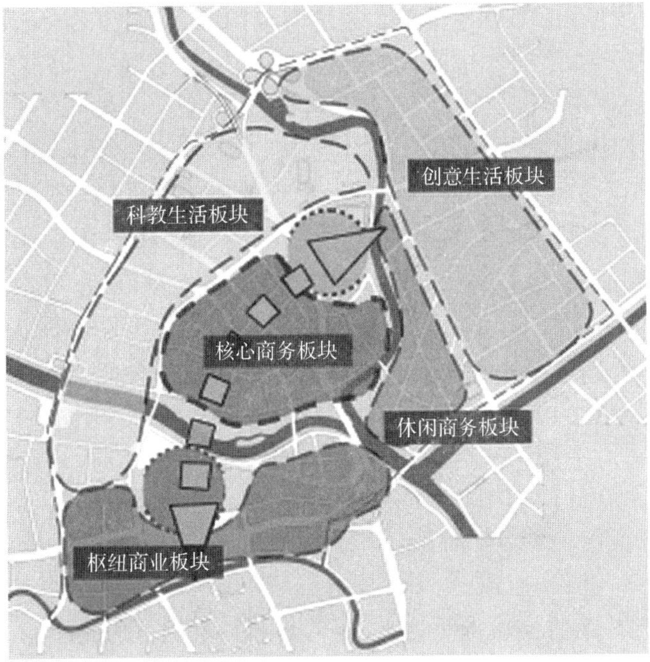

(b)

图 8-9　天津市中心区功能结构(a)和西站地区功能结构图(b)

资料来源:根据《天津城市总体规划》和《天津市城市空间发展战略规划》修订;《天津西站地区副中心规划》。

3. 城市"次中心"模式

该类站点主要布局在城市中心规模较大、副中心已初步形成或城市中心仍处于集聚态势的城市。这类站点地区的布局模式多属于高发展潜力—近距离类型或高发展潜力—中距离型。城市中心或副中心具有较强的集聚功能,且强于高铁车站的集聚功能,高铁车站地区的发展受到城市扩散力的影响相对较弱,但高铁车站地区仍存在经济活动和人流的集聚,导致高铁车站地区开发情况弱于城市中心或副中心,而发展成为城市的次级中心,如苏州北站地区。

苏州北站位于苏州市相城区元和街道、澄阳路以西,朱泾村北侧,是苏州四个客运站(苏州站、苏州北站、苏州园区站和苏州新区站)之一,主要承担京沪高速铁路和通苏嘉城际铁路的客运功能,站点设有 2 站台 6 线,是京沪高铁沿线重要的中间站。目前,苏州北站周边交通路网已基本形成,并通过 14 条公交和轻轨交通 2 号线与城市中心进行联系,并通过太阳路、澄阳路、太阳东路、相城大道等与城市干线路网系统连接,加强高铁站点地区与城市其他功能区之间的联系。此外,相关规划指出,未来苏州北站将打造成为集高铁、轻轨、长途汽车、公共交通为一条的综合交通枢纽。苏州北站周边交通设施的完善,进一步加强了苏州北站与周边地区的联系,为充分发挥其作为交通枢纽的节点功能奠定基础。

其次,苏州作为苏州北站所依托的城市,其市辖区内的城市化水平高达 100%,且具有较大规模的人口和经济总量,为苏州北站地区的发展创造条件。苏州北站所在相城区经济发展水平相对较低，在全市和市辖区范围内分别排名第九和第三，但近年来发展势头良好，经济增长速度全市第一。目前，相城区已形成了通信设备、计算机及其电子设备制造业、化学纤维制造业、电气机械及器材制造业、金属制品业、电力、热力的生产供应业、黑色金属冶炼和压延加工业等六大主导产业，且 2013 年其产值规模占工业总产值的比重高达 61%。苏州北站作为苏州相城区未来重点发展的地区，目前，其周边地区的发展仍以低附加值的木业和五金制品厂等为主，而商业发展相对较落后，但现代服务业发展势头较高，已入住了清华紫光、国家广播电视总局电影频道制作基地等 300 多个现代服务业项目，并与大连亿达软件园合作，着力打造苏州服务外包高低和服务外包产业集群。这均为站点地区产业升级改造创造条件。

此外，《苏州市高铁新城片区总体规划(2012—2030)》明确了苏州北站地区功能定位、空间结构和功能布局等(图 8-10)。该规划将苏州北站地区将打造成为集商贸、科研、居住、办公、文化、旅游等功能于一体的国际化、信息化和现代化的国际商务中心，以“高铁枢纽、创智枢纽”为产业引擎，以“苏州新门户、城市新家园、产业新高地、生态新空间”为发展定位，以“区域服务总部基地、高端非银创新金融服务中心、枢纽型商业旅游服务中心、数据科技研发培训基地、商务外包服务基地、创智文化交流中心”为功能驱动，构建“文商智旅”全产业链体系，全力打造“苏州风格现代都市城区、枢纽型高端服务业务区、低碳生态可持续示范区”。整体上，苏州北站地区将打造成为苏州市北部重要的经济中心。

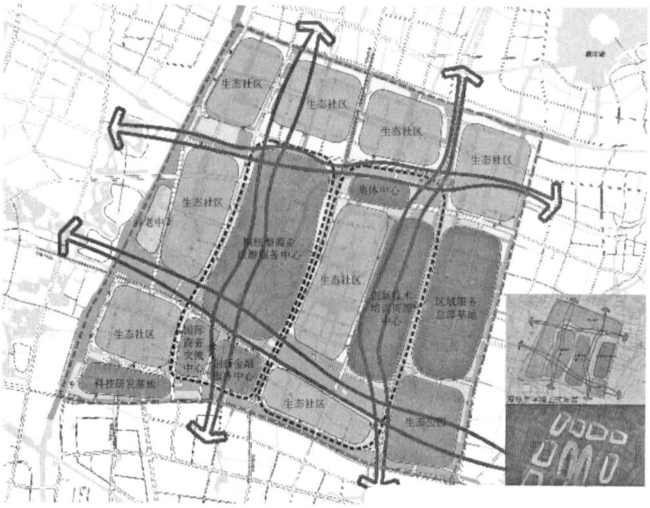

图 8-10　苏州市高铁新城片区功能结构图

资料来源：《苏州市高铁新城片区总体规划(2012—2030)》。

4. 城市“功能组团”模式

部分高铁车站主要承担城际交通或者较小的跨区域交通联系的功能，节点功能相对较弱，且这类高铁车站所依托城市的经济发展水平和人口规模相对较少，对高铁车站地区的发展带动作用不足，同时还存在一定的竞争。针对这类型的站点应该充分发挥其交通区位优势，产业布局和功能地位城市中心形成明确的分工，并形成自身特色，最终形成城市重要的功能组团。

5. 城市"飞地"模式

该类站点多位于城市建成区外围，远离城市中心，通常情况下，与城市中心有便捷的交通联系。作为城市对外联系的重要枢纽，凭借其优越的区位优势，促使城市部分经济功能开始向该类站点地区集聚，从而促进该类站点地区发展，并逐渐形成远离城市的新城，与城市中心具有一定的经济联系和产业分工，即形成城市"飞地"。

第九章　高铁运输政策

第一节　高铁运输政策概述

近年来，我国高铁蓬勃发展，运送客流逐年增加，为人们的出行提供了更多的选择和便捷。高铁的布局规划、建设投资和生产运营与普速铁路有很大不同。高铁运输政策对于发挥高铁交通运输网的综合优势，促进高铁运输及其他相关产业的发展和国民经济的有效运行具有重要意义。

一、高铁运输政策的概念

（一）高铁运输政策的界定

政策是指政府为实现一定时期的目标而制定的具有鼓励或限制各经济主体活动、协调各个经济主体利益关系的行为准则。运输政策作为国家宏观经济政策的一部分，是国家对运输业实施调控的重要手段。运输政策是指政府综合运用法律、行政、经济以及思想文化等手段，为实现一定时期内运输产业与国民经济协调发展的目标，为调节参与运输活动的各个经济主体利益关系而制定的前瞻性决策方案和行为准则。政府通过制定和实施运输政策，能够实现优化资源配置、产业布局、环境保护，以及促进运输业与其他产业、国民经济协调发展的目标。

高铁运输是运输产业的重要组成部分，高铁运输的发展既符合客运服务的一般规律，同时在战略规划、投资建设和经营管理等方面也有其自身的特点。高铁运输政策作为铁路运输政策的一部分，是国家规范高铁运输发展的重要手段。由于在不同时期和不同区域，高铁运输发展的特点和作用不同，高铁运输政策的具体内容、范围和目标的侧重点也有所区别。当考虑国民经济发展时，高铁运输政策的侧重点是发挥高铁运输的基础作用，涉及高铁运输的战略规划和溢出效应等；当考虑运输产业布局时，高铁运输政策的侧重点是产业发展战略，是政府对高铁运输在短期和长期内的布局规划以及相关的投资引导计划；当考虑运输市场失灵时，高铁运输政策的侧重点是纠正市场失灵，主要是为了弥补高铁运输市场机制由于外部性、信息不对称和自然垄断等因素所造成的效率损失。

综上所述，高铁运输政策是指政府及相关管理部门根据高铁运输产业发展规律和特点的客观要求，综合运用经济、法规和行政等手段，调节高铁运输活动的各个经济主体利益关系，优化高铁运输资源合理配置，为实现一定时期内高铁产业健康发展，以及与国民经济协调发展的目标，而制定的行动原则和工作方式，采取的一般步骤和具体措施。

（二）高铁运输政策的特点

高铁运输属于铁路客运的高品质运输服务产品，具有运输效率高，溢出效应明显等特点，同时高铁建设投资巨大，服务质量和安全标准要求较高。高铁运输产品既拥有较强的市场竞争力，也具有自然垄断的特性。因此，高铁运输政策的制定和实施也应该体现高铁运输产品和高铁运输产业的属性和特点。

1. 目标的多重性

高铁运输政策的目标主要包括经济目标和社会目标。政策的制定和实施，一方面要通过政府的参与，明确高铁运输发展的战略方向和规划，并弥补市场失灵导致的资源配置缺陷，维护运输市场的竞争互补关系，充分发挥高铁运输在经济发展中的溢出效应和基础作用，使得高铁运输和区域经济、国民经济协调发展；另一方面，也必须保证高铁运输产品的服务质量和安全运行，维护区域间高铁运输资源配置的相对公平，并尽可能降低高铁运行对生态环境的扰动。

2. 手段的多样性

高铁运输政策的实施手段是多种多样的，主要包括规制性政策和诱导性政策。对于规制性政策而言，是指政府及相关管理部门通过指令性法规、文件和条例等方式，直接主导或介入高铁运输的发展战略和经营活动。比如制定运输线路的建设规划、制定运价水平的基准和浮动范围、制定安全监管条例和环境保护条款等。对于诱导性政策而言，是指尽可能避免国家直接参与高铁运输资源的分配，而是通过非指令性的引导计划、转移支付和行政指导等方式，建立高铁运输市场规则，明确经济关系，使各经济主体更好地履行自己的义务，有效地发挥高铁运输行业的自我调整、自我优化和自我演进的功能，并使高铁运输的发展服从于国家宏观利益和长远目标的要求。比如制定高铁运输投融资的引导政策，制定高铁运输经营管理的税收优惠政策，监督与其他运输方式的竞争互补关系等。

3. 体系的复杂性

高铁运输政策是一个复杂的政策体系，包含多层次、多方面的内容。在宏观层次上，高铁运输政策主要侧重于高铁运输与国民经济和区域经济的协调发展，通过相关政策的制定和实施，规划和引导高铁运输的发展，从而为区域经济和国民经济发展提供短期内促进经济增长的引领作用，以及长期内优化资源配置的基础作用。在中观层次方面，高铁运输政策主要侧重于协调产业结构，通过一系列的产业政策，维护高铁运输的市场环境，提高产业链运行效率，优化运输资源的配置。在微观层次上，高铁运输政策主要侧重于对高铁运输中各经济主体利益关系的规制，通过具体的法律和行政手段，弥补市场失灵所带的福利损失，保证资源配置的公平和效率。

二、高铁运输政策的目标

高铁运输政策从目标导向的角度可以划分为两类，一类是针对经济发展的政策，用以明确高铁运输长期的战略定位和短期的经营准则；另一类是针对社会管理的政策，用以明确高铁运输对相关利益主体和周边环境的影响。高铁运输政策是为实现政府的经济社会目标而服务的，具有明确的倾向性，不同的高铁运输政策具有不同的目标导向。

（一）高铁运输促进经济发展的政策目标

高铁运输是经济发展过程中的引致需求，这种引致需求在微观上是旅客为了达到不同目的，在出行过程中对高品质客运服务的需求，中观上是为了实现区域间资源配置优化而产生的需求，宏观上是为了实现国民经济发展效率提升而产生的需求。因此，高铁运输政策的首要目标就是满足高铁运输与经济发展相适应，既要保证高铁运输对社会经济发展的支撑作用，也要保障社会经济能够维护高铁运输的可持续发展。

1. 直接经济效益目标

高铁运输的直接经济效益目标主要包括两个方面。一是实现高铁运输基础设施建设所带来的直接投资效益。高速铁路建设投资的规模巨大，其直接拉动经济效益的作用十分明显，通过高铁线路的建设规划和投融资政策，可以实现短期内以投资拉动经济增长的目的。二是高铁运输网络规模经济带来的经营收益。随着高铁运输长期规划的逐步实现，高速铁路网络规模越来越大，对于客流的吸引力越来越强，一方面提高了客运市场的分担率，另一方面也增加了与其他运输方式战略合作的机会和能力，客运规模的增长会大大降低高铁运输的单位成本。通过对高铁运价的规制和放松规制等政策，可以调节客票收入水平，实现直接经济效益的目标。

2. 间接经济效益目标

高铁运输的间接经济效益目标包括三个方面。一是高铁运输提高了人员流动的效率，产生了巨大的时间价值。通过在人员密集和经济发达的大型城市间，以及大型城市与周边卫星城市间的高铁规划建设，实现了旅客出行效率的大幅提升，而这些城市的人均 GDP 产出较高，能够节省大量的时间机会成本。二是高铁运输能够在产业链上带动相关产业的发展，高铁建设运营需要投入大量的人力物力，在产业链上是一个重要的需求节点。高铁的建设对电子、建筑、机械、钢铁等行业有着十分积极的推动作用。中国新一代高速列车零部件数目达到 10 万多个，独立的子系统已超过 260 个，涉及生产这些零部件的核心层企业多达 100 余家，紧密层企业达 500 家以上，覆盖 20 多个省市，形成了一个庞大的技术研发制造产业链，有效地促进了这些行业的发展。通过高铁长期和短期的建设规划、投融资政策、财税政策以及相关稳定收益的政策，可以形成相对稳定的要素市场需求，为相关产业的发展提供良好的市场环境。三是高铁运输促进城镇化建设进程，带动区域经济发展。根据第七次全国人口普查结果，2020 年的城镇人口比重较 2010 年上升 14.21 个百分点。从城镇化的一般规律来看，一个国家城镇化率在 30%～70%之间是城镇化速度比较快的一个时期，中国现在城镇化率是在 63.89%，还处在较快发展区间，而分工和交易是城市生活的基础，这就需要强大的交通系统做支持，高铁的建设发展为城镇化进程提供了更有力的运力支持，对区域和国家的经济发展起到推动和服务作用。

（二）高铁运输优化社会管理的政策目标

高铁运输可以作为不同区域社会经济发展的基础产业、引导产业和主导产业，能够影响社会发展的多个方面。高铁运输政策可以针对社会管理的阶段性和区域性需求，实现高铁运输溢出效应的导向目的。主要体现在以下几个方面。

1. 实现国土规划的目标

高铁运输在很大程度上可以改变城市的功能布局和城市间的土地开发方式，通过构建高铁网络，也能实现对国土规划的目的。通过高铁运输的战略布局政策，可以对区域经济的分工和集聚产生影响。对于大型城市而言，高铁运输可以推动城市功能的升级，也可以增加与周边中小城市的交流。高铁运输枢纽和线路的建设布局，使得区域土地开发实现了由点到线再到面的综合规划目标。一方面，交通枢纽具有很好的可达性，其周边的土地开发将会更加集中化，吸引住宅、商业和其他设施的会聚，功能聚集的同时也会带来交通量的增加，从而形成良性发展。同时，可达性的增强也会引起土地租金上升，开发强度也就越高，满足城市需求的能力也越大，由交通枢纽带来的城市功能结构就越先进。另一方面，因为高速铁路大幅度减少交通出行时间，通过高铁通勤于都市区和非都市区的旅客将大大增长，人口渐渐出现向都市区外部分散的特点，沿线土地的开发会随着人口的扩散逐渐被有效利用，使得城市边缘不断向外辐射，实现区域内资源的集聚、分配和优化。

2. 规范运输市场行为的目标

高铁运输市场形成垄断的原因主要是由于运输投资规模巨大，进出壁垒较高，运输生产过程中存在着明显的规模经济性，自然垄断特征明显，在某些区域高铁运输还存在着地理位置的垄断，因而高铁运输经营者就有能力通过提高运输价格，降低服务质量以谋取超额利润。为了防止这种状况的出现，政府需要制定一定的规制政策对其进行限制，以实现客运通道内能够形成合理竞争市场的目的，比如明确市场主体地位、投资主体的多元化、运价的规制和监测等。

另一方面，在需求比较旺盛、竞争比较激烈的客运通道，无序的竞争也可能损害运输经营者的利益，从而影响高铁运输的稳定收益，造成波动风险。由于高铁运输具有固定投入大、资产专用性强、投资报酬率低、投资回收期长等特点，高铁运输企业的经营不善必然会导致社会资源的巨大浪费，同时市场的不规范竞争也可能使消费者无法得到稳定和高质量的服务。因此在市场出现过度竞争，比如出现价格战、过度隐性福利派发等情况下，政府往往需要通过相关的政策措施加以干涉，使得客运市场能够平稳运行。比如，对一定时期内国有资产的保值提出要求；通过财税政策鼓励运输平台和运输联盟的建立，共同扩大市场份额等。

3. 维护社会公平和增进福利的目标

由于高铁运输在国民经济中的特殊地位以及其对国民经济其他部门的影响，政府和广大的高铁运输服务消费者都迫切需要长期稳定的和优质高效的运输服务。通过相关政策的制定和实施，可以实现高铁运输资源配置的相对均等并促进整个社会的福利增进。对于社会公平而言，高速铁路及站点的布局规划政策，不能只考虑发达地区的短期经济效益，还应该兼顾欠发达地区。一方面，全社会对于高品质客运服务需求的本质是一致的，但是高铁运输资源配置的均等化是市场机制无法实现的，这也是政策调控的重要目标之一。另一方面，高铁运输作为基础产业和引导产业，先行建设规划可以带动和促进相关产业和经济发展，从而创造和吸引更多的客运需求，在长期内也是可行的，但是由于投资巨大和回报率低等因素，市场主体往往不愿意在该领域先行投资，基于此种目的，政府往往会出台相关的投资鼓励和税收优惠等政策，引导各类资本投资和运营高铁运输。对于增进社会福利而言，较高的运输价格会增加全社会的交易成本，降低人员流动效率，影响社会整体福利；而较低的运输价格又会减少运输企业的收入，甚至产生亏损，从而影响运输企业的生存发展，或增加政府的补贴负担，也会影响社会整体福利。因此，实现长期稳定的高铁运输价格水平以及维持稳定的利润率，从而最大限度地增加社会福利，成为政府制定相关政策的主要目标。

4. 保护环境的目标

随着运输业发展对环境污染的增加以及人们环保意识的普遍增强，各国政府在制定运输发展政策时均制定了相应的环境保护政策。高铁运输虽然是使用电力作为动力，但是在修建和运营过程中，对环境仍然会造成一定的扰动，比如高铁站点通常设置在城市内部，会对周边环境产生噪声污染；高铁线路途径范围内，会对土地资源、人文景观等造成一定影响。这种负外部性的存在，会导致市场失灵，同样需要政府通过相关政策进行纠正。2016 年，我国《中长期铁路网规划》指出，要坚持绿色发展理念，注重提升资源、能效综合利用水平，要较好地与各类环境敏感区相协调，对气环境、声环境和水环境的影响要均在可控范围之内，要构建绿色综合交通运输体系、推进生态文明建设。一是坚持“保护优先、避让为主”的路网布设原则，加强对沿线环境敏感区保护。合理设计项目线路走向和场站选址，尽量利用既有交通廊道，避开基本农田保护区，避绕水源地、自然保护区、风景名胜等环境敏感区域以及水土流失重点预防区和治理区。二是做好超前规划，国土、环保等部门提前介入，为项目勘察设计、预留建设用地等前期工作提供有力保障。加快研究制定增加耕地用于占补平衡和重大工程补充耕地国家统筹等办法，严控增量用地、优先利用存量，加强铁路建设工程及车站节能、节地设计，高效实施土地综合开发利用。发展先进适用的节能减排技术，加强新型智能、节能环保等技术装备的研发和应用，优化运输组织，提高运输效率。三是开展环境恢复和污染治理，做好地形、地貌、生态环境恢复和土地复垦工作；采取综合措施有效防治铁路沿线噪声、振动；做好水土保持等生态保护，加强生态恢复工程，注重景观恢复和铁路绿色通道建设；大力推广采用环保新技术，促进废气、废水和固体废物的循环使用和综合利用。四是严格遵守环境保护相关法律法规，在中长期铁路网的规划和建设过程中切实落实环境影响评价制度。

三、高铁运输政策的主要内容

高铁运输是提高客运效率的重要基础产业，在很大程度上影响着其他产业和区域经济的发展，在国民经济中发挥着基础性和引导性作用，政府应该对高铁的建设布局和相关产业结构进行战略规划。同时，高铁是具有自然垄断特性的行业，规模经济和范围经济非常明显，属于典型的市场失灵，政府应该直接或间接地对企业的经营管理进行规制和监督，以实现资源的有效配置。从社会经济的管理目标来看，政府主要通过出台高铁运价政策来规制客运市场行为和结构，通过调整高铁投融资政策来优化和引导高铁及其他产业的布局，通过制定安全监管政策来提升高铁运输的安全管理水平。

（一）实现市场规制的高铁运输价格政策

价格是调节市场资源配置的重要因素，在竞争市场中主要由供求均衡来决定。铁路属于自然垄断行业，其资源配置在一定程度上存在市场失灵的现象。在理论上和实践中，铁路运输价格通常都需要一系列的相关法律政策和规范性文件来纠正市场失灵，以提高资源配置效率。运输价格政策是指政府对运输价格制定的限制和引导等方面的政策。制定运输价格政策的动因较多，但归纳起来主要是为了提高经济效率、稳定物价水平、保证运输业稳步发展和维护消费者合法权益。

对于高铁运输而言，可以通过运价的规制政策和放松规制政策，促进高铁运输与其他运输方式之间形成合理的市场分担，调节市场竞争关系。完善的价格规制政策和合理的定价策略规范，对优化旅客运输资源配置具有重要的作用，也有利于高铁经济社会效益的充分发挥。2016 年之前，我国高铁运输实行政府指导定价和企业浮动定价相结合的运价形成办法，对促进旅客运输市场竞争、提升铁路客运服务水平等发挥了重要作用。2016 年之后，高铁运输价格由铁路运输企业在价格法律法规范围内，根据市场供求和竞争状况等因素自主制定，中长运距的高铁运输价格主要考虑相同 OD 点的航空客运价格，中短距离的高铁运输价格主要考虑相同 OD 点的高速公路客运价格，政府部门只进行运价监测管理。

（二）优化产业布局的高铁运输投融资政策

高铁运输产业布局是政府根据产业结构变动规律的客观要求，通过确定高铁运输产业在不同区域、城市间的功能定位，以及与其他产业的构成比例、相互关系和发展序列，为实现产业结构合理化而制定的规划。2016 年 7 月，《中长期铁路网规划》指出，要以高速铁路通道为依托，引领支撑沿线城镇、产业、人口等合理布局，促进区域密切交流合作和资源优化配置，加速产业梯度转移和经济转型升级，培育壮大高铁与经济深度融合发展的高铁经济新业态。以高铁站区综合开发为载体，发展站区经济，引导和推动站区现代物流、商贸金融、电子商务、旅游餐饮等关联产业聚集和规模发展，努力形成品牌效应和规模效益，同时要以综合开发收益弥补铁路建设与运营。

一般而言，在发达地区与人口密集的城市间，将高铁运输规划为瓶颈产业，主要发挥提高运输效率的作用，促进资源配置的优化，进一步助力区域经济发展，高铁投融资政策侧重于通过明确投融资主体的多元化、构建发展基金等政策，鼓励区域经济主体参与高铁运输的投资建设，共同分享经济发展的成果；在欠发达起区与资源密集的城市间，将高铁运输规划为引导产业，主要发挥高铁运输的基础作用，为人员流动提供高效的运输方式，为资源配置提供良好的环境，促进当地的招商引资与经济发展，高铁投融资政策侧重于通过税收优惠、土地开发利用等，保障高铁运输的经济稳定性；在落后地区与中小城市间，将高铁运输规划为主导产业，主要发挥高铁运输的溢出效应，高铁运输本身具有广阔的市场前景，技术水平先进，产业带动能力强，生产要素需求量大，对其他产业部门具有明显的溢出效应，高铁投融资政策侧重于通过政府购买、转移支付等，在短期内尽量保障高铁运输产业的盈亏平衡，以高铁运输带动其他产业发展，进而带动区域经济发展。

（三）严格安全管理的高铁运输安全监管政策

对于旅客出行质量需求而言，由于高铁运输具有很强的自然垄断性，需要政府及相关管理部门对高铁运输安全管理水平提出要求并设定相应的标准，保障消费者权益。因此，可以通过制定高铁运输产品的技术标准、安全标准和服务质量标准等政策，全面提升高铁技术水平，保障高铁安全运行，提高旅客运输服务质量，创造旅客运输服务品牌价值，既可以保障消费者利益，同时也可以使高铁运输在竞争日益加剧的国内旅客运输市场上保持有利地位，在高铁“走出去”战略中发挥品牌效应。

2012 年，铁路“十二五”规划中提出要坚持安全第一，以快速铁路网特别是高速铁路运营安全为重点，全面强化安全基础建设，健全安全生产长效机制，严格落实安全生产责任制，不断提升安全保障和管理水平，实现铁路运输持续安全稳定。2014 年，国务院在

《铁路运输安全保护条例》的基础上进行修订，发布《铁路安全管理条例》，增加了对高铁安全管理的规制。2017 年，铁路“十三五”规划出台，提出要牢固树立安全生产红线意识，提高铁路安全管理法治化水平，加快建立企业负责、政府监管、社会监督“三位一体”的铁路安全管理体系，强化铁路安全风险管理，确保铁路运输持续安全稳定。“十三五”规划还重点提出要抓好高速铁路安全，在统筹抓好普速铁路安全的基础上，全面提升高速铁路安全管理水平。严格执行有关标准规范和验收要求，确保高速铁路建设质量安全。强化高速铁路运输安全管理，加大重要领域、关键部位的安全设施设备投入，构建全方位的高速铁路安防体系，强化反恐防暴能力建设。加强高速铁路运行监测、监控、防灾预警等安全保障系统建设，强化设备运行状态检测，加强对运行数据采集分析和安全风险研判，实现可视、可监、可控，夯实安全保障基础。

第二节 高铁运输价格政策

不同国家和地区的高铁运营组织形式不同，对于注重高铁运输社会经济效益的国家和地区，高铁运输价格政策主要表现为政府的法律政策和国有运输企业的规范性文件，比如目前中国的高铁运输价格制定是在政府政策规范下的企业自主行为，票价体系相对简单，也比较稳定；对于注重市场竞争和私人部门效益的国家和地区，高铁运输价格政策主要表现为运输企业实行的定价策略和方法，比如德国、日本和法国等国家的高铁运输价格，其运价体系丰富灵活、调整及时，其成功经验可以为我国的高铁运输企业制定和调整票价提供参考。

一、高铁运输价格政策的原则

高铁运输价格影响着运输资源在高铁运输服务生产过程中的合理配置和使用，在一定程度上还决定了客运市场的竞争互补关系，同时也影响着旅客利益和社会福利，从而影响高铁运输业、区域经济和国民经济的发展。因此，高铁运输价格政策是政府为了促进高铁运输的稳步发展、优化市场竞争秩序和维护运输消费者的合法权益，针对高铁运输价格而制定的规制和放松规制等方面的政策。

(一)合理配置运输资源

运输价格是企业投融资所参照的重要信号之一，运输价格的高低影响着各类资本和人力在不同运输方式之间的分配。高铁运输是目前我国客运效率较高的运输产品，大力发展高铁运输服务是社会各界的普遍共识。高铁运输的规划修建需要大量的资本和人力投入，除了政府的投资和扶持之外，其真正发展还有赖于企业和社会的广泛参与。因此，为了发展高铁运输业，一方面，政府不能过多地限制高铁运输价格，因为这会导致高铁运输企业的收入下降甚至亏损，无法保证稳定的投资回报率和资源，不利于各种资本的进入，进而影响到高铁运输业的长期发展。另一方面，运输价格还是资源在各种不同运输方式之间配置的重要信号。由于在大多数客运通道中，各种运输方式之间存在着一定的竞争性和可替代性，因此价格政策所释放出来的市场信号要平衡不同运输方式的发展水平。

(二)规范市场结构

通常情况下，高铁运输的规划建设一般集中在较发达地区，客运需求对运输服务的数量和质量要求较高，各种运输方式的竞争关系较为明显，因此放松运价规制是政策的主要手段，由市场竞争而形成的高铁运输价格能够反映需求与供给变动之间的均衡水平，可以促进成熟的客运市场的形成。但是，由于高铁运输业具有固定投入巨大，投资回报率低和资产专用性强等特点，客运市场中的无序和恶性竞争有可能会导致价格战，由此引起的高铁运输企业长期亏损会影响运输服务的再生产，导致社会资源的巨大浪费，因此运价政策还要注重价格的监测，以实现维护市场稳定的政策目标；另一方面，高铁运输由于在安全性、快速性、方便性和舒适性等方便具有很强的优势，在某些区域和站点具有其他运输方式不可比拟的市场竞争力，高铁运输企业有提高运价获取超额利润的能力和动力，因此政府往往会采取规制性的运价政策，以实现运输市场份额的合理分担。

（三）维护消费者权益

由于运输业在国民经济中的特殊地位及其重要作用，政府和广大运输服务的消费者都迫切需要长期稳定和优质的运输服务。随着我国高铁网络的逐渐形成，所覆盖的客运需求越来越广泛，使得高铁运输的基础作用逐渐凸显，过高的运价水平会影响市场交易效率，大范围的增加旅客出行成本，降低消费者的福利，从而影响区域经济的发展。所以，稳定运输价格成为政府制定运价政策的重要目标之一。一方面，在大都市与卫星城市之间规划建设的城际快速铁路，政府通常制定基准价格和限定浮动范围，在保证高铁运输收入长期稳定的前提下，提高消费者出行满意度。另一方面，在某些欠发达地区和落后地区，客运市场需求相对较小，各种运输方式的竞争关系并不明显，高铁运输由于其自然垄断的特性，可能在运输通道中占据主导地位，拥有制定垄断运价的可能，进而损害消费者利益，也不利于基础设施均等化的实现。因此政府通常对运价采取规制性政策，如通过制定最高运价的政策手段，以实现增进消费者福利的目标。

二、我国高铁运输价格政策的实践

我国高速铁路运价政策的发展，可以分为两个阶段：2007 年到 2015 年之间的政府指导价阶段和 2016 年以后的市场定价阶段。

（一）政府指导价阶段（2007—2015 年）

2007 年 4 月 18 日我国铁路实行大提速，提速调图后，铁路部门推出的客运新产品，开行部分高速动车组旅客列车。高铁动车组主要实行政府指导定价和企业浮动定价相结合的运价形成办法，市场运行总体平稳，对促进旅客运输市场竞争、提升铁路客运服务水平、方便群众快捷舒适出行、吸引社会资本投入铁路建设等发挥了重要作用，也为高铁运价的市场化过渡奠定了基础。

1. 确定基准价与浮动范围

2007 年 3 月 30 日，依据《关于动车组票价有关事项的通知》（铁运电〔2007〕75 号），按照《关于确定 CRH1、CRH2 和 CRH5 型动车组座车等级为软座车的通知》（运装客车〔2007〕169 号）的规定，确定了动车组列车票价水平及相关事项。

（1）定价依据

按《国家计委关于高等级软座快速列车票价问题的复函》（计价管〔1997〕1068 号）的规定，旅行速度达到每小时 110 公里以上的动车组列车软座票价基准价：每人公里一等座车为0.336 6元，二等座车为0.280 5元，可上下浮动10%。其中，广深线的自主定价权限范围更加灵活，按《国家计委关于广深铁路运价的复函》(计价管〔1996〕261号)的规定，广深线开行的动车组列车票价可在国铁统一运价为中准价上下浮动50%的基础上再上下浮动50%，由企业自主定价。

(2)动车组公布票价

一等座车公布票价=0.336 6×(1+10%)×运价里程

二等座车公布票价=0.280 5×(1+10%)×运价里程

另，票价外按规定加收按硬座基准价的2%计算的强制保险。

其中，广深线上的动车组列车公布票价由企业在规定水平内自行确定。

(3)票价执行与折扣范围

动车组票价可按公布票价打折，但应符合下列条件：

①根据不同区域、不同季节、不同时段的市场需求，实行不同形式的打折票价；

②二等座车公布票价打折后不得低于相同运价里程的新空软座票价。在短途，公布票价低于新空软座票价时，按公布票价执行。70公里及以下运价里程的动车组不进行任何形式打折优惠，一律按公布票价执行；

③经过相同径路，相同站间、相同时段，不同车次应执行同一票价；

④同一车次，各经停站的票价在里程上不能倒挂；

⑤一等座车与二等座车的比价在1∶1.2～1∶1.25之间。

动车组票价按列车开行日期，至少提前7天在车站营业场所向旅客公布点到点公布票价，不公布价率。实行打折优惠时，车站除公布公布票价外，另要及时公布车次别点到点票价的折扣率和折后票价。

(4)管理权限

公布票价由原铁道部决定。折扣票价由铁路运输企业决定，并在公布前3天报铁道部备案，但下列情况：跨局开行的动车组列车；折扣率需低于6折时；铁路运输企业之间意见有分歧时，铁路运输企业要在公布前10天报铁道部备案。公布票价的折扣率和折后票价由上车站所在铁路局提出车次别、发到站别的动车组列车点到点票价，商有关担当铁路局后，按管理权限执行。

2. 确定优待票价

高铁票价制定还应该考虑到社会效益，针对特殊群体的消费者采取优待折扣票价政策。2008年12月25日，铁道部发布《关于明确动车组儿童、伤残军人票价计算有关事项的通知》(铁运电〔2008〕139号)，规定：按《铁路旅客运输规程》等有关规定享受减价优待的儿童、学生、伤残军人乘坐动车组时，其票价均以公布票价为基础计算。动车组软卧儿童票确定如下：

3. 明确比价关系

随着我国高铁的不断发展，各种高铁客运产品开始陆续投入运营，票价体系也逐步完善。

2008年列车运行图实施后，动车组软卧车陆续上线运行。2008年12月12日，铁道部发布《关于动车组软卧票价有关事项的通知》(铁运电〔2008〕135号)规定，依据新空特快不同席别的比价关系和动车组座车的票价，制定了动车组软卧票价水平及相关事项。

2009 年，动车组高级软卧陆续上线运行。2009 年 10 月 26 日，铁道部发布《关于动车组高级软卧票价有关事项的通知》（铁运电〔2009〕108 号）规定，按新空特快不同席别的比价关系和动车组软卧的票价，制定了动车组高级软卧票价水平及相关事项。

2011 年，动车组列车特等座、商务座、一等包座、观光座等高铁运输产品上线运行。2011 年 6 月 21 日，铁道部发布《关于时速 200～250 公里动车组列车特等座、商务座等席别票价有关事项的通知》（铁运电〔2011〕85 号）规定，按不同席别占用面积和既有动车组列车票价，明确时速 200～250 公里动车组列车特等座、商务座、一等包座、观光座票价水平及相关事项。

2011 年 8 月 19 日，铁道部发布《关于时速 200～250 公里动车组列车观光座、一等包座票价有关事项的通知》（铁运电〔2011〕109 号）规定，根据座席实际设置情况，自 2011 年 8 月 28 日起将时速 200～250 公里动车组列车的观光座、一等包座公布票价修改为按特等座公布票价执行。

4. 制定浮动票价规则

为规范旅客票价浮动计算，明确变更时票价时差额的算法，2010 年 11 月 25 日，铁道部发布《关于旅客票价浮动计算等有关事项的通知》（铁运电〔2010〕110 号），规定了票价浮动的计算方法。

票价浮动时动车组列车以公布票价为基础进行计算，当浮动幅度为 α（$\alpha>-1$）时，票价浮动计算公式为：

浮动票价＝票价＋票价×α（对式中“票价×α”部分，元以下四舍五入。半价票浮动也同样计算。）

2011 年 8 月 12 日，为贯彻落实国务院常务会议精神，增加高铁安全冗余，对部分动车组列车实行降速运营。铁道部发布《关于新建高速铁路动车组列车下浮票价的通知》（铁运电〔2011〕108 号）规定，各席别票价在现行票价基础上下浮 5%，不足 1 元的尾数按四舍五入处理。

5. 高铁试运行定价

2008 年 7 月 20 日，国家发展改革委和铁道部联合发布了《关于京津城际轨道交通运价有关问题的通知》（发改价格〔2008〕1849 号），明确了京津城际轨道交通运价有关问题。

（1）根据《中华人民共和国价格法》的相关规定，京津城际轨道交通开通运营后，新开行的时速 300～350 公里动车组列车实行试行运价。试行运价水平，由京津城际铁路有限公司根据市场供求状况自主确定。

（2）京津城际铁路有限公司要按照充分考虑社会承受能力、适当体现优质优价的原则，根据市场供求状况合理确定试行运价水平。

（3）京津城际轨道交通执行试行运价期间，现行在京津间运行的各档次旅客列车不减少，并维持原有票价水平不变。

2009 年 12 月 11 日，国家发展改革委和铁道部联合发布了《关于武广、郑西铁路客运专线高速动车组列车运价有关问题的通知》（发改价格〔2009〕3165 号）。通知指出：为发挥市场机制作用，形成合理票价水平，促进我国铁路运输事业健康发展和各种运输方式合理分工、公平竞争，决定对武广、郑西铁路客运专线高速动车组列车(时速 300～350 公里)实行试行运价。

(1)武广、郑西铁路客运专线开行的高速动车组列车，属于铁路客运新产品。根据《中华人民共和国价格法》第十一条第(三)款的规定，暂实行试行运价。试行运价水平，由相关铁路运输企业根据市场供求状况自主确定。

(2)相关铁路运输企业要按照充分考虑社会承受能力、适当体现优质优价的原则，根据市场供求状况合理确定试行运价水平。具体票价，由相关铁路运输企业向社会公布后执行，并报国家发展改革委、铁道部备案。

(3)武广、郑西铁路客运专线开行高速动车组列车后，执行试行运价期间，现行驶在武汉至广州、郑州至西安之间的其他旅客列车档次不减少、服务标准不降低，继续执行国家规定的运价政策。

(4)各级价格主管部门要加强对铁路运输价格的监督检查，维护正常价格秩序，依法查处各种价格违法行为，保护消费者合法权益。

(二)市场定价阶段(2016 年之后)

2013 年 3 月 14 日，全国人大审议通过了《国务院机构改革和职能转变方案》。根据国务院机构改革和职能转变方案，实行铁路政企分离，撤销中华人民共和国铁道部，组建中国铁路总公司，承担原铁道部的企业职责。中国铁路总公司以铁路客货运输服务为主业，实行多元化经营。负责铁路运输统一调度指挥，负责国家铁路客货运输经营管理，承担国家规定的公益性运输，保证关系国计民生的重点运输和特运、专运、抢险救灾运输等任务。负责拟订铁路投资建设计划，提出国家铁路网建设和筹资方案建议。负责建设项目前期工作，管理建设项目。负责国家铁路运输安全，承担铁路安全生产主体责任。同时，组建国家铁路局，承担铁道部拟定铁路发展规划和政策的行政职责，隶于交通运输部。2017 年 11 月 15 日，中国铁路总公司所属 18 个铁路局均已完成公司制改革工商变更登记，并于 19 日正式挂牌，标志着铁路公司制改革取得重要成果，为中国铁路实现从传统运输生产型企业向现代运输经营型企业转型发展迈出重要一步。

中国铁路运输企业市场主体地位的确定，为高铁运价的市场化改革奠定了重要基础。

1. 市场定价权的确立

2015 年 12 月 23 日，国家发展改革委依据《中华人民共和国价格法》《中华人民共和国铁路法》《中共中央国务院关于推进价格机制改革的若干意见》(中发〔2015〕28 号)和《中央定价目录》等规定，改革完善高铁动车组旅客票价政策、同步加强价格行为监管，并下发《关于改革完善高铁动车组旅客票价政策的通知》(发改价格〔2015〕3070 号)规定(以下简称"通知")。"通知"在以下几个方面对运输企业自主定价进行了规范。

(1)明确自主定价权。"通知"指出，对在中央管理企业全资及控股铁路上开行的设计时速 200 公里以上的高铁动车组列车一、二等座旅客票价，由铁路运输企业依据价格法律法规自主制定；商务座、特等座、动卧等票价，以及社会资本投资控股新建铁路客运专线旅客票价继续实行市场调节，由铁路运输企业根据市场供求和竞争状况等因素自主制定。

(2)明确票价执行办法。铁路运输企业制定高铁动车组一、二等座旅客票价时，应当制定无折扣的公布票价(以下简称公布票价)，同时，可根据运输市场竞争状况、服务设施条件差异、客流分布变化规律、旅客承受能力和需求特点等实行一定折扣，确定实际执行票价。公布票价和实际执行票价要按照明码标价制度规定，及时通过网络和售票窗口等渠道告知旅客。制定公布票价应当在售票前对外公告，调整公布票价应当提前30天对外公告。对符合《中华人民共和国警察法》《军人抚恤优待条例》规定条件的伤残军人、人民警察以及符合《铁路旅客运输规程》规定条件的学生，继续分别按照现行规定幅度实行票价优惠。

(3)明确自主定价依据。铁路运输企业要依据《中华人民共和国价格法》《中华人民共和国铁路法》等法律法规规定，按照"合法、公平、诚信"原则，建立健全高铁动车组票价内部管理制度，明确制定、调整公布票价、执行票价的办法；要建立健全高铁动车组运输成本核算制度，强化内部成本管理，自觉规范定价行为。

(4)明确服务质量要求。铁路运输企业要完善运输组织，保证与高铁动车组同方向的其他旅客列车种类不减少，并合理安排运力投入。要加强管理，优化客票销售、旅客进出站等服务流程，切实提升服务质量，不断满足广大旅客出行需要。

(5)明确信息监测和公开办法。中国铁路总公司要加强对高铁动车组票价和运输市场供求变化的监测分析，建立统计分析制度和评估体系，按季度将高铁动车组公布票价、执行票价、各区段旅客运量、旅客运输周转量和票价收入变动情况书面报告国家发展改革委。要加强对所属铁路运输企业、客票销售代理单位的信用管理，研究推动建立企业信用信息共享平台，及时主动公开信用记录，接受社会监督。

(6)明确运价的监督检查。各级价格主管部门要加强对铁路运输企业价格行为的监督检查，依法查处价格欺诈、标价外另行收费、不执行优惠票价政策、不执行明码标价规定等各类价格违法行为，维护市场正常价格秩序。要充分发挥12358价格举报系统作用，鼓励社会共同参与价格监督，认真及时查处群众举报。

"通知"的发布，标志着我国高速铁路旅客票价自2016年1月1日起，由政府指导定价正式转变为企业自主定价。

2. 市场定价的实践

2016年1月，国家发改委将高铁动车定价权下放给铁路总公司，从此拉开客运价格市场化的序幕，铁路总公司开始使用定价权，对高铁动车票价根据不同线路逐条调整。

(1)依据供求关系调整

2017年4月21日，为建立多种交通方式合理比价、灵活适应市场、满足不同旅客出行需求、有升有降的高铁动车组票价体系和票价浮动机制，铁路部门综合考虑市场需求、铁路建设运营成本及旅客消费取向等因素，对东南沿海高铁线路上开行的时速200～250公里动车组列车票价进行优化调整，明确执行票价以公布票价为最高限价，相关铁路运输企业可根据客流情况，根据市场供求关系合理制定各次列车的执行票价，为旅客出行提供更多选择，促进综合交通运输体系作用的充分发挥。调整后的执行票价最大折扣幅度6.5折，总体呈现有升有降的特点，各类票价尾数也同步按四舍五入保留至元。

此次东南沿海高铁调价，执行票价是根据各车次的客流状况，呈现差异化、有涨有降。以深圳北至潮汕的高铁票价为例，调整前二等座执行票价为89.5元，调整后同样区间，D3108次为107元，涨幅19.6%；D2342次为102元，涨幅14%；D2350次为85元，下调

5%;D7406 次为 73 元,下调 18.4%。从调整后的票价看,在东南沿海高铁很多区段二等座票价仍明显低于公路。这次对东南沿海高铁票价进行优化调整,不仅有利于企业改善经营状况,提高服务水平,也有利于促进综合交通运输体系作用发挥,更好地服务区域经济社会发展和人民群众出行。

(2)深化供给侧结构改革调整

自 2018 年 4 月 28 日起至年底,铁路部门将对广州至珠海、海南环岛、南京至安庆、丹东至大连、青岛至荣城、郑州至开封、武汉至孝感等 28 条城际铁路部分动车组列车票价,实行不同形式、不同幅度的折扣优惠,最大折扣幅度由前期试点的 10%提高到 20%。

此次调价是铁路部门实施的一次大范围票价优惠,是为深化铁路供给侧结构性改革、促进运输能力的有效利用的具体措施,也是铁路部门构建有升有降、灵活折价的票价服务机制的积极探索。

(3)优化比价关系调整

针对部分早期开通线路的动车组一等座与二等座比价关系不尽合理、与车厢定员比例和服务质量差异不匹配等问题,铁路运输企业依据价格法律法规,在充分考虑旅行舒适度和运营成本差异的基础上,自 2018 年 5 月 27 日起对部分线路高等级席别票价水平进行适当调整,进一步理顺了动车组高等级席别与二等座的比价关系。涉及调整的一等座、特等座、商务座公布票价、执行票价等各类票价尾数均按四舍五入保留至元。

调价结束后,全国高铁一等座统一按照二等座的 160%执行。

从 2018 年 5 月 27 日起,部分列车线路高等级席别票价有所调整,部分一等座票价上涨。京津城际铁路对高等级席别与二等座的比价进行调整,调整后北京南站到天津站一等座票价将由 65.5 元上涨到 88 元;特等座票价将由 93.5 元上涨到 99 元,上涨 35%。票价调整不涉及京津城际二等座,北京南站到天津站二等座票价依旧保持 54.5 元不变。此次调价后,对有高端需求的旅客有一定的影响,但也保障了绝大多数普通旅客的出行成本并未提高。从运输需求来考虑,随着京津冀协同发展的推进,越来越多的两地市民将京津城际高铁作为日常的通勤工具,也有不少商旅人士将京津城际高铁作为出行的首选方式,价格调整也利于进一步理顺高铁动车组列车高等级席别与二等座的比价关系,提升高铁服务品质价格,塑造中国高铁的品牌形象。

除京津城际外,2018 年 5 月 27 日以后,一等座票价上涨的还有广州南到贵阳北,由 321 元调整到 428 元;广州南到重庆北,由 1 048 元调整到 1 151.5 元;南宁东到北海,由 69.5 元调整到 92 元;南宁东至钦州,由 37 元调整到 49 元;另外合肥到恩施,由 304.5 元调整到 406 元;达州到成都,由 133.5 元调整到 179 元。

(4)依据竞争关系调整

2018 年 7 月 5 日,为建立多种交通方式合理比价、灵活适应市场、满足不同旅客出行需求、有升有降的高铁动车组票价体系和票价浮动机制,铁路部门综合考虑市场需求、铁路建设运营成本及旅客消费取向等因素,仅对早期开通的贵阳至广州、柳州至南宁、武汉至宜昌、上海至南京、南京至武汉、南京至杭州 6 段线路上运行时速 200～250 公里的高铁动车组公布票价进行优化调整,明确执行票价以公布票价为最高限价,相关铁路运输企业可根据客流情况,分季节、分时段、分席别、分区段在限价内实行票价下浮,最大折扣幅度

6.5 折。调整后的执行票价与目前相比，总体呈现有升有降的特点，各类票价尾数也同步按四舍五入保留至元。

第三节　高铁运输投融资政策

国家对交通运输的投融资，尤其是对交通运输基础设施的投融资，是运输业发展的重要保障。在经济发展的不同阶段，政府及社会资本投入到运输业的资金占同期国民经济投资总量的比例各不相同。一般地说，在经济进入高速发展之前，政府都会将运输业作为先行产业进行大力投资，并引导和鼓励社会资本进入。在国民经济的稳定发展阶段，政府则主要是对已经形成的交通运输网络进行完善，因而各种投资比例就会有所下降。

高铁运输投融资政策是政府为了使高铁运输能够适应国民经济发展，形成合理的高铁运输布局而制定的，包括有关高铁运输投资总量占国民经济投资总量的比例和国家投资在高铁运输中的份额，以及为了引导或限制社会资本投向高铁运输业而制定的相关法规、政策或采取的措施。

一、高铁运输投融资政策的原则

（一）高铁运输投融资与国民经济发展相适应

国民经济的发展离不开发达的交通运输网络，几乎所有国家的政府都将运输看成是国民经济发展的先行产业。因此，政府在制定投融资政策时，都将适应国民经济发展的需要视为制定交通运输发展政策的最重要原则。随着我国经济的快速发展，各行各业对于高效客运服务的需求越来越大。由于国民经济发展的不同阶段和不同区域对高铁运输的要求不同，因此需要准确合理地预测国民经济各部门的发展及其对高铁运输的需求，并正确地预测高铁运输基础设施形成预期生产能力所需的投资时间和投资数额，只有这样才能得出客运市场在不同阶段对高铁运输业投资总额的需求水平。由于高铁运输基础设施的投资建设期较长、配套设施多，通常需要几年的时间才能成为成熟的运输产品，而高效的高铁运输网络需要几十年的规划建设才能形成。因而高铁运输投资必须具有一定的超前性，其投融资政策的制定需要同时考虑国民经济的阶段性发展需要和高铁建设的周期性特点。

（二）高铁运输投融资与社会经济实力相适应

高速铁路运输是一种高端高效的运输方式，其建设运营所需要的投入是巨大的，无论是政府直接投资还是引导社会资本投资，其投资计划与规模必须与国家经济实力相结合。即使根据其他国家发展经验或本国实际需求，已经明确运输业发展的方向是高速化、集成化、网络化、现代化和信息化等，但是由于受本国经济实力的制约，往往不能一步到位地形成大规模的路网建设，否则会影响其他产业部门的发展，进而在长期内影响运输需求，导致高铁运输的供需不平衡。虽然高铁运输的规划修建也可以向本国及国际金融机构进行借贷投资，但是举债的规模和投资项目的盈利性都必须在总体上与本国国民经济发展水平相适应，否则就会造成国民经济发展的失衡。因此，高铁运输的投融资政策必须考虑社会经济发展水平。使得社会总体投资能够负担这种超前的规划建设,并能够带来预期的收益。

(三)高铁运输投融资与技术发展水平相适应

在科学技术发展日新月异的时代,交通运输技术的发展突飞猛进。铁路运输的电气化、自动化、智能化和信息化等都为铁路运输业提高效率和服务水平提供了技术保障。高铁运输投资政策一方面鼓励和支持交通运输高新技术的发展,另一方面也要求各项高铁运输投资项目能够充分利用现有的科技成果,尽早地使科技成果转换为生产力。因此,高铁运输投融资政策的导向要以技术发展水平为依据,引导和鼓励资本主要投向技术稳定和先进的高铁运输项目,重点支持具有潜力的前沿技术开发项目,逐渐退出技术落后的领域。

二、我国高铁运输投融资政策的实践

改革铁路投融资体制,加快推进铁路建设,对于加快工业化和城镇化进程、带动相关产业发展、拉动投资合理增长、优化交通运输结构、降低社会物流成本、方便人民群众安全出行,都具有不可替代的重要作用。

我国在计划经济时期,铁路建设资金主要靠国家财政拨款。随着铁路建设成本的增加与运输市场化程度的加深,铁路建设的资金问题成了制约铁路发展的主要问题。中国政府针对这一问题,出台了一系列鼓励铁路建设的投融资政策。2008 年,党中央国务院作出了扩大内需保持经济增长的重大决策,把加强铁路建设摆在了更加突出的位置,并投入大量预算内资金用于高铁建设,相继批准开工了一大批高铁重点工程。大规模的高铁建设离不开资金的支持,国家相继出台了多项政策为高铁的投融资保驾护航。2013 年,铁路管理体制进行了重大改革,实现了政企分开,为深化铁路投融资体制改革,更好地发挥政府和市场的作用,促进铁路持续发展创造了良好条件,相应的高铁投融资政策也随之出台。随着我国高铁规划建设规模逐渐扩大,高铁投融资政策也在不断完善,由政府主导投资逐渐转变为引导社会资本投资,最终要实现建立市场化投融资体制的政策目标。

(一)铁路五年发展规划中的投融资政策

铁路“十五”发展规划期间,铁路投融资体制改革初见成效。投资主体多元化程度提高,市场化融资迈出了新的步伐;地方政府、社会资金积极参与铁路建设。规范组建了集装箱、快运、特种货物三个专业运输公司,大秦铁路等一批企业重组改制顺利推进。但是,投融资市场化程度仍然较低。

铁路“十一五”发展规划期间,铁路投融资改革开放取得新进展。按照政府主导、多元化投资、市场化运作的思路,深入推进铁路投融资体制改革。建立部省、路地合作共建机制,地方政府及其他投资人参与铁路建设资本金投资比例超过 30%。大秦铁路公司和广深铁路公司发行 A 股融资,太原铁路局运输主业资产整体改制上市,建设债券发行规模不断扩大,融资能力不断增强。同时,铁路发展与经济社会发展要求还存在一定差距。有待进一步深化投融资体制改革,转换经营机制、发展多元化经营。

2012 年,铁路“十二五”发展规划将深化体制机制改革作为铁路发展的保障措施,继续坚持政府主导、市场化运作、多元化投资的原则，进一步深化投融资体制改革，完善投融资政策，积极拓展融资渠道。投融资的重点任务为进一步完善合资建路模式，探索区别路网干线、城际铁路、地区支线等多种形式的合作合资建设和运营管理新模式。加快推进铁路投融资体制改革，扩大直接融资比例，充分发挥中央、地方和企业等各方面的积极性，广泛吸引社会资本参与投资铁路建设，推进铁路企业股改上市。进一步创新融资渠道和方式，保障资金来源，降低融资成本，加强资金管理，防范资金风险。完善合资铁路发展模式，规范合资铁路建设和运输管理模式，引导和鼓励合资铁路公司优化重组，加强行业管理，理顺管理关系，促进合资铁路健康发展。

铁路"十二五"发展规划期间，铁路体制改革实现重大突破。实施政企分开，组建国家铁路局、中国铁路总公司。推进简政放权，加快职能转变，大幅削减铁路行政审批事项，进一步激发市场活力。铁路投融资体制改革快速推进，支持铁路实施土地综合开发，进一步鼓励和扩大社会资本投资建设铁路，发起设立铁路发展基金，有序推进铁路运输价格市场化改革，铁路发展的支持政策更加完善。"十二五"规划建设目标的全面实现，为"十三五"发展奠定了良好基础。但铁路债务不断攀升，防范风险压力加大，市场化、投融资等改革仍需深化。

铁路"十三五"规划，要求铁路着力强化改革创新。贯彻落实全面深化改革总体部署，要求铁路坚持创新发展理念，主动适应新需求，推进铁路供给侧结构性改革，深化铁路企业和客货运输改革，加快市场化运行机制建设，优化投资环境，拓展多渠道多层次多元化的投融资模式，加强政府监管和服务，推进治理能力现代化。在此基础上，提出了持续深化改革和加大政策支持的保障措施。

按照全面深化改革的要求，继续转变政府职能，简政放权，进一步深化铁路企业内部改革，加快建立现代企业制度，推进企业优化重组和结构调整，建立健全有效制衡的法人治理结构。全面推进铁路投融资体制改革，落实各项鼓励社会资本建设经营铁路的重大政策措施，研究推动东部地区有稳定现金流、资产质量优良的高速铁路企业资产证券化和优质资产股改上市等相关工作。加快建立市场化清算和争议协调、仲裁机制，规范市场秩序，保障投资者合法权益，营造权利平等、机会平等、规则平等的市场环境。

加大国家对铁路支持力度，发挥好铁路建设债券融资支持作用，继续向社会资本推出一批市场前景较好、投资预期收益较稳定的铁路项目。拓宽铁路发展基金融资渠道，鼓励采用股权投资方式推进铁路混合所有制改革。研究出台具有公益性铁路和公益性运输特点项目的财政补贴政策，以及鼓励利用铁路运输的相关政策。支持铁路运输企业通过科学规划、有序实施铁路站点周边及沿线土地开发，提高物流服务及旅游、餐饮外延服务水平等，增强综合经济效益。

（二）铁路中长期规划中的投融资政策

2004 年的《中长期铁路网规划》（2004 年—2020 年）实施以来，我国铁路改革实现了很大突破，出台了改革铁路投融资体制、实施土地综合开发、批准设立铁路发展基金、鼓励和扩大社会资本投资铁路建设等一系列政策措施，中央和地方支持铁路建设力度持续加大。但是也应该看到，高铁建设投资的支持政策尚需强化，随着铁路快速发展，铁路建设资金筹集难度增加，债务不断攀升，经营压力加大，铁路发展面临新挑战，需进一步加大政策支持，继续深化铁路改革。

2016 年的《中长期铁路网规划》(2016 年—2030 年)提出了深化铁路投融资体制改革的保障措施。规划指出，用改革精神破解铁路投融资等难题，创新市场化融资方式，放宽市场准入，培育多元投资主体，鼓励支持地方政府和广泛吸引包括民间、外资在内的社会资本参与投资铁路建设，形成国家投资、地方筹资、社会融资相结合的多渠道、多层次、多元化铁路投融资模式。充分用好国家支持铁路建设的政策措施，完善铁路发展基金募集方式和扩大规模，支持地方设立铁路发展基金，继续发行政府支持的铁路建设债券，创新发行品种和方式，筹集长期、低成本的建设资金。实施差异化投融资政策，建立长效机制，提高中央资金对中西部铁路建设投入比重。在理顺铁路运价、建立公益性运输核算制度的基础上，研究建立公益性、政策性补贴机制，完善土地综合开发配套政策，健全规范财务清算规则及体系，落实并发挥好铁路投融资体制改革配套政策的组合效应，为社会资本进入创造便利条件。

(三)铁路投融资专项政策

(1)拓展融资渠道

铁路建设基金是经国家批准在铁路货运价格基础上收取的专门用于铁路建设的专项行业发展基金，自 1991 年 3 月起，经国务院批准设立了铁路建设基金，按照铁路货运价格的一定比例提取，收取的铁路建设基金实行专款专用，用于购置机车车辆和其他铁路基本建设费用，以及投资和偿还铁路建设贷款。2002 年 5 月，财政部发文《财政部关于公布保留的政府性基金项目的通知》，提出将包括铁路建设基金在内的一批政府性基金或收费项目的征收期限保留到 2005 年底，从 2006 年开始，铁路建设基金停止征收。自 1991 年至 2003 年，累计收取用于铁路建设的基金近 4 000 亿元，占同期铁路基建投资总额的 42%，成为铁路建设的主要资金来源，铁路建设基金的征收增强了铁路行业的信用能力，对于铁路部门开展市场融资提供了可靠的保证，铁路建设基金的征收既体现了政府通过调节铁路运输价格进行宏观调控的作用，也体现了政府对铁路发展投资的主导职能。

2005 年，中国开始大规模建设高铁，根据中央各部委研究，高铁建设采取省部合作的模式，由原铁道部和高铁沿线省市共同投资建设，并根据公司法设立铁路客运专线有限责任公司，实行公司化运作模式。铁路客运专线公司以法人的身份从国家开发银行取得政策性贷款，以及从国有银行取得中长期商业贷款，这成为高铁建设资金的重要补充。

2005 年，铁道部出台的《关于鼓励支持和引导非公有制经济参与铁路建设经营的实施意见》，明确提出了鼓励、支持和引导非公有制经济发展的总体要求。充分利用铁路客运专线、煤运通道、集装箱站场等重点建设项目投资风险低、经营前景好、收益比较稳定的优势，积极吸引各类非公有资本投资参与建设经营，扩大合资建路规模。借鉴特许经营、委托经营以及 BT(建设—移交)、BOT(建设—经营—移交)、PPP(公共部门与私人企业合作)等多种公共基础设施投资建设经营模式，探索适合我国铁路特点的合资铁路经营机制，并在有关投资补偿、融资渠道、财税政策、运价机制等方面，积极争取国家政策支持，鼓励和引导非公有资本投入铁路基础设施建设，保障投资者的合法权益。有条件的合资铁路建设项目，也可以探索发行企业债券、可转换债券、设备融资租赁等多样化融资方式。“十一五”和“十二五”期间，铁路建设债券仅作为铁路建设资金的有限补充，2006 年铁路建设债券仅发行了 300 亿元，2016 年国家发展和改革委员会批复了中国铁路总公司分期发行中国铁路建设债券 3 000 亿元，债券已经成为铁路建设融资的主要方式。

2013 年，国务院发布《国务院关于改革铁路投融资体制加快推进铁路建设的意见》，推进铁路投融资体制改革，多方式多渠道筹集建设资金。按照“统筹规划、多元投资、市场运作、政策配套”的基本思路，完善铁路发展规划，全面开放铁路建设市场，对新建铁路实行分类投资建设。研究设立铁路发展基金，以中央财政性资金为引导，吸引社会法人投入。铁路发展基金主要投资国家规定的项目，社会法人不直接参与铁路建设、经营，但保证其获取稳定合理回报。“十二五”后三年，继续发行政府支持的铁路建设债券，并创新铁路债券发行品种和方式。

(2)投资主体多元化

2005 年，铁道部出台的《关于鼓励支持和引导非公有制经济参与铁路建设经营的实施意见》提出，放宽市场准入，鼓励各类非公有资本进入铁路行业。按照平等准入、公平待遇原则，凡是允许外资进入的铁路建设、运输经营及运输装备制造领域，也允许国内非公有资本进入，并适当放宽限制条件。

2010 年，国务院发布的《关于鼓励和引导民间投资健康发展的若干意见》提出，研究制定铁路体制改革方案，引入市场竞争，推进投资主体多元化，鼓励民间资本参与铁路干线、铁路支线、铁路轮渡以及站场设施的建设，允许民间资本参股建设煤运通道、客运专线、城际轨道交通等项目。探索建立铁路产业投资基金，积极支持铁路企业加快股改上市，拓宽民间资本进入铁路建设领域的渠道和途径。通过国家积极的铁路投融资体制改革促使许多民间资本参与投资铁路项目，如朔黄铁路、衢常铁路、彭白铁路、平南铁路等。

2013 年，国务院发布《国务院关于改革铁路投融资体制加快推进铁路建设的意见》，向地方政府和社会资本放开城际铁路、市域(郊)铁路、资源开发性铁路和支线铁路的所有权、经营权，鼓励社会资本投资建设铁路。

2014 年，国家发展改革委、财政部、交通运输部印发《铁路发展基金管理办法》，指出铁路发展基金是中央政府支持的、以财政性资金为引导的多元化铁路投融资市场主体。铁路发展基金要遵循市场经济规律，吸引社会资金投入，扩大铁路建设资本金来源，贯彻国家战略意图，围绕国家发展规划目标，主要投资国家批准的铁路项目。中国铁路总公司作为政府出资人代表，以及铁路发展基金主发起人，积极吸引社会投资人，依照《中华人民共和国公司法》通过约定和承诺共同发起设立中国铁路发展基金股份有限公司。中国铁路总公司与社会投资人签订出资人协议，确定双方的权利、责任、义务，管理基金公司，保证社会投资人按约定取得稳定合理回报。社会投资人作为优先股股东，不直接参与铁路发展基金经营管理。

2016 年，国家发展和改革委员会下发通知，在涵盖高铁、城际铁路和地方铁路等的铁路领域推出 8 个社会资本投资示范项目，重点是社会资本以合资、独资或政府和社会资本合作(PPP)等方式参与铁路建设及营运。具备一定工作基础条件的干线铁路、城际铁路、市郊(域)铁路等项目，在铁路干线、铁路支线、铁路轮渡及站场设施的建设上应当积极鼓励民营企业参与投资。

2017 年 9 月，杭绍台城际铁路 PPP 项目在浙江杭州签约。项目资本金约占总投资的

30%,其中民营联合体占股 51%,中国铁路总公司占比 15%、浙江省政府占比 13.6%、绍兴和台州市政府合计占比 20.4%。杭绍台城际铁路项目采用 BOOT(建设—拥有—运营—移交)模式,由政府方授权项目公司负责运作,运营期满后将全部项目资产无偿移交给政府方。该项目合作期限共 34 年,其中建设期 4 年、运营期 30 年。杭绍台城际铁路由杭绍台铁路有限公司负责项目的建设和资产经营管理,项目建成后,由公司委托中国铁路上海局集团有限公司代为运营管理。

第四节　高铁运输安全监管政策

一、高铁运输安全监管的意义和内涵

(一)高铁运输安全监管的意义

加强高铁运输安全监管具有重要的现实意义。第一,新时期对铁路安全工作提出了更高要求。党和国家领导人高度重视铁路安全工作,在国际上积极推荐高铁,高铁安全事关中国铁路的声誉和国际形象,事关铁路深化改革发展的良好局面。当前,铁路改革、建设、运营的任务繁重,拓展运输市场、实施大规模铁路建设、加快实施"一带一路"和"走出去"等工作,迫切需要有一个安全稳定的高铁运输环境。第二,大量新线集中投入运营给高铁安全带来挑战。大量新装备、新技术投入运用,尤其是新投产的线路大量集中在地质条件复杂的中西部地区,一些跨区域的高铁一次建成投产,有的铁路局高铁运营管理经验还不丰富,如何有效防控新线运营的安全风险,创新设备管理机制,优化生产组织和劳动组织,面临着严峻的挑战和考验。第三,新常态下的安全理念方法有待进一步优化。随着路网规模不断扩大,运能运力不断释放,运输能力紧张条件下形成的生产组织、作业方式方法和安全理念,已经不能适应经济发展新常态要求,需要运用安全风险管理的科学理念和方法,加以转变和优化,从源头消除和防范安全风险。

(二)高铁运输安全监管的内涵

铁路是我国国民经济和社会发展的重要基础设施,国家高度重视铁路安全工作。早在 1989 年,国务院就制定公布了《铁路运输安全保护条例》,2004 年又对该条例进行了全面修订,对于保障铁路运输安全发挥了重要作用。近十几年来,高速铁路实现了跨越式发展,高铁的技术密集,运行速度快,对安全保障有更严格的要求,一方面要严格执行铁路安全保护的一般规定,另一方面也要针对高速铁路安全保护的特殊需要建立完善专门的安全管理制度。为了加强铁路安全管理,保障铁路运输安全和畅通,保护旅客人身安全和财产安全,2013 年 8 月 17 日,中华人民共和国国务院令第 639 号公布《铁路安全管理条例》,自 2014 年 1 月 1 日起施行。《铁路安全管理条例》增加了对高铁安全管理的规制,进一步充实了保障高速铁路安全的规定。

《铁路安全管理条例》将铁路安全管理划分为铁路建设质量安全、铁路专用设备质量安全、铁路线路安全、铁路运营安全、铁路安全监督检查、铁路安全法律责任等内容。因此,高铁安全监管政策可以总结为设备技术安全标准、运营管理安全检查以及安全法律责任落实三个方面。其中设备技术安全标准与高铁发展过程中的技术水平有关,在一定时

期内是不变的；安全法律责任落实是保障政策有效实施的手段，是事故发生以后的处理机制，严格依法依规处理；运营管理安全检查是通过一系列的检查手段和程序，预防高铁运输过程中发生安全事故，是一个不断实践不断完善的过程。因此，在实际中，铁路安全监管政策的重点是高铁运营过程中的安全检查制度和工作。

二、我国的高速铁路安全监管体制

（一）安全监管主体——国家铁路局

作为政府主管部门，国家铁路局运输监督管理司一直非常重视旅客运输服务质量的监管工作。国家铁路局设置有安全监察司，负责研究分析铁路安全形势、存在问题并提出完善制度机建议。组织拟订铁路安全监督管理办法实施，存在问题并提出完善制度建议；组织拟订铁路安全监督管理办法实施，组织或参与铁路生产安全事故调查处理，指导、监督行政执法工作。

安全监管的方式与手段有以下两种。

(1)企业安全生产主体责任制。督促铁路运输企业深刻吸取事故教训，狠抓安全生产责任制和各项安全管理制度的落实，切实加强旅客密集场所、冬季防火和高铁运营安全管理，开展各类安全隐患排查整治，将安全生产责任逐级落实到基层、落实到岗位、落实到人头，提高铁路运输安全监管水平。

(2)铁路安全质量监督检查。对从事铁路建设、运输、设备制造维修的企业执行《铁路安全管理条例》的情况进行监督检查，依法查处违反条例规定的行为。主要领导要带头深入重点地区、重点干线、重点车站和既有线施工地段开展监督检查。重点检查旅客候车、乘降组织等安全措施的落实情况；旅客列车、候车室、行车室、油库等重点部位防火措施的落实情况；《铁路旅客运输安全检查管理办法》等制度规定的落实情况；新开通高铁初步验收、安全评估发现问题的整改落实情况。对检查中发现的问题和隐患，督促有关单位整改落实，对严重问题要依法实施行政处罚。

（二）安全监管客体——铁路运输企业

(1)健全安全管理职责和安全管理规章制度，做到全面覆盖、科学严谨、操作性强。

(2)加强设备质量管控，强化设计、制造、采购、检修等各个环节的质量控制，确保设备质量安全可靠。

(3)加强职工队伍建设，强化技术业务、安全培训工作质量，保证职工素质适应安全生产需要。

(4)完善现场作业自控、互控、他控机制，落实现场作业标准化。

(5)按照各级管理部门的安全职责，强化责任体系的落实。要充分发挥专业部门的检查帮促作用、综合部门的综合保障作用和安监部门的监督管理作用。对发生的事故和重大安全隐患，要逐级倒查安全管理责任。对涉及高铁和客车安全的事故和隐患，要严格“红线”管理，从严考核追责。

(6)通过推广应用先进适用的安全技术装备，发挥其在事故预防、预测、预警中的作用。大力宣传鼓励职工在安全生产中的技术革新和小发明、小创造，抓好成果的推广和应用。

（三）现行安全监管政策法规

作为铁路旅客运输安全监管的政策依据，有关法律法规与标准规范，见表9-1。

表9-1 旅客运输安全监管的主要法律法规与标准规范

类型	名　称	相关内容	备　注
法律	中华人民共和国铁路法（2015年第2次修正）	第十条 铁路运输企业应当保证旅客和货物运输的安全，做到列车正点到达	全国人民代表大会常务委员会通过，2015年4月24日
	中华人民共和国安全生产法（2021年6月10日第3次修正）	第二条 在中华人民共和国领域内从事生产经营活动的单位（以下统称生产经营单位）的安全生产，适用本法；有关法律、行政法规对消防安全和道路交通安全、铁路交通安全、水上交通安全、民用航空安全以及核与辐射安全、特种设备安全另有规定的，适用其规定。 第三条 安全生产工作坚持中国共产党的领导。 安全生产工作应当以人为本，坚持人民至上、生命至上，把保护人民生命安全摆在首位，树牢安全发展理念，坚持安全第一、预防为主、综合治理的方针，从源头上防范化解重大安全风险。 安全生产工作实行管行业必须管安全、管业务必须管安全、管生产经营必须管安全，强化和落实生产经营单位主体责任与政府监管责任，建立生产经营单位负责、职工参与、政府监管、行业自律和社会监督的机制	中华人民共和国主席令（第八十八号），2021年6月10日
规章	铁路安全管理条例	第二条 铁路安全管理坚持安全第一、预防为主、综合治理的方针。 第三条 国务院铁路行业监督管理部门负责全国铁路安全监督管理工作，国务院铁路行业监督管理部门设立的铁路监督管理机构负责辖区内的铁路安全监督管理工作。国务院铁路行业监督管理部门和铁路监督管理机构统称铁路监管部门	国务院令第639号，2013年8月17日
	铁路交通事故应急救援和调查处理条例	第三条 国务院铁路主管部门应当加强铁路运输安全监督管理，建立健全事故应急救援和调查处理的各项制度，按照国家规定的权限和程序，负责组织、指挥、协调事故的应急救援和调查处理工作	国务院令第501号，2007年7月11日
	铁路旅客运输安全检查管理办法	第一条 为了保障铁路运输安全和旅客生命财产安全，加强和规范铁路旅客运输安全检查工作，根据《中华人民共和国铁路法》《铁路安全管理条例》等法律、行政法规和国家有关规定，制定本办法。 第二条 本办法所称铁路旅客运输安全检查是指铁路运输企业在车站、列车对旅客及其随身携带、托运的行李物品进行危险物品检查的活动。 第三条 铁路运输企业应当在车站和列车等服务场所内，通过多种方式公告禁止或者限制携带物品种类及其数量。 第四条 铁路运输企业是铁路旅客运输安全检查的责任主体，应当按照法律、行政法规、规章和国家铁路局有关规定，组织实施铁路旅客运输安全检查工作，制定安全检查管理制度，完善作业程序，落实作业标准，保障旅客运输安全	交通运输部令（2014年第21号）
	铁路旅客车票实名制管理办法	第一条 为了保障铁路旅客生命财产安全，维护旅客运输秩序，根据《铁路安全管理条例》，制定本办法。 第二条 在中华人民共和国境内实施铁路旅客车票（以下简称车票）实名购买、查验活动适用本办法	交通运输部令（2014年第20号）

续上表

类型	名　称	相关内容	备　注
标准	铁路旅客运输服务质量 第 1 部分:总则	规定了铁路旅客运输服务的基本要求、服务管理、服务合同、服务过程、服务沟通、服务评价与改进的总体内容	GB/T 25341.1—2019
	铁路旅客运输服务质量 第 2 部分:服务过程	规定了提供铁路旅客运输服务的服务环境、设施设备、服务环节、应急和补救服务的内容和要求	GB/T 25341.2—2019

三、我国高速铁路安全监管政策法规的安检查危案例

我国进入高铁时代,各铁路局集团公司管内高铁列车开行数量不断增加,客流量持续攀升,大客流已经成为高铁车站的常态。如何继续完善机制,加强高铁大客流情况下安检查危工作,是确保铁路运输安全的重点和关键。

(一)安检查危工作调研

首先,按照有关国家法规、政策、标准要求和国家铁路局有关规定,有关部门设计了车站安检查危工作调研的指标体系,共包含 11 个指标(见表 9-2),作为指导安检查危工作的基础。调研过程中,结果表达方式为:是√;否×。

表 9-2　车站安检查危调研指标

检查项目	检查项点		检查结果
	序号	检查内容	
安检	1	配备的身份证件识读等设备是否正常使用	
	2	车站服务场所是否公告禁止或限制携带物品种类及其数量	
	3	车站是否配备了铁路运输安全检查设备,如安全检查仪器、便携式金属探测仪、安全门等	
	4	配备的安全检查设备是否正常使用	
	5	安全检查是否有必要的场地和作业条件	
	6	是否有专门处置危险物品的场所	
	7	从事安全检查人员是否佩戴安全检查标志	
	8	从事安全检查人员是否经过相关专业知识培训	
	9	检查女性旅客是否由女性安全检查人员进行	
	10	开包检查时旅客是否在场	
	11	旅客进站前查出的危险物品是否由旅客选择交送行人员带回或自弃交车站处理	

2016 年 3 月—2017 年 12 月期间,有关部门以兰新高铁为例,分别对乌鲁木齐南站、哈密站和吐鲁番北站进行安检查危调研,其中 2016 年各站共调研 6 次,2017 年各站共调研 8 次,结果见表 9-3。可以看出,兰新高铁车站安检查危工作整体水平良好。11 项安全指标中,有 7 项指标值为 100%,4 项指标值低于 100%。达标率较低的指标主要是车站安检场地不足、作业条件拥挤,以及部分安检人员没有佩戴安全标志。

表 9-3 车站安检查危调研结果 单位：%

检查项目	检查项点		2016 年	2017 年
	序号	检查内容		
安检	1	配备的身份证件识读等设备是否正常使用	98	99
	2	车站服务场所是否公告禁止或限制携带物品种类及其数量	100	100
	3	车站是否配备了铁路运输安全检查设备，如安全检查仪器、便携式金属探测仪、安全门等	100	100
	4	配备的安全检查设备是否正常使用	100	100
	5	安全检查是否有必要的场地和作业条件	60	67
	6	是否有专门处置危险物品的场所	100	100
	7	从事安全检查人员是否佩戴安全检查标志	78	83
	8	从事安全检查人员是否经过相关专业知识培训	100	100
	9	检查女性旅客是否由女性安全检查人员进行	100	100
	10	开包检查时旅客是否在场	99	99
	11	旅客进站前查出的危险物品是否由旅客选择交送行人员带回或自弃交车站处理	100	100

（二）车站安检查危工作的主要成效

1. 安检力量配备显著加强

调研发现，各车站均能够立足安检人员的在岗人数、人员素质、安检班次、管理层人员等实际情况，根据客流增长情况合理配置安检人员数量，确保安检力量到位。同时，各车站还按照上级部门的有关规定要求，做到了细化安检岗位的作业标准，明确要求，严格查控。

以哈密站为例，该站配置 4 个警组，每组设置民警 5 名、安检员 15 名、协警 2 名，配备 X 射线安检设备 3 台、安检门 3 台。第一道安检防线位于候车室正门平台下方，设置民警 1 名、安检员 3 名、协警 1 名；第二道防线位于候车室内，设置处置岗民警 2 名、流动岗民警 2 名、X 射线安检设备操作员及协作 6 名、人身安检员 2 名；第三道安检防线位于售票厅，设置处置民警 1 名、X 射线安检设备操作员及协作 3 名，实现了"一机一门五岗六人"的工作模式。

2. 安检设备保障充分落实

安检设备是确保安检工作顺利开展的前提和基础。2014 年 11 月 16 日兰新高铁开通以来，针对客流进一步增加的实际情况，乌鲁木齐南站、哈密站、吐鲁番北站等车站经优化调整，新增安检通道 10 条，并配备了足够的安检防爆器材，保障安检工作正常开展。

3. 安检人员业务培训持续强化

一是落实任职培训。兰新高铁开通前期，积极与既有线车站、机场等单位协调，落实培训师资、教材，到各高铁站对安检人员进行培训，培训安检人员 200 名。二是加强专项培训，重点提升手检作业技能。2014 年以来，各车站普遍采取现场授课和实际演练相结合的方式，组织安检员开展人身检查、开包处置以及防爆罐、防爆毯和安检仪等设备的使用培训，有效提升工作技能。三是加强典型选树。通过组织评选月度、季度、年度作业标兵、优秀安检员等工作，对表现优异的安检员给予精神和物质奖励。

综合检查式调研与访谈式调研的结果可以发现，兰新高铁新疆管段内各车站的安检查危工作做到了以问题为导向，促进安检工作质量持续改进。从调研结果看，绝大多数检查指标的达标率为 90%以上，安全设施及人员培训方面的多项指标达到了 100%，确保了大客流下安检工作的平稳、有序。

（三）车站安检查危工作存在的问题

1. 用人机制不够健全

用人方面，各高铁车站安检员的招聘、培训、监督检查、指导等工作由铁路局集团公司公安处安检支队负责，各车站派出所负责人员排班、调度等使用管理工作，安检支队招聘来的安检人员需要与铁路保安公司签订用工合同。实践过程中，存在着保安公司因为成本压力与管理压力大，不愿增加安检员数量的倾向，在签订合同过程中存在沟通难、协调难等问题。

待遇方面，安检员的日常生活、工作、后勤保障还有所欠缺。例如：乌鲁木齐南站一个班次 50 多名安检员的就餐问题没能很好解决，只能通过安检员自己带饭，使用仅有的 2 个微波炉加热。值机岗麦克风等设备老化、损坏后更新困难，经常得不到及时补充。此外，安检员的住宿条件也比较简陋，经常只能 3 名安检员用 1 个床位轮流休息。

安检员用人及待遇方面的欠缺，造成了招聘来的安检员大都有临时思想，起不到拴心留人的作用，也影响了安检队伍的稳定性与规范性。

2. 设施条件与安检要求不相适应

国铁集团等部门一再要求高铁车站安检工作要“民航化”，但实际情况来看，高铁车站的安检条件、能力等与民航机场尚有差距。例如，乌鲁木齐地窝堡国际机场日发送乘客 2 万余名，有 3 个航站楼，共配备 600 余名安检员（二班倒），乘客高峰期安检通道与安检仪的开通数量还会相应增多。

对比乌鲁木齐南站，兰新铁路、兰新高速铁路、北疆铁路在此交汇。高峰期车站日发送旅客 5 万余人次，开 6 条安检通道，其中高速动车组日均发送量 5 000 余人次（7 趟动车），设置 2 条专用安检通道。乌鲁木齐南站结构比较陈旧、空间面积过小，造成乘坐动车的旅客与乘坐其他列车旅客在候车区域内无法分开，仅依靠 150 余名安检员（三班倒）是很难达到安检“民航化”的要求的。

对于高铁车站而言，人均候车区域小，进站安检通道少，特别是冬运、春运、暑运、旅游旺季、节假日期间，到发瞬间客流量大，而大部分旅客是在列车始发前 1 小时内到站，加之携带的行李既多且大，安检查危工作既要确保安检质量，又要确保安检前后旅客秩序不堵、不乱，矛盾十分突出。

3. 安检工作质量还需提升

安检质量是保障铁路运输安全的关键，虽然安检形式、模式、标准、基本要求等均已经在相关规章制度中进行了明确，但是在执行过程中，仍需要不断提升工作质量。调研组结合调查过程，发现新疆管段内各车站的安检查危岗位仍然存在一定隐患，需要尤为关注。

（1）值机岗。一是手检开包率低，主要凭借个人经验。值机民警对自认为的常见物品、瓶装或罐装物品，习惯凭借个人经验进行判断，存在嫌麻烦而不通报手检开包的情况，这就存在一定安全隐患。例如，矿泉水和酒精的成像，不同材质盛装，显示的颜色基本都是一样的，如果凭经验不开包开瓶就有可能漏查。二是轮岗时瞬间易漏看。值机民警在吃饭、上洗手间、与其他岗人员换岗时如不先停机，待换岗人员坐到岗位上后，注意力转换过程中，容易造成漏查漏看，应做到离岗关机，换岗后再开机。三是盯屏时间长易疲劳。盯屏民警注意力稍不集中，即使一秒钟也会漏过一个包。多数站值机岗民警一个班是不换人的，但对一个班12个小时值机时间长的大站，可能疲劳漏查。四是安检人员每天周而复始地重复着一样的动作，向他们重复强调安检的重要性，容易产生思想上、心理上、身体上的“疲劳”，尤其是在当前安全形势逐渐趋好的情况下，更容易放松，如果不能妥善解决，可能影响到安检人员的责任心和危机意识，最终影响安检质量。

(2)身检岗。一是不够细。手中胳膊上搭的衣服；着连帽衣服旅客后背的帽子；重点或特殊人群的帽子、纱巾、长裙、长袜、长靴、拐杖、轮椅等检查不细。二是重点部位不到位。后腰、腋下、脚踝等常常触及不到。

(3)手检开包岗。按规定，大站旅客高峰时，手检开包岗应至少保证两人或处置民警一人，以确保自身安全。但是实践中存在人员不足的情况，手检开包时只顾自己翻检，旁边的安检人员缺乏相互照应的意识，自身安全防范不到位。

(4)引导岗。存在缺乏专人负责，站位不到位等情况，影响了引导作用的发挥，也容易引起旅客因等待时间长、秩序混乱而造成不满甚至投诉。

(四)强化车站安检查危工作的建议

1. 提高责任心和危机意识

安检工作一定要克服消极、厌烦情绪，始终树立责任意识和危机意识。在培训教育工作中，形式上要立足贴近实际、贴近现实。一是强调通报的及时性、严重性、危害性，使其时刻绷紧思想上的弦；二是加大培训频次，采取图文并茂等多种形式，利用爆炸现场照片对安检人员产生视觉的冲击、心灵的震撼、思想的震动，让其深知安全检查责任的重大，使其行动上更好地落实岗位责任；三是对制爆等重点危险、违禁物品图像的识别技能要熟练掌握，一旦携带才能及时查出。

2. 细化安检工作措施

严格按照“民航化”安检工作标准，做到“逢包必检、逢液必查、逢疑必问”。在组织引导环节，要保障人员到岗到位，督促工作人员做好旅客的说服、解释、引导工作，尤其是规范使用“停”牌，确保一次安检放行不超过5人。在手检环节，要督促手检员严格按标准开展人身检查，做到全面、细致，对手持安检仪报警的部位要详细核查，排除可疑情况。在开包环节，在保障人员到位的前提下，要督促开包员严格按照规范标准开展作业，提高对可疑物的开包检查率。

3. 加强现场巡查盯控

车站派出所分管领导要坚持一线巡查，加大对安检区域的现场督导和巡查力度，并使之制度化、常态化。尤其在春运、暑运、国庆节等客流高峰期间，更要通过现场盯控，确保各项措施落实到位，切实将危险物品堵住，出现问题也能够及时处理处置。同时，还应加强现场勤务检查，例如规范佩戴安检标志等，督促安检人员以实际行动和良好的精神风貌赢得旅客的支持与理解。

4. 落实后勤保障工作

为进一步提高安检队伍的稳定性，提高安检员的向心力和凝聚力，建议上级有关部门要在落实安检员后勤保障方面做文章，通过安检人员奖励基金、年度安检员评优级评先、突出事例奖励考核机制等措施，进一步提升安检员对此项工作的认同感。同时，做好安检员的个人福利，并帮助其解决实际的家庭困难，从而达到稳定安检队伍、提升工作质量的目标。

参 考 文 献

[1] 中国国家铁路集团有限公司. 运输成本费用管理核算规则[M]. 北京：中国铁道出版社有限公司，2020.

[2] 中国国家铁路集团有限公司. 中国铁路运输收入管理规定[M]. 北京：中国铁道出版社有限公司，2020.

[3] 祝铭. 中国高铁对经济发展的影响研究[J]. 全国流通经济，2017(29)：59-60.

[4] 王东. 高速铁路委托运营管理模式研究[J]. 铁道运输与经济，2014，36(6)：12-14.

[5] 荣朝和. 交通—物流时间价值及其在经济时空分析中的作用[J]. 经济研究，2011(8).

[6] 汤晋. 高速铁路影响下的长三角时空收缩与空间结构演变[D]. 南京：东南大学，2016.

[7] 荣朝和. 西方运输经济学[M]. 北京：经济科学出版社，2002.

[8] 平狄克，鲁宾费尔德. 微观经济学[M]. 8 版. 北京：中国人民大学出版社，2013.

[9] 国家铁路局《高铁经济学导论》编写组. 高铁经济学导论[M]. 北京：中国铁道出版社，2018.

[10] 胡思继. 交通运输学[M]. 北京：人民交通出版社，2001.

[11] 李文兴. 铁路运输成本管理[M]. 北京：中国铁道出版社有限公司，2020.

[12] 李文兴. 铁路运价形成机制研究[Z]. 北京：国家发展改革委，2020.

[13] 李文兴. 高铁票价形成中的列车级别与客车席别成本计算研究（基本科研业务费人文社科重大培育项目）[Z]. 北京：北京交通大学，2020.

[14] 李文兴. 铁路运输成本定额研究[Z]. 北京：中国铁路总公司，2015.

[15] 李文兴. 高速铁路与其他运输方式竞争互补关系研究[Z]. 北京：铁道部，2009.

[16] 李文兴. 铁路运输企业客票价机制研究[Z]. 北京：铁道部，2008.

[17] 李文兴. 铁路股份公司运价制定办法的研究[Z]. 北京：铁道部，2006.

[18] 李文兴. 京沪高速铁路运营成本与票价及票价构成测算补充研究[Z]. 北京：铁道部，2005.

[19] 李文兴. 铁路运价制度创新的研究[Z]. 北京：铁道部，2003.

[20] 李文兴. 高速铁路运营成本及票价构成测算研究[Z]. 北京：铁道部，2001.

[21] LI W X，YIN S. Analysis on cost of urban rail transit[J]. Journal of Transportation Systems Engineering and Information Technology，2012(4).

[22] 李文兴，陆伟忠. 我国铁路运价形成机制改革思路探索[J]. 价格理论与实践，2015(3)：21-26.

[23] 李文兴. 我国铁路货物运输政府指导价问题研究[J]. 新华文摘，2015(8).

[24] 李文兴. 我国铁路运价评价体系的研究[J]. 数量经济技术经济研究，2003(7)：67-71.

[25] 李文兴. 铁路运价指数编制方法的探讨[J]. 统计研究，2003，20(7)：54-57.

[26] 李文兴. 铁路建设基金改革及筹资方式的探讨[J]. 财政研究,2003(7):33-34.
[27] FUJITA M,THISSE J-F. Economics of agglomeration: cities, industrial location, and globalization[M]. Cambridge:Cambridge University Press,2013.
[28] TAKATSU T. The history and future of high-speed railways in Japan[J]. Japan Railway & Transport Review, 2007, 8(48): 6-21.
[29] HARMAN R. High speed trains and the development and regeneration of cities [M]. London: Greengauge 21, 2006.
[30] CHRISTIAAN B, ERIC P. Intermodal competition in the London-Paris passenger market :high-speed rail and air transport[J]. Journal of Urban Economics, 2012, 71(3): 278-288.
[31] 何宇强,毛保华,陈团生,等. 高速客运专线客流分担率模型及其应用研究[J]. 铁道学报,2006,28(3):18-21.
[32] 王绣春. 我国高速铁路价格体系和运价管理体系研究[J]. 中国铁路,2011(2):29-33.
[33] 杨宇航,张琦. 京沪高速铁路票价调整与优化策略研究[J]. 铁道科学与工程学报,2017,14(10):2043-2049.
[34] HOOGENDOORN S P, BOVY P H L. Pedestrian route-choice and activity scheduling theory and models[J]. Transportation Research Part B,2004,38(2):169-190.
[35] RICH J, HOLMBLAD P M, HANSEN C O. A weighted logit freight mode-choice model[J]. Transportation Research Part E Logistics & Transportation Review, 2009,45(6):1006-1019.
[36] 温桂芳. 中国价格理论前沿[M]. 北京:社会科学文献出版社,2014.
[37] 祝祖强. 基于网络型产业规制理论的中国铁路收入清算研究[D]. 北京:北京交通大学,2011.
[38] LIN Y. Travel costs and urban specialization patterns: evidence from China's high speed railway system [J]. Journal of Urban Economics, 2017(98):98-123.
[39] WU J, NASH C, WANG D. Is high speed rail an appropriate solution to China's rail capacity problems? [J]. Journal of Transport Geography, 2014(40):100-111.
[40] DONG X F. High-speed railway and urban sectoral employment in China [J]. Transportation Research Part A: Policy and Practice, 2018(116):603-621.
[41] 王多宏,吴士杰. 运输外部性理论相关问题研究[J]. 生产力研究,2010(1):35-38.
[42] 李世涌,朱东恺,陈兆开. 外部性理论及其内部化研究综述[J]. 中国市场, 2007(31): 117-119.
[43] 彭春艳. 基于 FQFD 的铁路枢纽高铁客运站选址方案评价研究[D]. 长沙:中南大学,2012.
[44] 杨晓姗. 高铁车站选址与城市发展协同关系研究[D]. 成都:西南交通大学,2018.
[45] SCHÜTZ E. Stadtentwicklung durch Hochgeschwindigkeitsverkehr (Urban development by High-Speed Traffic)[J]. Heft,1998(6):369-383.

[46] 林晓言,卜伟,刘天善,等.高速铁路与经济社会发展新格局[M].2版.北京:社会科学文献出版社,2017.

[47] 杨晓明,郑凯,罗丹,等.高速铁路客运安全调研分析[J].中国安全科学学报,2018,28(增1):91-97.

[48] 王芳,郑凯.新疆管段内高铁车站安检查危改进对策[J].中国安全科学学报,2018,28(增1).

[49] GALETZKA M, GELDERS D, VERCKENS J P, et al. Performance communication of the Belgian railway[J]. Journal of Communication Management, 2007, 11(2): 170-181.